北京邮电大学"十四五"规划教材

21世纪大学本科计算机专业系列教材

丛书主编 李晓明

数字逻辑

（第2版）

王春露 邱朋飞 任申元 汪东升 编著

清华大学出版社
北京

内 容 简 介

本书介绍数字逻辑电路和数字系统的基础理论和方法。全书共 8 章,系统地阐述数字逻辑基础、组合逻辑电路、触发器、时序逻辑电路、可编程逻辑器件、硬件描述语言 VHDL、现代数字系统设计以及数字电路的硬件安全问题。

本书可作为高等学校计算机科学与技术、电子信息、通信、网络空间安全及自动化等专业的本科生教材,也可供相关领域的工程技术人员参考。

图书在版编目(CIP)数据

数字逻辑/王春露等编著. -- 2 版. -- 北京:清华大学出版社,2025.8.
(21 世纪大学本科计算机专业系列教材). -- ISBN 978-7-302-69650-6

Ⅰ. TP302.2

中国国家版本馆 CIP 数据核字第 2025RQ3679 号

责任编辑:张瑞庆　战晓雷
封面设计:常雪影
责任校对:郝美丽
责任印制:刘　菲

出版发行:清华大学出版社
　　　　网　　　址:https://www.tup.com.cn,https://www.wqxuetang.com
　　　　地　　　址:北京清华大学学研大厦 A 座　　　　邮　　编:100084
　　　　社 总 机:010-83470000　　　　邮　　购:010-62786544
　　　　投稿与读者服务:010-62776969,c-service@tup.tsinghua.edu.cn
　　　　质量反馈:010-62772015,zhiliang@tup.tsinghua.edu.cn
　　　　课件下载:https://www.tup.com.cn,010-83470236
印 装 者:三河市君旺印务有限公司
经　　销:全国新华书店
开　　本:185mm×260mm　　　**印　张:**18　　　　**字　数:**438 千字
版　　次:2010 年 1 月第 1 版　　2025 年 9 月第 2 版　　**印　次:**2025 年 9 月第 1 次印刷
定　　价:53.90 元

产品编号:097990-01

前言

FOREWORD

现代电子技术飞速发展,新技术、新挑战不断出现。本书第 2 版在讲清数字逻辑电路的基本概念、理论方法、常用器件的基础上,加强了可编程逻辑器件和数字系统的内容、突出了VHDL 在数字系统设计中的实际应用。面向当前数字电路设计的新发展,对数字电路的硬件安全问题有选择地加以介绍,从而使数字逻辑的针对性和实用性得到加强。

本书为普通高等教育"十四五"北京邮电大学规划教材,是北京邮电大学网络空间安全学院、清华大学计算机系、北京交通大学计算机学院三校教师的合作成果。本书内容全面,取材新颖,例题丰富,注重实践能力培养,便于教学。读者对象主要是学习计算机课程的大学本科生,包括计算机科学与技术专业和网络空间安全专业的学生以及电子信息、通信等相关专业选修计算机课程的学生。教师可以根据不同的课程安排和教学要求合理分配各部分内容的课时比例,总的教学学时为 60～80 小时。全书共 8 章,系统介绍数字逻辑基础、组合逻辑电路、触发器、时序逻辑电路、可编程逻辑器件、硬件描述语言 VHDL、现代数字系统设计以及数字电路的硬件安全问题。

本书由王春露主编和统稿。第 1、2、5 章由王春露、方维、余文执笔,第 3、4 章由邱朋飞、高荔执笔,第 6、7 章由任申元、孙丹丹、杨旭东执笔,第 8 章由邱朋飞、汪东升执笔。

本书由清华大学计算机系杨士强教授主审。本书在编写过程中得到北京邮电大学体系结构教研室和网络空间安全与治理研究中心许多老师的大力支持和帮助,编者在此致以衷心的感谢。

限于编者水平,时间仓促,书中必然存在不妥之处,欢迎读者对本书提出批评和建议。

编　者

2025 年 7 月

目 录

第 1 章

数字逻辑基础

本章首先介绍数制和码制,然后讨论逻辑代数基础,最后介绍逻辑门电路特性。这些内容是研究数字逻辑电路的重要数学工具,是学习其他后续章节的基础。

1.1 数制与编码

在日常生活中,人们习惯于用十进制数表示一个数值的大小,而在数字系统中,通常采用二进制数,有时又使用八进制数和十六进制数标记二进制数。十进制、二进制、八进制和十六进制统称数制,是记数进位制的简称。

1.1.1 数制

1. 十进制

在十进制中,有 0,1,2,3,4,5,6,7,8,9 共 10 个数码,记数的基数是 10,低位和相邻高位之间的进位规则是逢十进一。例如:

$$(125.34)_{10} = 1 \times 10^2 + 2 \times 10^1 + 5 \times 10^0 + 3 \times 10^{-1} + 4 \times 10^{-2}$$

任意一个十进制数 $(N)_{10}$,可以表示为

$$(N)_{10} = k_{n-1} 10^{n-1} + \cdots + k_1 10^1 + k_0 10^0 + k_{-1} 10^{-1} + k_{-2} 10^{-2} + \cdots + k_{-m} 10^{-m}$$

$$= \sum_{i=-m}^{n-1} k_i \times 10^i$$

其中,i 表示数中的第 i 位;k_i 表示第 i 位的数码,它可以是 $0 \sim 9$ 这 10 个数码中的任意一个;m 和 n 是正整数,n 表示整数部分的位数,m 表示小数部分的位数;10^i 是第 i 位对应的权;N 的下标为 10,表示它是一个十进制数。

任意一个 R 进制数 N 可以写作 $(N)_R$。基数是 R,进位规则是逢 R 进一,按权展开式可写为

$$(N)_R = k_{n-1} R^{n-1} + \cdots + k_1 R^1 + k_0 R^0 + k_{-1} R^{-1} + k_{-2} R^{-2} + \cdots + k_{-m} R^{-m}$$

$$= \sum_{i=-m}^{n-1} k_i \times R^i$$

用下标 D(decimal)表示一个十进制数,记作 $(N)_D$。

2. 二进制

在二进制中,有 0 和 1 两个数码,基数是 2,低位和相邻高位之间的进位规则是逢二进

一。例如：

$$(110011.101)_2 = 1 \times 2^5 + 1 \times 2^4 + 0 \times 2^3 + 0 \times 2^2 + 1 \times 2^1 + 1 \times 2^0 +$$
$$1 \times 2^{-1} + 0 \times 2^{-2} + 1 \times 2^{-3}$$

任意一个二进制数$(N)_2$可以表示为

$$(N)_2 = k_{n-1}2^{n-1} + \cdots + k_1 2^1 + k_0 2^0 + k_{-1}2^{-1} + k_{-2}2^{-2} + \cdots + k_{-m}2^{-m}$$
$$= \sum_{i=-m}^{n-1} k_i \times 2^i$$

有时也用下标 B(binary)表示一个二进制数,记作$(N)_B$。

由于二进制只有两个数码 0 和 1,因而可以用某些元件所具有的两个不同的稳定状态表示,例如晶体管的导通与截止,用一个状态表示 0,用另一个状态表示 1,因此在数字系统中广泛采用二进制数。

3. 八进制和十六进制

用二进制表示一个数值时,位数较长,书写、阅读不方便,因此在计算机中又常使用八进制数和十六进制数标记二进制数。

在八进制中,有 0,1,2,3,4,5,6,7 共 8 个数码,基数是 8,低位和相邻高位之间的进位规则是逢八进一。例如：

$$(63.4)_8 = 6 \times 8^1 + 3 \times 8^0 + 4 \times 8^{-1}$$

任意一个八进制数$(N)_8$可以表示为

$$(N)_8 = k_{n-1}8^{n-1} + \cdots + k_1 8^1 + k_0 8^0 + k_{-1}8^{-1} + k_{-2}8^{-2} + \cdots + k_{-m}8^{-m}$$
$$= \sum_{i=-m}^{n-1} k_i \times 8^i$$

在十六进制中,有 0,1,2,3,4,5,6,7,8,9,A,B,C,D,E,F 共 16 个数码,基数是 16,低位和相邻高位之间的进位规则是逢十六进一。例如：

$$(7AB6)_{16} = 7 \times 16^3 + A \times 16^2 + B \times 16^1 + 3 \times 16^0$$

任意一个十六进制数$(N)_{16}$可以表示为

$$(N)_{16} = k_{n-1}16^{n-1} + \cdots + k_1 16^1 + k_0 16^0 + k_{-1}16^{-1} + k_{-2}16^{-2} + \cdots + k_{-m}16^{-m}$$
$$= \sum_{i=-m}^{n-1} k_i \times 16^i$$

有时也用下标 O(octal)表示一个八进制数,用下标 H(hexadecimal)表示一个十六进制数,分别记作$(N)_O$ 和$(N)_H$。

4. 数制转换

1) 非十进制数到十进制数的转换

在将非十进制数(如二进制数、八进制数、十六进制数等)转换为等值的十进制数时,只要将非十进制数的每一位按权展开相加,即得到对应的十进制数。

例 1-1 二-十转换。

$$(10011.1)_2 = 1 \times 2^4 + 0 \times 2^3 + 0 \times 2^2 + 1 \times 2^1 + 1 \times 2^0 + 1 \times 2^{-1} = (19.5)_{10}$$

例 1-2 八-十转换。

$$(167)_8 = 1 \times 8^2 + 6 \times 8^1 + 7 \times 8^0 = 64 + 48 + 7 = (119)_{10}$$

2）十进制数到非十进制数的转换

十进制数转换成其他进制数时，十进制整数部分采用连除取余法，要将其转换为几进制就除以几；小数部分采用连乘取整法，要将其转换为几进制数就乘以几。

先讨论整数部分的转换。

例 1-3　将 $(726)_{10}$ 转换成八进制数。

解：一个十进制整数转换成八进制数时，按除 8 取余的方法进行。

$$
\begin{array}{r|l l}
8 & 726 & \text{余数 } 6 \\
8 & 90 & \text{余数 } 2 \\
8 & 11 & \text{余数 } 3 \\
8 & 1 & \text{余数 } 1 \\
& 0
\end{array}
$$

转换结果为 $(726)_{10}=(1326)_8$。

例 1-4　将 $(726)_{10}$ 转换成十六进制数。

解：一个十进制整数转换成十六进制数时，按除 16 取余的方法进行。

$$
\begin{array}{r|l l}
16 & 726 & \text{余数 } 6 \\
16 & 45 & \text{余数 } 13 \\
16 & 2 & \text{余数 } 2 \\
& 0
\end{array}
$$

转换结果为 $(726)_{10}=(2D6)_{16}$。

类似地，十进制整数转换成二进制数，按除 2 取余的方法进行。

再讨论小数部分的转换。

例 1-5　将 $(0.6875)_{10}$ 转换成二进制数。

解：一个十进制小数转换成二进制小数时，可按乘 2 取整的方法进行。

$$
\begin{array}{r l}
0.6875 & \\
\times\quad 2 & \\
\hline
1.3750 & \text{整数 } 1 \\
0.3750 & \\
\times\quad 2 & \\
\hline
0.7500 & \text{整数 } 0 \\
0.7500 & \\
\times\quad 2 & \\
\hline
1.5000 & \text{整数 } 1 \\
0.5000 & \\
\times\quad 2 & \\
\hline
1.0000 & \text{整数 } 1
\end{array}
$$

转换结果为 $(0.6875)_{10}=(0.1011)_2$。

类似地，一个十进制小数转换成八进制小数时，可按乘 8 取整的方法进行；一个十进制小数转换成十六进制小数时，可按乘 16 取整的方法进行。

注意，有些十进制小数的转换不一定能算尽，可根据需要表示到一定位数。

例 1-6　将 $(0.7875)_{10}$ 转换成八进制数。

解：

$$
\begin{array}{r}
0.7875 \\
\times \qquad 8 \\
\hline
6.3000 \qquad \text{整数 6} \\
0.3000 \\
\times \qquad 8 \\
\hline
2.4000 \qquad \text{整数 2} \\
0.4000 \\
\times \qquad 8 \\
\hline
3.2000 \qquad \text{整数 3}
\end{array}
$$

······

转换结果为 $(0.7875)_{10} \approx (0.623)_8$。

对于具有整数和小数两部分的十进制数，可分别对整数部分和小数部分进行转换，然后合并，就可得到结果。例如，$(215.8125)_{10} = (11010111.1101)_2$。

3) 二进制数到八（十六）进制数的转换

二进制数转换成八（十六）进制数时，将二进制数的整数部分由小数点向左每 3 位（4位）分成一组。最后不足 3 位（4 位）的，前面补 0；小数部分由小数点向右每 3 位（4 位）分成一组。最后不足 3 位（4 位）的，后面补 0。然后，把每 3 位（4 位）二进制数用等值的一位八（十六）进制数码代替即可。

例 1-7　$(\underline{010}\ \underline{110}\ \underline{101}.\ \underline{001}\ \underline{111}\ \underline{010})_2 = (265.172)_8$
　　　　　　　$\ \ 2\ \ \ \ 6\ \ \ \ 5\ \ \ \ \ \ 1\ \ \ \ 7\ \ \ \ 2$

　　　　　　$(\underline{0101}\ \underline{1110}.\ \underline{1011}\ \underline{0010})_2 = (5E.B2)_{16}$
　　　　　　　$\ \ 5\ \ \ \ \ E\ \ \ \ \ \ B\ \ \ \ \ 2$

4) 八（十六）进制数到二进制数的转换

将八（十六）进制数转换为等值的二进制数时，只需要将八（十六）进制数的每一位用等值的 3 位（4 位）二进制数代替即可。

例 1-8　$(512.304)_8 = (101\ 001\ 010.\ 011\ 000\ 100)_2$
　　　　　　$(8FA.C6)_{16} = (1000\ 1111\ 1010.\ 1100\ 0110)_2$

1.1.2　编码

在数字系统中，除了用二进制数码表示数据外，还采用二进制数码编码的形式表示其他信息，如十进制数的 10 个数字、字符、汉字、声音、图片等。这些信息只有经过二进制编码才能被数字系统处理。本节介绍十进制数的二进制编码和字符的二进制编码，其他信息的编码将在"计算机组成原理""多媒体技术与应用"等课程中介绍。

1. 二-十进制编码

在计算机进行输入输出时，人们习惯使用的是十进制数字符号，而计算机识别的是二进制数码，因此，在计算机系统中，十进制的 0~9 这 10 个数字符号是用二进制数码表示的，也就是用二进制数码对十进制的数字符号进行编码，简称二-十进制编码或 BCD 码。

在用 4 位二进制数码表示 1 位十进制数时，有多种不同的编码方法。表 1-1 列出了常见的 BCD 码。

表 1-1 常见的 BCD 码

十进制数	BCD 码				
	8421 码	2421 码	5421 码	余 3 码	余 3 循环码
0	0000	0000	0000	0011	0010
1	0001	0001	0001	0100	0110
2	0010	0010	0010	0101	0111
3	0011	0011	0011	0110	0101
4	0100	0100	0100	0111	0100
5	0101	1011	1000	1000	1100
6	0110	1100	1001	1001	1101
7	0111	1101	1010	1010	1111
8	1000	1110	1011	1011	1110
9	1001	1111	1100	1100	1010
权	8421	2421	5421		

  8421 码是最常用的 BCD 码,它是一个有权码,4 位二进制码的权重从左至右分别是 8、4、2、1。这样,8421 码用二进制数 0000~1001 分别表示十进制数的 0~9。2421 码和 5421 码与之类似。

  余 3 码是在 8421 码的基础上,把每个代码都加 0011 码而形成的。两个余 3 码相加,产生的进位信号对应十进制的进位,给加法运算带来了方便。

  循环码的特点是任何两个相邻的代码只有一个二进制位的状态不同。这种编码的好处是,从某一编码变到下一相邻编码时,只有一位状态发生变化,译码时不会发生竞争冒险的情况。这种编码是一种无权码。

2. ASCII 码

  ASCII 码是美国信息交换标准代码(American Standard Code for Information Interchange)的简称。它的码表如表 1-2 所示,是一组 7 位代码,用来表示十进制数、英文字母及专用符号。

表 1-2 ASCII 码表

$b_4b_3b_2b_1$				$b_7b_6b_5$							
				000	001	010	011	100	101	110	111
0	0	0	0	NUL	DLE	SP	0	@	P	\	p
0	0	0	1	SOH	DC1	!	1	A	Q	a	q
0	0	1	0	STX	DC2	"	2	B	R	b	r
0	0	1	1	ETX	DC3	#	3	C	S	c	s
0	1	0	0	EOT	DC4	$	4	D	T	d	t
0	1	0	1	ENQ	NAK	%	5	E	U	e	u

$b_4b_3b_2b_1$		$b_7b_6b_5$							
		000	**001**	**010**	**011**	**100**	**101**	**110**	**111**
0 1 1 0		ACK	SYN	&	6	F	V	f	v
0 1 1 1		BEL	ETB	'	7	G	W	g	w
1 0 0 0		BS	CAN	(	8	H	X	h	x
1 0 0 1		HT	EM	)	9	I	Y	i	y
1 0 1 0		LF	SUB	*	:	J	Z	j	z
1 0 1 1		VT	ESC	+	;	K	[	k	{
1 1 0 0		FF	FS	,	<	L	\	l	!
1 1 0 1		CR	GS	—	=	M	]	m	}
1 1 1 0		SO	RS	.	>	N	↑	n	~
1 1 1 1		SI	US	/	?	O	↓	o	DEL

1.2 逻辑代数中的基本运算

1849 年,英国数学家布尔提出了用于描述逻辑关系的数学方法——布尔代数,也叫作逻辑代数。它和普通代数的概念不同,普通代数表示数量大小之间的关系,而逻辑代数表示变量之间的逻辑关系。它是被广泛应用于数字电路分析和设计的基本数学工具。

1.2.1 逻辑变量和逻辑函数

逻辑代数中的变量称为逻辑变量,每个逻辑变量的取值只能有 0 和 1 两种可能,没有中间值。0 和 1 并不表示数值的大小,而是表示两种对立的逻辑状态,称为逻辑 0 和逻辑 1。

所谓逻辑,是指条件与结果的关系,数字电路是研究逻辑的,利用电路的输入信号反映条件,而利用电路的输出反映结果,从而使电路的输入和输出之间代表了一定的逻辑关系。逻辑电路的框图如图 1-1 所示,A_1,A_2,$\cdots$,A_n 为输入,F 为输出,当 A_1,A_2,$\cdots$,A_n 的值确定后,则 F 的逻辑值也就唯一被确定下来,通常称 F 是 A_1,A_2,$\cdots$,A_n 的逻辑函数,记为

$$F = f(A_1, A_2, \cdots, A_n)$$

图 1-1 逻辑电路框图

在逻辑电路中,用电平的高和低表示逻辑 1 和逻辑 0。如果高电平赋值为 1,低电平赋值为 0,称为正逻辑体制,如果高电平赋值为 0,低电平赋值为 1,则称为负逻辑体制。在数字系统设计中,不是采用正逻辑体制就是采用负逻辑体制,而不能混合使用。本书中均采用正逻辑体制。

1.2.2 基本逻辑运算

在逻辑代数中,与、或、非是 3 种基本运算。3 种运算可以进一步组合,形成更为复杂的逻辑运算。

1. 与逻辑运算

图 1-2(a)表示了一个简单的与逻辑电路,只有当两个开关同时闭合时,指示灯才会亮。

这里开关 A、B 同指示灯 F 之间的关系就是与逻辑。因此与逻辑是指决定事件发生的所有条件都具备,事件才会发生(成立)。若用二元常量表示:开关闭合为逻辑 1,开关断开为逻辑 0;指示灯亮为逻辑 1,指示灯灭为逻辑 0。由此可以列出以 0、1 表示的与逻辑关系的图表,如图 1-2(b)所示。这种表叫作真值表。

与逻辑关系的逻辑函数表达式为

$$F = A \cdot B = AB$$

式中符号·表示与运算,也称为逻辑乘。由真值表可知与逻辑运算的运算规则是

$$0 \cdot 0 = 0$$
$$0 \cdot 1 = 0$$
$$1 \cdot 0 = 0$$
$$1 \cdot 1 = 1$$

在工程应用中,与运算采用与门电路实现。图 1-2(c)为与门逻辑图符号。

A	B	$F = A \cdot B$
0	0	0
0	1	0
1	0	0
1	1	1

(a) 电路图　　　　(b) 与逻辑真值表　　　　(c) 与门逻辑图符号

图 1-2　与逻辑运算

2. 或逻辑运算

图 1-3(a)表示了一个简单的或逻辑电路,只要有一个开关闭合,指示灯就会亮;只有两个开关都断开时,指示灯才不亮。

这里开关 A、B 同指示灯 F 之间的关系就是或逻辑。因此或逻辑是指决定事件发生的各条件中有一个或一个以上的条件具备,事件就会发生(成立)。或逻辑关系的真值表如图 1-3(b)所示。

或逻辑关系的逻辑函数表达式为

$$F = A + B$$

式中"+"表示或运算,也称为逻辑加。由真值表可知或逻辑运算的运算规则是

$$0 + 0 = 0$$
$$0 + 1 = 1$$
$$1 + 0 = 1$$
$$1 + 1 = 1$$

在工程应用中,或运算采用或门电路实现。图 1-3(c)为或门逻辑图符号。

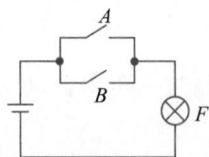

A	B	$F=A+B$
0	0	0
0	1	1
1	0	1
1	1	1

(a) 电路图　　　　(b) 或逻辑真值表　　　　(c) 或门逻辑图符号

图 1-3　或逻辑运算

3. 非逻辑运算

图 1-4(a)表示了一个简单的非逻辑电路,开关断开时,指示灯亮,否则指示灯就不亮。

这里开关 A 同指示灯 F 之间的关系就是非逻辑。因此非逻辑是指决定事件发生的条件只有一个,条件不具备时事件发生(成立),条件具备时事件不发生。非逻辑真值表如图 1-4(b)所示。

非逻辑关系的逻辑函数表达式为

$$F = \overline{A}$$

上式表示输出变量是输入变量的相反状态。由真值表可知或逻辑运算的运算规则是

$$\overline{1} = 0$$
$$\overline{0} = 1$$

工程应用中,非运算用非门电路(反相器)实现。图 1-4(c)为非门逻辑图符号。

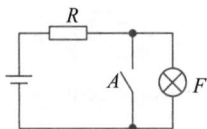

A	$F=\overline{A}$
0	1
1	0

(a) 电路图　　　　(b) 非逻辑真值表　　　　(c) 非门逻辑图符号

图 1-4　非逻辑运算

4. 与非、或非运算

在实际的逻辑问题中,经常使用由与、或、非 3 种逻辑组合而成的复合逻辑,常用的有与非、或非、与或非、异或、同或等。

与非逻辑是与逻辑和非逻辑的结合。若输入变量为 A 和 B,输出变量是 F,则与非的逻辑函数表达式为

$$F = \overline{A\,B}$$

与非逻辑真值表如图 1-5(a)所示。

从与非逻辑真值表可以看到,输入变量(A 或 B)只要有 0,输出就为 1;只有输入变量全为 1 时,输出才为 0。

工程应用中,与非运算用与非门电路实现。图 1-5(b)为与非门逻辑图符号。

或非逻辑是或逻辑和非逻辑的结合。若输入变量为 A 和 B,输出变量是 F,则或非的逻辑函数表达式为

$$F = \overline{A + B}$$

或非逻辑真值表如图 1-6(a)所示。

A	B	$F=\overline{AB}$
0	0	1
0	1	1
1	0	1
1	1	0

(a) 与非逻辑真值表　　(b) 与非门逻辑图符号

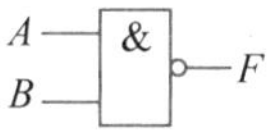

图 1-5　与非逻辑运算

A	B	$F=\overline{A+B}$
0	0	1
0	1	0
1	0	0
1	1	0

(a) 或非逻辑真值表　　(b) 或非门逻辑图符号

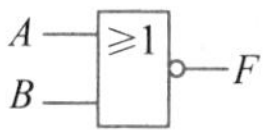

图 1-6　或非逻辑运算

从或非逻辑真值表可以看到,输入变量(A 或 B)只要有 1,输出就为 0;只有输入变量全为 0 时,输出才为 1。

工程应用中,或非运算用或非门电路实现。图 1-6(b)为或非门逻辑图符号。

5. 异或、同或逻辑运算

异或运算的逻辑函数表达式为

$$F = A \oplus B = \overline{A}B + A\overline{B}$$

符号⊕表示异或运算,即两个输入变量 A 和 B 的值不同时 $F=1$。

由逻辑函数表达式可得到异或运算真值表,如图 1-7(a)所示。

工程应用中,异或运算用异或门电路实现,其逻辑图符号如图 1-7(b)所示。

同或运算的逻辑表达式为

$$F = A \odot B = AB + \overline{A}\,\overline{B}$$

符号⊙表示同或运算,即两个输入变量 A 和 B 的值相同时 $F=1$。由逻辑函数表达式可得到同或运算真值表,如图 1-8(a)所示。

A	B	$F=A\oplus B$
0	0	0
0	1	1
1	0	1
1	1	0

(a) 异或逻辑真值表　　(b) 异或门逻辑图符号

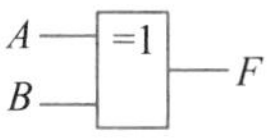

图 1-7　异或逻辑运算

A	B	$F=A\odot B$
0	0	1
0	1	0
1	0	0
1	1	1

(a) 同或逻辑真值表　　(b) 同或门逻辑图符号

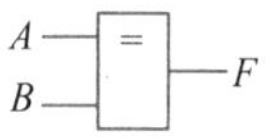

图 1-8　同或逻辑运算

工程应用中,同或运算用同或门电路实现,其逻辑图符号如图 1-8(b)所示。

同或门等价于异或门输出加非门。

1.3　逻辑代数的基本规律

1.3.1　逻辑代数的基本定律

表 1-3 给出了逻辑代数的一些基本定律,这些定律可以用真值表和基本运算规律证明。

表 1-3　逻辑代数的基本定律

基本定律	$A+0=A,A+1=1$, $A+A=A$	$A \cdot 0=0, A \cdot 1=A$, $A \cdot A=A$	$\overline{\overline{A}}=A, A+\overline{A}=1$, $A \cdot \overline{A}=0$
结合律	$(A+B)+C=A+(B+C)$ $(AB)C=A(BC)$		
交换律	$A+B=B+A$ $AB=BA$		
分配律	$A(B+C)=AB+AC$ $A+BC=(A+B)(A+C)$		
德摩根定律	$\overline{A \cdot B}=\overline{A}+\overline{B}$ $\overline{A+B}=\overline{A} \cdot \overline{B}$		
吸收律	$A+A \cdot B=A$ $A \cdot (A+B)=A$ $A+\overline{A} \cdot B=A+B$ $(A+B) \cdot (A+C)=A+BC$		
包含律	$AB+\overline{A}C+BC=AB+\overline{A}C$ $(A+B)(\overline{A}+C)(B+C)=(A+B)(\overline{A}+C)$		

例 1-9　求证 $\overline{A \cdot B}=\overline{A}+\overline{B}$。

证明：列出 A 和 B 的所有取值组合以及对应的 $\overline{A \cdot B}$ 和 $\overline{A}+\overline{B}$ 的值，得如表 1-4 所示的真值表。

表 1-4　$\overline{A \cdot B}=\overline{A}+\overline{B}$ 的真值表

A	B	$\overline{AB}$	$\overline{A}+\overline{B}$	A	B	$\overline{AB}$	$\overline{A}+\overline{B}$
0	0	1	1	1	0	1	1
0	1	1	1	1	1	0	0

从真值表可见，在自变量 A 和 B 各种取值的组合下均有 $\overline{A \cdot B}=\overline{A}+\overline{B}$，从而德摩根定律得证。

例 1-10　求证 $AB+\overline{A}C+BC=AB+\overline{A}C$。

证明：

$$AB+\overline{A}C+BC = AB+\overline{A}C+(A+\overline{A})BC=AB+\overline{A}C+ABC+\overline{A}BC$$
$$=AB(1+C)+\overline{A}C(1+B)=AB+\overline{A}C$$

需要注意的是，上述基本定律只反映逻辑关系，而不是数量之间的关系，不能简单套用初等代数的运算规则。

1.3.2　逻辑代数的基本规则

1. 代入规则

对逻辑等式中的任意变量 A，若将所有出现 A 的位置都代之以同一个逻辑函数，则等式仍然成立。

例如，若 $A(B+C)=AB+AC$，将 C 代之以 $C+D$，则有 $A[B+(C+D)]=AB+A(C+D)$。

利用代入规则很容易把表 1-3 中的公式推广为多变量的形式。

例 1-11 已知二变量的德摩根定律为 $\overline{A+B}=\overline{A}\cdot\overline{B}$，用代入规则证明

$$\overline{A+(B+C)}=\overline{A}\cdot\overline{B}\cdot\overline{C}$$

证明：以 $(B+C)$ 代入等式 $\overline{A+B}=\overline{A}\cdot\overline{B}$ 中 B 的位置，得到

$$\overline{A+(B+C)}=\overline{A}\cdot\overline{(B+C)}=\overline{A}\cdot\overline{B}\cdot\overline{C}$$

2. 反演规则

对于任何一个逻辑函数 F，若将 F 表达式中所有的 · 和 ＋ 互换，0 和 1 互换，原变量和反变量互换，并保持运算优先顺序不变，则可得到 F 的反函数 $\overline{F}$，这个规则称为反演规则。利用反演规则可以简便地求出一个函数的反函数。

例 1-12 已知 $F=AB+(\overline{A}+C)(C+\overline{B}D)$，求 $\overline{F}$。

解：

$$\overline{F}=(\overline{A}+\overline{B})(A\overline{C}+\overline{C}(B+\overline{D}))$$

利用反演规则求函数的反函数时，要保持原函数中先与后或的顺序，否则将会出错。

3. 对偶规则

对于任何一个逻辑函数 F，若将 F 表达式中所有的 · 和 ＋ 互换，0 和 1 互换，并保持运算优先顺序不变，则得到的新的函数称为 F 的对偶函数 F'。

例 1-13 $F=(A+B)(A+C)$，求 F'。

解：

$$F'=AB+AC$$

变换中仍要保持先与后或的顺序。

所谓对偶规则是：若某个逻辑恒等式成立，则等式两边取对偶式，得到的新的等式仍然成立。根据对偶规则，证明两个逻辑式相等也可以通过证明它们的对偶式相等来完成。

1.4　逻辑函数的化简

一个逻辑问题的逻辑电路图是由逻辑表达式确定的，而从逻辑问题抽象出来的逻辑表达式并不一定是最简的，所以要对逻辑函数进行化简，得到最简的逻辑表达式，才能构成低成本、高可靠性的电路。

一个逻辑函数可以有多种不同的表达式，与-或表达式是最常见的一种形式，很容易和其他形式的表达式相互转换。最简的与-或表达式的标准是：乘积项的数目最少，每个乘积项中变量个数也最少。下面介绍两种与-或表达式的化简方法——代数化简法和卡诺图化简法。

1.4.1　逻辑函数的代数化简法

代数化简法就是利用布尔代数的基本定律和恒等式化简逻辑函数。

1. 并项法

利用 $A+\overline{A}=1$ 的公式将两项合并为一项，并消去一个变量。

例 1-14 $F=ABC+AB\overline{C}=AB(C+\overline{C})=AB$。

2. 吸收法

利用 $A+AB=A$ 的公式消去多余的项。

例 1-15　$F=AB+ABCD(E+G)=AB$。

3. 消去法

利用 $A+\overline{A}B=A+B$ 的公式消去多余的因子。

例 1-16　$F=AB+\overline{A}C+\overline{B}C=AB+(\overline{A}+\overline{B})C=AB+\overline{AB}C=AB+C$。

4. 配项法

利用 $A=A(B+\overline{B})$ 作配项用,消去更多的项。

例 1-17　$F=AB+\overline{A}C+B\overline{C}=AB+\overline{A}C+(A+\overline{A})B\overline{C}=AB+\overline{A}C+AB\overline{C}+\overline{A}B\overline{C}$
$$=(AB+AB\overline{C})+(\overline{A}C+\overline{A}B\overline{C})=AB+\overline{A}C。$$

代数化简法要求熟练掌握公式,而且需要一定的技巧,另外,很难判断化简后的逻辑表达式是否最简。因此,代数化简法适用于简单的逻辑函数化简,而对于复杂的逻辑函数,采用卡诺图化简法。

1.4.2　卡诺图

1. 逻辑函数的最小项表达式

若 n 个变量组成的与项中,每个变量均以原变量或反变量的形式出现一次且仅出现一次,则称该与项为 n 个变量的最小项。

例如,A、B、C 这 3 个变量的最小项有 $\overline{A}\,\overline{B}\,\overline{C}$、$\overline{A}\,B\overline{C}$、$\overline{A}B\overline{C}$、$\overline{A}BC$、$A\overline{B}\,\overline{C}$、$A\overline{B}C$、$AB\overline{C}$、$ABC$ 共 8 个,n 个变量有 2^n 个最小项。

对于任意一个最小项,只有一组变量取值组合使得它的值为 1,例如,对于三变量最小项 $\overline{A}B\overline{C}$,只有当 $A=0$、$B=1$、$C=0$ 时,$\overline{A}B\overline{C}=1$。把使该最小项为 1 的取值组合 010 视作二进制数,则相应的十进制数是 2,从而得到最小项的编号为 m_2。三变量最小项 $\overline{A}\,\overline{B}\,\overline{C}$、$\overline{A}\,\overline{B}C$、$\overline{A}B\overline{C}$、$\overline{A}BC$、$A\overline{B}\,\overline{C}$、$A\overline{B}C$、$AB\overline{C}$、$ABC$ 可以分别记为 $m_0 \sim m_7$。同理,把 A、B、C、D 这 4 个变量的 16 个最小项记为 $m_0 \sim m_{15}$。

最小项表达式是由若干最小项相加的与-或表达式。任何一个逻辑函数都可以利用公式 $A+\overline{A}=1$ 化成最小项表达式。

例 1-18　将 $F=AB+\overline{A}C$ 化成最小项表达式。

解:

$$F=AB+\overline{A}C=AB(C+\overline{C})+\overline{A}C(B+\overline{B})$$
$$=ABC+AB\overline{C}+\overline{A}BC+\overline{A}\,\overline{B}C$$

用十进制编码来写,F 的最小项表达式可写为

$$F=m_1+m_3+m_6+m_7=\sum m_i$$
$$i=1,3,6,7$$

2. 卡诺图的结构

一个逻辑函数如果有 n 变量,则有 2^n 个最小项。用小方格代表每一个最小项,并按逻辑相邻则几何相邻的原则将方格排列起来所得到的平面方格图叫作 n 变量卡诺图。

二变量卡诺图由 4 个方格组成,分别表示 4 个最小项 $\overline{A}\,\overline{B}$、$\overline{A}B$、$A\overline{B}$、$AB$,如图 1-9(a)所

示。方格外部的二进制代码 0 和 1 表示 A、B 二变量的取值组合，对应的十进制数就是该方格表示的最小项的编号。

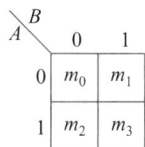

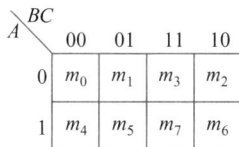

(a) 二变量卡诺图　　　　(b) 三变量卡诺图　　　　(c) 四变量卡诺图

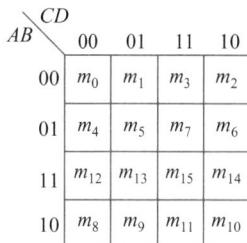

图 1-9　卡诺图

三变量卡诺图由 8 个方格组成，分别表示 8 个最小项 $m_0 \sim m_7$，图 1-9(b) 是三变量卡诺图的一种画法。其中 BC 的取值排列顺序为 00、01、11、10，这样的排列顺序确保了相邻的最小项仅有一个变量是不同的，即保证了图中几何相邻的最小项在逻辑上也是相邻的。

四变量卡诺图如图 1-9(c) 所示，16 个方格分别表示 16 个最小项 $m_0 \sim m_{15}$，CD 取值变化规律同 AB。从图 1-9(c) 中还可以看到，一行或一列两端的最小项也是逻辑相邻的，因此可以把卡诺图看成是上下、左右闭合的图形。

3. 逻辑函数的卡诺图表示

一个逻辑函数的卡诺图表示就是在卡诺图上找出此函数的最小项表达式中的各最小项所对应的方格，并填入 1，其余的方格填入 0。

例 1-19　用卡诺图表示逻辑函数
$$F = AB\bar{C}D + AB\bar{C}\bar{D} + A\bar{B}C + BCD + \bar{B}CD$$

解： 首先将函数化为最小项表达式，即
$$\begin{aligned} F &= AB\bar{C}D + AB\bar{C}\bar{D} + A\bar{B}C(D+\bar{D}) + (A+\bar{A})BCD + (A+\bar{A})\bar{B}CD \\ &= AB\bar{C}D + AB\bar{C}\bar{D} + A\bar{B}CD + A\bar{B}C\bar{D} + ABCD + \bar{A}BCD + A\bar{B}CD + \bar{A}\bar{B}CD \\ &= m_1 + m_7 + m_9 + m_{10} + m_{11} + m_{12} + m_{13} + m_{15} \end{aligned}$$

画出四变量卡诺图，在函数 F 中各最小项对应的方格内填入 1，其余方格填入 0，得到函数 F 的卡诺图，如图 1-10 所示。

例 1-20　已知函数 F 的真值表如表 1-5 所示，用卡诺图表示函数 F。

解： 用卡诺图表示函数 F 就是把真值表中逻辑变量 A、B、C 每种取值组合的函数值填入三变量卡诺图对应的方格内，如图 1-11 所示。此卡诺图即为真值表表示的函数 F。

表 1-5　例 1-20 函数 F 的真值表

A	B	C	F	A	B	C	F
0	0	0	0	1	0	0	0
0	0	1	0	1	0	1	1
0	1	0	0	1	1	0	1
0	1	1	1	1	1	1	1

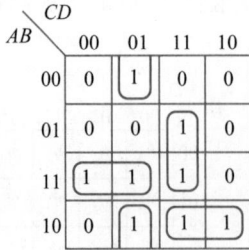

图 1-10 例 1-19 函数 F 的卡诺图

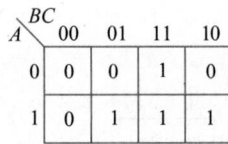

图 1-11 例 1-20 函数 F 的卡诺图

1.4.3 逻辑函数的卡诺图化简法

利用卡诺图化简逻辑函数的基本依据是相邻最小项可以合并,并可消去互补变量。由于在卡诺图中几何相邻与逻辑相邻一致,因此利用卡诺图化简逻辑函数具有直观、简便的优点。

1. 合并最小项的规则

合并最小项的规则如下:

(1) 两个相邻最小项的合并。两个相邻最小项构成一个二方格圈,可以合并成一项,且可消去一个变量。图 1-12(a)中表示了两个最小项相邻的几种情况。例如,$AB\overline{C}D$ 和 $ABCD$ 相邻,两项合并,消去 $\overline{C}$ 和 C,剩下一项公共因子 ABD:

$$AB\overline{C}D + ABCD = ABD(\overline{C}+C) = ABD$$

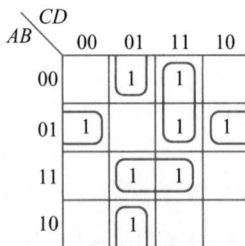

(a) 两个最小项相邻 (b) 4个最小项相邻 (c) 8个最小项相邻

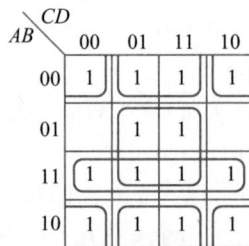

图 1-12 最小项相邻的几种情况

(2) 4 个相邻最小项的合并。4 个相邻最小项构成一个四方格圈,可以合并成一项,且可消去两个变量。图 1-12(b)中表示了 4 个最小项相邻的几种情况。例如,在图 1-12(b)中,$\overline{A}\,\overline{B}\,\overline{C}\,\overline{D}$、$\overline{A}\,\overline{B}C\overline{D}$、$A\overline{B}\,\overline{C}\,\overline{D}$ 和 $A\overline{B}C\overline{D}$ 4 个最小项相邻,合并得到

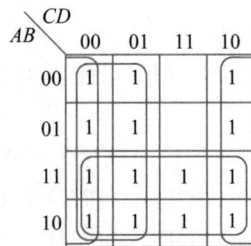

$$\overline{A}\,\overline{B}\,\overline{C}\,\overline{D} + \overline{A}\,\overline{B}C\overline{D} + A\overline{B}\,\overline{C}\,\overline{D} + A\overline{B}C\overline{D} = \overline{A}\,\overline{B}\,\overline{D}(\overline{C}+C) + A\overline{B}\,\overline{D}(\overline{C}+C)$$

$$= \overline{B}\,\overline{D}(\overline{A}+A) = \overline{B}\,\overline{D}$$

合并后,消去两个变量 A 和 C,只剩下一项公共因子 $\overline{B}\,\overline{D}$。

(3) 8 个相邻最小项的合并。8 个相邻最小项构成一个八方格圈,可以合并成一项,且可消去 3 个变量。图 1-12(c)中表示了 8 个最小项相邻的几种情况。在图 1-12(c)中,下边两行的 8 个最小项是相邻的,合并后消去 3 个变量,合并结果为 A。

由上面的分析可以总结出相邻最小项合并的一般规则:当有 $2^i(i=1,2,3,\cdots)$ 个最小项相邻并构成了一个方格圈时,则可合并为一项,且消去 i 个变量。

2. 用卡诺图化简逻辑函数

用卡诺图化简逻辑函数的一般步骤如下：

（1）用卡诺图表示逻辑函数。

（2）找出可以合并的最小项。即用封合的线把相邻最小项（值为 1 的方格）围成八方格圈、四方格圈、二方格圈或一方格圈。围圈的规则是：必须使每个方格（最小项）至少被包含一次；所有的方格包含在尽可能少的圈中（乘积项数目最少）；使每个圈包含尽可能多的方格（每个乘积项包含的变量最少）。

（3）按上面的合并规则，得到每个圈的最简项，相加后可得最简的与或表达式。

例 1-21 已知四变量函数为

$$F = \sum_{i=1,3,5,6,7,8,13} m_i$$

用卡诺图化简该函数。

解：画出表示函数 F 的卡诺图，如图 1-13 所示。首先，m_8 不能与其他的方格组合，因此单独围圈。其次，m_{13} 只能和 m_5 圈成二方格圈，m_6 只能和 m_7 圈成二方格圈。最后，m_1、m_3、m_5、m_7 可围成四方格圈。根据 $A+A=A$ 可知，在合并最小项的过程中，为了得到更简单的化简结果，允许重复使用函数式中的最小项。

如图 1-13 所示，所有的最小项包含在 4 个圈中，由此得到化简结果：

$$F = \overline{A}D + BC\overline{D} + \overline{A}BC + A\overline{B}\,\overline{C}\,\overline{D}$$

例 1-22 已知四变量函数为

$$F = \overline{A}\,\overline{B}\,\overline{C}\,\overline{D} + \overline{A}\,\overline{C} + A$$

用卡诺图化简该函数。

解：画出表示函数 F 的卡诺图，如图 1-14 所示。当函数未用最小项表示时，并不一定要将 F 化为最小项之和的形式。例如，函数 F 中 $\overline{A}\,\overline{C}$ 项包含了所有含有 $\overline{A}\,\overline{C}$ 因子的最小项（m_0、m_1、m_4、m_5），可以直接在卡诺图上所有对应 $A=0$、$C=0$ 的空格里填入 1；A 项包含了所有含有 A 的最小项，可以直接在卡诺图上所有对应 $A=1$ 的空格里填入 1；按照这种方法，就可以省去将函数化为最小项之和这一步骤了。由此得到化简结果：

$$F = A + \overline{C}$$

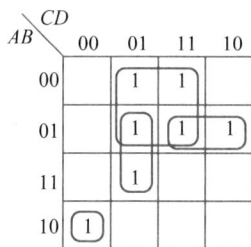

图 1-13 例 1-21 的卡诺图　　图 1-14 例 1-22 的卡诺图

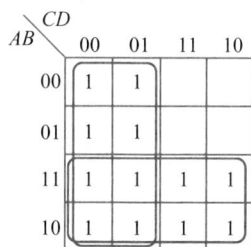

3. 具有无关项的逻辑函数及其化简

在实际问题中，有时会遇到这样的情况，变量取值的某些组合所对应的最小项不会出现或不允许出现，这些最小项称为约束项。例如，在用 8421BCD 码表示一位十进制数时，1010～1111 这 6 个最小项就是约束项。有时还会遇到另一种情况，就是变量取值的某些组合是 1 是 0 皆可，并不影响电路的功能，这些最小项称为任意项。约束项和任意项统称为无关项,这里的无关是指在逻辑函数式中加入或删除一个这样的最小项是无关紧要的,不影响函数式的值。

在用卡诺图化简函数时,若存在无关项情况,则可以利用无关项化简函数。既然无关项可以包含于函数中,也可以不包含于函数中,那么,在卡诺图中对应的方格中就既可以填入 1,也可以填入 0。为此,在卡诺图和真值表中,无关项对应的函数值用 x 表示。合并最小项时,究竟把卡诺图上的 x 作为 1 还是作为 0,应以得到的相邻最小项圈最大而且圈数目最少为原则。

例 1-23 用卡诺图化简以下逻辑函数:

$$F = \sum_{i=0,3,4,7,11} m_i + \sum_{i=8,9,12,13,14,15} d(m_i)$$

解:在逻辑函数表达式中,无关项通常用 $\sum d(m_i)$ 表示。用卡诺图表示逻辑函数如图 1-15 所示。第一部分对应最小项 m_0、m_3、m_4、m_7、m_{11},取值为 1;第二部分对应无关项 m_8、m_9、m_{12}、m_{13}、m_{14}、m_{15},逻辑值不定,在化简过程中取 0 或 1。

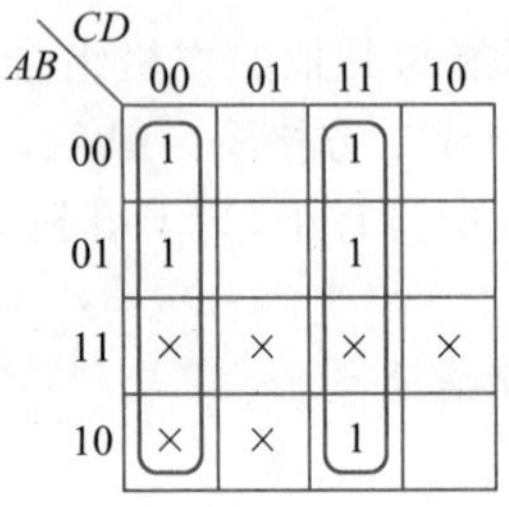

如果不利用无关项,则表达式为

$$F = \overline{A}\,\overline{C}D + \overline{B}CD + \overline{A}CD$$

考虑无关项时,利用无关项进行化简,为了得到最大的相邻最小项圈,m_8、m_{12}、m_{15} 均取 1,m_9、m_{13}、m_{14} 取 0,则 F 化简后的表达式为

$$F = \overline{C}\,\overline{D} + CD$$

显然,利用无关项进行化简结果更简单。

图 1-15 例 1-23 的卡诺图

1.5 逻辑门电路

所谓门就是一种开关,在一定条件下它能允许信号通过,条件不满足时信号就通不过。门电路的输入信号与输出信号之间存在一定的逻辑关系,所以门电路又称为逻辑门电路,它是集成电路中最基础的单元,也是实现基本的逻辑运算和复合逻辑运算的单元。

1.5.1 二极管逻辑门电路

1. 二极管与门电路

二极管构成的与门电路如图 1-16 所示。若二极管选用锗管,其导通压降为 0.3V。当 3 个输入 A、B、C 均为高电平 3V 时,3 个二极管均正向导通,此时输出端 Y 的电位是 3.3V。当 A、B 为高电平 3V,C 为低电平 0V 时,则 D_A、D_B 管的开路电压是 9V,而 D_C 管是 12V,因此二极管 D_C 优先导通,Y 的电位为 0.3V,而 D_A、D_B 管在 D_C 导通后因承受反向电压而截止。

如果用逻辑 1 代表高电平,逻辑 0 代表低电平,可以看出,只有当输入都为 1 时,输出为 1;而当输入中有 0 时,输出为 0。这样就实现了逻辑与运算:

$$Y = A \cdot B \cdot C$$

2. 二极管或门电路

由二极管构成的或门电路如图 1-17 所示,其分析方法和与门电路相同。可以看出,只有

当输入都为 0 时,输出为 0;而当输入中有 1 时,输出为 1。这样就实现了逻辑或运算:

$$Y = A + B + C$$

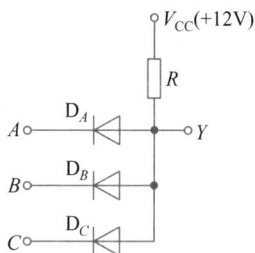

图 1-16　二极管与门电路　　　　图 1-17　二极管或门电路

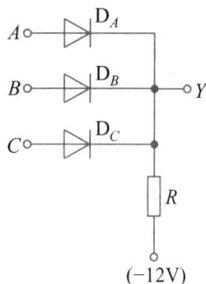

1.5.2　晶体管非门

1. 非门的实现

非门(也称反相器)是指能将输入信号的极性变反的电路,可以用来组成多种复杂的脉冲电路,晶体管开关就是一个反相器。常用的晶体管非门电路如图 1-18 所示。为了保证它能可靠地工作在截止和饱和状态,应适当地选取 R_1、R_b 和 R_c 的值。负电源 V_{bb} 的作用是保证输入 A 为低电平时晶体管 T 能可靠地截止。二极管 D 和电源 V_D 组成钳位电路,使输出高电平稳定在规定的标准值(3.3V)。

图 1-18　晶体管非门电路

当输入 A 为高电平时,只要适当选取 R_1 和 R_b,就可保证 I_b 足够大,使晶体管 T 进入饱和状态,从而输出 Y 为低电平($U_{OL} = U_{CES} = 0.3V$),二极管 D 截止。

当输入 A 为低电平时,由于负电源的作用,使 $U_{BE} < 0$,晶体管 T 进入截止状态,从而使得二极管 D 导通。考虑到二极管 D 的导通压降 0.3V,则输出为高电平($U_{OH} = 3.3V$)。

从以上分析可见,输出与输入之间满足逻辑非的关系,即实现了反相器的功能。

2. 非门的负载特性

非门输出端所接的其他电路(如图 1-19 中虚框所示部分)称为负载。根据实际工作情况,负载分为灌电流负载和拉电流负载。负载电流 I_L 若从负载流入反相器,则负载称为灌电流负载;I_L 若从反相器流入负载,则负载称为拉电流负载。负载特性是指输出端为高电平和低电平时所能承受的负载电流。

1) 灌电流负载

当晶体管饱和时,反相器输出低电平,负载电流 I_L 流入反相器,就形成灌电流负载,如图 1-19(a)所示,其中的集电极电流 I_C 为

$$I_C = I_{RC} + I_L \tag{1-1}$$

式(1-1)中,$I_{RC} \approx V_{CC}/R_c$。由于负载电流 I_L 会随负载个数的增多而增大,饱和时的集电极电流 I_{CS}(集电极临界饱和电流)也就随着负载的增多而增大,与之对应的基极临界饱和电流 I_{BS} 也增大,晶体管的饱和程度减轻。在反相器的输入端,基极电流 I_b 并没有变大,因此一

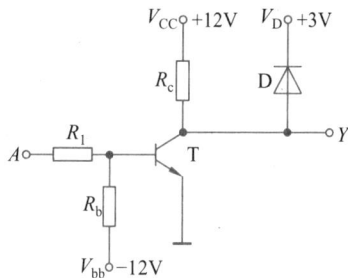

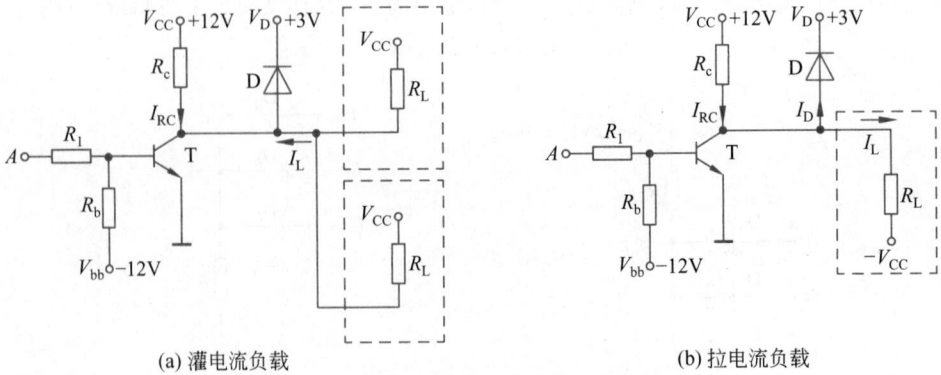

(a) 灌电流负载　　　　　　　　(b) 拉电流负载

图 1-19　非门带灌电流负载和拉电流负载

且因 I_L 继续增加而导致 $I_b < I_{BS}$ 时,晶体管将由饱和状态进入放大状态,输出电压 U_O 就会随着管压降 U_{ce} 的上升而变高,从而偏离原输出标准低电平(0.3V),甚至破坏反相器的逻辑功能。

为了保证反相器的正常工作,就必须限制负载灌入电流(简称灌电流)的最大值。晶体管从饱和退到临界饱和时所需的灌电流称为最大负载电流,用 I_{OL}(也称为输出低电平电流)表示,该电流反映了电路的灌电流负载能力,即反相器带负载的数量。提高灌电流负载能力的关键是加大晶体管的饱和深度。

2) 拉电流负载

当晶体管截止,反相器输出高电平时,I_{RC} 流入负载和钳位电源 V_D,形成拉电流负载,如图 1-19(b)所示。若非门输出标准高电平 3.3V,则

$$I_C = 0$$

$$I_{RC} = I_L + I_D = \frac{V_{CC} - 3.3}{R_c} \qquad (1-2)$$

如果标准高电平不变,则 I_{RC} 为定值。但随着负载个数的增加,负载电流 I_L 增加,就会导致二极管电流 I_D 相应减少。当 $I_L \approx I_{RC}$ 时,钳位二极管就失去作用。若 I_L 继续增大,则 I_{RC} 将不再是定值而是随之增大,从而使 R_c 上压降增大,致使输出电压 U_O 降低,破坏了其逻辑功能。

为了限制负载拉电流的最大值,定义在输出为高电平时提供给外接负载的最大输出电流为输出高电平电流 I_{OH},该电流反映了电路带拉电流负载的能力。若负载电流超过此值,会使输出高电平下降。为保证反相器正常工作,反相器的最大拉电流 I_{OH} 应小于 I_{RC},即

$$I_{OH} < I_{RC}$$

从提高拉电流负载能力看,应使 I_{RC} 尽可能大,即 R_c 越小越好,但这与提高灌电流负载能力的要求相矛盾(式(1-1))。

1.5.3　集成门电路

目前广泛使用的是集成门电路。它与分立元件电路相比,具有体积小、可靠性高、速度快的特点,而且输入输出电平匹配,有利于多级串接使用。根据电路内部的结构,集成门电路可分为二极管-晶体管集成门(DTL)、晶体管-晶体管集成门电路(TTL)、高阈值集成门(HTL)和 MOS 管集成门电路。本节介绍 TTL 门电路和 MOS 管门电路。

1. TTL 门电路

TTL(Transistor-Transistor Logic)电路是晶体管-晶体管逻辑电路的简称。TTL 电路的优点是开关速度较高,但功耗大、线路较复杂,使其集成度受到一定的限制,故适用于中小规模逻辑电路。

典型的 TTL 与非门电路图如图 1-20 所示,其逻辑函数式为

$$F = \overline{A \cdot B \cdot C}$$

输入级由多发射极晶体管 T_1 和电阻 R_1 组成,用来实现逻辑与的功能,T_1 可以等效为图 1-21。中间级由晶体管 T_2、电阻 R_2 和 R_3 组成,其作用是从 T_2 的集电极和发射极同时输出两个相位相反的信号,分别控制晶体管 T_3 和 T_5;输出级由晶体管 T_3、T_4、T_5 和电阻 R_4、R_5 组成。T_3、T_4、T_5 组成推挽式输出电路,用来提高电路的带负载能力、抗干扰能力和响应速度。

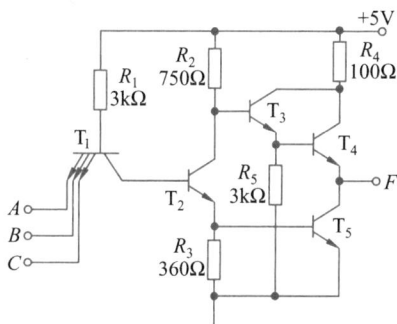

图 1-20　典型的 TTL 与非门电路　　图 1-21　集成电路中的多发射极晶体管等效电路

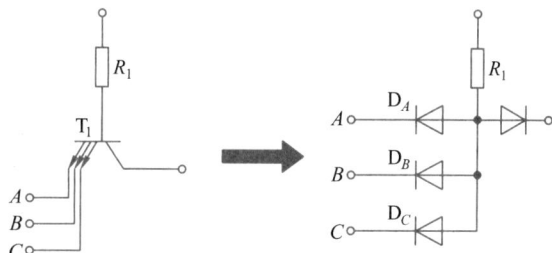

1) TTL 的主要参数

TTL 门电路的主要外部特性参数可分为抗干扰能力特性参数和带负载能力特性参数。

(1) 抗干扰能力特性参数。

① 输出高电平 U_{OH} 和输出低电平 U_{OL}。

输出高电平 U_{OH} 是指至少有一个输入端接低电平时的输出电平。U_{OH} 的典型值是 3.6V,产品规范值 $V_{OH} \geqslant 2.4V$,标准高电平 $U_{SH} = 2.4V$。

输出低电平 U_{OL} 是指输入端全为高电平时的输出电平。U_{OL} 的典型值是 0.3V,产品规范值 $V_{OL} \leqslant 0.4V$,标准低电平 $U_{SL} = 0.4V$。

② 开门电平 U_{ON} 和关门电平 U_{OFF}。

在实际门电路中,高电平和低电平都不可能是标称的逻辑电平,而是在一个范围内。使与非门导通(输出达到标准低电平)的最小输入电平称为开门电平 U_{ON},使与非门断开(输出达到标准高电平)的最大输入电平称为关门电平 U_{OFF}。

开门电平 U_{ON} 和关门电平 U_{OFF} 反映了电路的抗干扰能力。U_{ON} 越小,在输入高电平时的抗干扰能力越强;U_{OFF} 越大,在输入低电平时的抗干扰能力越强。

(2) 带负载能力特性参数。

① 扇入系数 N_i 和扇出系数 N_o。

扇入系数 N_i 是指与非门允许的输入端数目。一般 N_i 为 2~5 个,最多不超过 8 个。当应用中要求输入端数目超过 N_i 时,可通过分级实现的方法绕过扇入系数的限制,也可使

用"与扩展器"或者"或扩展器"增加输入端数目。若要求的输入端数目比扇入系数小,则可将不用的输入端接高电平(5V)或接低电平(地),这要根据门电路的逻辑功能而定。

扇出系数 N_o 是指与非门输出端连接同类门的最大个数,它反映了与非门的带负载能力,一般 $N_o \geqslant 8$。扇入和扇出是反映门电路互连性能的指标。

② 输入高电平电流 I_{iH} 和输入低电平电流 I_{iL}。

输入高电平电流 I_{iH} 是指某一输入端接高电平,而其他输入端接地时流入高电平输入端的电流,又称为输入漏电流。一般 $I_{iH} \leqslant 50\mu A$。输入低电平电流 I_{iL} 是指当与非门的某一输入端接地而其余输入端悬空时流过接地输入端的电流。在实际电路中,I_{iL} 是流入前级与非门的灌电流,它的大小将直接影响前级与非门的工作情况。一般 $I_{iL} \leqslant 1.6\mathrm{mA}$。

③ 平均传输延迟时间 t_{pd}。

平均传输延迟时间 t_{pd} 是指一个矩形波信号从与非门输入端传到与非门输出端(反相输出)所延迟的时间。通常将从输入脉冲上升沿中点到输出脉冲下降沿中点的时间称为导通延迟时间 t_{pdL},从输入脉冲下降中点到输出脉冲上升中点的时间称为截止延迟时间 t_{pdH},如图 1-22 所示。平均传输延迟时间定义为

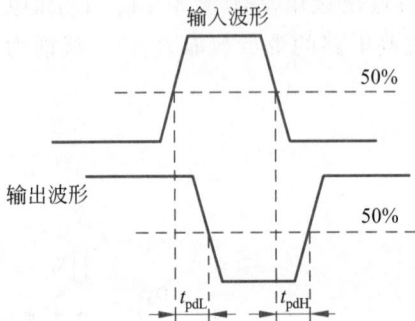

图 1-22 TTL 与非门的传输延迟时间

$$t_{pd} = \frac{t_{pdL} + t_{pdH}}{2} \tag{1-3}$$

平均传输延迟时间是反映与非门开关速度的一个重要参数。t_{pd} 的典型值约 10ns,一般小于 40ns。

2) 其他功能的 TTL 门电路

TTL 门电路除了与非门外,还有与门、或门、非门、或非门、与或非门、异或门等不同功能的产品。此外,还有两种特殊门电路——集电极开路门(OC 门)和三态门(TS 门)。

(1) 集电极开路门。

集电极开路(Open Collector,OC)门是一种输出端可以直接相互连接的特殊逻辑门。OC 门电路将一般 TTL 与非门电路的推拉式输出级改为三极管集电极开路输出。图 1-23 是集电极开路与非门的电路结构和线与图,R 为公共上拉电阻,在实际接法中,多个与非门的输出端直接相连,就可以完成 $Y = Y_1 \cdot Y_2$ 的逻辑关系。将几个逻辑门的输出端直接连在

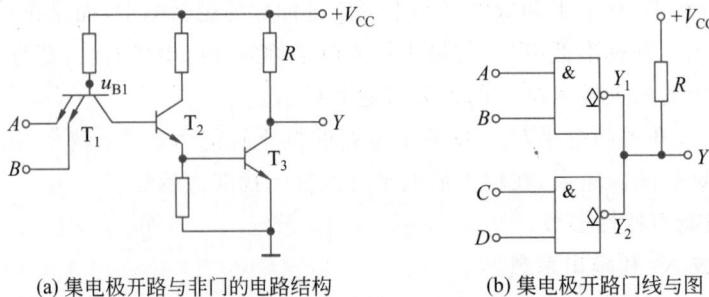

(a) 集电极开路与非门的电路结构   (b) 集电极开路门线与图

图 1-23 集电极开路与非门的电路结构和线与图

一起,实现与逻辑功能,这种逻辑与称为线与。集电极开路与非门在计算机中应用广泛,可以用它实现线与逻辑、电平转换以及直接驱动发光二极管、干簧继电器等。

(2) 三态输出门。

三态输出门的输出不仅有高电平、低电平两种状态,还有第三种状态——高阻状态。前两种状态为工作状态,后一种状态为禁止状态,故简称三态门(three state gate)、TSL 门等。在禁止状态下,其输出高阻相当于开路,表示与其他电路无关,不是一种逻辑值。

三态输出与非门的电路结构和逻辑符号如图 1-24 所示。图 1-24(a)是三态输出与非门结构,该电路是在一般与非门的基础上附加使能控制端和控制电路构成的,其逻辑功能如下:

- EN=0:二极管 D 反偏,电路功能与一般与非门无区别,输出 $F = \overline{A \cdot B}$。
- EN=1:一方面因为 T_1 有一个输入端为低,使 T_2、T_5 截止。另一方面由于二极管导通,迫使 T_3 的基极电位变低,致使 T_3、T_4 也截止。输出 F 便被悬空,即处于高阻状态。

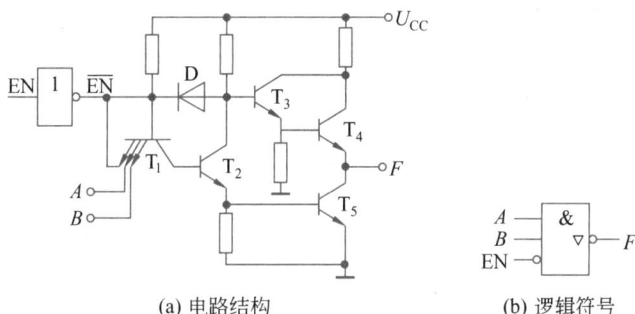

(a) 电路结构   (b) 逻辑符号

图 1-24 三态输出与非门的电路结构和逻辑符号

因为该电路在 EN=0 时为正常工作状态,所以称为使能控制端低电平有效的三态与非门,其逻辑符号如图 1-24(b)所示。控制端加小圆圈表示低电平有效,并将控制信号写成$\overline{EN}$。

若电路在控制端 EN=1 时为正常状态,则称为使能端高电平有效。

三态输出门主要应用于总线传送,它既可用于单向数据传送,也可用于双向数据传送,如图 1-25 所示。在图 1-25(a)中,任意时刻,n 个三态输出门高电平有效的使能端只能有一个为 1,其余均为 0,这样就只有一个数据端与总线接通,其余均断开,可以实现 n 个数据的分时传送。在图 1-25(b)中,当 EN=1 时,G_1 工作,G_2 处于高阻状态,数据 D_1 被取反后送

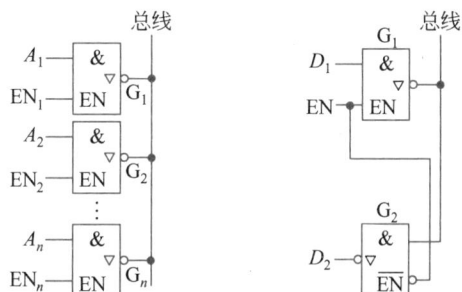

(a) 三态门构成的单向总线   (b) 三态门构成的双向总线

图 1-25 三态门构成的总线

至总线;当 EN＝0 时,G_2 工作,G_1 处于高阻状态,总线上的数据被取反后送到数据端 D_2,从而实现了数据的双向传送。

3) TTL 门电路系列

TTL 集成电路有以下 4 个系列:

(1) 74(标准系列)。前面介绍的 TTL 门电路都属于 74 系列,其典型电路与非门的平均传输时间 t_{pd}＝10ns,平均功耗 P＝10mW。

(2) 74H(高速系列)。它是在 74 系列基础上改进得到的,其典型电路与非门的平均传输时间 t_{pd}＝6ns,平均功耗 P＝22mW。

(3) 74S(肖特基系列)。它是在 74H 系列基础上改进得到的,其典型电路与非门的平均传输时间 t_{pd}＝3ns,平均功耗 P＝19mW。

(4) 74LS(低功耗肖特基系列)。它是在 74S 系列基础上改进得到的,其典型电路与非门的平均传输时间 t_{pd}＝9ns,平均功耗 P＝2mW。74LS 系列产品具有最佳的综合性能,是 TTL 集成电路的主流,是应用最广的系列。

几种 TTL 门电路引脚如图 1-26 所示。图 1-26(a)为 74LS04,六反相器;图 1-26(b)为 74LS02,4 个两输入或非门;图 1-26(c)为 74LS51,双二线与或非门;图 1-26(d)为 74LS00,4 个两输入与非门;图 1-26(e)为 74LS20,双四输入与非门。

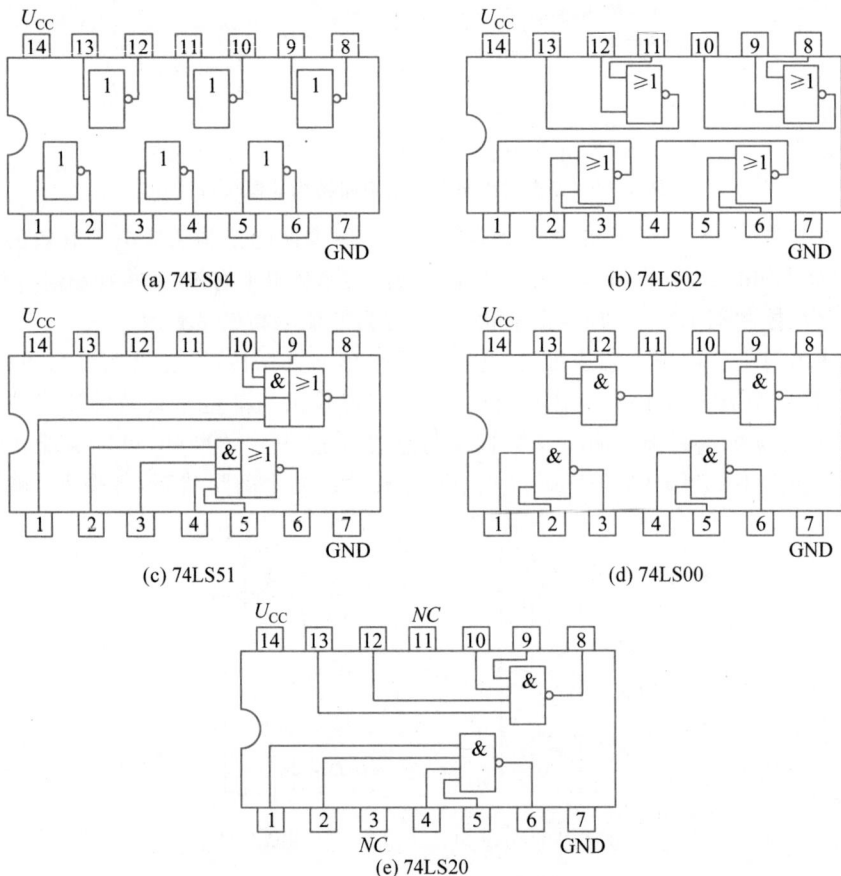

(a) 74LS04

(b) 74LS02

(c) 74LS51

(d) 74LS00

(e) 74LS20

图 1-26 几种 TTL 门电路引脚

2. MOS 集成门电路

MOS 场效应管集成电路虽然出现较晚，但其制造工艺简单，集成度高，功耗低，抗干扰能力强，更便于向大规模集成电路发展。它的主要缺点是工作速度较低，但随着集成工艺的不断改进，CMOS 电路的工作速度已有了大幅提高。

如果 MOS 集成门电路只用 N 沟道（或 P 沟道）制成，就简称为 NMOS（或 PMOS）电路；如果同时采用性能相同、导电极性相反的两种 MOS 管构成，称为互补对称 MOS 电路，简称 CMOS。相比之下，CMOS 电路性能更优，是当前应用较普遍的逻辑电路之一。

1）CMOS 非门电路

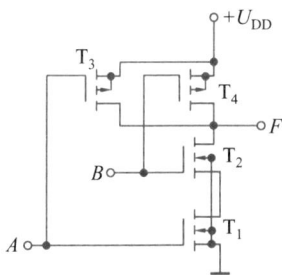

由一个 NMOS 管 T_1 和一个 PMOS 管 T_2 组成的 CMOS 非门电路如图 1-27 所示。该电路正常工作的条件是：U_{DD} 必须大于 T_1 管开启电压 U_{TN} 和 T_2 管开启电压 U_{TP} 的绝对值之和。

当输入端 $A=0$V 时，T_1 截止，T_2 导通，输出端 $F \approx U_{DD}$ 为高电平；当输入端 $A=U_{DD}$ 时，T_1 导通，T_2 截止，输出端 $F \approx 0$V。实现了非门的逻辑功能。

2）CMOS 与非门电路

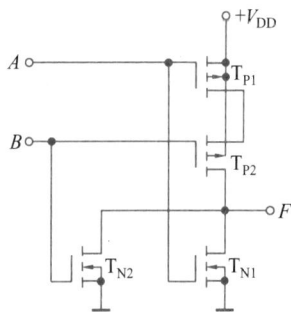

两输入端的 CMOS 与非门电路如图 1-28 所示，其中两个串联的 NMOS 管 T_1 和 T_2 组成驱动管，两个并联的 PMOS 管 T_3 和 T_4 组成负载管。A、B 两个输入端当中只要有一个为低电平时，T_1、T_2 中至少有一个截止，T_3、T_4 中至少有一个导通，输出 F 为高电平。A、B 两个输入端均为高电平时，T_1、T_2 都导通，T_3、T_4 都截止，输出 F 为低电平。

3）CMOS 或非门电路

两输入端的 CMOS 或非门如图 1-29 所示，每个输入端接到一个 NMOS 管和一个 PMOS 管的栅极，两个 NMOS 管并联，两个 PMOS 管串联。

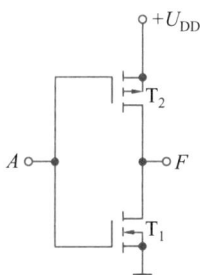

图 1-27　CMOS 非门电路　　　图 1-28　CMOS 与非门电路　　　图 1-29　CMOS 或非门电路

A、B 两个输入当中有一个为高电平或全为高电平，T_{P1}、T_{P2} 中有一个截止或全部截止，T_{N1}、T_{N2} 中有一个导通或全部导通，输出 Y 为低电平。

A、B 两个输入均为低电平时，T_{P1}、T_{P2} 都导通，T_{N1}、T_{N2} 都截止，输出 Y 为高电平。

4）CMOS 三态门电路

低电平使能的三态非门电路及逻辑符号如图 1-30 所示，电路中 A 为数据输入端，E 为控制端，Y 为输出端。此电路是在 CMOS 反相器的基础上增加 NMOS 管 T_{N2} 和 PMOS 管

T_{P2} 构成的。

使能信号 $E=1$ 时，T_{P2}、T_{N2} 均截止，Y 与地和电源都断开了，输出端呈现为高阻态。

使能信号 $E=0$ 时，T_{P2}、T_{N2} 均导通，T_{P1}、T_{N1} 构成反相器。

5) CMOS 传输门电路

CMOS 传输门是 CMOS 逻辑电路的一种基本单元电路，可用来实现传输信号的可控开关，其电路及逻辑符号如图 1-31 所示，它由两个结构和参数完全对称的 NMOS 管 T_N 和 PMOS 管 T_P 构成，两管的栅极分别与两个互补的控制信号 C 和 $\overline{C}$ 相连接。由于衬底电压对开启电压有一定影响，通常将 T_P 衬底接电源，T_N 衬底接地。

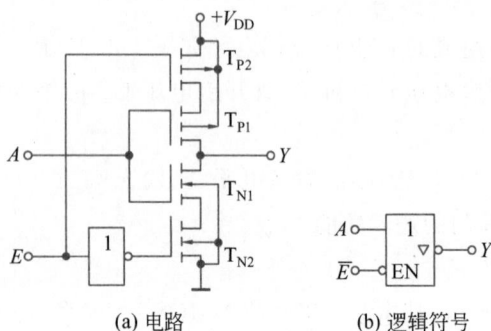

(a) 电路	(b) 逻辑符号
图 1-30 CMOS 三态非门电路及逻辑符号	

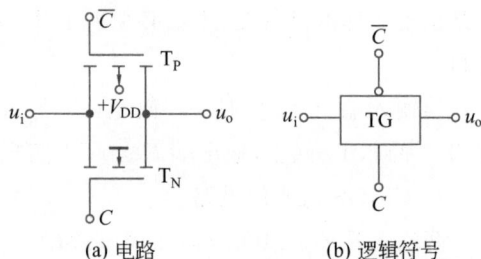

(a) 电路	(b) 逻辑符号
图 1-31 CMOS 传输门电路及逻辑符号	

$C=0$，$\overline{C}=1$，即 C 端为低电平($0V$)，$\overline{C}$ 端为高电平($+V_{DD}$)时，T_N 和 T_P 都不具备开启条件而截止，输入和输出之间相当于开关断开。

$C=1$，$\overline{C}=0$，即 C 端为高电平($+V_{DD}$)，$\overline{C}$ 端为低电平($0V$)时，T_N 和 T_P 都具备导通条件，输入和输出之间相当于开关接通，$u_o=u_i$。

CMOS 传输门实质上是一种传输模拟信号的压控开关。由于 MOS 管的源极和漏极在结构上完全对称，可以互换使用，因此，CMOS 传输门的输入端和输出端也可以互换，即 MOS 传输门具有双向性，故又称为可控双向开关。

6) CMOS 逻辑门电路系列及工作特点

CMOS 逻辑门电路有以下系列：

- 基本的 CMOS——4000 系列。
- 高速的 CMOS——HC 系列。
- 与 TTL 兼容的高速 CMOS——HCT 系列。

CMOS 逻辑门电路的工作特点如下：

- CMOS 电路的工作速度比 TTL 电路的低。
- CMOS 带负载的能力比 TTL 电路强。
- CMOS 电路的电源电压允许范围较大，为 $3\sim18V$，抗干扰能力比 TTL 电路强。
- CMOS 电路的功耗比 TTL 电路小得多，门电路的功耗只有几微瓦，中规模集成电路的功耗也不会超过 $100\mu W$。
- CMOS 集成电路的集成度比 TTL 电路高。
- CMOS 电路适合在特殊环境下工作。

- CMOS 电路容易受静电感应而击穿,在使用和存放时应注意静电屏蔽,焊接时电烙铁应接地良好,尤其是 CMOS 电路多余的输入端不能悬空,应根据需要接地或接高电平。
- TTL 电路和 CMOS 电路之间一般不能直接连接,需要利用接口电路进行电平转换或电流转换才可进行连接,使前级器件的输出电平及电流满足后级器件对输入电平及电流的要求,并不得对器件造成损害。

小　　结

本章主要讲述 3 部分内容:逻辑代数的基本运算与定律、逻辑函数化简和逻辑门电路特性。

逻辑代数是分析和设计数字电路的基本数学工具。需要熟练掌握逻辑代数运算基本公式和定律。

逻辑函数化简是本章的重点。本章介绍了两种化简方法:代数化简法和卡诺图化简法。代数化简法没有固定的方法,化简时不仅要求熟练运用各种公式和定理,而且需要有一定的运算技巧和经验。卡诺图法化简技巧性低,有化简的统一方法,并可以直观地判断化简结果是否为最简表达式。

门电路是构成各种复杂数字电路的基本逻辑单元。目前应用最广的是 TTL 和 CMOS 两类集成门电路,本章主要介绍了它们的外部特性。

习　　题

1-1　将下列十进制数转换为等值的二进制数(准确到小数点后两位)。

(1) 13　　　　　(2) 43　　　　　(3) 58　　　　　(4) 1024.5

(5) 255.76

1-2　将下列二进制数转换为等值的十进制数。

(1) 1100110　　(2) 11001.1　　(3) 100111.11　　(4) 11001101.111

1-3　将下列二进制数转换为等值的八进制数和十六进制数。

(1) 1001100101101　(2) 1010011011010

1-4　将下列八进制数转换为等值的二进制数。

(1) 24.3　　　　(2) 67.731　　　(3) 365.66

1-5　将下列十六进制数转换为等值的二进制数。

(1) 3AB4　　　　(2) FAC.B　　　(3) 37AD.9B　　　(4) CDE2.F5

1-6　将下列数转换成十进制数。

(1) $(135.6)_8$　　(2) $(5D.C)_{16}$　　(3) $(201)_3$

1-7　指出下列一组数中的最大数与最小数。

(1) $(10100)_2$　　(2) $(10)_{10}$　　(3) $(110)_8$　　(4) $(011)_{16}$

(5) $(10010001)_{8421BCD}$

1-8　求出下列各式的值。

(1) $(101101)_2 = (\quad)_{10}$ (2) $(736.21)_8 = (\quad)_{16}$

(3) $(8AB5)_{16} = (\quad)_4$ (4) $(2586.85)_{10} = (\quad)_8$

1-9 将下列十进制数转换为 8421BCD 码。

(1) $(125.6)_{10}$ (2) $(1985.67)_{10}$ (3) $(2954.13)_{10}$

1-10 将下列 8421BCD 码转换为八进制数。

(1) 010100111001.011010001001 (2) 100101110100

1-11 判断以下逻辑关系是否正确。

(1) 若 $A = B$，则 $AB = A$。

(2) 若 $AB = AC$，则 $B = C$。

(3) 若 $A + B = A + C$，则 $B = C$。

(4) 若 $A + B = A + C$，且 $AB = AC$，则 $B = C$。

1-12 用布尔代数化简下列逻辑函数。

(1) $F = A\bar{B} + \overline{\bar{A}C + \bar{B}C}$

(2) $F = A\bar{B}\bar{C} + \bar{A}\,\bar{B} + \bar{A}D + C + BD$

(3) $F = AC + B\bar{C} + \bar{A}B$

(4) $F = ABC + ABD + \bar{A}B\bar{C} + CD + B\bar{D}$

(5) $F = ABC\bar{D} + ABD + BC\bar{D} + ABC + BD + B\bar{C}$

(6) $F = (A\bar{B} + \bar{A}B \cdot C + \overline{A\bar{B}C})(AD + BC)$

1-13 用布尔代数证明下列逻辑等式。

(1) $AB \oplus \bar{A}C = AB + \bar{A}C$

(2) $A\bar{B}C + CD + B\bar{D} + \bar{C} = A + B + \bar{C} + D$

(3) $A\bar{B} + \bar{A}C + BC + \bar{C}D = A\bar{B} + C + D$

(4) $A\bar{B}\bar{C} + AC + \bar{A}BC + BC\bar{D} = A\bar{B} + BC + BD$

1-14 利用反演规则求下列函数的反函数。

(1) $F = (A\bar{B} + C)D + E$ (2) $F = AB + (\bar{A} + C)(C + \bar{B}D)$

1-15 利用对偶规则求下列函数的对偶式。

(1) $F = \overline{A + \bar{B}}\,\overline{(\bar{C} + D)(B + C)}$ (2) $F = AC + (\bar{A} + C)(C + \bar{B}D)$

1-16 将下列逻辑函数化为最小项表达式。

(1) $F = AB + BC + AC$ (2) $F = \overline{AB\,\overline{BC}}$

1-17 用卡诺图将下列逻辑函数化为最简与或表达式。

(1) $F = \bar{A}BC + AD + \bar{D}(B + C) + A\bar{C} + \bar{A}\,\bar{D}$

(2) $F = ABD + \bar{A}B\bar{D} + \bar{A}CD + A\bar{C}D + B\bar{C}$

1-18 用卡诺图将下列逻辑函数化为最简与或表达式。

(1) $F = \sum\limits_{i=0,2,3,6,9,10,15} m_i + \sum\limits_{i=7,8,11} d(m_i)$

(2) $F = \sum\limits_{i=2,4,6,9,13,14} m_i + \sum\limits_{i=0,1,3,8,11,15} d(m_i)$

(3) $F = B\bar{C} + \bar{A}BD + AB\bar{D} + A\bar{B}CD$，约束条件：$\bar{A}BD + A\bar{B}\bar{D} = 0$

1-19 在输入只有原变量的条件下,用最少的与非门实现下列逻辑函数。

(1) $F = A\overline{B} + \overline{A}C + B\overline{C}$

(2) $F = \overline{A}B\overline{C}\overline{D} + AB\overline{C}\overline{D} + \overline{A}\,\overline{B}CD + \overline{A}BCD + \overline{A}\overline{B}C\overline{D} + A\overline{B}C\overline{D}$

1-20 对于逻辑函数:

$$F_1 = \sum_{i=1,5,6,7,11,12,13,15} m_i$$

$$F_2 = \overline{A}B + BC + A\overline{C}D$$

用卡诺图求函数 $Y = \overline{F_1}F_2 + F_1\,\overline{F_2}$ 的最简与或表达式。

1-21 说明图 E1-1 中反相器 GM 能驱动多少个同样的反相器。要求 GM 输出的高、低电平符合 $V_{OH} \geqslant 3.3\text{V}, V_{OL} \leqslant 0.3\text{V}$。所有的反相器均为 74LS 系列的 TTL 电路,输入电流 $I_{IL} \leqslant -0.4\text{mA}, I_{IH} \leqslant 20\mu\text{A}, V_{OL} \leqslant 0.3\text{V}$ 时,输出电流的最大值 $I_{OL(max)} = 8\text{mA}$,$V_{OH} \geqslant 3.3\text{V}$ 时,输出电流的最大值为 $I_{OH(max)} = -0.4\text{mA}$,GM 的输出电阻忽略不计。

1-22 CMOS-TTL 接口电路如图 E1-2 所示,说明电路中两个 CMOS 门并联使用的原因。

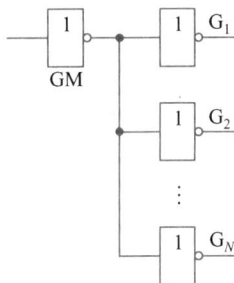

图 E1-1 习题 1-21 图   图 E1-2 习题 1-22 图

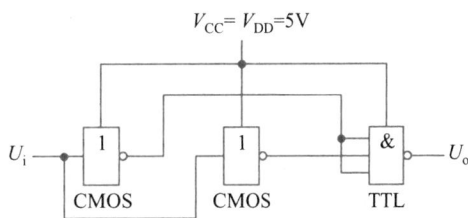

1-23 电路如图 E1-3 所示,已知 TTL 门的参数为 $I_{OH} = 0.5\text{mA}, I_{OL} = 8\text{mA}, I_{IL} = 0.4\text{mA}$,这两个电路各能驱动多少个逻辑门?

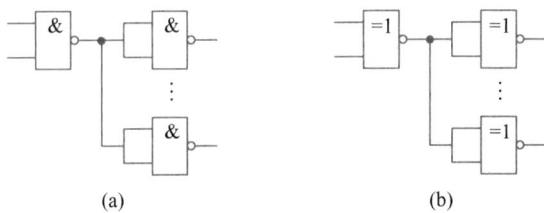

(a)   (b)

图 E1-3 习题 1-23 图

1-24 TTL 电路拉电流的负载能力小于 5mA,灌电流的负载能力小于 20mA,开门电平 $U_{ON} \leqslant 1.8\text{V}, I_{IL} = 1.4\text{mA}, I_{IH} = 40\mu\text{A}$,关门电平 $U_{OFF} > 0.8\text{V}$。说明图 E1-4 中的门电路连接是否正确,并阐述理由。

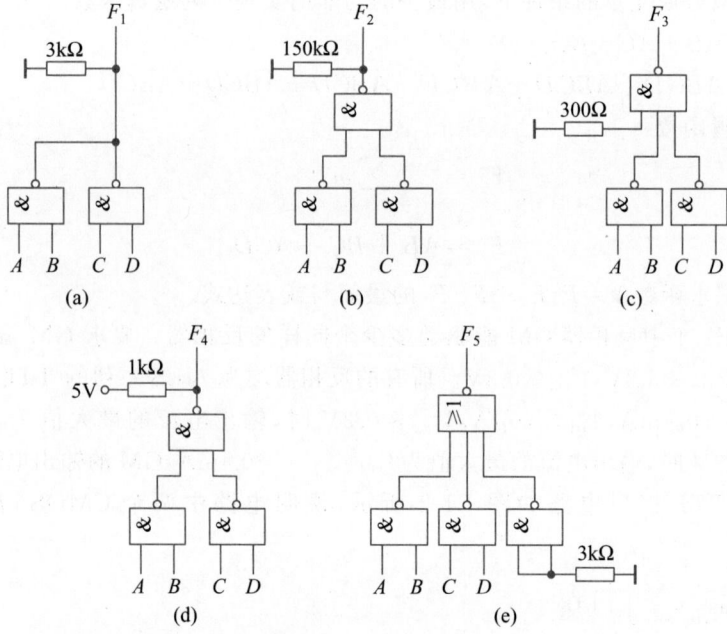

(a)

(b)

(c)

(d)

(e)

图 E1-4 习题 1-24 图

第 2 章

组合逻辑电路

数字逻辑电路按逻辑功能的不同特点可以分为组合逻辑电路和时序逻辑电路两大类。组合逻辑电路的特点是电路任意时刻的输出状态仅取决于输入信号的状态,而与该电路在此输入信号之前所具有的状态无关。

2.1 组合逻辑电路分析

所谓组合逻辑电路分析,就是根据给定的组合逻辑电路,确定输入信号和输出信号之间的逻辑关系,从而说明电路的功能。

组合逻辑电路分析的一般步骤如下:

(1) 根据电路图写出逻辑函数表达式。

(2) 化简逻辑函数表达式。

(3) 列出真值表。

(4) 由真值表说明电路的逻辑功能。

下面通过两个具体例子说明组合逻辑电路的分析方法。

例 2-1 分析如图 2-1 所示电路的逻辑功能。

解:该电路有两个输出端,它们的逻辑表达式为

$$F_1 = \overline{\overline{A\overline{B}}} = A\overline{B}$$

$$F_2 = \overline{A + \overline{B}} = \overline{A}B$$

由表达式列出其真值表,如表 2-1 所示。

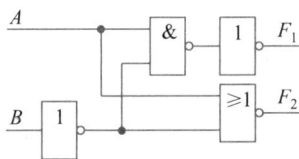

图 2-1 例 2-1 图

表 2-1 图 2-1 真值表

A	B	F_1	F_2
0	0	0	0
0	1	0	1
1	0	1	0
1	1	0	0

由表 2-1 可知:

- 当 $A=1,B=0$ 时，$F_1=1,F_2=0$。
- 当 $A=0,B=1$ 时，$F_1=0,F_2=1$。
- 当 $A=0,B=0$ 时，$F_1=0,F_2=0$。
- 当 $A=1,B=1$ 时，$F_1=0,F_2=0$。

综合起来，该逻辑电路可以实现一位数据比较器的功能：

- $A>B$ 时，$F_1F_2=10$。
- $A<B$ 时，$F_1F_2=01$。
- $A=B$ 时，$F_1F_2=00$。

例 2-2 分析如图 2-2 所示组合逻辑电路的功能。

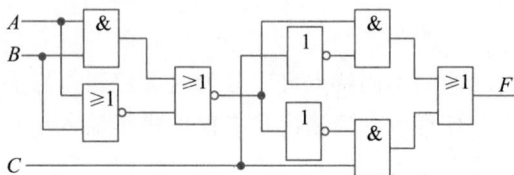

图 2-2 例 2-2 图

解：由图 2-2 写出 F 的逻辑函数式。

$$F = \overline{AB+\overline{\overline{A}+B}\,\overline{C}} + \overline{\overline{AB+\overline{A}+B}\,C}$$

$$= AB+\overline{A}\,\overline{B}\,\overline{C}+(AB+\overline{A}\,\overline{B})C$$

$$= (A\oplus B)\overline{C}+\overline{A\oplus B}\,C$$

$$= A\oplus B\oplus C$$

由逻辑式列出真值表，如表 2-2 所示。由真值表可知，当 A、B、C 3 个输入变量中有奇数个 1 时输出 $F=1$，否则输出 $F=0$，所以该电路是一个 3 位二进制数的判奇电路。

表 2-2 图 2-2 真值表

A	B	C	F	A	B	C	F
0	0	0	0	1	0	0	1
0	0	1	1	1	0	1	0
0	1	0	1	1	1	0	0
0	1	1	0	1	1	1	1

2.2 组合逻辑电路设计

组合逻辑电路设计是指根据要求完成的逻辑功能画出实现该功能的逻辑电路。

组合逻辑电路设计的一般步骤如下。

（1）列出真值表。这一任务是将文字描述的逻辑问题抽象为真值表的形式。具体方法是：首先分析事件的因果关系，确定输入变量和输出变量，把事件的起因定为输入变量，把事件的结果定为输出变量；其次对逻辑变量赋值，就是用二值逻辑的 0、1 两种状态分别表示输入变量和输出变量的两种不同状态;最后,根据给定的因果关系列出逻辑真值表。

（2）写出逻辑函数表达式。按照真值表直接写出输出函数逻辑表达式。

（3）对逻辑函数进行化简或变换。由真值表得到的逻辑函数表达式不一定是最简的,需要利用卡诺图法或代数法进一步化简,得到最简表达式。如果逻辑命题已经选定了器件,还需将最简式变换成相应的形式。

（4）根据简化的逻辑函数表达式画出逻辑电路图。

至此,原理性逻辑设计已经完成。在实际应用中,还需考虑实际工程问题,如门电路的扇入扇出系数是否满足集成电路的设计指标,整个电路的传输延迟是否满足设计要求,设计的电路中是否存在竞争冒险现象,等等,并最后选定合适的集成电路器件。

下面通过两个具体例子说明组合逻辑电路的设计方法。

例 2-3　设计一个举重裁判表决器。设举重有 3 个裁判,一个主裁判和两个副裁判。杠铃的完全举起由每一裁判按一下自己前面的按钮来判定。只有当两个裁判(其中必须有主裁判)判定成功,表示成功的灯才亮。

解：（1）列出真值表。

取主裁判、两个副裁判的判定为输入变量,分别以 A、B、C 表示,并规定判定成功为 1,否则为 0;Z 作为输出变量,表示"成功"与否($Z=1$ 表示成功)。

根据题意可列出如表 2-3 所示的真值表。

（2）写出逻辑函数表达式。

由表 2-3 知:

$$Z=A\bar{B}C+AB\bar{C}+ABC$$

（3）化简逻辑函数。

画出函数 Z 的卡诺图,如图 2-3 所示。由卡诺图知,函数 Z 的最简与或式为

$$Z=AB+AC$$

（4）根据化简结果画出逻辑电路图,如图 2-4 所示。

表 2-3　例 2-3 真值表

A	B	C	Z
0	0	0	0
0	0	1	0
0	1	0	0
0	1	1	0
1	0	0	0
1	0	1	1
1	1	0	1
1	1	1	1

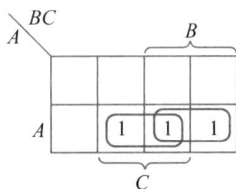

图 2-3　例 2-3 的卡诺图

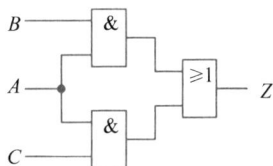

图 2-4　例 2-3 的逻辑电路图

例 2-4　用与非门设计一个交通信号灯故障监测电路。一组交通信号灯由红、绿、黄 3 种颜色的灯组成,任何时刻只有红灯单独亮、绿灯单独亮和黄灯加绿灯同时亮这 3 种情况为

正常情况,当其他情况出现时,电路发生故障,这时要求发出故障信号。

解:(1)分析题意,列出真值表。

取红、绿、黄 3 盏灯的状态为输入变量,分别以 R、G、Y 表示,并规定灯亮为"1",不亮时为"0";取故障信号为输出变量,用 Z 表示($Z=1$ 表示故障)。

根据题意可列出如表 2-4 所示的真值表。

表 2-4　例 2-4 真值表

R	G	Y	Z	R	G	Y	Z
0	0	0	1	1	0	0	0
0	0	1	1	1	0	1	1
0	1	0	0	1	1	0	1
0	1	1	0	1	1	1	1

(2)写出逻辑函数表达式。

由表 2-4 知:
$$Z = \bar{R}\bar{G}\bar{Y} + \bar{R}\bar{G}Y + R\bar{G}Y + RG\bar{Y} + RGY$$

(3)化简逻辑函数及变换。

画出函数 Z 的卡诺图,如图 2-5 所示。

由卡诺图知,函数 Z 的最简与或式为
$$Z = \bar{R}\bar{G} + RG + \bar{G}Y \tag{2-1}$$

由于设计要求用与非门实现,就应当将式(2-1)变换为与非-与非式。通常采用对与或表达式两次求反的方法,得到函数 Z 的与非-与非式如下:
$$Z = \overline{\overline{\bar{R}\bar{G}} \cdot \overline{RG} \cdot \overline{\bar{G}Y}} \tag{2-2}$$

(4)根据式(2-2)画出全部用与非门和反相器实现的逻辑电路,如图 2-6 所示。

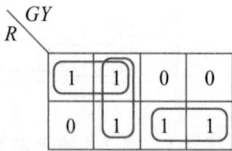

图 2-5　例 2-4 的卡诺图

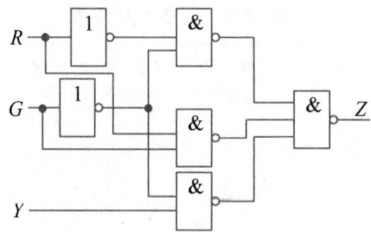

图 2-6　例 2-4 的逻辑电路图

2.3　组合逻辑电路中的竞争冒险

前面讨论的组合电路的分析和设计都是假定输入和输出信号处于稳定的逻辑电平下进行的。本节讨论当输入信号发生状态转换的瞬间电路可能出现的竞争冒险现象。

2.3.1 竞争冒险现象及其产生

若逻辑门电路两个输入信号同时向相反的逻辑电平变化,则称其存在竞争。首先看两个例子。

在图 2-7 的与门电路中,输入信号 A 由 1 变为 0 时,B 由 0 变为 1,由于波形边沿不陡,B 首先上升到阈值 V_T,而 A 还未下降到 V_T,从而在输出端出现了一个 $F=1$ 的尖峰脉冲。显然这个尖峰脉冲不符合门电路稳态下的逻辑功能。

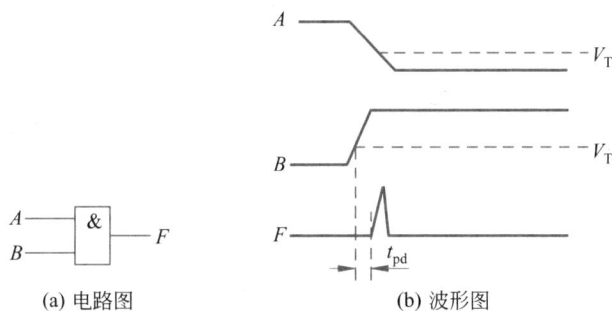

(a) 电路图　　　(b) 波形图

图 2-7　边沿不陡竞争产生尖峰脉冲

图 2-8 给出了一个信号 A 经两条途径传输到或门输入的情况,按照电路逻辑函数式,输出 F 应恒为 1,但由于门的传输延迟时间 t_{pd} 的影响,$\overline{A}$ 由 0 变为 1 较 A 由 1 变为 0 滞后一个 t_{pd} 时间,使得输出产生一个 $F=0$ 的尖峰脉冲。

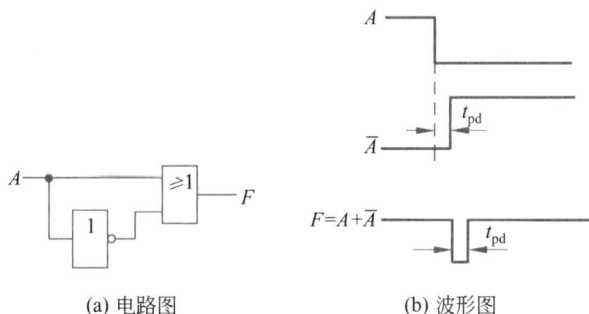

(a) 电路图　　　(b) 波形图

图 2-8　信号经不同路径传输竞争产生尖峰脉冲

应当指出,有竞争现象时不一定都产生尖峰脉冲。例如,在图 2-8 中,当信号 A 由 0 变为 1 时,因为 $\overline{A}$ 由 1 变为 0 滞后于 A 由 0 变为 1,故 F 恒为 1,不会产生尖峰脉冲。

把由于竞争而在门电路的输出端产生尖峰脉冲的现象称为竞争冒险现象。

2.3.2 检查竞争冒险

在输入变量每次只有一个改变状态的简单情况下,可以通过逻辑表达式判断电路中是否存在竞争冒险现象。只要输出端的逻辑函数表达式在一定条件下能简化成 $F=A+\overline{A}$ 或 $F=A\overline{A}$,则可判定存在竞争冒险现象。例如,一个组合逻辑电路的逻辑表达式为 $F=AB+\overline{A}C$,当取 $B=C=1$ 时,有 $F=A+\overline{A}$,因此可以判断该电路存在竞争冒险现象。

2.3.3 消除竞争冒险的方法

1. 修改逻辑设计

适当修改逻辑电路,可以消除某些竞争冒险现象。对于上面例子中存在竞争冒险的电路,根据常用布尔公式

$$F = AB + \overline{A}C + BC = AB + \overline{A}C$$

可对表达式进行修改,在 $F = AB + \overline{A}C$ 中增加了 BC 项以后,函数关系不变,但当 $B = C = 1$ 时,输出 F 恒为 1,把电路按 $F = AB + \overline{A}C + BC$ 修改,即可消除竞争冒险现象。

因为 BC 对于 F 是冗余项,这种修改逻辑设计的方法也称为增加冗余项方法。

2. 加选通脉冲

在电路输出端加选通脉冲 P,只有在接收了输入信号并且电路达到了新的稳态之后才有选通脉冲 $P = 1$,允许电路输出,这时的输出不会有尖峰脉冲,避免了竞争冒险。

3. 接滤波电容

因为竞争冒险产生一个尖峰脉冲,这个尖峰脉冲宽度通常在几十 ns 以内,所以可在电路输出端加一个小电容,消除竞争冒险产生的尖峰脉冲。

2.4 常用的中规模组合逻辑标准器件

2.4.1 数据选择器

数据选择器是多路输入、单路输出的组合逻辑器件,通常称为多路转换器或多路开关。

1. 数据选择器的工作原理

图 2-9 给出了双四选一数据选择器 74LS153 的逻辑电路图。

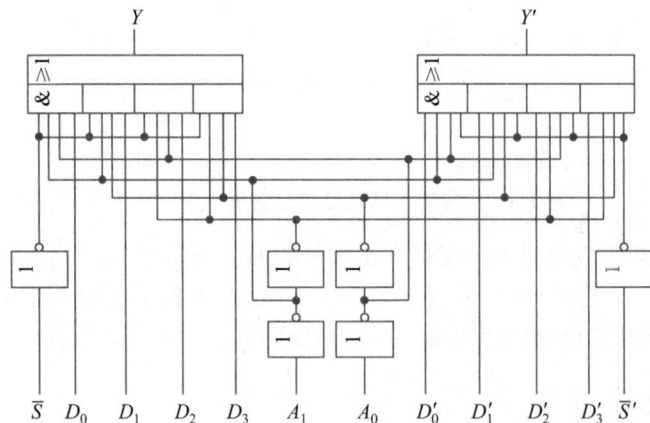

图 2-9 数据选择器 74LS153 的逻辑电路图

74LS153 集成了两个完全相同的四选一数据选择器。对其中一个选择器而言,D_0、D_1、D_2、D_3 为四路数据输入。Y 为一路数据输出。A_0、A_1 为地址输入端,通过给定不同的地址信号(A_0、A_1 有 4 种取值组合),实现对四路输入数据的选择。$\overline{S}$ 是附加控制端,用于控制电路工作状态和扩展功能,仅当 $\overline{S}$ 为低电平时数据选择器工作。数据选择器 74LS153 的逻

辑功能如表 2-5 所示。其中符号×表示任意状态,1 表示高电平,0 表示低电平。

表 2-5　数据选择器 74LS153 的逻辑功能

选 择 输 入		数 据 输 入				输 出 控 制	输　　出
A_1	A_0	D_0	D_1	D_2	D_3	$\overline{S}$	Y
×	×	×	×	×	×	1	0
0	0	D_0	×	×	×	0	D_0
0	1	×	D_1	×	×	0	D_1
1	0	×	×	D_2	×	0	D_2
1	1	×	×	×	D_3	0	D_3

如果用逻辑函数式表示四选一数据选择器电路输出与输入间的逻辑关系,则得到

$$Y = \overline{A_1}\,\overline{A_0}D_0 + \overline{A_1}A_0D_1 + A_1\overline{A_0}D_2 + A_1A_0D_3$$

常见的数据选择器除四选一以外,还有二选一、八选一、十六选一等几种,它们的工作原理与四选一数据选择器类似,只是数据输入端和地址输入端的数目各不相同而已。

例 2-5　用双四选一数据选择器 74LS153 扩展为一个八选一数据选择器。

解:八选一数据选择器应有 8 个数据输入端和 3 个地址输入端。两个四选一数据选择器可以提供 8 个数据输入端,但只有两个地址输入端 A_1、A_0,为此,需借用控制端 $\overline{S}$ 作为第三位地址输入端 A_2。A_2 接 $\overline{S}$,$\overline{A_2}$接$\overline{S}'$,从而实现 $A_2=0$ 时从 $D_0 \sim D_3$ 中选择一个数据输出,$\overline{A_2}=1$ 时从 $D_4 \sim D_7$ 中选择一个数据输出。两个四选一数据选择器的两个输出端相或作为八选一数据选择器的输出。由此得如图 2-10 所示的八选一数据选择器。

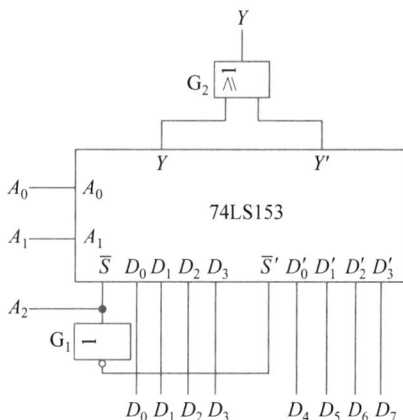

图 2-10　用双四选一数据选择器扩展而成的八选一数据选择器

2. 用数据选择器设计逻辑函数

例 2-6　用八选一数据选择器实现 $Y = A\overline{B} + BC + \overline{A}\,\overline{C}$。

解:八选一数据选择器的输出函数表达式为

$$Y = \overline{A_2}\,\overline{A_1}\,\overline{A_0}D_0 + \overline{A_2}\,\overline{A_1}A_0D_1 + \overline{A_2}A_1\,\overline{A_0}D_2 + \overline{A_2}A_1A_0D_3 +$$
$$A_2\,\overline{A_1}\,\overline{A_0}D_4 + A_2\,\overline{A_1}A_0D_5 + A_2A_1\,\overline{A_0}D_6 + A_2A_1A_0D_7$$

若令 A_2、A_1、A_0 分别表示 3 个变量 A、B、C,而 $D_0 \sim D_7$ 适当取 0 或 1,则八选一数据选择器可实现任意一个三变量的逻辑函数。

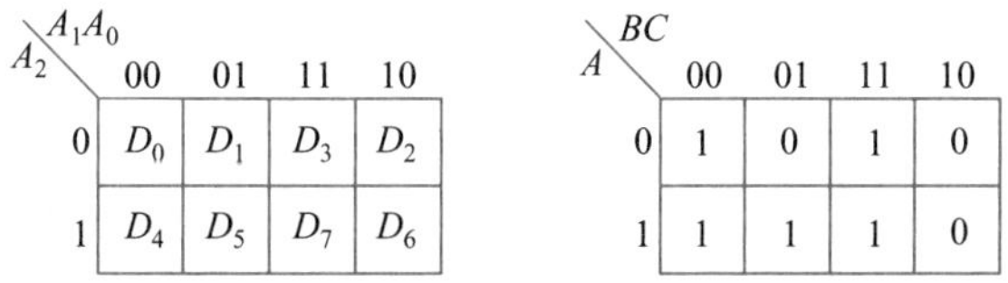

A_2＼A_1A_0	00	01	11	10
0	D_0	D_1	D_3	D_2
1	D_4	D_5	D_7	D_6

A＼BC	00	01	11	10
0	1	0	1	0
1	1	1	1	0

(a) 八选一数据选择器输出卡诺图　　(b) 函数 Y 的卡诺图

图 2-11　例 2-6 图

作出八选一数据选择器输出卡诺图和函数 Y 的卡诺图分别如图 2-11(a)、(b)所示,为使两个卡诺图相等,应该有 $D_0=D_3=D_4=D_5=D_7=1,D_1=D_2=D_6=0$。

用八选一数据选择器实现逻辑函数 $Y=A\bar{B}+BC+\bar{A}C$ 的电路原理图如图 2-12 所示。

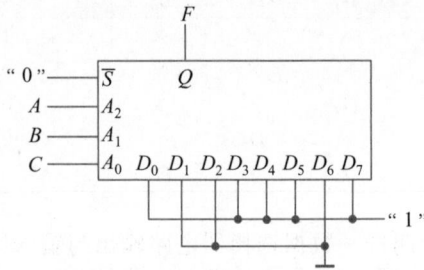

图 2-12　用八选一数据选择器实现逻辑函数 $Y=A\bar{B}+BC+\bar{A}C$ 的电路原理图

例 2-7　用四选一数据选择器实现 $Y=A\bar{B}+BC+\bar{A}C$。

解：四选一数据选择器的输出函数为

$$Y=\bar{A_1}\,\bar{A_0}D_0+\bar{A_1}A_0D_1+A_1\,\bar{A_0}D_2+A_1A_0D_3$$

由于四选一数据选择器只有两个地址输入端,为实现三变量函数,只能从 3 个变量中选择两个变量作为地址输入,另一个变量则作为数据输入。

令 $A=A_1,B=A_0$,作出四选一数据选择器的输出卡诺图和函数 Y 的二变量卡诺图分别如图 2-13(a)、(b)所示。

为使两个卡诺图相等,应该有 $D_0=\bar{C},D_1=1,D_2=1,D_3=C$,用四选一数据选择器实现逻辑函数 $Y=A\bar{B}+BC+\bar{A}C$ 的电路原理图如图 2-14 所示。

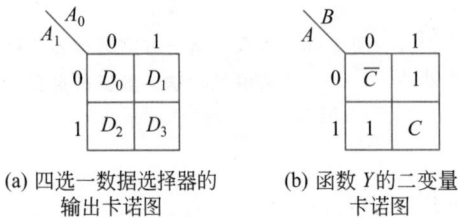

(a) 四选一数据选择器的
输出卡诺图

(b) 函数 Y 的二变量
卡诺图

图 2-13　例 2-7 图

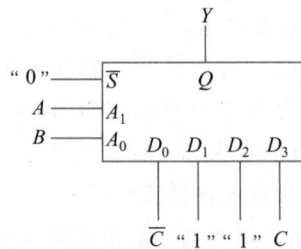

图 2-14　用四选一数据选择器实现逻辑函数
$Y=A\bar{B}+BC+\bar{A}C$ 的电路原理图

2.4.2　译码器

实现译码功能的组合逻辑电路称为译码器。它的输入是一组二进制码,输出是一组高低电平信号,输入与输出有一一对应的关系。译码器是计算机中最常用的逻辑部件之一。

1. 二进制译码器

常用的二进制译码器标准组件有双 2-4 线译码器、3-8 线译码器、4-16 线译码器等。

74LS138 是 3-8 线译码器,其逻辑电路如图 2-15 所示。

A_2、A_1、A_0 为 3 个二进制码数据输入端,$\overline{Y_0}\sim\overline{Y_7}$ 为 8 个数据输出端,S_1、$\overline{S_2}$、$\overline{S_3}$ 为 3 个

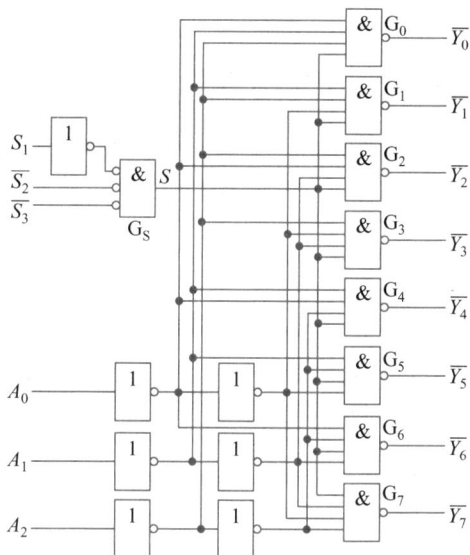

图 2-15 译码器 74LS138 的逻辑电路

输入控制端。只有在 $S_1=1$，$\overline{S_2}=\overline{S_3}=0$ 时，译码器才处于译码状态；否则，译码器将处于禁止状态，所有输出端都为高电平。其功能如表 2-6 所示。进行译码的 3 个输入信号共有 8 种组合，对应一组输入信号组合，输出中只有一个是低电平。例如，$A_2A_1A_0=000$ 时，$\overline{Y_0}=0$，其余为高；$A_2A_1A_0=111$ 时，$\overline{Y_7}=0$，其余为高。

表 2-6 74LS138 的功能

输 入					输 出							
S_1	$\overline{S_2}+\overline{S_3}$	A_2	A_1	A_0	$\overline{Y_0}$	$\overline{Y_1}$	$\overline{Y_2}$	$\overline{Y_3}$	$\overline{Y_4}$	$\overline{Y_5}$	$\overline{Y_6}$	$\overline{Y_7}$
0	×	×	×	×	1	1	1	1	1	1	1	1
×	1	×	×	×	1	1	1	1	1	1	1	1
1	0	0	0	0	0	1	1	1	1	1	1	1
1	0	0	0	1	1	0	1	1	1	1	1	1
1	0	0	1	0	1	1	0	1	1	1	1	1
1	0	0	1	1	1	1	1	0	1	1	1	1
1	0	1	0	0	1	1	1	1	0	1	1	1
1	0	1	0	1	1	1	1	1	1	0	1	1
1	0	1	1	0	1	1	1	1	1	1	0	1
1	0	1	1	1	1	1	1	1	1	1	1	0

需要指出的是，S_1、$\overline{S_2}$、$\overline{S_3}$ 不仅控制 74LS138 是否处于工作状态，还可以用于功能扩展端，例如可以用两片 3-8 线译码器 74LS138 接成 4-16 线译码器。

2. BCD 码七段显示译码器

在数字系统中，常常需要将运算结果用人们习惯的十进制数码直接显示出来，这就要用到显示译码器。图 2-16 为七段数码管显示译码器 74LS48 系统原理。

1）七段数码管显示器

七段数码管显示器中的每个线段都是一个发光二极管（另有一个小数点显示）。当外加

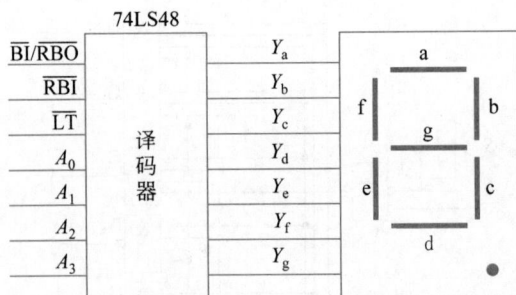

图 2-16　七段数码管显示译码器 74LS48 系统原理

正向电压时,发光二极管可以将电能转换成光能,从而发出光线。七段数码管显示器按发光二极管公共端的不同分共阳极和共阴极两种。对于共阴极七段码显示器,点亮一段时,该段逻辑电平为"1"。即,当 $Y_a \sim Y_g$ 中某一个或几个为高电平时,相应的发光二极管导通,便显示出 $0 \sim 9$ 的数字。

2) 显示译码器

74LS48 是二-十进制 BCD 码译码器。它将 8421BCD 码译成 $Y_a \sim Y_g$,并对数码管进行驱动。$A_3 A_2 A_1 A_0$ 为 4 位二进制码输入,有 $0000 \sim 1001$ 共 10 种组合。$Y_a \sim Y_g$ 为 7 个输出,对应 7 个发光二极管。当控制信号有效时,$A_3 \sim A_0$ 输入一组二进制码,$Y_a \sim Y_g$ 输出端便有相应的输出,电路实现正常译码。例如,$A_3 A_2 A_1 A_0 = 0000$ 时,显示 0($Y_g = 0$,其余为 1);$A_3 A_2 A_1 A_0 = 0101$ 时,显示 5($Y_b = Y_e = 0$,其余为 1);$A_3 A_2 A_1 A_0 = 1001$ 时,显示 9($Y_e = Y_d = 0$,其余为 1)。图 2-17 为 74LS48 的逻辑电路。表 2-7 给出了 74LS48 的功能。

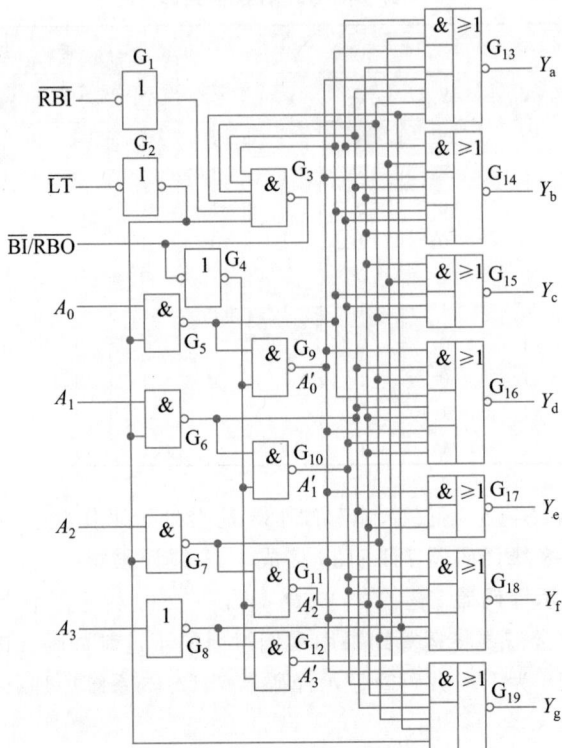

图 2-17　74LS48 的逻辑电路

表 2-7　74LS48 的功能

输　　入						$\overline{\text{BI}}/\overline{\text{RBO}}$	输　　出							显示
$\overline{\text{LT}}$	$\overline{\text{RBI}}$	A_3	A_2	A_1	A_0		Y_a	Y_b	Y_c	Y_d	Y_e	Y_f	Y_g	数字
1	1	0	0	0	0	1	1	1	1	1	1	1	0	0
1	×	0	0	0	1	1	0	1	1	0	0	0	0	1
1	×	0	0	1	0	1	1	1	0	1	1	0	1	2
1	×	0	0	1	1	1	1	1	1	1	0	0	1	3
1	×	0	1	0	0	1	0	1	1	0	0	1	1	4
1	×	0	1	0	1	1	1	0	1	1	0	1	1	5
1	×	0	1	1	0	1	0	0	1	1	1	1	1	6
1	×	0	1	1	1	1	1	1	1	0	0	0	0	7
1	×	1	0	0	0	1	1	1	1	1	1	1	1	8
1	×	1	0	0	1	1	1	1	1	0	0	1	1	9
×	×	×	×	×	×	0	0	0	0	0	0	0	0	
1	0	0	0	0	0	0	0	0	0	0	0	0	0	
0	×	×	×	×	×	1	1	1	1	1	1	1	1	

74LS48 除了对 8421BCD 码进行译码外,还有如下附加控制功能。

(1) 灯测试输入 $\overline{\text{LT}}$。这是为检查数码管各段是否能正常发光而设置的。当 $\overline{\text{LT}}=0$ 时,无论输入 $A_3A_2A_1A_0$ 为何种状态,$Y_a \sim Y_g$ 全部置为 1。因此,正常译码时应置 $\overline{\text{LT}}=1$。

(2) 灭零输入 $\overline{\text{RBI}}$。这是为使不希望显示的零熄灭而设置的。当 $A_3A_2A_1A_0=0000$ 且 $\overline{\text{RBI}}=0$ 时,则灭灯。

(3) 灭灯输入 $\overline{\text{BI}}$。这是为控制灭灯而设置的。只要加入灭灯输入 $\overline{\text{BI}}=0$,无论 $A_3A_2A_1A_0$ 状态是什么,$Y_a \sim Y_g$ 全部置为 0,将数码管各段同时熄灭。

(4) 灭零输出 $\overline{\text{RBO}}$。它和灭灯输入 $\overline{\text{BI}}$ 共用一条引出线,故标示为 $\overline{\text{BI}}/\overline{\text{RBO}}$。只有当输入 $A_3A_2A_1A_0=0000$ 且灭零输入 $\overline{\text{RBI}}=0$ 时,$\overline{\text{RBO}}$ 才给出低电平,因此灭零输出 $\overline{\text{RBO}}=0$ 表示译码器将本来应该显示的零熄灭了。

2.4.3　编码器

在数字系统中,将要处理的数据或信息编成若干位二进制码,这一过程称为编码。完成编码工作的数字电路称为编码器。编码器有若干输入端,在某一时刻只有一个输入信号被转换为二进制码。

1. 二进制优先编码器

二进制优先编码器是将输入的数字信息转换为二进制码输出的电路,它允许多个输入信号同时有效,但只对一个优先级最高的输入信号进行编码。8-3 线优先编码器 74LS148 就是具有这种功能的典型代表,其逻辑电路如图 2-18 所示。图 2-18 中用虚线框将数据信号和使能信号分开了。

$\overline{I_0} \sim \overline{I_7}$ 为编码输入端,$\overline{Y_2}$、$\overline{Y_1}$、$\overline{Y_0}$ 为 3 位二进制码输出端,$\overline{S}$ 为控制输入端。74LS148 的功能如表 2-8 所示。

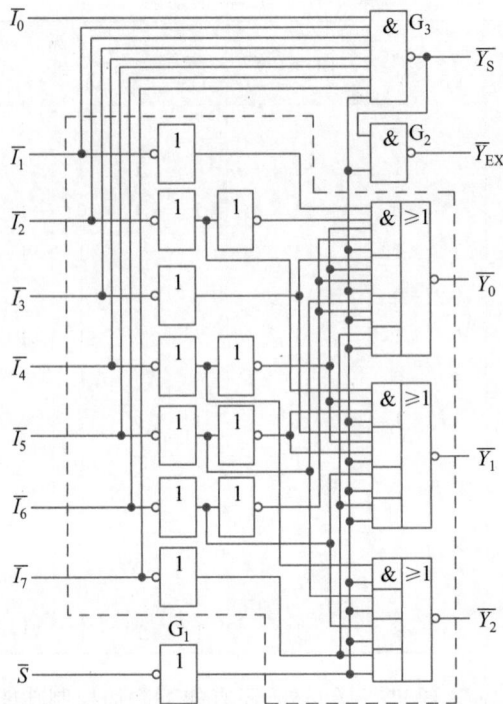

图 2-18　8-3 线优先编码器 74LS148 的逻辑电路

表 2-8　74LS148 的功能

输　入									输　出				
$\bar{S}$	$\overline{I_0}$	$\overline{I_1}$	$\overline{I_2}$	$\overline{I_3}$	$\overline{I_4}$	$\overline{I_5}$	$\overline{I_6}$	$\overline{I_7}$	$\overline{Y_2}$	$\overline{Y_1}$	$\overline{Y_0}$	$\overline{Y_S}$	$\overline{Y_{EX}}$
1	×	×	×	×	×	×	×	×	1	1	1	1	1
0	1	1	1	1	1	1	1	1	1	1	1	0	1
0	×	×	×	×	×	×	×	0	0	0	0	1	0
0	×	×	×	×	×	×	0	1	0	0	1	1	0
0	×	×	×	×	×	0	1	1	0	1	0	1	0
0	×	×	×	×	0	1	1	1	0	1	1	1	0
0	×	×	×	0	1	1	1	1	1	0	0	1	0
0	×	×	0	1	1	1	1	1	1	0	1	1	0
0	×	0	1	1	1	1	1	1	1	1	0	1	0
0	0	1	1	1	1	1	1	1	1	1	1	1	0

　　从表 2-8 可以看出,输入和输出都是低电平有效。在 $\bar{S}=0$ 时,编码器正常工作;而在 $\bar{S}=1$ 时,输出均为 1,不进行编码。允许 $\overline{I_0}\sim\overline{I_7}$ 当中同时有几个输入端有编码输入信号(即为低电平),当 $\overline{I_7}=0$ 时,无论其他输入端有无信号,输出端只给出 $\overline{I_7}$ 的编码,即 $\overline{Y_2}\ \overline{Y_1}\ \overline{Y_0}=000$。当 $\overline{I_7}=1$、$\overline{I_6}=0$ 时,只对 $\overline{I_6}$ 编码,输出为 $\overline{Y_2}\ \overline{Y_1}\ \overline{Y_0}=001$。由此可见,$\overline{I_7}$ 优先级最高,$\overline{I_0}$ 优先级最低。

　　$\overline{Y_S}$ 为选通输出端。当 $\bar{S}=0$ 且无有效信号输入(即所有的编码输入端都是高电平)时,$\overline{Y_S}=0$;否则为 1。因此,$\overline{Y_S}$ 的低电平输出信号表示"电路工作,但无编码输入"。$\overline{Y_{EX}}$ 为扩展输出端。当 $\bar{S}=0$ 且有输入信号时，$\bar{Y}_{EX}=0$；否则为 1。因此，$\bar{Y}_{EX}$ 的低电平输出信号表示"电路工作，而且有编码输入"。利用 $\bar{S}$、$\bar{Y}_S$ 和 $\bar{Y}_{EX}$ 可以实现电路功能扩展，例如，用两片 74LS148 可扩展成 16-4 线优先编码器。

2. 二-十进制优先编码器

除了二进制优先编码器外，还有一类常用的编码器是二-十进制优先编码器。它将 10 个输入信号分别编成 10 个 BCD 代码。图 2-19 是二-十进制优先编码器 74LS147 的逻辑电路。

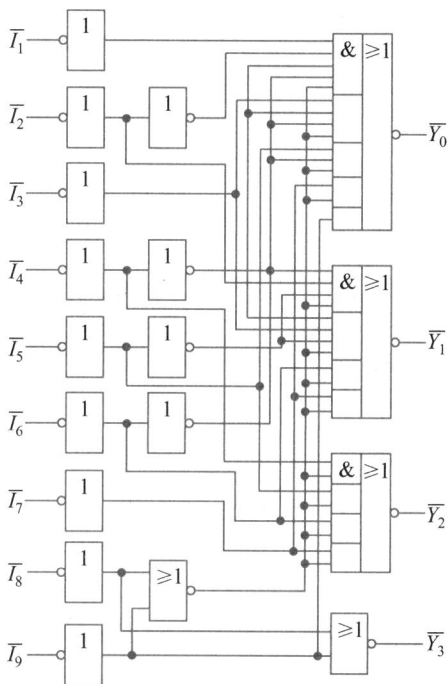

图 2-19 二-十进制优先编码器 74LS147 的逻辑电路

在图 2-19 中，$\bar{I}_1 \sim \bar{I}_9$ 是信号输入端，$\bar{Y}_0 \sim \bar{Y}_3$ 是信号输出端，根据逻辑电路可写出逻辑表达式：

$$\overline{Y}_3 = \overline{I_8 + I_9}$$

$$\overline{Y}_2 = \overline{I_7\,\overline{I_8}\,\overline{I_9} + I_6\,\overline{I_8}\,\overline{I_9} + I_5\,\overline{I_8}\,\overline{I_9} + I_4\,\overline{I_8}\,\overline{I_9}}$$

$$\overline{Y}_1 = \overline{I_7\,\overline{I_8}\,\overline{I_9} + I_6\,\overline{I_8}\,\overline{I_9} + I_3\,\overline{I_4}\,\overline{I_5}\,\overline{I_8}\,\overline{I_9} + I_2\,\overline{I_4}\,\overline{I_5}\,\overline{I_8}\,\overline{I_9}}$$

$$\overline{Y}_0 = \overline{I_9 + I_7\,\overline{I_8}\,\overline{I_9} + I_5\,\overline{I_6}\,\overline{I_8}\,\overline{I_9} + I_3\,\overline{I_4}\,\overline{I_6}\,\overline{I_8}\,\overline{I_9} + I_1\,\overline{I_2}\,\overline{I_4}\,\overline{I_6}\,\overline{I_8}\,\overline{I_9}}$$

由上面的表达式可得到 74LS147 的功能，如表 2-9 所示。可见，$\bar{I}_9$ 优先级最高，$\bar{I}_1$ 优先级最低，编码器的输出是反码形式的 BCD 码。

由表 2-9 的第一行可见，当所有输入端都为高电平时，其输出 $\bar{Y}_3\,\bar{Y}_2\,\bar{Y}_1\,\bar{Y}_0=1111$，即反码形式的 8421BCD 码 0。因此这里隐含了一个输入信号 0，这样就实现了把 0～9 这 10 个十进制数转换成 8421BCD 码。

表 2-9 74LS147 的功能

			输　　入								输　　出		
$\overline{I_1}$	$\overline{I_2}$	$\overline{I_3}$	$\overline{I_4}$	$\overline{I_5}$	$\overline{I_6}$	$\overline{I_7}$	$\overline{I_8}$	$\overline{I_9}$	$\overline{Y_3}$	$\overline{Y_2}$	$\overline{Y_1}$	$\overline{Y_0}$
1	1	1	1	1	1	1	1	1	1	1	1	1
×	×	×	×	×	×	×	×	0	0	1	1	0
×	×	×	×	×	×	×	0	1	0	1	1	1
×	×	×	×	×	×	0	1	1	1	0	0	0
×	×	×	×	×	0	1	1	1	1	0	0	1
×	×	×	×	0	1	1	1	1	1	0	1	0
×	×	×	0	1	1	1	1	1	1	0	1	1
×	×	0	1	1	1	1	1	1	1	1	0	0
×	0	1	1	1	1	1	1	1	1	1	0	1
0	1	1	1	1	1	1	1	1	1	1	1	0

2.4.4　数据比较器

在数字系统中,经常需要比较两个数的大小。用来完成两个二进制码大小比较的组合逻辑电路称为数据比较器。

设 A、B 为两个 4 位二进制码,$A=A_3A_2A_1A_0$,$B=B_3B_2B_1B_0$,比较这两个二进制码的大小要从最高位开始比较至最低位。先比较 A_3 和 B_3,假设 $A_3=1$,$B_3=0$,则 $A_3>B_3$,可确定 $A>B$;反之 $A<B$。如果 $A_3=B_3$,则必须比较次高位,由次高位码的大小确定 A 和 B 的大小。例如有 $A_2>B_2$ 可确定 $A>B$;反之 $A<B$。如果 $A_2=B_2$,则再比较下一位,直到得出 A、B 的比较结果,最终的结果是 $A=B$、$A>B$ 和 $A<B$ 这 3 种情况之一。74LS85 是 4 位数据比较器,图 2-20 是它的逻辑电路,表 2-10 是它的功能。

表 2-10　4 位比较器 74LS85 的功能

	比　较　输　入				级　联　输　入			输　　出	
A_3,B_3	A_2,B_2	A_1,B_1	A_0,B_0	$(A<B)_i$	$(A=B)_i$	$(A>B)_i$	$(A<B)_o$	$(A=B)_o$	$(A>B)_o$
$A_3>B_3$	$\varnothing$	$\varnothing$	$\varnothing$	$\varnothing$	$\varnothing$	$\varnothing$	0	0	1
$A_3<B_3$	$\varnothing$	$\varnothing$	$\varnothing$	$\varnothing$	$\varnothing$	$\varnothing$	1	0	0
$A_3=B_3$	$A_2>B_2$	$\varnothing$	$\varnothing$	$\varnothing$	$\varnothing$	$\varnothing$	0	0	1
$A_3=B_3$	$A_2<B_2$	$\varnothing$	$\varnothing$	$\varnothing$	$\varnothing$	$\varnothing$	1	0	0
$A_3=B_3$	$A_2=B_2$	$A_1>B_1$	$\varnothing$	$\varnothing$	$\varnothing$	$\varnothing$	0	0	1
$A_3=B_3$	$A_2=B_2$	$A_1<B_1$	$\varnothing$	$\varnothing$	$\varnothing$	$\varnothing$	1	0	0
$A_3=B_3$	$A_2=B_2$	$A_1=B_1$	$A_0>B_0$	$\varnothing$	$\varnothing$	$\varnothing$	0	0	1
$A_3=B_3$	$A_2=B_2$	$A_1=B_1$	$A_0<B_0$	$\varnothing$	$\varnothing$	$\varnothing$	1	0	0
$A_3=B_3$	$A_2=B_2$	$A_1=B_1$	$A_0=B_0$	0	0	1	0	0	1
$A_3=B_3$	$A_2=B_2$	$A_1=B_1$	$A_0=B_0$	1	0	0	1	0	0
$A_3=B_3$	$A_2=B_2$	$A_1=B_1$	$A_0=B_0$	$\varnothing$	1	$\varnothing$	0	1	0
$A_3=B_3$	$A_2=B_2$	$A_1=B_1$	$A_0=B_0$	1	0	1	0	0	0
$A_3=B_3$	$A_2=B_2$	$A_1=B_1$	$A_0=B_0$	0	0	0	1	0	1

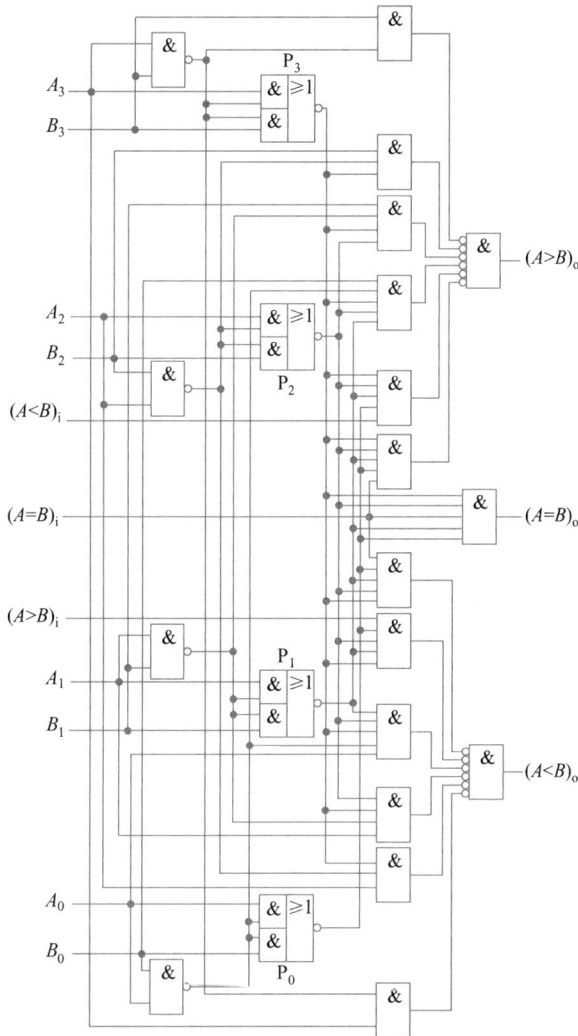

图 2-20　4 位数据比较器 74LS85 的逻辑电路

$A_3 \sim A_0$、$B_3 \sim B_0$ 是两个 4 位二进制输入数据，$(A<B)_i$，$(A=B)_i$，$(A>B)_i$ 是三个控制输入信号（又称级联输入信号），$(A<B)_o$，$(A=B)_o$，$(A>B)_o$ 是比较器输出信号，3 个输出中只有一个呈高电平，代表两组数据的比较结果。由图 2-20 可得到

$$P_3 = A_3 \odot B_3$$
$$P_2 = A_2 \odot B_2$$
$$P_1 = A_1 \odot B_1$$
$$P_0 = A_0 \odot B_0$$

则有

$$(A<B)_o = \overline{\overline{B_3 \overline{A_3 B_3}} + B_2 \overline{A_2 B_2} P_3 + B_1 \overline{A_1 B_1} P_3 P_2 | B_0 \overline{A_0 B_0} P_3 P_2 P_1 + P_3 P_2 P_1 P_0 (A<B)_i + P_3 P_2 P_1 P_0 (A=B)_i}$$

$$(A=B)_o = \overline{P_0 P_1 P_2 P_3 (A=B)_i}$$

$$(A>B)_o = \overline{\overline{A_3 \overline{A_3 B_3}} + A_2 \overline{A_2 B_2} P_3 + A_1 \overline{A_1 B_1} P_3 P_2 + A_0 \overline{A_0 B_0} P_3 P_2 P_1 + P_3 P_2 P_1 P_0 (A>B)_i + P_3 P_2 P_1 P_0 (A=B)_i}$$

由于逻辑图和逻辑表达式都比较复杂，因此不容易直观清晰地看出输出与输入之间的

关系。表 2-10 更清楚地展示了输出与输入之间的关系。

从表 2-10 可以看出,当 $A_3 \sim A_0$ 与 $B_3 \sim B_0$ 分别对应相等时,比较器输出与级联输入有关;否则,输出与级联输入无关。在进行 4 位数比较时,必须将级联输入$(A<B)_i$,$(A>B)_i$接地,$(A=B)_i$接高电平。利用级联输入信号可以扩展比较数字信号的位数。图 2-21 表示利用两片 74LS85 组成 8 位数据比较器的连接图。比较数据按高 4 位和低 4 位同时加到两个比较器的相应输出端,低 4 位比较器的输出端接到高 4 位比较器的级联输入端。比较结果由高 4 位比较器的输出端输出。当比较的二进制码数位更多时,可采用同样的方法处理,但是级联越多,处理速度越慢。

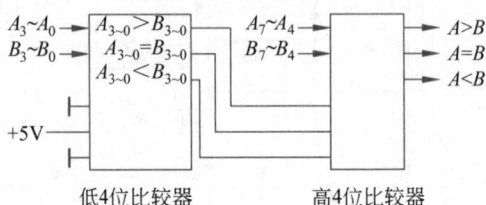

图 2-21　两片 74LS85 组成的 8 位数据比较器

2.4.5　加法器

加法运算是计算机中最基本的运算,实现加法运算的组合逻辑器件称为加法器。加法器是构成算术运算器的基本单元。加法器按进位信号产生的方法不同可分为串行加法器和并行加法器。

1. 全加器

实现带进位的一位数加法的器件称为全加器。每一个全加器有 3 个输入(加数 A_i、被加数 B_i 和低位的进位信号 C_{i-1})、两个输出(和数 S_i、向高位的进位信号 C_i)。根据二进制加法的基本原理可得到全加器的真值表,如表 2-11 所示。由真值表可得 S_i 和 C_i 的逻辑表达式:

$$S_i = A_i \oplus B_i \oplus C_{i-1} \tag{2-3}$$

$$C_i = A_i B_i + A_i C_{i-1} + B_i C_{i-1} = A_i B_i + (A_i \oplus B_i) C_{i-1} \tag{2-4}$$

表 2-11　全加器的真值表

输　入			输　出		输　入			输　出	
A_i	B_i	C_{i-1}	S_i	C_i	A_i	B_i	C_{i-1}	S_i	C_i
0	0	0	0	0	1	0	0	1	0
0	0	1	1	0	1	0	1	0	1
0	1	0	1	0	1	1	0	0	1
0	1	1	0	1	1	1	1	1	1

用门电路实现的全加器逻辑电路如图 2-22(a)所示,符号如图 2-22(b)所示。

2. 串行进位加法器

串行进位加法器由多个全加器串行连接而成,实现多位二进制数的加法。图 2-23 是 4 位串行进位加法器原理。

该加法器进位按逐级串行传输方式进行。由于各个进位的产生依赖于低位的进位,因

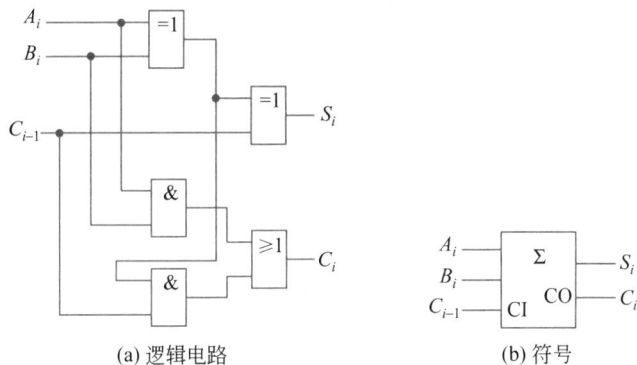

(a) 逻辑电路　　　　　　(b) 符号

图 2-22　全加器逻辑电路和符号

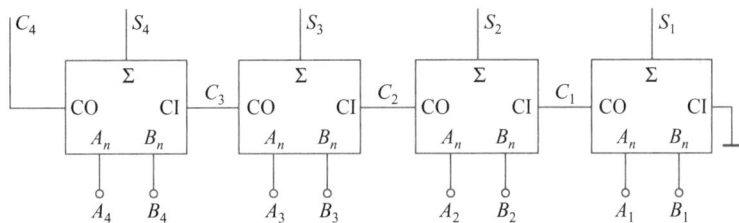

图 2-23　4 位串行进位加法器原理

此,该加法器运算速度慢,位数越多,所需时间越长,严重影响计算机的运算速度。

3. 超前进位并行加法器

为了提高加法器的运算速度,必须设法消除由于进位信号逐级传递所耗费的时间,因此又出现了超前进位并行加法器,使每位的进位只与低位的加数和被加数有关,不依赖于低位的进位。

设两个加数 $A = A_4 A_3 A_2 A_1$,$B = B_4 B_3 B_2 B_1$,则每位的和 S_i 及进位 C_i 的表达式如式(2-3)和式(2-4)所示。若把式(2-4)中的 $A_i B_i$ 和 $A_i \oplus B_i$ 看作两个中间变量,令 $G_i = A_i B_i$,$P_i = A_i \oplus B_i$,则式(2-3)和式(2-4)可写为

$$S_i = P_i \oplus C_{i-1} \tag{2-5}$$

$$C_i = G_i + P_i C_{i-1} \tag{2-6}$$

从式(2-6)可得各位进位信号的逻辑表达式:

$$C_1 = G_1 + P_1 C_0$$

$$C_2 = G_2 + P_2 C_1 = G_2 + P_2 G_1 + P_2 P_1 C_0$$

$$C_3 = G_3 + P_3 C_2$$

$$= G_3 + P_3 G_2 + P_3 P_2 P_1 G_1 + P_3 P_2 P_1 C_0$$

$$C_4 = G_4 + P_4 C_3$$

$$= G_4 + P_4 G_3 + P_4 P_3 G_2 + P_4 P_3 P_2 G_1 +$$

$$P_4 P_3 P_2 P_1 C_0$$

可以看到,C_1、C_2、C_3、C_4 只与 G_i、P_i 和 C_0 有关,最低位的进位信号 C_0 可以直接传送到最高位 C_4、S_4 等各位上,这称为超前进位或并行进位,从而使加法器的运算速度大大加

快了。超前进位加法器 74LS283 的逻辑电路如图 2-24 所示。

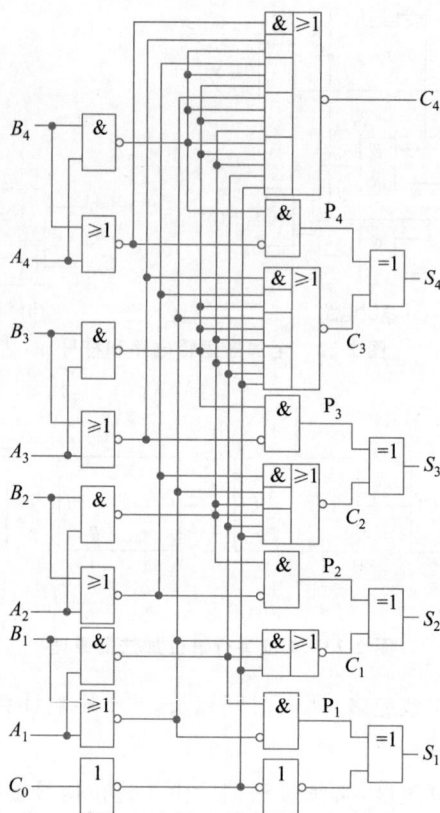

图 2-24 超前进位加法器 74LS283 逻辑电路

小　　结

本章介绍了组合逻辑电路的特点、分析和设计方法、中规模集成组合逻辑标准器件及其应用等内容。

组合逻辑电路的特点是电路任意时刻的输出状态仅取决于输入信号的状态,而与该电路在此输入信号之前所具有的状态无关。

各种组合逻辑电路的功能不同,但它们的分析和设计方法是一致的。本章的重点是掌握组合逻辑电路的分析和设计方法。

组合逻辑电路分析的一般步骤如下:

(1) 根据电路图写出逻辑函数表达式。

(2) 化简逻辑函数表达式。

(3) 列出真值表。

(4) 由真值表说明电路的逻辑功能。

组合逻辑电路设计为分析的逆过程,一般步骤如下:

(1) 列出真值表。

（2）写出逻辑函数表达式。

（3）对逻辑函数进行化简或变换。

（4）根据简化的逻辑函数表达式画出逻辑电路图。

在实际应用中,还需考虑工程应用的特殊需求,如门电路的扇入扇出系数是否满足集成电路的设计指标,整个电路的传输延迟是否满足设计要求,设计的电路中是否存在竞争冒险现象,等等,并最后选定合适的集成电路器件。

中规模集成组合逻辑标准器件包括数据选择器、译码器、编码器、数据比较器、加法器等。这些组合逻辑器件除了具有其基本功能外,通常还具有使能、扩展功能,使其功能更加灵活,便于构成较复杂的逻辑系统。对常用组合逻辑器件,要掌握其逻辑功能和使用方法。

习　题

2-1　与非门组成的组合逻辑电路如图 E2-1 所示。

　　（1）写出函数 Y 的逻辑表达式。

　　（2）将函数化为最简的与或式。

2-2　组合逻辑电路如图 E2-2 所示。当输入变量 X、Y、Z 为何种组合时输出函数 F_1 和 F_2 相等？

2-3　若 $X = x_1 x_2$，$Y = y_1 y_2$ 是两个正整数,写出 $X > Y$ 的逻辑表达式。

2-4　组合逻辑电路如图 E2-3 所示。

　　（1）写出函数 F 的表达式。

　　（2）将函数 F 化为最简与或式,并用与非门实现。

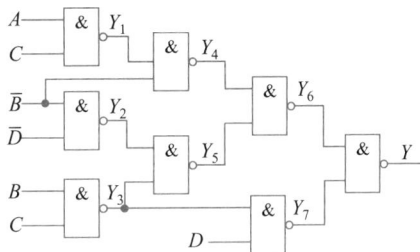

图 E2-1　习题 2-1 图

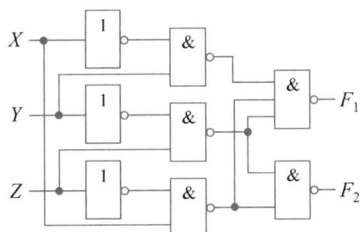

图 E2-2　习题 2-2 图

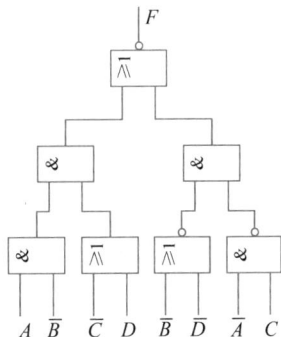

图 E2-3　习题 2-4 图

2-5　组合逻辑电路的输入 A、B、C 和输出 D 的波形图如图 E2-4 所示。写出该电路的真值表和逻辑函数表达式,并用最少的与非门实现。

2-6　分析如图 E2-5 所示的组合逻辑电路,写出函数表达式,并说明其逻辑功能。

2-7　分析如图 E2-6 所示的组合逻辑电路,写出其输出 Y_1、Y_2 的逻辑表达式,并说明这是什么电路。

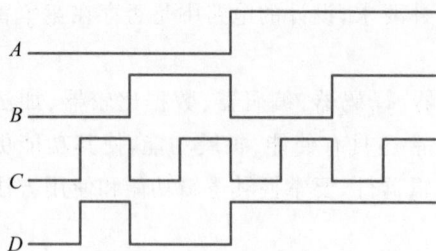

图 E2-4 习题 2-5 图

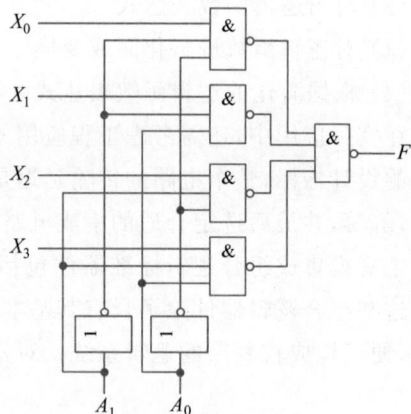

图 E2-5 习题 2-6 图

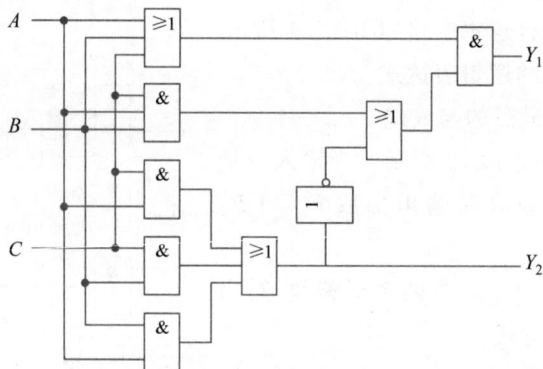

图 E2-6 习题 2-7 图

2-8 设输入既有原变量又有反变量,用或非门设计实现下面的逻辑函数的组合逻辑电路。

$$F = \overline{\overline{\overline{A+B} + \overline{B+C}} \cdot \overline{AB}}$$

2-9 如图 E2-7 所示为双四选一数据选择器构成的组合逻辑电路,输入变量为 A、B、C,输出逻辑函数为 F_1、F_2。写出其最简逻辑表达式。

2-10 以全加器 CT4183 组成如图 E2-8 所示的组合逻辑电路。根据一个全加器的和数 Σ_i 和输入变量 A_i、B_i、C_{i-1} 的逻辑表达式,分析电路输出函数 Y 与输入变量 $A\sim I$ 间存在的逻辑关系。

2-11 用与非门设计一个数据选择电路。S_1、S_0 为选择端,A、B 为数据输入端。该电路的功能见表 E2-1。该电路可以反变量输入。

表 E2-1 习题 2-11 功能

S_1	S_0	F	S_1	S_0	F
0	0	$A \cdot B$	1	0	$A \odot B$
0	1	$A + B$	1	1	$A \oplus B$

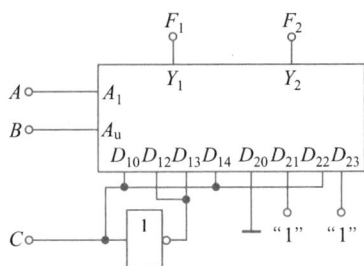

图 E2-7　习题 2-9 图

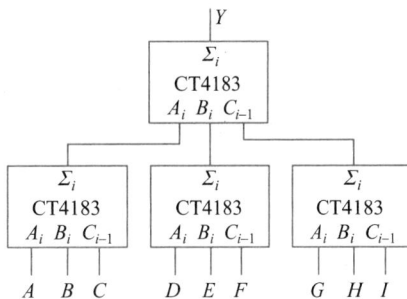

图 E2-8　习题 2-10 图

2-12　用与非门实现余 3 码到格雷码的编码转换。其编码转换表见表 E2-2。

表 E2-2　习题 2-12 编码转换表

十进制数	余 3 码	2421 码	格雷码	十进制数	余 3 码	2421 码	格雷码
0	0011	0000	0010	5	1000	1011	1100
1	0100	0001	0110	6	1001	1100	1101
2	0101	0010	0111	7	1010	1101	1111
3	0110	0011	0101	8	1011	1110	1110
4	0111	0100	0100	9	1100	1111	1010

2-13　设计一个一位二进制数全减器电路。

2-14　使用中规模八选一数据选择器实现下面的函数(输入提供原变量和反变量)。

$$F = A \oplus B \oplus AC \oplus BC$$

2-15　只用一片四选一数据选择器设计一个判定电路。该电路输入为 8421BCD 码。当输入的数大于 1、小于 6 时输出为 1,否则输出为 0(提示:可利用无关项化简)。

2-16　八选一数据选择器 CT4151 芯片构成如图 E2-9 所示的电路。写出该电路输出函数 Y 的逻辑表达式,以最小项之和的形式表示。若要使函数

$$Y = \sum_{i=1,2,5,7,8,10,14,15} m_i$$

则图 E2-9 中的接线应怎样改动?

2-17　利用两片 3-8 线译码器 74LS138 集成电路扩展成 4-16 线译码器。并加入必要的门电路实现一个判别电路,输入为 4 位二进制码,当输入代码能被 5 整除时电路输出为 1,否则为 0。

2-18　现有 4 台设备,每台设备用电均为 10kW。这 4 台设备用 F_1、F_2 两台发动机供电,其中 F_1 的功率为 10kW,F_2 的功率为 20kW。而 4 台设备的工作情况是:4 台设备不可能同时工作,但至少有一台设备工作,其中可能任意

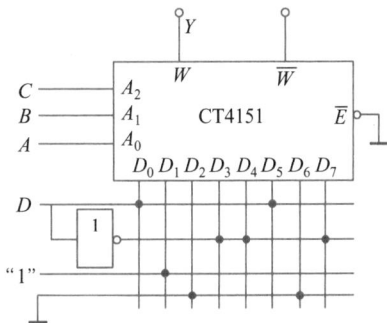

图 E2-9　习题 2-16 图

1~3 台同时工作。设计一个供电控制电路,以达到节电的目的。

2-19　设计一个 5211BCD 码的判奇电路。当输入代码 $DCBA$ 中有奇数个 1 时,电路的输

出 F 为 1;否则为 0。用与非门实现该电路,写出输出函数 F 的与非-与非表达式。

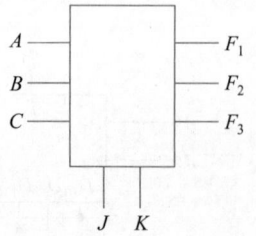

图 E2-10　习题 2-20 图

2-20　计算机机房的上机控制电路的框图如图 E2-10 所示。其中,J、K 为控制端,上午、下午、晚上其取值分别为 01、11、10;A、B、C 为需上机的 3 个学生,其上机的优先顺序是:上午为 ABC,下午为 BCA,晚上为 CAB;电路的输出 F_1、F_2、F_3 为 1 时分别表示 A、B、C 能上机。用与非门设计该电路,写出 F_1、F_2、F_3 的逻辑表达式。

2-21　设计一个组合逻辑电路,输入是两个 2 位二进制数,输出是这两个数的乘积。列出真值表,写出逻辑表达式,画出逻辑电路图。

2-22　用 3-8 线译码器实现一个可控加减运算的电路。具体控制是:$X=0$ 时,进行二进制加法运算;$X=1$ 时,进行减法运算,画出逻辑电路图。

2-23　设计一个血型配对指示器,其输入是供血血型和受血血型。当符合以下规则时,电路输出为 1 表示可以输血:O 型可输给任意血型,而只能接受 O 型;AB 型可接受任何血型,而只能输给 AB 型;A 型能输给 A 型或 AB 型,可接受 O 型和 A 型;B 型能输给 B 型或 AB 型,可接受 B 型和 O 型。

(1) 用门电路实现该电路。

(2) 用数据比较器实现该电路。

2-24　写出如图 E2-11 所示电路的逻辑表达式。当 A、B、C 中单独一个改变状态时,是否存在竞争冒险现象?如果存在竞争冒险现象,那么发生在其他变量为何种取值时?

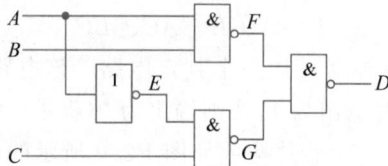

图 E2-11　习题 2-24 图

第 3 章

触发器

第 2 章讨论的逻辑电路是组合电路,其特点是某一时刻的输出状态完全取决于当时的输入状态,而与过去的输入状态无关,它们没有记忆功能。然而在某些实际应用中,往往要求数字电路的输出不仅取决于当时的输入状态,而且依赖于过去的输入状态,这样的逻辑电路是具有记忆功能的,称为时序逻辑电路。能够完成记忆和存储的单元称为双稳态触发器,简称触发器。

触发器是具有两个稳定状态的电路,可以用这两种状态分别表示一位二进制信息的 1 和 0。触发器的种类很多,不管哪一种都是由逻辑门加适当的反馈线构成的。触发器不仅可以作为逻辑电路中的基本存储单元,而且可以构成各种形式的计数器。本章介绍各种触发器的结构、逻辑符号及外部特性。

3.1 基本 RS 触发器

3.1.1 基本 RS 触发器的结构和工作原理

基本 RS 触发器是最简单的触发器,是各种触发器的基础。基本 RS 触发器由两个输入、两个输出交叉反馈连接的与非门组成,也可以由两个或非门交叉耦合组成。

图 3-1(a)中的基本逻辑元件是两个与非门,它们可以是 TTL 门,也可以是 MOS 门。Q 和 $\bar{Q}$ 是触发器的输出端,它们一定是一对互补状态。当 $Q=1$、$\bar{Q}=0$ 时,称触发器为 1 状态;当 $Q=0$、$\bar{Q}=1$ 时,称触发器为 0 状态。即,用 Q 端的值表示触发器的状态。触发器的输入端是 $\bar{R}$ 和 $\bar{S}$,由于与非门是输入低电平控制的器件,即有一个输入为 0 时,输出就一定为 1,所以用 $\bar{R}$ 和 $\bar{S}$ 表示。

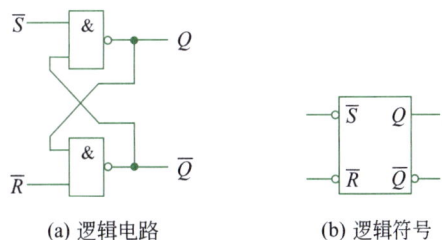

(a) 逻辑电路   (b) 逻辑符号

图 3-1 与非门组成的基本 RS 触发器

通常将 $\bar{R}$ 端称为触发器的置 0(或称为复位)输入端;$\bar{S}$ 端称为触发器的置 1(或称为置位)输入端。根据与非门的逻辑关系,不难看出:

(1) 当 $\bar{R}=0$、$\bar{S}=1$ 时,$Q=0$、$\bar{Q}=1$,触发器被置 0(即触发器为 0 状态)。

(2) 当 $\bar{R}=1$、$\bar{S}=0$ 时,$Q=1$、$\bar{Q}=0$,触发器被置 1(即触发器为 1 状态)。

（3）当 $\bar{R}=1$、$\bar{S}=1$ 时，触发器的状态不会发生变化，即触发器具有保持的功能。

（4）当 $\bar{R}=0$、$\bar{S}=0$ 时，$Q=1$，$\bar{Q}=1$，触发器两个输出端均为1，这是不允许的，破坏了触发器的两个稳定的工作状态。此外，当 $\bar{R}$ 和 $\bar{S}$ 同时由0变为1时，由于门电路的竞争现象，触发器的新的状态可能是 $Q=1$ 和 $\bar{Q}=0$，也可能是 $Q=0$ 和 $\bar{Q}=1$。到底触发器新的稳定状态是0还是1，是不确定的。

3.1.2　基本 RS 触发器的功能描述方法

描述触发器功能的方法有4种：真值表、状态转移表、特征方程和状态转移图。

1. 真值表

基本 RS 触发器的4种工作情况可以用表 3-1 所示的真值表总结。由表 3-1 可见，触发器有两个稳定状态，状态的转换取决于加在输入端上的信号。为了避免出现不确定状态，低电平信号只允许加在一个输入端上，某一端为0，则另一端为1，而不允许同时加在两个输入端上。当低电平信号加在 $\bar{R}$ 端时，触发器置0；当低电平信号加在 $\bar{S}$ 端时，触发器置1。由于在输入端所加信号为低电平，故在基本 RS 触发器逻辑符号输入端加了小圆圈，如图 3-1(b)所示，表示输入变量 $\bar{R}$ 和 $\bar{S}$ 为低电平有效。

表 3-1　基本 RS 触发器真值表

输入		输出		触发器
$\bar{R}$	$\bar{S}$	Q	$\bar{Q}$	状态
0	0	1	1	不确定
0	1	0	1	置0
1	0	1	0	置1
1	1	Q	$\bar{Q}$	保持

由表 3-1 可见，这种触发器只有置1(Set)和置0(Reset)两种功能，故有时也称为置位复位触发器。

2. 状态转移表

为了表明触发器在输入信号作用下的下一稳定状态 Q^{n+1}（也称为次态）与触发器的原稳定状态 Q^n（也称为现态）以及输入信号之间的关系，可将上述触发器状态分析的4条结论用另一种更确切的表格形式描述，如表 3-2 所示。该表称为触发器的状态转移表，它显示了基本 RS 触发器状态在输入信号作用下的转移情况，说明下一稳定状态 Q^{n+1} 是由输入信号和原稳定状态 Q^n 共同决定的。表 3-2 还可以简写为表 3-3 的形式。实际上表 3-3 和表 3-2 完全一样，只是把输出的状态写得更明确，将原来的状态隐含起来。表 3-3 的形式更为常用。

表 3-2　基本 RS 触发器状态转移表

$\bar{R}$	$\bar{S}$	Q^n	Q^{n+1}
0	0	0	不确定
0	0	1	不确定
0	1	0	0
0	1	1	0
1	0	0	1
1	0	1	1
1	1	0	0
1	1	1	1

表 3-3　基本 RS 触发器状态转移简表

$\bar{R}$	$\bar{S}$	Q^{n+1}
0	0	不确定
0	1	0
1	0	1
1	1	Q^n

3. 特征方程

描述触发器逻辑功能的逻辑函数表达式称为特征方程(也称状态方程)。将表 3-2 描述基本 RS 触发器的状态转移关系填入卡诺图进行化简,如图 3-2 所示。

通过简化可得

$$Q^{n+1} = \bar{S} + \bar{R}Q^n \tag{3-1}$$

$$\bar{S} + \bar{R} = 1$$

其中,$\bar{S} + \bar{R} = 1$ 称为约束条件。即要求 $\bar{R}$ 和 $\bar{S}$ 不能同时为 0。为了获得确定的 Q^{n+1},输入信号必须满足 $\bar{S} + \bar{R} = 1$ 的条件。

4. 状态转移图

状态转移图简称状态图。它是以图形的方式描述触发器状态转移的规律。可以由表 3-2 很方便地画出基本 RS 触发器的状态转移图,如图 3-3 所示。图中两个圆圈分别代表触发器的两个状态,箭头表示触发器状态转移的方向,箭头连线旁边的标注表示触发器状态转移条件。

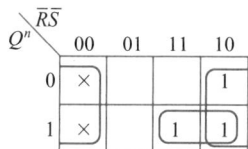

图 3-2 基本 RS 触发器卡诺图

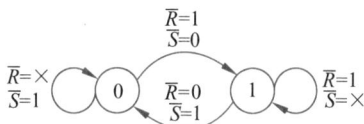

图 3-3 基本 RS 触发器状态转移图

从图 3-3 可以看出,如果基本 RS 触发器的当前状态为 $Q^n = 0$,在 $\bar{R} = 1$、$\bar{S} = 0$ 的输入条件下,触发器将由原来的状态($Q^n = 0$)转移到下一个新的状态 $Q^{n+1} = 1$;如果输入条件为 $\bar{R} = \times$(×表示 0 或 1 不限)、$\bar{S} = 1$,则触发器维持在 $Q^{n+1} = Q^n = 0$ 的状态。如果触发器的当前状态 $Q^n = 1$,在 $\bar{R} = 0$、$\bar{S} = 1$ 的输入条件下,触发器转移至 $Q^{n+1} = 0$;如果转移输入条件为 $\bar{S} = \times$、$\bar{R} = 1$,则触发器维持在 $Q^{n+1} = 1$ 的状态。由此可见,状态转移图(图 3-3)和状态转移表(表 3-2)所示的工作情况是完全一致的。

在分析时序电路时除了用上面介绍的状态转移表、状态转移图和状态方程外,有时还要用波形图表示。图 3-4 就是基本 RS 触发器的波形图。

前面所分析的是用与非门交叉反馈连接组成的基本 RS 触发器,也可以由两个或非门交叉耦合组成,其结构如图 3-5(a)所示,逻辑符号如图 3-5(b)所示。R 端称为置 0 端,S 端称为置 1 端,两个输入端都是高电平使能。有关或非门组成的基本 RS 触发器的真值表、状态转移表、特征方程、状态转移图读者可以自行推导。

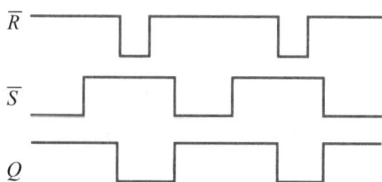

图 3-4 基本 RS 触发器的波形图

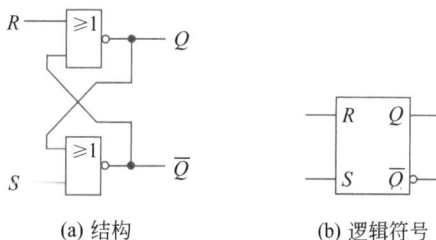

(a) 结构   (b) 逻辑符号

图 3-5 或非门组成的基本 RS 触发器

3.2 钟控触发器

在基本 RS 触发器的工作过程中,当输入信号发生变化时,触发器的状态就会根据逻辑功能的具体情况发生变化。但在实际应用中,往往需要触发器的信号输入端(R、S)仅作为触发器状态发生翻转的条件,不希望触发器的状态立即随输入信号的变化而发生变化。解决这一问题的方法是在输入端增加一个时钟控制信号,通常称为时钟脉冲(Clock Pulse,CP),使触发器的翻转只有在同步信号到达时才产生动作。这种在基本 RS 触发器的基础上添加时钟控制信号的触发器通常称为钟控触发器。

3.2.1 钟控 RS 触发器

钟控 RS 触发器如图 3-6 所示。在图 3-6(a)中,G_1 和 G_2 构成基本 RS 触发器,G_3 和 G_4 构成对基本 RS 触发器的控制电路。在图 3-6(b)是对应的逻辑符号。

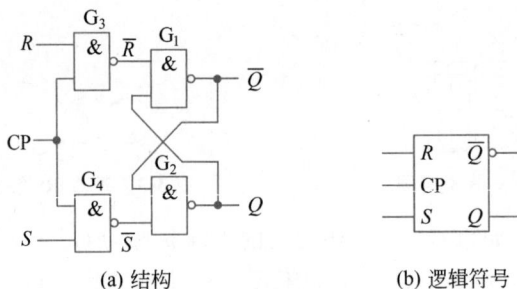

(a) 结构   (b) 逻辑符号

图 3-6　钟控 RS 触发器

由图 3-6 可知,基本触发器的输入

$$\overline{S} = \overline{S \cdot CP}$$
$$\overline{R} = \overline{R \cdot CP} \tag{3-2}$$

当 CP＝0 时,控制门 G_3、G_4 被封锁,G_3、G_4 的输出与输入端 R、S 无关,恒等于 1,则 $\overline{R}=1$、$\overline{S}=1$,由基本 RS 触发器状态转移表可知,触发器状态 Q 维持不变。

当 CP＝1 时,控制门 G_3、G_4 被开启,输入端 R、S 反相后作用到基本 RS 触发器的输入端,则 $\overline{R}=\overline{R}$、$\overline{S}=\overline{S}$,触发器状态将根据输入信号而发生翻转。

根据基本 RS 触发器的特征方程式(3-1)可以导出

$$Q^{n+1} = \overline{\overline{S \cdot CP} + \overline{R \cdot CP}Q^n}$$

当 CP＝1 时

$$Q^{n+1} = S + \overline{R}Q^n \tag{3-3}$$
$$SR = 0$$

式(3-3)是钟控 RS 触发器的状态方程,其中 $SR=0$ 是约束条件。表明钟控 RS 触发器的输入信号 S 和 R 不允许同时为 1。当两者同时为 1 时,触发器处于不确定状态。

钟控 RS 触发器的状态转移表如表 3-4 所示。

钟控 RS 触发器与基本 RS 触发器功能相似,区别在于输入端 R、S 信号电平由低电平有效变为高电平有效。换句话说,就是钟控 RS 触发器的输入端是高电平使能的。

由状态转移表 3-4 可以得到在 CP=1 时的钟控 RS 触发器的状态转移图,如图 3-7 所示。

表 3-4　钟控 RS 触发器状态转移表

R	S	Q^{n+1}
0	0	Q^n
0	1	1
1	0	0
1	1	不确定

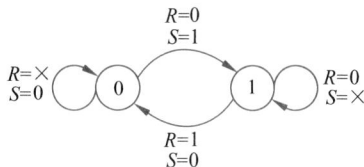

图 3-7　钟控 RS 触发器状态转移图

图 3-8 所示为钟控 RS 触发器的时序波形图。当 CP=0 时,不论 R、S 如何变化,触发器状态维持不变;只有当 CP=1 时,R、S 的变化才能引起状态的翻转。

3.2.2　钟控 D 触发器

钟控 D 触发器结构如图 3-9(a)所示,G_1 和 G_2 构成基本 RS 触发器,G_3、G_4 及非门为钟控 D 触发器的控制门。图 3-9(b)为钟控 D 触发器逻辑符号。

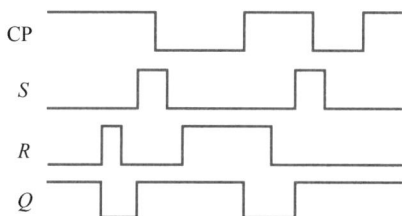

图 3-8　钟控 RS 触发器的时序波形图

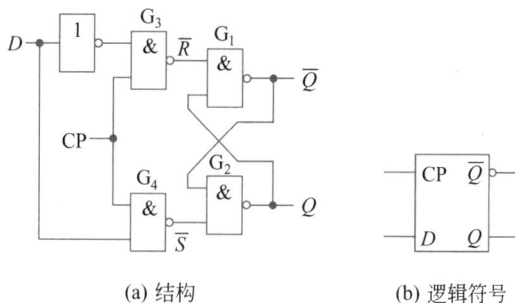

(a) 结构　　　　(b) 逻辑符号

图 3-9　钟控 D 触发器

基本 RS 触发器的输入为

$$\overline{S} = \overline{D \cdot CP}$$

$$\overline{R} = \overline{\overline{D} \cdot CP} \tag{3-4}$$

当 CP=0 时,控制门 G_3、G_4 被封锁,G_3、G_4 的输出与输入端 D 和 $\overline{D}$ 无关,恒等于 1,则 $\overline{R}=1$、$\overline{S}=1$,由基本 RS 触发器状态转移表可知,触发器状态 Q 维持不变。

当 CP=1 时,控制门 G_3、G_4 被开启,基本 RS 触发器的输入端 $\overline{R}=D$、$\overline{S}=\overline{D}$,触发器状态将根据输入信号而发生翻转。

根据基本 RS 触发器的特征方程式(3-1)可以导出

$$Q^{n+1} = \overline{\overline{D \cdot CP}} + \overline{\overline{D} \cdot CP} \cdot Q^n$$

当 CP=1 时

$$Q^{n+1} = D(1 + Q^n) = D$$

故

$$Q^{n+1} = D \tag{3-5}$$

由于 $\overline{R}$ 和 $\overline{S}$ 恰好互补,因此基本 RS 触发器的约束条件始终都能满足。式(3-5)为钟控 D 触发器的特征方程。当 CP=1 时,钟控 D 触发器的下一个状态 Q^{n+1} 与输入信号 D 完全一致。

钟控 D 触发器在 CP=1 时的状态转移表如表 3-5 所示。状态转移图如图 3-10 所示。波形图如图 3-11 所示。

表 3-5　钟控 D 触发器状态转移表

D	Q^{n+1}
0	0
1	1

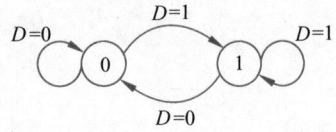

图 3-10　钟控 D 触发器状态转移图

3.2.3　钟控 JK 触发器

钟控 JK 触发器的结构如图 3-12(a)所示,G_1 和 G_2 构成基本 RS 触发器、G_3 和 G_4 为触发器的控制电路。图 3-12(b)为钟控 JK 触发器逻辑符号。

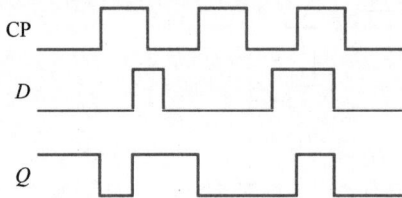

图 3-11　钟控 D 触发器的波形图

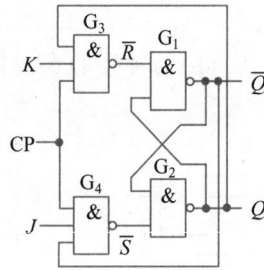 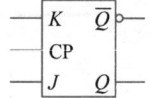

(a) 结构　　　　　(b) 逻辑符号

图 3-12　钟控 JK 触发器

由图 3-12(a)可见基本 RS 触发器的输入端

$$\overline{S} = \overline{J\,\overline{Q^n} \cdot CP}$$

$$\overline{R} = \overline{KQ^n \cdot CP} \tag{3-6}$$

当 CP=0 时,控制门 G_3、G_4 被封锁,G_3、G_4 的输出与输入端 J 和 K 无关,恒等于 1,则 $\overline{R}=1$、$\overline{S}=1$,由基本 RS 触发器状态转移表可知,触发器状态维持不变。

当 CP=1 时,控制门 G_3、G_4 被开启,基本 RS 触发器的输入端 $\overline{S}=\overline{J\,\overline{Q^n}}$、$\overline{R}=\overline{KQ^n}$,触发器状态将由输入信号和触发器原状态决定如何发生翻转。

根据基本 RS 触发器的特征方程式(3-1),可以得到

$$Q^{n+1} = \overline{\overline{J\,\overline{Q^n}}} + \overline{\overline{KQ^n}}Q^n = J\,\overline{Q^n} + (\overline{K} + \overline{Q^n})Q^n$$

$$= J\,\overline{Q^n} + \overline{K}Q^n + \overline{Q^n}Q^n = J\,\overline{Q^n} + \overline{K}Q^n$$

故

$$Q^{n+1} = J\,\overline{Q^n} + \overline{K}Q^n \tag{3-7}$$

$$\overline{R} + \overline{S} = \overline{J\,\overline{Q^n}} + \overline{KQ^n} = \overline{J} + Q^n + \overline{K} + \overline{Q^n} = 1$$

不论 J、K 信号如何变化,基本 RS 触发器的约束条件始终都能满足。式(3-7)为钟控 JK 触发器的状态方程。它表明在 CP=1 时,钟控 JK 触发器状态的转移规律。

钟控 JK 触发器在 CP＝1 时的状态转移表如表 3-6 所示。状态转移图如图 3-13 所示。

表 3-6　钟控 JK 触发器状态转移表

J	K	Q^{n+1}
0	0	Q^n
0	1	0
1	0	1
1	1	$\overline{Q^n}$

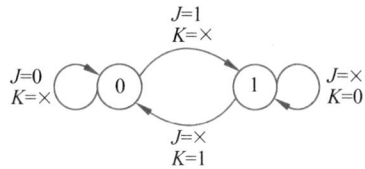

图 3-13　钟控 JK 触发器状态转移图

从表 3-6 中可以看出,钟控 JK 触发器在 $J=0$、$K=0$ 时具有保持功能($Q^{n+1}=Q^n$),在 $J=0$、$K=1$ 时具有置 0 功能,在 $J=1$、$K=0$ 时具有置 1 功能,在 $J=1$、$K=1$ 时具有取非功能($Q^{n+1}=\overline{Q^n}$)。

钟控 JK 触发器的波形图如图 3-14 所示。当 CP＝0 时,虽然输入的 J、K 信号发生变化,但输出的状态不发生翻转,保持原来的状态。当 CP＝1 时钟控 JK 触发器的状态才根据输入的 J、K 信号而发生变化。可以看出 J、K 信号是状态变化的必要条件,而 CP 信号是变化发生的时刻,当 CP 信号由 0 变为 1 时才能发生变化。

3.2.4　钟控 T 触发器

钟控 T 触发器结构如图 3-15 所示,它与钟控 JK 触发器电路的不同之处在于将输入信号 J 和 K 连接在一起,改为以 T 作为输入信号。同样,该电路也由两部分组成,G_1 和 G_2 构成基本 RS 触发器,G_3 和 G_4 构成触发器的控制电路。图 3-15(b)为钟控 T 触发器逻辑符号。

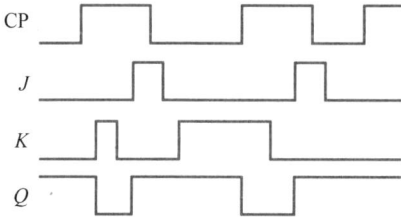

图 3-14　钟控 JK 触发器的波形图

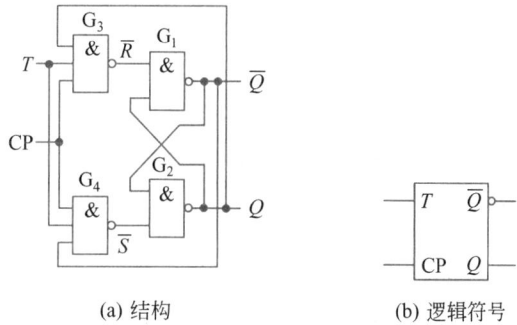

(a) 结构　　(b) 逻辑符号

图 3-15　钟控 T 触发器

由于钟控 T 触发器的电路只是将 J、K 端连接在一起,所以对于 CP＝0 和 CP＝1 时的电路分析可以参见钟控 JK 触发器的分析过程。由图 3-15(a)可见 $J=K=T$,所以当 CP＝1 时有

$$Q^{n+1}=T\,\overline{Q^n}+\overline{T}Q^n=T\oplus Q^n \tag{3-8}$$

式(3-8)就是钟控 T 触发器的特征方程。钟控 T 触发器的状态转移表如表 3-7 所示。

由表 3-7 可知,钟控 T 触发器在 $T=0$ 时具有保持功能;在 $T=1$ 时具有翻转功能,即 $T=1$ 时,每来一个 CP 高电平,触发器状态就翻转一次,Q 由 0 变为

表 3-7　钟控 T 触发器状态转移表

T	Q^{n+1}
0	Q^n
1	$\overline{Q^n}$

1 或 $\overline{Q}$ 由 1 变为 0。

状态转移图如图 3-16 所示。钟控 T 触发器波形图如图 3-17 所示,从中可以看出,只有当 CP=1 时,触发器的状态才会根据状态转移表的变化规律变化。

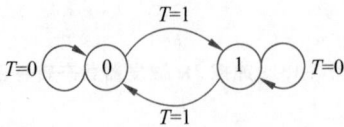

图 3-16 钟控 T 触发器状态转移图

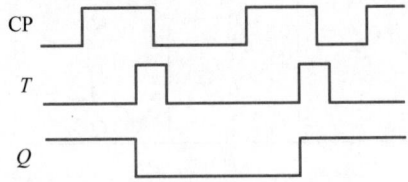

图 3-17 钟控 T 触发器的波形图

当钟控 T 触发器的 T 端恒为 1 时,即为 T' 触发器。其特征方程为

$$Q^{n+1}=\overline{Q^{n}} \tag{3-9}$$

这表示每输入一个时钟脉冲,触发器的次态与现态相反,该触发器在 CP 的作用下处于计数状态,所以称它为计数型触发器。由于 Q 端的状态随 CP 以计数规律变化,例如,设 $Q=0$,来一个 CP,Q 由 0 变到 1,再来一个 CP,Q 又由 1 变到 0,即两个 CP 周期对应一个 Q 变化周期,Q 端波形的频率为时钟频率的一半,故这种触发器又称为二分频器。T' 触发器如图 3-18 所示。

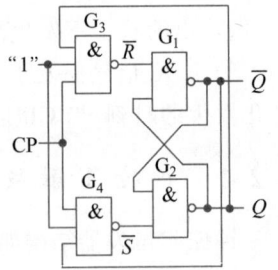

图 3-18 T' 触发器

3.2.5 电平触发方式的工作特性

以上介绍的 4 种钟控触发器在电路结构上的共同特点是:由 4 个与非门组成,当钟控信号 CP 为低电平(CP=0)时,触发器不接收输入信号,输出维持原状态不变;当钟控信号 CP 为高电平(CP=1)时,触发器接收输入信号,输出状态发生变化。这种 CP 触发方式称为电平触发方式。

电平触发方式的特点是:在约定钟控信号电平(CP=1 或 CP=0)期间,触发器的状态对输入信号敏感,输入信号的变化都会影响输出;而在非约定钟控信号电平(CP=0 或 CP=1)期间,不论输入信号如何变化,都不会影响输出,触发器状态维持不变。

这种电平触发方式存在以下缺点:

(1) 在 CP=1 时,输入信号直接控制着触发器输出端的状态。因此在 CP=1 期间不允许 R 端、S 端、J 端、K 端、D 端、T 端的信号有变化。否则,Q 端和 $\overline{Q}$ 端状态随之改变,这就失去了与 CP 同步的特点,因而限制了它的应用。

(2) T' 触发器即计数型触发器可以由 RS 触发器、JK 触发器、D 触发器、T 触发器转换而来。图 3-18 给出的就是由 RS 触发器转换的计数型触发器。T' 触发器进行计数时,应该每来一个正 CP 翻转一次,表示记忆一个脉冲。从图 3-18 的结构可以看出:如果每个与非门的延迟时间为 t_{pd},假定 T' 触发器原处于 0 状态($Q^{n}=0$,$\overline{Q^{n}}=1$),则当 CP=1 到达后,经过两个 t_{pd} 的时间,Q 端输出由 0 变为 1($Q^{n+1}=1$);再经过一个 t_{pd} 以后,$\overline{Q^{n}}$ 端输出由 1 变为 0,于是触发器完成了状态的翻转。

但是由于 Q 和 $\overline{Q}$ 又反馈至输入端,如果此时 CP 仍为 1,则由于 Q 和 $\overline{Q}$ 的状态改变又引起基本 RS 触发器输入端 $\overline{R}$ 和 $\overline{S}$ 的变化,这样又将引起 Q 和 $\overline{Q}$ 状态翻转。如果 CP=1

的持续时间较长(大于 $3t_{pd}$),则 T′触发器就在 CP=1 期间多次翻转,直至 CP 回到低电平为止,这个现象称为空翻。空翻将造成计数错误。

为了避免空翻现象的发生,必须在触发器输出端的新状态返回输入之前,CP 回到低电平,也就是要求 CP 的宽度不能大于 $3t_{pd}$。事实上,每个与非门的延迟时间各不相同,所以实际上很难确定 CP 应有的宽度。

为了解决以上问题,可以采用其他结构形式的电路。

3.3　主从 JK 触发器

由 4 个集成门构成的电平触发器存在空翻现象,避免空翻现象发生的方法之一就是采用主从结构的 JK 触发器。

3.3.1　主从 JK 触发器的基本结构

图 3-19(a)为主从 JK 触发器的结构。它由两个电平触发器组成,每个电平触发器又由 4 个与非门组成触发器。G_5、G_6、G_7、G_8 构成主触发器,输出为 $Q_主$ 和 $\overline{Q}_主$,输入为 J、K;G_1、G_2、G_3、G_4 构成从触发器,输出为 Q 和 $\overline{Q}$,输入为主触发器的输出信号 $Q_主$ 和 $\overline{Q}_主$。时钟信号 CP 作为主触发器的钟控信号;另外,时钟信号 CP 经反相器,作为从触发器的钟控信号,为 $\overline{CP}$。由于主触发器输出 $Q_主$ 和 $\overline{Q}_主$ 始终互补,所以在钟控信号 $\overline{CP}=1$ 时,从触发器状态跟随主触发器的状态,即 $Q=Q_主$。从触发器的状态代表整个主从 JK 触发器的状态。图 3-19(b)为主从 JK 触发器的逻辑符号。

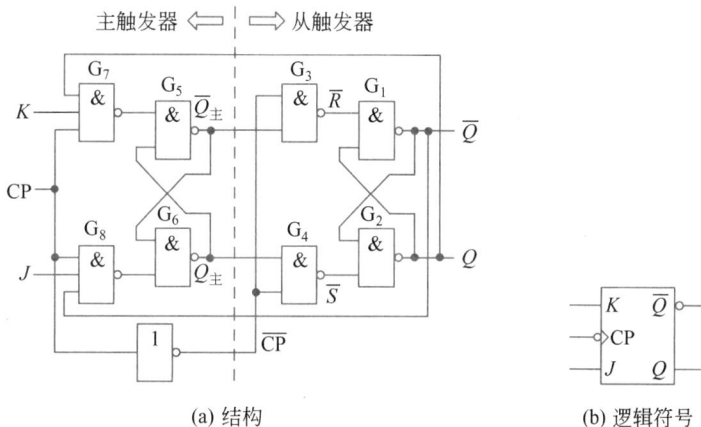

(a) 结构　　　　(b) 逻辑符号

图 3-19　主从 JK 触发器

根据图 3-19(a)能够轻松地推出主从 JK 触发器的状态转移表,如表 3-8 所示。

主从 JK 触发器的特征方程为

$$Q^{n+1}=J\,\overline{Q^n}+\overline{K}Q^n \tag{3-10}$$

根据表 3-8 可以方便地得到主从 JK 触发器的状态转移图,如图 3-20 所示。

从上面的分析可以看出,主从 JK 触发器的状态转移表、特征方程及状态转移图与 3.2.3 节中介绍的钟控 JK 触发器完全一样,这说明它们的逻辑功能完全相同。但是由于它们的结构不同,所以触发器翻转的时刻有所不同。

表 3-8 主从 JK 触发器状态转移表

J	K	Q^{n+1}
0	0	Q^n
0	1	0
1	0	1
1	1	$\overline{Q^n}$

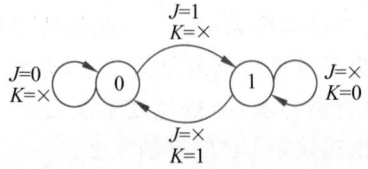

图 3-20 主从 JK 触发器状态转移图

3.3.2 主从 JK 触发器的工作原理

主从 JK 触发器的工作过程分为两步：

(1) 在 CP＝1 时，主触发器接收输入信号；从触发器由于钟控信号 $\overline{CP}=0$，输出状态保持不变。

(2) 在 CP 的下降沿，将主触发器的状态传递给从触发器，使得从触发器的输出满足 $Q^{n+1}=J\,\overline{Q^n}+\overline{K}Q^n$，并在 CP＝0 期间保持不变。另外，主触发器在 CP＝0 时不接收输入信号。

为了保证主触发器在 CP＝1 时只翻转一次，在电路上将从触发器的输出反馈到主触发器的输入端。这就是主从 JK 触发器的一次翻转现象。

通过图 3-21 可以清楚地了解主从 JK 触发器的全部工作过程。

由图 3-21 可见，触发器原状态 $Q^n=0$，在第一个 CP 上升沿到达时，由于 $J=1$，$K=0$，$Q_{主}$ 由 0 变为 1。在 CP＝1 时，J、K 信号没有发生变化，$Q_{主}=$

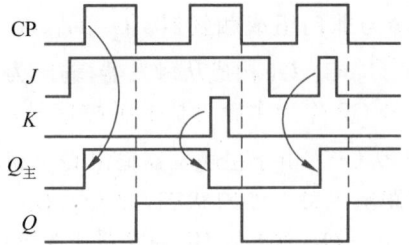

图 3-21 主从 JK 触发器的工作波形

1 也没有变化。在第一个 CP 下降沿到达时，CP 由 1 变为 0，封锁了主触发器，此时从触发器状态跟随主触发器的状态，Q 由 0 变为 1。根据特征方程式(3-10)的描述，在第一个 CP 下降沿到达时状态转移为

$$Q^{n+1}=J\overline{Q^n}+\overline{K}Q^n=1\cdot\overline{0}+\overline{0}\cdot0=1$$

与电路分析结果一致。

在第二个 CP 上升沿到达时，封锁了从触发器，在 CP＝1 期间，Q 状态不变化($Q=1$)。由于 $\overline{Q}=0$ 封锁了门 G_8，因此不接收 J 信号，而 K 信号的变化将影响主触发器。由图 3-21 可以看出，由于第二个 CP 前沿到达时，$K=0$，所以 $Q_{主}$ 不会变化。而在 CP＝1 时，K 信号由 0 变为 1，门 G_7 输出由 1 变为 0，使得 $Q_{主}=0$，主触发器状态发生一次变化。在 CP＝1 时，K 信号又由 1 变为 0，门 G_7 输出由 0 变为 1，$Q_{主}$ 状态不会发生变化。以后不论 K 信号如何变化，$Q_{主}=0$ 都不会变化。在第二个 CP 下降沿到达时，从触发器的状态跟随此时主触发器($Q_{主}=0$)的状态，所以 Q 由 1 变为 0。如果按照式(3-10)的描述，由于在 CP 信号上升沿到达时 $J=1$，$K=0$、$Q^n=1$，因此状态转移为

$$Q^{n+1}=J\overline{Q^n}+\overline{K}Q^n=1\cdot\overline{1}+\overline{0}\cdot1=1$$

这和前述电路分析结果不一致。

在第三个 CP 上升沿到达时，又封锁了从触发器，由于 $Q=0$，封锁了门 G_7，所以在 CP＝1 期间不接收 K 信号。而 $\overline{Q}=1$，J 信号的变化将影响主触发器。由于第三个 CP 上升沿到

达时 $J=0$，封锁了门 G_8，$Q_{主}$ 不会发生变化。而在 CP$=1$ 期间，在 J 信号由 0 变为 1 时，门 G_8 输出由 1 变为 0，使得 $Q_{主}=1$，以后 J 信号再发生变化也不会引起 $Q_{主}$ 状态的改变。在第三个 CP 下降沿到达时，从触发器跟随此时主触发器的状态，所以 $Q=1$。如果按照式(3-10)的描述，由于在 CP 上升沿到来时 $J=0$、$K=0$、$Q^n=0$，因此状态转移为

$$Q^{n+1}=J\overline{Q^n}+\overline{K}Q^n=0\cdot\overline{0}+\overline{0}\cdot 0=0$$

这和前述电路分析结果也不一样。

从上述分析可以看出，在 CP 下降沿到达时，由式(3-10)描述的状态转移有可能与实际电路的状态转移结果不一致。其原因是在 CP$=1$ 时从触发器的状态不会发生变化。由图 3-19(a)可知，如果 $Q^n=0$，则门 G_7 被封锁，因此 K 信号变化不会引起主触发器状态的改变。J 信号的变化只能使主触发器的状态 Q 发生一次由 0 至 1 的变化，而不会使它翻回。如果 $Q^n=1$，则门 G_8 被封锁，因此 J 信号的变化不会引起主触发器状态的改变，K 信号的变化只能使主触发器发生一次由 1 至 0 的变化，而不会使它翻回。这就是主从 JK 触发器的一次状态翻转现象。也就是说，只要在 CP$=1$ 时主触发器状态发生了一次翻转，以后就一直维持不变，即不再随输入 J、K 信号的变化而变化。

由于主从 JK 触发器的一次状态翻转现象，使得它的抗干扰能力比较差，为了防止发生错误，通常主从 JK 触发器的 CP 以采用正向窄脉冲为宜。

3.4　边沿触发器

采用主从结构的 JK 触发器可以克服电平触发的空翻现象。但主从 JK 触发器有一次状态翻转现象，因此降低了它的抗干扰能力，限制了它的使用范围。本节介绍的边沿触发器不但可以克服电平触发的空翻现象，而且输出状态只在 CP 的上升沿或下降沿时随输入信号改变，大大地提高了触发器的抗干扰能力，也扩大了它的使用范围。

边沿触发器有 CP 上升沿触发和 CP 下降沿触发两大类。

因此 CP 有 4 种触发方式：高电平触发、低电平触发、上升沿触发（正沿触发）和下降沿触发（负沿触发）。触发方式在逻辑符号中的表示形式如图 3-22 所示，触发器逻辑符号以 JK 触发器为例。输入端 CP 下方的小三角表示边沿触发方式，小圆圈表示在 CP 的下降沿触发器状态翻转。如果输入端 CP 下方没有小三角，则表示电平触发方式，在这种方式下用小圆圈表示低电平触发。

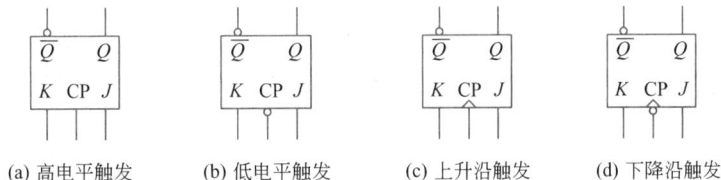

(a) 高电平触发　　(b) 低电平触发　　(c) 上升沿触发　　(d) 下降沿触发

图 3-22　CP 触发方式的符号表示

3.4.1　边沿 JK 触发器

前面提到，主从 JK 触发器在工作时要求 J、K 输入信号在 CP$=1$ 时保持不变。这对输

入信号要求太苛刻,说明电路结构还不够好。图 3-23(a)给出的负边沿(下降沿)触发型 JK 触发器克服了主从 JK 触发器的缺点,结构设计比较合理。它对输入信号的要求极为宽容,只要 J、K 输入信号在 CP 的负边沿附近保持稳定即可。它的特点是只有负边沿瞬间触发器才对输入信号进行采样,而输入信号的其他时刻对触发器不起作用。因此,这样的触发器抗干扰能力很强。

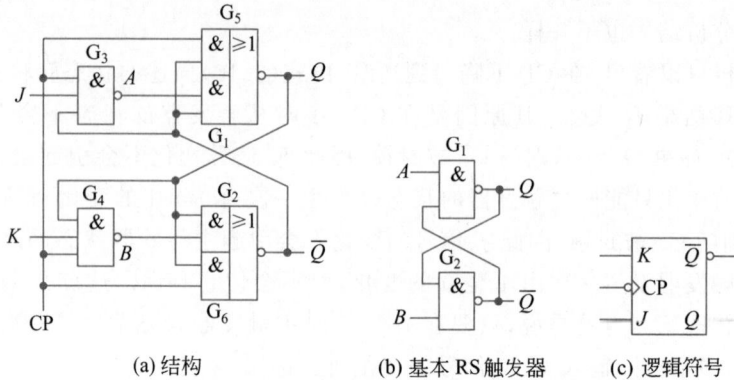

(a) 结构　　　　　(b) 基本 RS 触发器　　　(c) 逻辑符号

图 3-23　负边沿触发型 JK 触发器

负边沿 JK 触发器的工作原理可以用 4 个工作过程描述:

(1) CP=0 时,G_3、G_4、G_5、G_6 均被封锁,其结果 $A=B=1$,G_5、G_6 输出为 0,电路结构变成基本 RS 触发器的形式,如图 3-23(b)所示。触发器保持现态不变,这说明 CP=0 时,无论 J、K 怎样变化,对触发器都不起作用。

(2) CP 从 0 变成 1,即上升沿瞬间,触发器保持现态不变,因为一旦 CP=1,G_5、G_6 较 G_1、G_2 先被打开,设 $\overline{Q}=1$,$Q=0$,G_5 输出为 1,G_6 输出为 0,互锁作用的结果是触发器状态保持不变。而 J、K 状态作用到 G_3、G_4,再传送到 G_1、G_2 起作用已经迟到了,触发器已自锁,状态不会再改变。

(3) 只要 CP 恒为 1,无论触发器处于什么状态,自锁作用的结果都是触发器状态不会改变且 J、K 端信号也不起作用。

(4) CP 从 1 变成 0,即负边沿瞬间,G_5、G_6 先封锁输出 0。而由于 G_3、G_4 的传输延迟,在 A、B 端状态还未变成全 1 的时间内,触发器已按 CP 下降沿作用前 J、K 的状态翻转完毕,并进入自锁保持状态。CP 恒为 0 后,封锁了 J、K 变化对触发器的影响。

可见,这种触发器在 CP=1 及 CP=0 时均能抑制干扰信号。

这种触发器利用 G_3、G_4 的延迟使 CP 作用到 G_5、G_6 和 G_1、G_2 输入端的时间差,以此保证负边沿触发。

图 3-24 给出了负边沿触发型 JK 触发器的工作波形。图中不难看出触发器的输出状态只取决于 CP 下降沿时 J、K 输入端的信号情况。

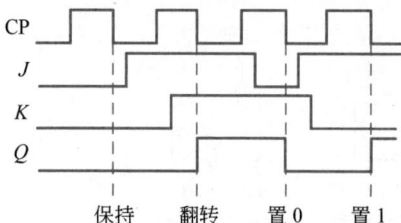

图 3-24　负边沿触发型 JK 触发器的工作波形

3.4.2　维持阻塞 D 触发器

维持阻塞 D 触发器的结构如图 3-25(a)所示,它由 G_1、G_2、G_3、G_4 组成的钟控 RS 触发器及维持阻塞电路组成。通常把 G_3、G_5 及置 1 维持线(从 G_3 输出端反馈到 G_5 输入端的连线)组成的电路合称为置 1 维持电路,把 G_3 输出端耦合到 G_4 输入端的连线称为置 0 阻塞线或置 0 阻塞电路;而把 G_4、G_6 及置 0 维持线（从 G_4 输出端反馈到 G_6 输入端的连线）组成的电路合称为置 0 维持电路,把 G_6 输出端耦合到 G_5 输入端的连线称为置 1 阻塞线或置 1 阻塞电路。置 1(置 0)维持电路及置 0(置 1)阻塞电路可以保证 CP 期间钟控 RS 触发器输入端 $S(R)$ 上的信号恒定。

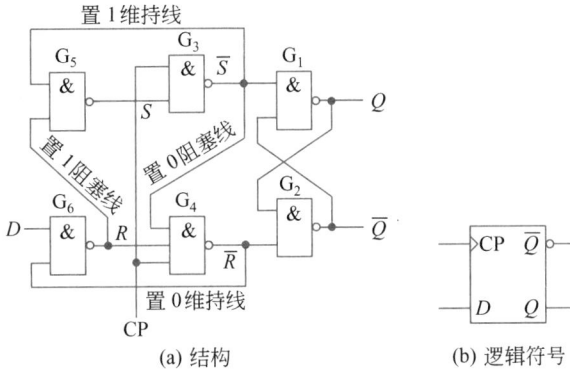

图 3-25 维持阻塞 D 触发器

维持阻塞 D 触发器的工作过程可以通过 3 个步骤完成。假设触发器的初态 $Q^n=0$,输入 $D=1$。

(1) 在 CP$=0$ 时,G_3、G_4 被封锁,此时 $\overline{S}=1$,$\overline{R}=1$,由基本 RS 触发器的分析可知,触发器维持原状态不变,即 Q 仍然为 0。由于 $D=1$ 使得钟控 RS 触发器的输入信号 $R=0$,$S=\overline{\overline{S} \cdot R}=\overline{1 \cdot 0}=1$,为 CP 上升沿的到达做好准备。

(2) 当 CP$=1$ 到达时,G_3、G_4 开启,其输出 $\overline{R}=1$,$\overline{S}=\overline{\overline{S} \cdot CP}=0$,它使 G_1 输出 $Q=1(Q^{n+1}=1)$,$\overline{Q}=\overline{\overline{R} \cdot Q}=\overline{1 \cdot 1}=0$,将触发器置 1。与此同时,$\overline{S}=0$ 将 G_5 封锁,从而保证在 CP$=1$ 时 $S=1$ 不变。而 $\overline{S}=0$ 将 G_4 封锁,使 G_4 不受输入 D 变化的影响。

(3) 在 CP$=1$ 时,触发器的输出不会随输入信号 D 的变化而变化。假如 D 由 1 变为 0,从而使 R 由 0 变为 1,对 G_4 的输出也不会产生影响。当 CP 由 1 变为 0,$\overline{S}$ 由 0 变为 1 时,G_5、G_4 的封锁才被撤销,输入信号 D 才能送到钟控 RS 触发器的输入端,为下一个 CP 到达做好准备。同样,当 $D=0$ 时,置 0 维持电路及置 1 阻塞电路将保证在 CP$=1$ 时 $R=1$ 不变,从而触发器的输出 $Q=0$ 不变。

维持阻塞 D 触发器和前面讲的钟控 D 触发器一样,根据图 3-25 所示电路可以得到维持阻塞 D 触发器的状态转移表,如表 3-9 所示。其状态转移图如图 3-26 所示。

表 3-9 维持阻塞 D 触发器状态转移表

D	Q^{n+1}
0	0
1	1

维持阻塞 D 触发器的特征方程为

$$Q^{n+1}=D \tag{3-11}$$

维持阻塞 D 触发器和钟控 D 触发器的逻辑功能完全相同。二者不同的是电路结构不一样,维持阻塞 D 触发器不仅克服了空翻现象,而且是在 CP 上升沿时对输入信号做出反应,提高了触发器的抗干扰能力。其工作波形如图 3-27 所示。

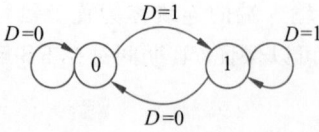

图 3-26　维持阻塞 D 触发器状态转移图

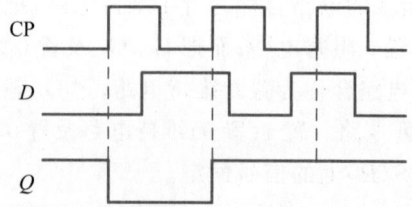

图 3-27　维持阻塞 D 触发器的工作波形

表 3-10 给出了各种触发器的特征方程、逻辑符号及状态转移图。

表 3-10　各种触发器功能一览表

类　型	特 征 方 程	逻 辑 符 号	状 态 转 移 图
RS	$Q^{n+1}=\bar{S}+\bar{R}Q^{n}$ $\bar{S}+\bar{R}=1$		
D	$Q^{n+1}=D$		
JK	$Q^{n+1}=J\overline{Q^{n}}+\bar{K}Q^{n}$		
T	$Q^{n+1}=T\overline{Q^{n}}+\bar{T}Q^{n}$ $=T\oplus Q^{n}$		

3.5　集成触发器

　　前几节介绍的各种触发器都采用门电路组合而成。随着集成电路技术的发展,在实际应用中,广泛地使用集成触发器。在设计电路时,只要根据集成电路手册查找到符合要求的触发器即可,通常没有必要分析和知道触发器的内部工作过程,只要掌握好它的外部特性就可以了。在集成电路手册中都会给出触发器的外部引线排列图(引脚图)、逻辑图、逻辑符号、功能表、工作波形、电气参数及封装参数,可根据需要选择。目前可以通过网络在线查找并下载器件芯片手册(例如 http://www.alldatasheet.com)。

3.5.1 集成 D 触发器

本节介绍两种常用的集成 D 触发器。

1. 双上升沿 D 触发器 74LS74

图 3-28 为 74LS74 触发器封装形式。

图 3-29 是 74LS74 触发器内部逻辑电路。表 3-11 是其引脚功能,其中 H 和 L 分别表示高电平和低电平。从中可以看出该触发器具有预置(置 1)和清除(置 0)功能。图 3-30 是其引脚的定义。

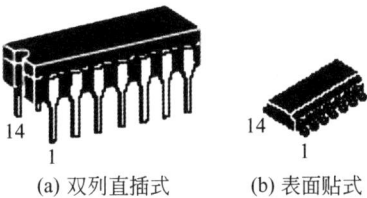

(a) 双列直插式　　(b) 表面贴式

图 3-28　74LS74 触发器封装形式

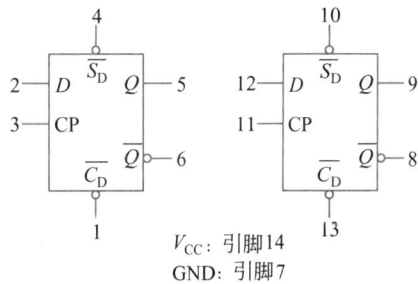

图 3-29　74LS74 触发器内部逻辑电路

表 3-11　74LS74 触发器引脚功能

功能	输　入			输　出	
	$\overline{S_D}$	$\overline{C_D}$	D	Q	$\overline{Q}$
置位	L	H	×	H	L
复位	H	L	×	L	H
不确定	L	L	×	H	H
置 1	H	H	H	H	L
置 0	H	H	L	L	H

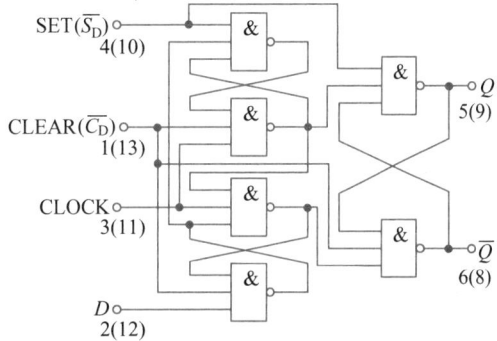

V_{CC}: 引脚14
GND: 引脚7

图 3-30　74LS74 触发器引脚的定义

该器件内含两个独立的 D 触发器,它们都是上升沿触发。每个触发器有数据输入(D)、置位输入($\overline{S_D}$)、复位输入($\overline{C_D}$)、时钟输入(CP)和数据输出(Q、$\overline{Q}$)。当 $\overline{S_D}$ 或 $\overline{C_D}$ 为低电平时输出被置 1 或置 0,而与其他输入端的电平无关;当 $\overline{S_D}$ 和 $\overline{R_D}$ 均无效(高电平)时,输出状态根据输入数据 D 在 CP 上升沿作用下进行翻转。

2. 六上升沿 D 触发器 74LS174

74LS174 触发器内部逻辑电路如图 3-31 所示。它包含 6 个 D 触发器,每个触发器各有一个输入(D)和数据输出(Q),而时钟信号 CLOCK 和低电平有效的清除信号 CLEAR 是 6 个触发器共用的。

该器件具有异步清除功能:当 CLEAR 为低电平时,$Q_1 \sim Q_6$ 的输出均为低电平,而与 CLOCK 的状态无关;当 CLEAR 为高电平(无效)时,输入数据 D 在 CLOCK 上升沿作用下传送到输出 Q。74LS174 触发器的功能如表 3-12 所示。该器件在数据锁存中得到广泛应用。

66

图 3-32 是 74LS174 触发器引脚的定义。

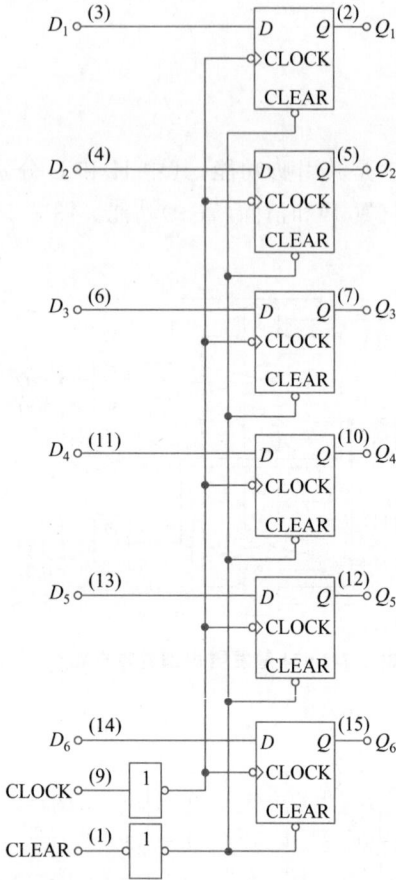

图 3-31　74LS174 触发器内部逻辑电路

表 3-12　74LS174 触发器的功能

输　　入			输　　出	
CLEAR	CLOCK	D	Q	$\bar{Q}$
L	$\times$	$\times$	L	H
H	↑	H	H	L
H	↑	L	L	H
H	L	$\times$	Q_0	$\bar{Q_0}$

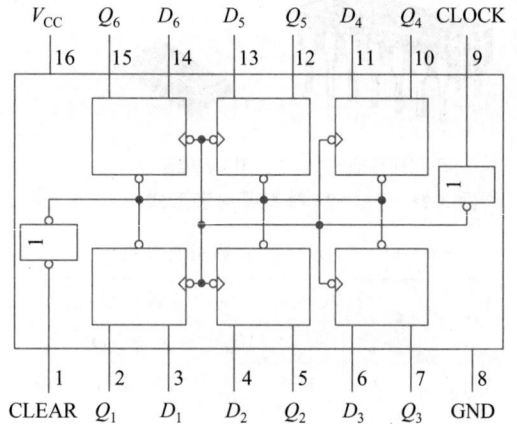

图 3-32　74LS174 触发器引脚的定义

3.5.2　集成 JK 触发器

74LS112 是双下降沿集成 JK 触发器。该芯片内部包括两个独立的 JK 下降沿触发器，具有置位和清零功能。其内部逻辑电路如图 3-33 所示。每个触发器有数据输入(J、K)、置位输入($\overline{S_D}$)、复位输入($\overline{C_D}$)、时钟输入(CP)和数据输出($Q, \bar{Q}$)。当 $\overline{S_D}$ 或 $\overline{C_D}$ 为低电平时

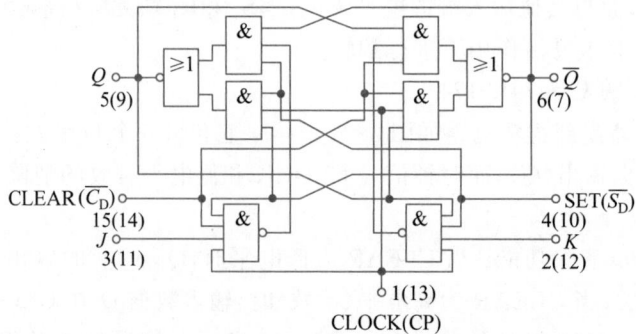

图 3-33　74LS112 触发器内部逻辑电路

输出置 1 或清 0,而与其他输入端的电平无关;当 $\overline{S_D}$ 和 $\overline{R_D}$ 均无效(高电平)时,J 和 K 数据在 CP 下降沿的作用下传送到输出端。74LS112 触发器的功能如表 3-13 所示。图 3-34 为 74LS112 触发器引脚的定义。

表 3-13　74LS112 触发器的功能

输　入				输　出	
$\overline{S_D}$	$\overline{C_D}$	J	K	Q	$\overline{Q}$
L	H	×	×	H	L
H	L	×	×	L	H
L	L	×	×	H	H
H	H	H	H	$\overline{Q}$	Q
H	H	L	H	L	H
H	H	H	L	H	L
H	H	L	L	Q	$\overline{Q}$

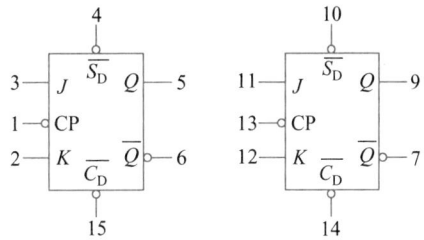

V_{CC}:引脚16
GND:引脚8

图 3-34　74LS112 触发器引脚的定义

3.6　各类触发器的相互转换

前面介绍的触发器有 RS 触发器、D 触发器、JK 触发器和 T 触发器,而集成触发器大多数是 D 触发器和 JK 触发器,因此需要掌握如何将已有触发器转换成其他触发器的方法。

1. D 触发器和 JK 触发器相互转换

1)D 触发器转换成 JK 触发器

D 触发器转换成 JK 触发器,在电路结构上要发生变化,因为两个触发器的输入端数目是不同的,改变结构后的电路如图 3-35(a)所示。已知 D 触发器的特征方程为 $Q^{n+1}=D$,转换后的 JK 触发器特征方程为 $Q^{n+1}=J\overline{Q^n}+\overline{K}Q^n$。可见,需要用门电路组成一个转换电路,其输出端的逻辑表达式应为 $D=J\overline{Q^n}+\overline{K}Q^n$;如果用与非门实现,则有 $D=\overline{\overline{J\overline{Q^n}}\cdot\overline{\overline{K}Q^n}}$。根据该式可画出图 3-35(b)所示的 JK 触发器。

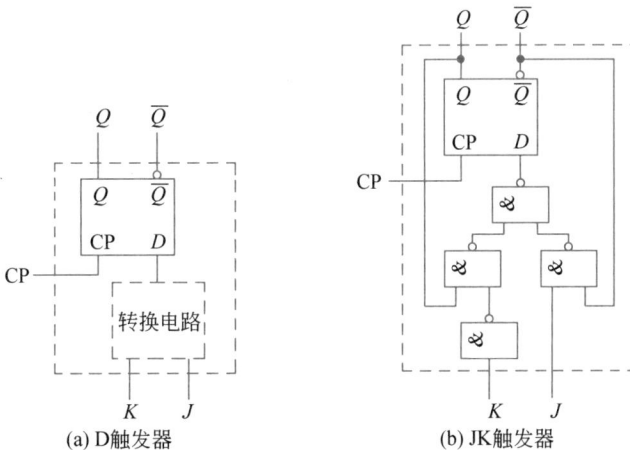

(a) D触发器　　　　(b) JK触发器

图 3-35　D 触发器转换成 JK 触发器

2）JK 触发器转换成 D 触发器

同样根据图 3-36(a)的结构找到 J、K 端对应于 D、Q 端的逻辑表达式。已知 JK 触发器的特征方程为 $Q^{n+1}=J\overline{Q^n}+\overline{K}Q^n$，而 D 触发器的特征方程为 $Q^{n+1}=D=D(\overline{Q^n}+Q^n)=D\overline{Q^n}+DQ^n$，对比两个特征方程可得 $J=D$、$K=\overline{D}$。于是可画出转换后的 D 触发器，如图 3-36(b)所示。其转换电路由一个非门实现。

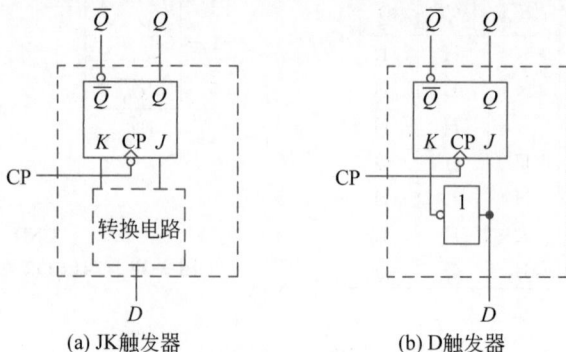

图 3-36　JK 触发器转换成 D 触发器

2. D 触发器或 JK 触发器转换成其他类型

在实际应用电路中，经常将 D 触发器、JK 触发器转换成 T 触发器。例如，JK 触发器转换成 T 触发器，只要将 J、K 连接起来，令 $J=K=T$ 即可。转换后的 T 触发器如图 3-37(a)所示。当 $J=K=1$ 时，即是 T' 触发器。图 3-37(b)为 D 触发器转换成 T 触发器，$D=\overline{Q}$。

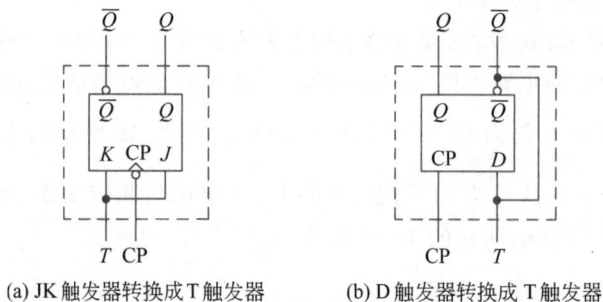

图 3-37　JK 触发器、D 触发器转换成 T 触发器

综上所述，可以看出：

（1）实现各类触发器相互转换的关键是求出转换电路输出端的逻辑表达式。根据转换前后电路的结构可知，转换电路输入端为转换后触发器的输入信号和 Q、$\overline{Q}$ 端信号，转换电路输出端为原触发器的输入端。将转换前触发器和转换后触发器的特征方程进行对比，就可求得转换电路输出函数的逻辑表达式。

（2）转换前后触发方式不变。

小　　结

本章介绍了以下内容：常用触发器的基本概念，包括触发器的特点、分类及工作原理；触发器的描述方法，包括状态转移表、特征方程、状态转移图及波形图；触发器的逻辑功能，包括 RS 触发器、D 触发器、JK 触发器、T 触发器；触发器的电路结构，包括基本触发器、主从触发器及边沿触发器；触发器的触发方式，包括高(低)电平和上升(下降)沿触发；集成触发器芯片。

习　题

3-1　由与非门构成的基本 RS 触发器输入端的信号波形如图 E3-1 所示。画出输出端 Q 及 $\bar{Q}$ 的波形(设与非门的平均传输延迟时间 t_{pd} 可以忽略不计)。

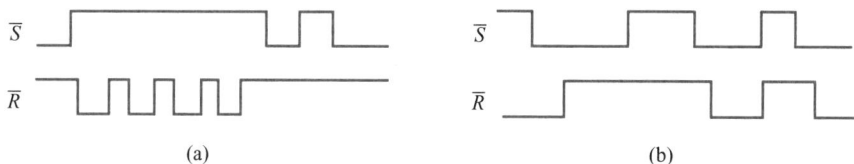

图 E3-1　习题 3-1 图

3-2　分析如图 E3-2 所示电路的逻辑功能，并与由或非门构成的基本 RS 触发器的逻辑功能进行比较，说明它们的异同之处。

3-3　如图 E3-3 所示的 4 个触发器中，哪个的输出状态是在 CP 下降沿发生变化？

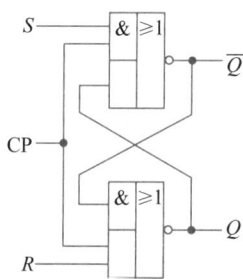

图 E3-2　习题 3-2 图

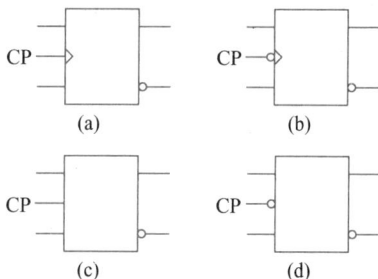

图 E3-3　习题 3-3 图

3-4　分析如图 E3-4 所示的 3 个逻辑电路，判断哪些电路在 CP 作用下能实现钟控 RS 触发器的功能，并说明其原因。

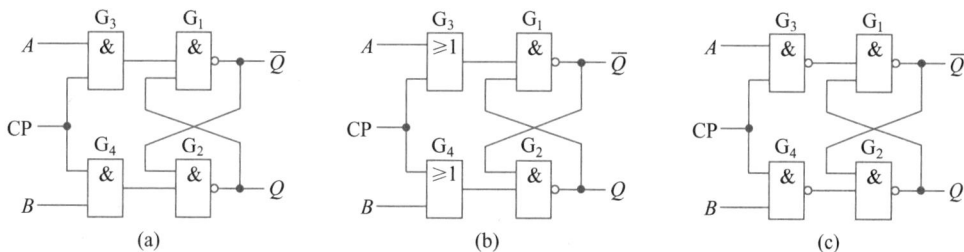

图 E3-4　习题 3-4 图

3-5　边沿 JK 触发器组成如图 E3-5(a)所示。分析电路的逻辑功能，已知电路 CP 和 A 的输入波形如图 E3-5(b)所示。设 Q 输出初态为 0，画出 Q 的波形。

3-6　在主从 JK 触发器的输入端，输入如图 E3-6 所示的信号，设触发器的初态 $Q=1$，画出输出端 Q 的波形。

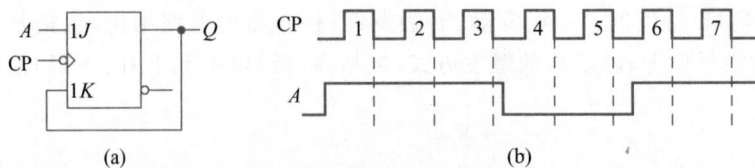

(a)　　　　　　　　(b)

图 E3-5　习题 3-5 图

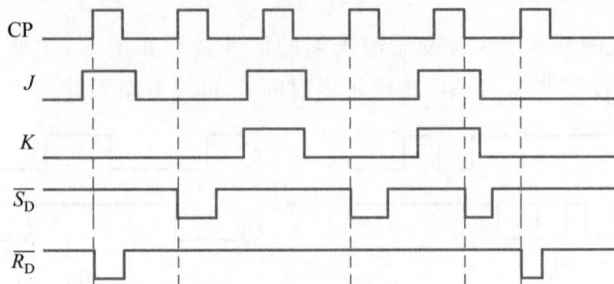

图 E3-6　习题 3-6 图

3-7　分析由 JK 触发器组成的如图 E3-7 所示电路的逻辑功能，写出电路的特征方程，并画出状态转移图。

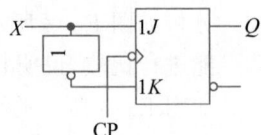

图 E3-7　习题 3-7 图

3-8　在主从 JK 触发器的输入端输入如图 E3-8 所示信号，设触发器的初态 $Q=0$，逻辑门的平均传输延迟时间 $t_{pd}=0$，画出相应的输出波形(Q、$\overline{Q}$ 波形)。

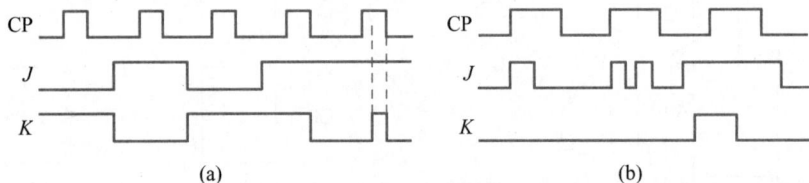

(a)　　　　　　　　(b)

图 E3-8　习题 3-8 图

3-9　在如图 E3-9(a)、(b)所示的触发器的输入端输入如图 E3-9(c)所示的信号。设图 E3-9(a)是主从 JK 触发器，图 E3-9(b)是维持阻塞 D 触发器，分别画出输出端 Q 的波形。

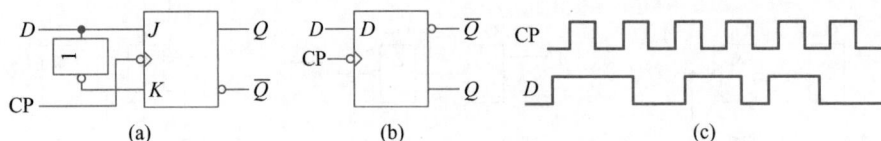

(a)　　　　　　(b)　　　　　　(c)

图 E3-9　习题 3-9 图

3-10　在如图 E3-10 所示的各触发器 CP 端(有边沿触发和电平触发)输入标准的时钟信号，画出各触发器输出端 Q 的波形(设各触发器的初态 $Q=0$)。

3-11　在如图 E3-11(a)所示的逻辑电路中，输入如图 E3-11(b)所示的信号，设触发器 1、2 的初态均为 1(即 $Q_1=Q_2=1$)，画出对应输入信号 Q_1，Q_2 的波形。

3-12　写出如图 E3-12(a)所示各电路的特征方程(即 Q_1^{n+1}、Q_2^{n+1}、Q_3^{n+1}、Q_4^{n+1} 与现态和输入变量之间的关系式)，并画出在图 E3-12(b)给定信号的作用下 Q_1、Q_2、Q_3、Q_4 的电压波形。假定各触发器的初始状态均为 $Q=0$。

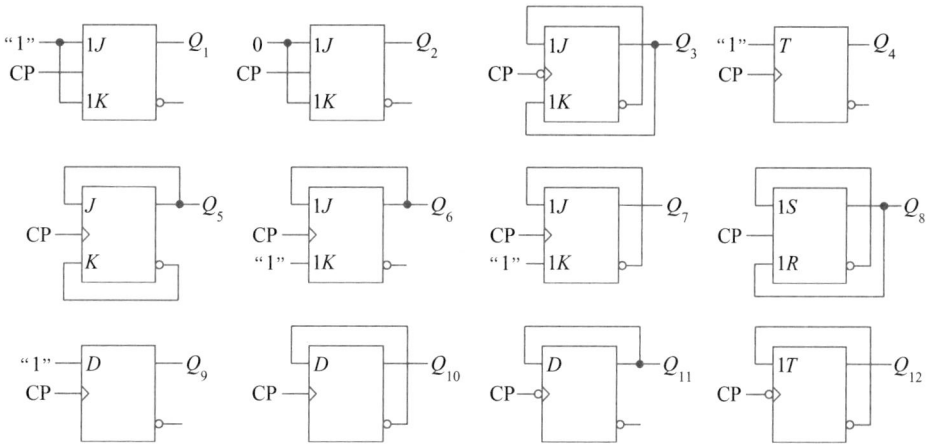

图 E3-10　习题 3-10 图

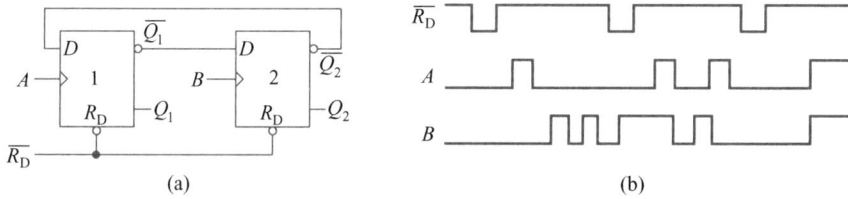

图 E3-11　习题 3-11 图

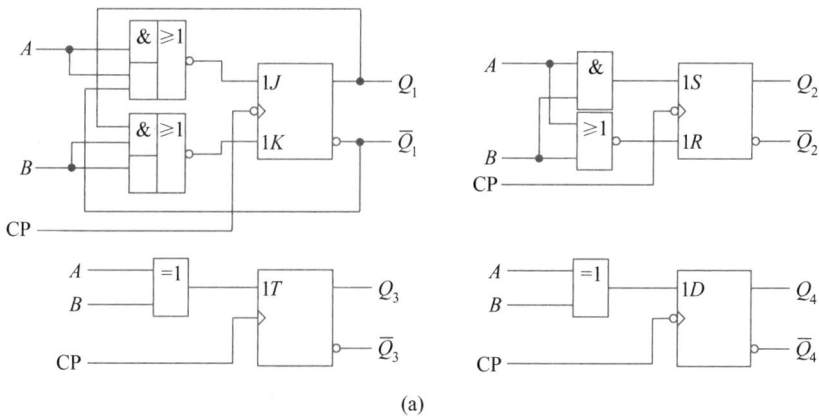

图 E3-12　习题 3-12 图

3-13 在如图 E3-13(a)所示的逻辑电路中,输入如图 E3-13(b)所示的信号,设 Q_1、Q_2 的初态均为 1,画出输出端 Q_1 和 Q_2 的波形。触发器均为边沿触发。

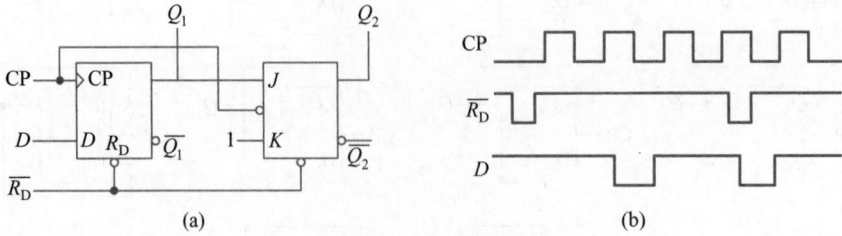

图 E3-13　习题 3-13 图

3-14 根据如图 E3-14 所示的电路,画出 Q_0 和 Q_1 的工作波形。

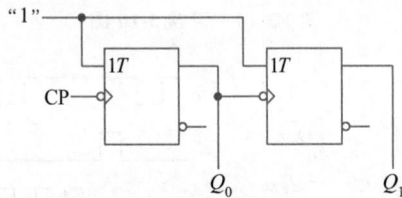

图 E3-14　习题 3-14 图

3-15 在如图 E3-15(a)所示的单脉冲发生器中,输入图 E3-15(b)所示的信号,画出输出端 Q_2 的波形,设 Q_1、Q_2 的初态均为 0。

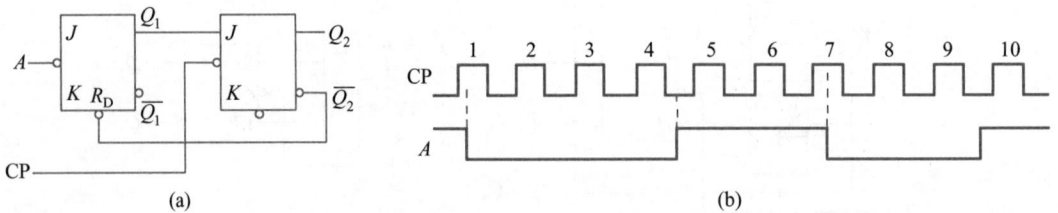

图 E3-15　习题 3-15 图

3-16 某触发器的两个输入端 X_1、X_2 和输出 Q 的波形如图 E3-16 所示,判断它是什么触发器。

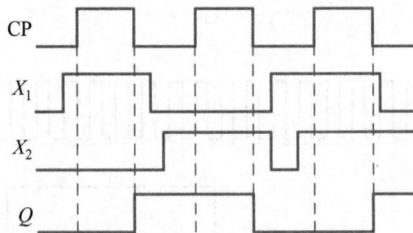

图 E3-16　习题 3-16 图

3-17 在不增加电路的条件下,将 JK 触发器、D 触发器和 T 触发器适当连接,构成二分频电路,并画出其电路图。

第 4 章

时序逻辑电路

第 3 章介绍的是触发器,本章介绍由触发器构成的时序逻辑电路,简称时序电路。按照触发方式的不同,时序逻辑电路分成两类:一类是同步时序逻辑电路,另一类是异步时序逻辑电路。同步时序逻辑电路中的所有触发器共用一个时钟信号,即所有触发器的状态转换发生在同一时刻。而异步时序电路则不同,它不再共用一个时钟信号,有的触发器的时钟信号是另一个触发器的输出,就是说所有触发器的状态转换不一定发生在同一时刻。按输出方式不同,时序电路又可分为米利型和摩尔型两类。

4.1 时序逻辑电路的特点

时序逻辑电路是数字逻辑电路中的又一类重要的逻辑电路。时序逻辑电路的特点是电路在某一时刻的稳定输出不仅取决于该时刻电路的输入,而且还依赖于电路原来的状态,因此,要构成时序逻辑电路就必须具有存储电路,存储电路是触发器组。图 4-1 给出了时序逻辑电路的框图。图中 X 为输入信号,Z 为输出信号,F 为存储电路的输入信号,Q 为存储电路的输出信号。由于时序电路与时间(t)有关,所以信号之间的关系可以用如下 3 个函数方程表示:

$$Z(t_n) = \delta[X(t_n), Q(t_n)] \tag{4-1}$$

$$Q(t_{n+1}) = \lambda[F(t_n), Q(t_n)] \tag{4-2}$$

$$F(t_n) = \psi[X(t_n), Q(t_n)] \tag{4-3}$$

其中的 t_n 和 t_{n+1} 表示两个相邻的离散时间。式(4-1)称作输出方程,式(4-2)称作状态方程,式(4-3)称作激励方程。

由图 4-1 可知,时序逻辑电路由组合逻辑电路和存储电路(触发器组)两部分组成。组

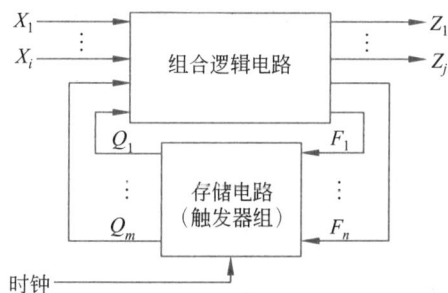

图 4-1 时序逻辑电路框图

合逻辑电路的输入包括外部输入和内部输入,外部输入 $X_1,X_2,\cdots,X_i$ 是整个时序逻辑电路的输入;内部输入即电路的内部状态,是存储电路的输出,称为现态 $Q(t_n)$,它反馈到组合逻辑电路的输入端,并与 t_n 时刻的输入信号 $X(t_n)$ 一起共同决定 t_n 时刻的输出。存储电路的输入输出关系完全遵照触发器的特征方程描述,下一时刻 t_{n+1} 的输出状态随内部输入信号 $F_1,F_2,\cdots,F_n$ 及现态 $Q(t_n)$ 而变化,称为次态方程。

当时序逻辑电路中所有触发器的时钟脉冲(CP)接在同一个具有一定时间间隔的定时脉冲上而同步操作时,称为同步时序电路(synchronous sequential circuit),如图 4-2 所示。当时序逻辑电路中所有触发器的时钟脉冲没有接在相同的脉冲源上,不同步操作时,则称为异步时序电路(asynchronous sequential circuit),如图 4-3 所示。

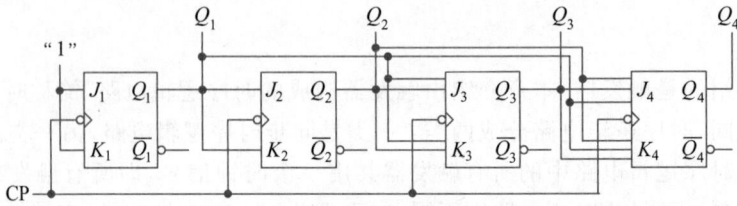

图 4-2 同步时序电路

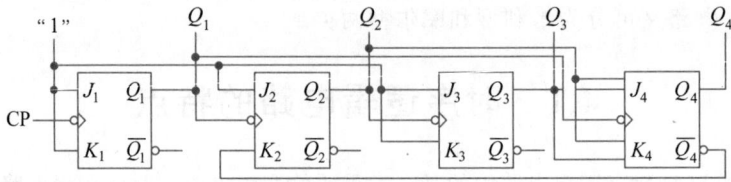

图 4-3 异步时序电路

另外,从输出与输入的关系考虑,时序逻辑电路还可以分成两种形式。一种是米利(Mealy)型,它表明 t_n 时刻的输出 $Z(t_n)$ 由 t_n 时刻的输入信号 $X(t_n)$ 和 t_n 时刻的内部状态 $Q(t_n)$ 共同决定,即

$$Z(t_n)=\delta[X(t_n),\,Q(t_n)]$$

如图 4-4 所示,电路的输出 $Z=XQ_1^nQ_2^n$,可以看出输出 Z 与输入信号 X 有关。另一种是摩尔(Moore)型,它表明在 t_n 时刻的输出只取决于 t_n 时刻的内部状态,而不与 t_n 时刻的输入建立直接联系,其输出表达式可写为

$$Z(t_n)=\delta[Q(t_n)]$$

如图 4-5 所示,电路的输出 $Z=Q_1^n\overline{Q_2^n}$,可以看出输出 Z 与输入信号 X 无关。

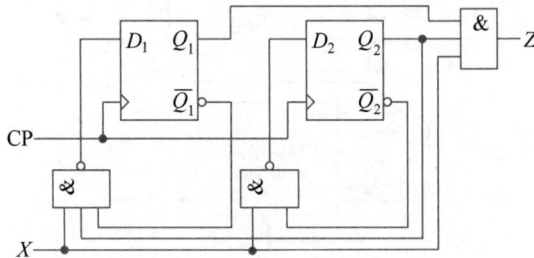

图 4-4 米利型时序逻辑电路

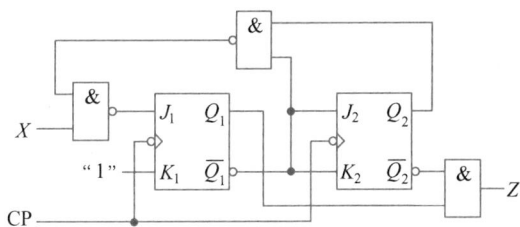

图 4-5　摩尔型时序逻辑电路

4.2　时序逻辑电路逻辑功能的描述方法

4.1 节介绍了一般时序逻辑电路的输出方程及次态方程,即式(4-1)和式(4-2),它们反映了时序逻辑电路的某种特定的逻辑功能,根据这些参量之间的关系,可以有各种各样的描述电路逻辑功能的方法,其中最为常用的有状态转移图、状态转移表和时序图。

4.2.1　状态转移图

用状态转移图描述时序逻辑电路的逻辑功能不仅能反映出输出状态与当时输入之间的关系,还能反映输出状态与电路原来状态之间的关系。由于米利型和摩尔型时序逻辑电路的结构不同,它们所对应的状态转移图也有所不同。

首先介绍米利型时序逻辑电路的状态转移图。

如图 4-6 所示,某一时序逻辑电路具有 n 个内部状态 $S_1, S_2, \cdots, S_n$,用 n 个圆圈表示,圆圈之间则用带箭头的分支线表示状态的转移方向,而分支线旁边标记的值表示产生该转移的输入条件以及当时的输出取值。若从原状态出发,又返回到原来状态上,表明保持原状态不变,叫作处于自锁状态。其画法就是在圆圈处再画一个指向自己的箭头。图 4-6 中 X_i/Z_i 表示当状态是 S_i、现在的输入为 X_i 时现在的输出应该是 Z_i,并转移到下一状态 S_j。

下面介绍摩尔型时序逻辑电路的状态转移图。摩尔型时序逻辑电路的特点是现在时刻 t_n 的输出 $Z(t_n)$ 只取决于现在时刻的内部状态,而与现在的输入信号 $X(t_n)$ 不建立直接关系,即状态一旦确定之后,其输出值也就确定了。因此,画摩尔型时序逻辑电路的状态转移图时,在表示状态的圆圈中填入状态的同时标明在该状态下的输出值,仍然采用带箭头的分支线表示状态的转移方向,但在分支线旁边只需标明产生该种转移的输入条件,如图 4-7 所示。假定初始状态是 S_i,对应的输出是 Z_2,则在圆圈中写成 S_i/Z_2,当输入信号为 X_j 时,由状态 S_i 转移到 S_k,在 S_k 状态输出变成 Z_1。

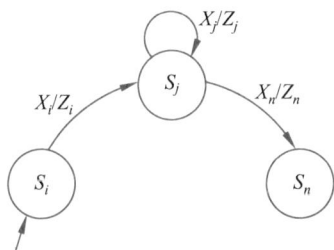

图 4-6　米利型时序逻辑电路的状态转移图

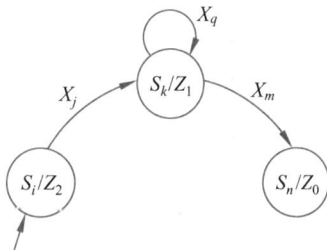

图 4-7　摩尔型时序逻辑电路的状态转移图

4.2.2 状态转移表

状态转移表就是将状态方程[式(4-2)]和输出方程[式(4-1)]结合在一起用矩阵形式加以表示。状态转移表由现态 Q^n、次态 Q^{n+1} 和输出 Z 组成。实现的方法是将任何一组输入变量及电路初态的取值代入状态方程和输出方程,即可算出电路的次态和现态下的输出值;再以得到的次态作为新的现态,和这时的输入变量取值一起再代入状态方程和输出方程进行计算,又得到一组新的次态和输出值。如此继续下去,把全部的计算结果列成真值表的形式,就得到了状态转移表。

其实状态转移表和状态转移图在表示时序电路逻辑时实质上是一样的,只是形式不同。状态转移图表示时序电路逻辑比较直观。而状态转移表虽然表示逻辑功能不够直观,但可以用状态转移表进行状态化简。表 4-1 是米利型时序逻辑电路的状态转移表。其中,$[X]_i$ 表示输入信号的第 i 种组合,n 个输入信号就有 2^n 种组合;状态 S_j 则表示 k 个状态变量的组合,一共有 2^k 个状态。S_{ij} 表示对应于 $[X]_i$ 和 S_j 的次态,Z_{ij} 表示对应于 $[X]_i$ 和 S_j 的输出值。表 4-2 是摩尔型时序逻辑电路的状态转移表,可以看出 $[X]_i$ 不再影响输出 Z。

表 4-1 米利型时序逻辑电路的状态转移表

S	X			
	$[X]_1$	$\cdots$	$[X]_i$	$\cdots$
S_1	S_{11}/Z_{11}	$\cdots$	S_{i1}/Z_{i1}	$\cdots$
$\vdots$	$\vdots$		$\vdots$	$\vdots$
S_j	S_{1j}/Z_{1j}	$\cdots$	S_{ij}/Z_{ij}	$\cdots$
$\vdots$	$\vdots$		$\vdots$	$\vdots$

表 4-2 摩尔型时序逻辑电路的状态转移表

S	X				Z		
	$[X]_1$	$\cdots$	$[X]_i$	$\cdots$	Z_1	$\cdots$	Z_n
S_1	S_{11}	$\cdots$	S_{i1}	$\cdots$	Z_{11}	$\cdots$	Z_{n1}
$\vdots$	$\vdots$	$\vdots$	$\vdots$	$\vdots$	$\vdots$	$\vdots$	$\vdots$
S_j	S_{1j}	$\cdots$	S_{ij}	$\cdots$	Z_{1j}	$\cdot$	Z_{nj}
$\vdots$	$\vdots$	$\vdots$	$\vdots$	$\vdots$	$\vdots$	$\vdots$	$\vdots$

4.2.3 时序图

为便于用实验观察的方法检查时序逻辑电路的逻辑功能,还可以将状态转移表的内容画成波形图。在时钟脉冲序列作用下,电路状态、输出状态随时间变化的波形图称为时序图。

通常在进行时序逻辑分析与设计时,状态转移图和状态转移表都要表示出来,有时还需要进行两者之间的转换。即根据图列出表,或根据表画出图。总之,两种方法都要熟练掌握。

例 4-1 画出如表 4-3 所示时序逻辑电路的状态转移图,并列写输出方程表达式。

解：从表 4-3 的格式可以看出是米利型时序逻辑电路。表 4-3 的左侧部分表示现态 Q^n 有 0、1 两个状态，当输入变量 X_1 和 X_2 出现表头中的 4 种情况时，次态 Q^{n+1} 和输出 Z 的取值已确定。可以很轻松地画出表 4-3 对应的状态转移图，如图 4-8 所示。

表 4-3 例 4-1 状态转移表

Q^n	Q^{n+1}/Z			
	$X_1X_2=$ 00	$X_1X_2=$ 01	$X_1X_2=$ 10	$X_1X_2=$ 11
0	0/1	0/0	1/0	1/1
1	1/1	0/0	1/0	0/1

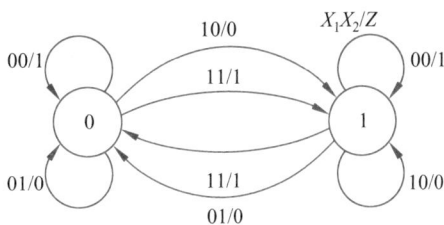

图 4-8 表 4-3 对应的状态转移图

表 4-3 可以用另一种形式表示，如表 4-4 所示。它的好处在于将次态 Q^{n+1} 和输出 Z 分别列写，输入信号 X_1、X_2 对两者的影响更为清晰。输出方程的表达式为

$$Z = \overline{X}_1\overline{X}_2 + X_1X_2$$

表 4-4 例 4-1 状态转移表的另一种形式

Q^n	Q^{n+1}				Z			
	$X_1X_2=$ 00	$X_1X_2=$ 01	$X_1X_2=$ 10	$X_1X_2=$ 11	$X_1X_2=$ 00	$X_1X_2=$ 01	$X_1X_2=$ 10	$X_1X_2=$ 11
0	0	0	1	1	1	0	0	1
1	1	0	1	0	1	0	0	1

例 4-2 已知时序逻辑电路的状态转移图如图 4-9 所示，列写对应的状态转移表。

解：图 4-9 给出的是米利型时序逻辑电路的状态转移图。其中共有 4 个状态，在 X 的不同取值时次态 Q^{n+1} 和输出 Z 发生变化。当 $X=0$ 时，次态和现态一样，状态保持不变，同时输出 $Z=0$；当 $X=1$ 时，依次转移到下一状态，如 $Q_1 \rightarrow Q_2$，$Q_2 \rightarrow Q_3$，…，而输出只有在 $Q_4 \rightarrow Q_1$ 时 $Z=1$。假设该时序逻辑电路的起始状态为 Q_1，则每输入 4 个 1，便输出一个 1。将上述情况用表 4-5 表示。

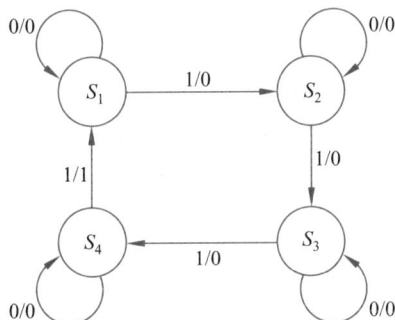

图 4-9 例 4-2 的状态转移图

表 4-5 例 4-2 的状态转移表

Q^n	Q^{n+1}		Z	
	$X=0$	$X=1$	$X=0$	$X=1$
Q_1	Q_1	Q_2	0	0
Q_2	Q_2	Q_3	0	0
Q_3	Q_3	Q_4	0	0
Q_4	Q_4	Q_1	0	1

例 4-3 根据表 4-6 所示的时序逻辑电路的状态转移表画出状态转移图。

解：从表 4-6 的格式可以看出它是摩尔型时序逻辑电路。用 $Q_1^n Q_0^n$ 的编码情况代表 3 种

不同的状态。随着 X 信号取值的不同,状态发生变化,但是输出 Z 的值与输入无关。表 4-6 对应的状态转移图如图 4-10 所示。""

表 4-6　例 4-3 的状态转移表

$Q_1^n Q_0^n$	$Q_1^{n+1} Q_0^{n+1}$		Z
	$X=0$	$X=1$	
01	10	01	0
10	01	11	1
11	11	01	0

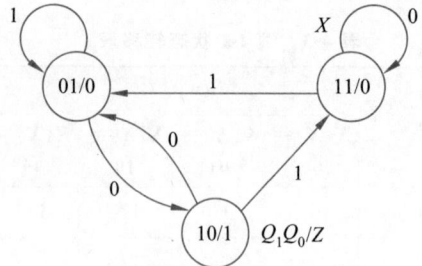

图 4-10　表 4-6 对应的状态转移图

时序逻辑电路有 3 个状态,01、10 和 11,分别对应的输出值 Z 为 0、1、0,所以用 3 个圆圈表示,按状态转移表中所给出的输入条件指明状态转移的方向。

例 4-4　根据如图 4-11 所示的状态转移图列写出时序逻辑电路的状态转移表。

解:图 4-11 所示为摩尔型时序逻辑电路。它具有 4 个状态 S_0、S_1、S_2、S_3,填在表 4-7 的左边,并将每个状态对应的输出填在表的右边,然后按图 4-11 中箭头转移的方向及产生这种转移的输入条件 X 的取值,在表 4-7 中 Q^{n+1} 部分的相应位置上标明转移后的状态,就可以得到图 4-11 对应的状态转移表。

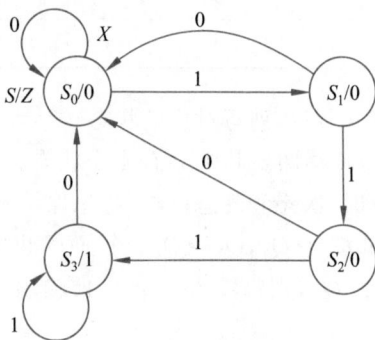

图 4-11　例 4-4 的状态转移图

表 4-7　图 4-11 对应的状态转移表

Q^n	Q^{n+1}		Z
	$X=0$	$X=1$	
S_0	S_0	S_1	0
S_1	S_0	S_2	0
S_2	S_0	S_3	0
S_3	S_0	S_3	1

此时序电路的逻辑功能是一个检测识别连续 3 个 1(或 3 个以上连续的 1)的检测器。在数字通信中的接收端可以用类似的特殊序列作为开始收到信息的标志。

因为状态转移图和状态转移表是分析和设计时序电路的重要手段,所以熟练分辨米利型、摩尔型时序逻辑电路的状态转移图和状态转移表是学习后续内容的基础。

4.3　时序逻辑电路分析

时序逻辑电路中的基本单元是触发器。基于触发器的时序逻辑电路分析是时序逻辑电路分析的基础。

4.3.1 时序逻辑电路的分析方法

分析一个基于触发器的时序逻辑电路,是根据给定的逻辑电路图,在输入及时钟信号作用下找出电路的状态和输出的变化规律,从而获得其逻辑功能。图 4-12 是时序逻辑电路分析流程。

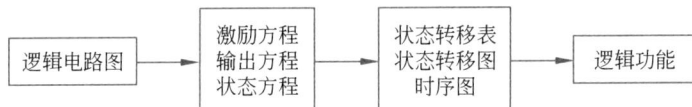

图 4-12 时序逻辑电路分析流程

分析过程一般可归纳如下:

(1)分析电路组成。确定电路中哪些部分是组合电路,哪些部分是存储电路。由于时序电路中的存储电路由触发器构成,因此这种区分是比较明显的。

(2)写出激励方程。根据逻辑电路图,先写出各触发器输入的逻辑函数式,即触发器的激励方程。因激励方程将驱动存储电路的新状态,故又称它为驱动方程。异步时序逻辑电路需要另外写出时钟方程。

(3)写出输出方程。输出方程表达了电路的外部输出与触发器现态及外部输入之间的逻辑关系。

(4)写出状态方程。将激励方程代入触发器的特征方程中,得出每个触发器的状态方程,从而得到由这些状态方程组成的整个时序逻辑电路的状态方程组。它反映了触发器次态与现态及外部输入之间的逻辑关系。

(5)作出状态转移表。状态转移表是一张二维的状态转移真值表。原状态和输入变量的取值分别为行、列的表头,行、列对应的格内是新状态(次态)和现时输出。根据状态方程,将每一种情况的值填入表中。

(6)作出状态转移图。重点是确定表示电路各个状态的小圆圈的个数,用带箭头的分支线根据状态转移的方向将各个圆圈相连,并在分支线上标注转移条件。

(7)时序图。由状态转移表或状态转移图可以画出工作波形。

(8)说明逻辑功能。通过以上全面的分析,便可了解该时序逻辑电路的逻辑功能。

4.3.2 同步时序逻辑电路的分析

按照前面所述的分析方法及步骤,分析基于触发器的同步时序逻辑电路,即可得到电路的逻辑功能。具体分析过程通过一些例子介绍。

例 4-5 分析如图 4-13 所示同步时序逻辑电路。

解: 本例的目的是练习由 T 触发器构成的米利型时序逻辑电路的分析方法。

(1)分析电路组成。该时序逻辑电路的组合电路部分是一个与门、一个非门和一个或非门,存储电路是两个 T 触发器。

(2)写出激励方程:

$$T_0 = X \tag{4-4}$$

$$T_1 = XQ_0^n \tag{4-5}$$

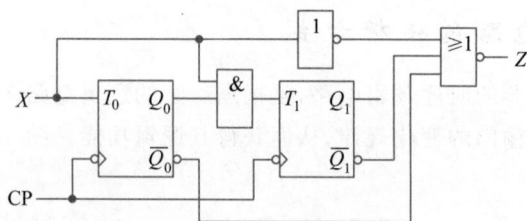

图 4-13　例 4-5 的逻辑电路图

（3）写出输出方程：

$$Z = \overline{\overline{X} + \overline{Q_0^n} + \overline{Q_1^n}}$$

$$Z = X Q_0^n Q_1^n \tag{4-6}$$

（4）写出状态方程。由触发器的特征方程写出触发器的状态方程。T 触发器的特征方程为

$$Q^{n+1} = T \overline{Q^n} + \overline{T} Q^n \tag{4-7}$$

将式（4-4）、式（4-5）代入式（4-7），得到触发器的状态方程：

$$Q_0^{n+1} = X \overline{Q_0^n} + \overline{X} Q_0^n = X \oplus Q_0^n \tag{4-8}$$

$$Q_1^{n+1} = X Q_0^n \overline{Q_1^n} + \overline{X Q_0^n} Q_1^n = X Q_0^n \oplus Q_1^n \tag{4-9}$$

（5）作出状态转移表。由于本例中的逻辑电路图是米利型的，所以状态转移表的格式见表 4-1。有两个触发器，$Q_1^n Q_0^n$ 组合起来有 4 种状态：00、01、10、11，将这 4 种状态及 X 的 0、1 两种状态分别代入式（4-8）、式（4-9）得出 $Q_1^{n+1} Q_0^{n+1}$ 的取值，填写状态转移表；再将 $Q_1^n Q_0^n$ 和 X 的状态代入式（4-6），得出 Z 的取值，填入表中。状态转移表如表 4-8 所示。也可以将标准的米利型状态转移表写成次态和输出分开的形式，如表 4-9 所示。

表 4-8　例 4-5 的状态转移表

$Q_1^n Q_0^n$	$Q_1^{n+1} Q_0^{n+1}/Z$	
	$X=0$	$X=1$
00	00/0	01/0
01	01/0	10/0
10	10/0	11/0
11	11/0	00/1

表 4-9　例 4-5 的状态转移表的另一种形式

$Q_1^n Q_0^n$	$Q_1^{n+1} Q_0^{n+1}$		Z	
	$X=0$	$X=1$	$X=0$	$X=1$
00	00	01	0	0
01	01	10	0	0
10	10	11	0	0
11	11	00	0	1

（6）作出状态转移图。状态转移图可由状态转移表导出。首先画出 4 个圈，并在圈内标以 $Q_1^n Q_0^n$ 的取值 00、01、10、11，如图 4-14 所示。然后画出各状态之间的转换关系。

（7）说明逻辑功能。由图 4-14 可见，当 $X=1$ 时，每来一个 CP，状态发生一次变化，到来 4 个 CP，电路输出一个进位脉冲 $Z=1$；当 $X=0$ 时，电路保持原状态不变。故该电路是一个可控四进制计数器或称可控模四计数器。

例 4-6　分析图 4-15 所示的同步时序逻辑电路。设触发器的初态 $Q_1 = Q_0 = 0$。画出 Q_0、Q_1 和 F 相对于 CP 的波形图。从 F 与 CP 的关系分析该电路实现何种功能。

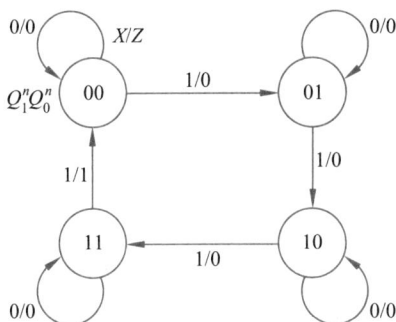

图 4-14　例 4-5 的状态转移图

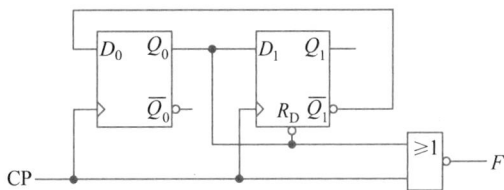

图 4-15　例 4-6 的逻辑电路图

解：本例的目的是练习由 D 触发器构成的摩尔型时序逻辑电路的分析方法，同时练习在异步复位信号作用时决定电路输出状态的方法。

（1）分析电路组成。该时序逻辑电路的组合电路部分是一个或非门，存储电路是两个 D 触发器。

（2）列写激励方程：

$$D_0 = \overline{Q_1^n}, \quad D_1 = Q_0^n \tag{4-10}$$

增加复位方程：

$$R_D = Q_0^n \tag{4-11}$$

（3）写出输出方程：

$$F = \overline{CP + \overline{Q_0^n}} \tag{4-12}$$

（4）写出状态方程。由触发器的特征方程写出触发器的状态方程。D 触发器的特征方程为

$$Q^{n+1} = D \tag{4-13}$$

将式(4-10)代入式(4-13)，得到触发器的状态方程：

$$Q_0^{n+1} = \overline{Q_1^n} \tag{4-14}$$

$$Q_1^{n+1} = Q_0^n \tag{4-15}$$

（5）作出状态转移表。本例中的逻辑电路图是摩尔型的，并且没有输入信号，状态转移表的格式见表 4-2。有两个触发器，所以 $Q_1^n Q_0^n$ 组合起来有 4 种状态：将 00、01、10、11 分别代入式(4-14)、式(4-15)得出 $Q_1^{n+1} Q_0^{n+1}$ 的取值，填写状态转移表。注意，当 $Q_1^n Q_0^n = 11$ 代入式(4-14)、式(4-15)后应得 $Q_1^{n+1} Q_0^{n+1} = 10$，但是由于 $R_D = Q_0^n = 0$，所以在此状态时，$Q_1^{n+1} Q_0^{n+1} = 00$。将 Q_0^n 和 CP 的状态代入式(4-12)得出 F 的取值，填入表中。状态转移表如表 4-10 所示。

（6）作出状态转移图。状态转移图可由表 4-10 导出，分析状态转移表中现态及次态的关系，它们只在 00、01、11 这 3 个状态中循环，所以画出 3 个圈，并在圈内标以 $Q_1^n Q_0^n$ 的取值 00、01、11，如图 4-16 所示，各状态之间的转移只是在 CP 的控制下进行。

（7）时序图。由于输出 F 与 CP 有关，所以用时序图更能够清楚地描述电路的工作情况。图 4-15 的逻辑电路图中触发器的触发形式是边沿触发，$Q_1 Q_0$ 的变化发生在 CP 的上升沿，如图 4-17 所示。显然输出 F 的高电平宽度受 CP 的控制。

表 4-10　例 4-6 的状态转移表

Q_1^n	Q_0^n	Q_1^{n+1}	Q_0^{n+1}	F
0	0	0	1	1
0	1	1	1	0
1	0	0	0	1
1	1	0	0	0

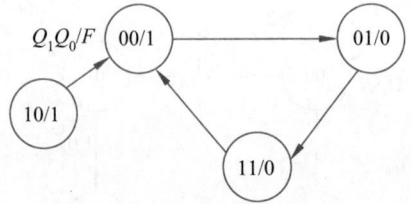

图 4-16　例 4-6 的状态转移图

(8) 说明逻辑功能。从 F 与 CP 的关系可以看出每 3 个时钟脉冲 F 输出一个高电平。该电路实现模三计数器功能。另外 $Q_1^n Q_0^n=10$ 这个状态不在循环状态中,但是如果现态是 10,在 CP 的作用下它的次态是 00,即进入了循环状态,称这种时序逻辑电路具有自启动能力。

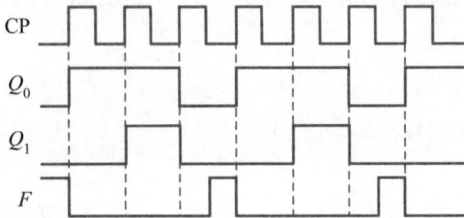

图 4-17　例 4-6 的时序图

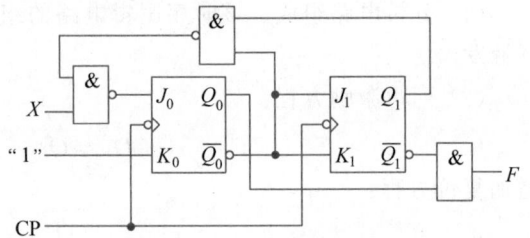

图 4-18　例 4-7 的逻辑电路图

例 4-7　分析如图 4-18 所示同步时序逻辑电路。

解:本例的目的是练习由 JK 触发器构成的摩尔型时序逻辑电路的分析方法,通过时序图描述电路的功能。

(1) 分析电路组成。该时序逻辑电路的组合电路部分是两个与非门、一个与门,存储电路是两个 JK 触发器。

(2) 写出激励方程:

$$J_0 = \overline{X \, \overline{\overline{Q_1^n} \, \overline{Q_0^n}}} = \overline{X} + Q_1^n \overline{Q_0^n}, \quad K_0 = 1 \tag{4-16}$$

$$J_1 = K_1 = \overline{Q_0^n} \tag{4-17}$$

(3) 写出输出方程:

$$F = \overline{Q_1^n} Q_0^n \tag{4-18}$$

(4) 写出状态方程。由触发器的特征方程写触发器的状态方程。JK 触发器的特征方程为

$$Q^{n+1} = J\overline{Q^n} + \overline{K} Q^n \tag{4-19}$$

将式(4-16)、式(4-17)代入式(4-19),得到触发器的状态方程:

$$Q_0^{n+1} = (\overline{X} + Q_1^n) \, \overline{Q_0^n} \tag{4-20}$$

$$Q_1^{n+1} = \overline{Q_0^n} \, \overline{Q_1^n} + Q_0^n Q_1^n \tag{4-21}$$

(5) 作出状态转移表。图 4-18 所示的逻辑电路图中虽然有输入信号 X,但是输出 F 不受它的影响,所以是摩尔型时序逻辑电路,状态转移表的格式见表 4-2。有两个触发器,所以 $Q_1^n Q_0^n$ 组合起来有 4 种状态:00、01、10、11,将这 4 种状态分别代入式(4-20)、式(4-21),得

出 $Q_1^{n+1}Q_0^{n+1}$ 的取值,填写状态转移表;再将 $Q_1^nQ_0^n$ 的状态代入式(4-18),得出 F 的取值,填入表中。状态转移表如表 4-11 所示。

通过表 4-11 很难看出该电路的功能,因此在填状态转移表时还有另一种方法。作 $X=0$ 的状态转移表,如表 4-12 所示。设 $Q_1^nQ_0^n=00$ 填入原态列,并代入式(4-20)、式(4-21),得出 $Q_1^{n+1}Q_0^{n+1}=11$,填入次态列;然后将 11 作为原态,填入原态列,并再代入式(4-20)、式(4-21),得出 $Q_1^{n+1}Q_0^{n+1}=10$,填入次态列;然后将 10 作为原态,填入原态列,并再代入式(4-20)、

表 4-11　例 4-7 的状态转移表

$Q_1^nQ_0^n$	$Q_1^{n+1}Q_0^{n+1}$		F
	$X=0$	$X=1$	
00	11	10	0
01	00	00	1
10	01	01	0
11	10	10	0

式(4-21),得出 $Q_1^{n+1}Q_0^{n+1}=01$,填入次态列;然后将 01 作为原态,填入原态列,并再代入式(4-20)、式(4-21),得出 $Q_1^{n+1}Q_0^{n+1}=00$,填入次态列。完成了全部填写。

用同样的方法作 $X=1$ 的状态转移表,如表 4-13 所示。通过表 4-12 和表 4-13 已经可以看出 $X=0$ 时触发器在 4 个状态中循环,$X=1$ 时触发器在 3 个状态中循环。

表 4-12　例 4-7 当 $X=0$ 时的状态转移表

$Q_1^nQ_0^n$	$Q_1^{n+1}Q_0^{n+1}$	F
	$X=0$	
00	11	0
11	10	0
10	01	0
01	00	1

表 4-13　例 4-7 当 $X=1$ 时的状态转移表

$Q_1^nQ_0^n$	$Q_1^{n+1}Q_0^{n+1}$	F
	$X=1$	
00	10	0
10	01	0
01	00	1
11	10	0

(6) 作出状态转移图。根据表 4-12 和表 4-13 可以轻松地作出两个状态转移图,如图 4-19 所示。

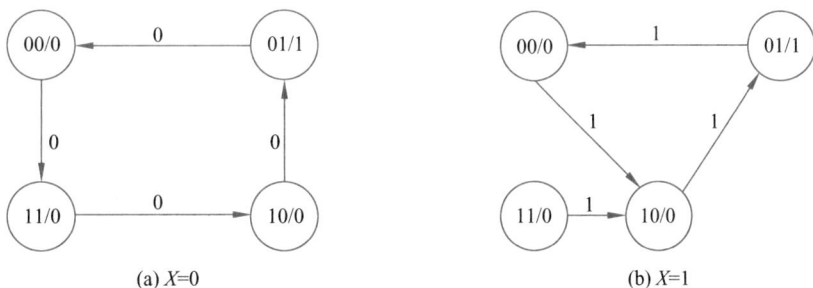

(a) $X=0$　　　　　　　　　　　　(b) $X=1$

图 4-19　例 4-7 的状态转移图

(7) 时序图。用时序图能够更清楚地描述电路的工作情况。图 4-20(a)是 X=0 时的波形,图 4-20(b)是 X=1 时的波形。从图 4-18 可知触发器的触发形式是下降沿触发。

(8) 说明逻辑功能。该电路由 X 控制实现两种计数功能:

当 X=0 时,电路是模 4 减 1 计数器。

当 X=1 时,电路是模 3 减 1 计数器。

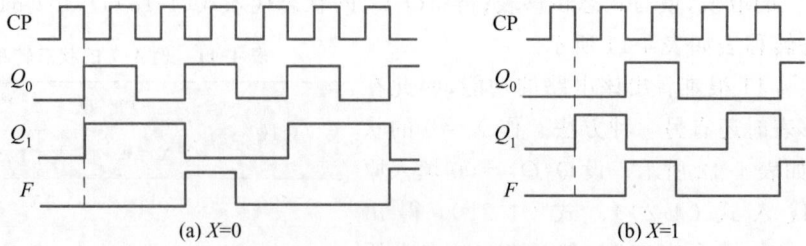

(a) $X=0$ (b) $X=1$

图 4-20　例 4-7 的时序图

对初学者来说,要根据状态转移图说明没有名称的同步时序逻辑电路的全部逻辑功能是有一定困难的,但随着对典型同步时序逻辑电路的掌握,这些困难将会逐渐消失。

4.4　寄　存　器

寄存器是用于存储数据或运算结果的逻辑部件。它具有接收数据、存放数据和传送数据的基本功能。在实际应用中,寄存器除了上述基本功能外,还应具有左移、右移、串行和并行输入、串行和并行输出、预置及清零等多种功能。

4.4.1　寄存器概述

用于暂时存储二进制码的逻辑器件称为寄存器,例如计算机中的通用寄存器、指令寄存器、地址寄存器、输入输出寄存器等。寄存器主要由具有公共时钟输入的两个或多个 D 触发器构成,待存入的信息在统一时钟脉冲控制下存入寄存器。图 4-21 为一个能够存储 4 位二进制信息的寄存器的结构。

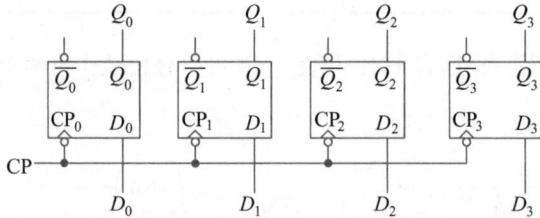

图 4-21　4 位寄存器结构

寄存器是数字系统中应用非常广泛的器件,现已有各种功能的中规模集成寄存器产品,例如 74LS374。如图 4-22 所示,其内部结构就是 8 个下降沿 D 触发器,将 CP 端连接在一起,通过非门形成公共时钟端($CLOCK$),对外电路来讲就是一组上升沿触发的触发器;每个触发器的输出是通过三态门加以控制的。当希望将触发器的状态送到外电路时,就在输出使能端($OUTPUT\ CONTROL$)加一个低电平,输出使能端使寄存器具有缓冲作用。另外,可以看出在 CP 下降沿到来时,实现数据的并行输入和并行输出。

在根据集成电路手册设计电路时,芯片列表中直接标注寄存器功能的不多,实际上只要选取满足要求的触发器即可。74LS374 的全称就是八上升沿 D 触发器,74LS174 为六上升沿 D 触发器,74LS175 为四上升沿 D 触发器,都可以作为寄存器使用。

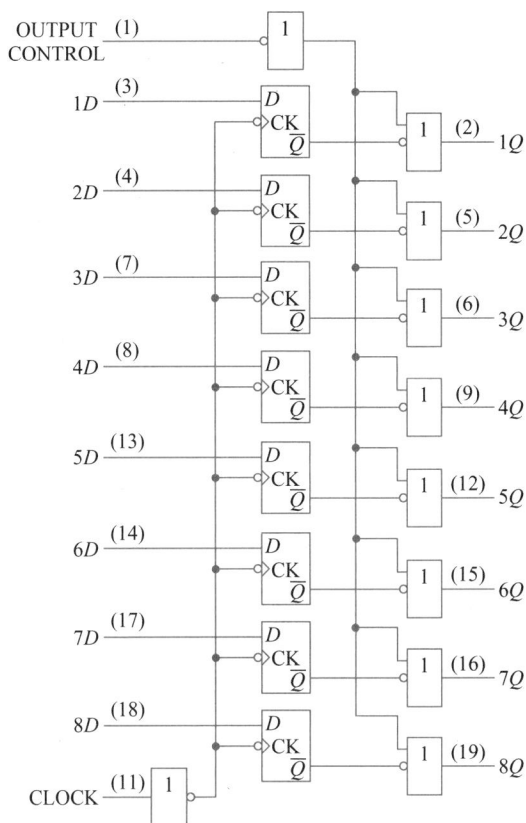

图 4-22　74LS374 的内部结构

4.4.2　锁存器

多个触发器构成多位二进制码的同时,每个触发器的触发方式采用电平触发的电路,称为锁存器。锁存器与寄存器的根本区别在于时钟脉冲的触发方式不同,前者为电平触发,后者为边沿触发。

锁存器的工作特点是:锁存信号无效时,锁存器的输出状态随输入信号而变化(相当于输出直接接到输入端,即所谓"透明");锁存信号有效时,锁存器输出状态保持在锁存信号跳变时的状态。常用的中规模集成锁存器有双二位锁存器、四位锁存器、双四位锁存器、八位透明锁存器、八位可寻址锁存器和多模式缓冲锁存器等。图 4-23(a)为四位锁存器的基本结构。74LS373 为八 D 锁存器,其结构如图 4-23(b)所示,OUTPUT CONTROL 为输出使能端,ENABLE G 为电平触发端,称为锁存信号。

4.4.3　移位寄存器

移位寄存器,顾名思义就是具有移位功能的寄存器。图 4-24 为移位寄存器的逻辑电路,它由 4 个 D 触发器组成,电路有一个串行输入端 X、一个串行输出端 F 和 4 个并行输出端 Q_0、Q_1、Q_2、Q_3。根据 D 触发器的特征方程,可直接写出

$$Q_3^{n+1}=Q_2^n, \quad Q_2^{n+1}=Q_1^n, \quad Q_1^{n+1}=Q_0^n, \quad Q_0^{n+1}=X$$

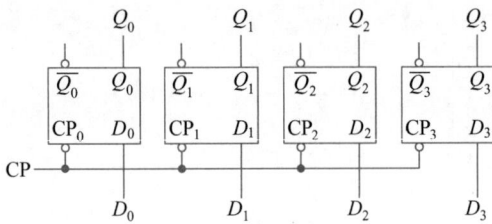

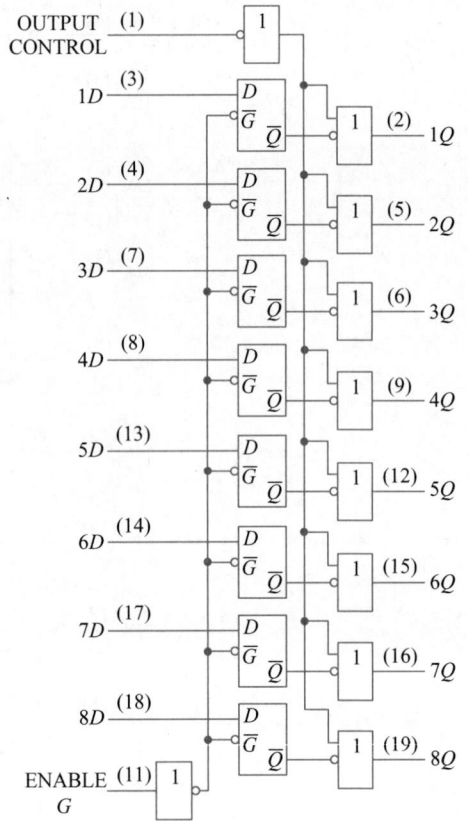

(a) 四位锁存器结构   (b) 八 D 锁存器 74LS373

图 4-23   锁存器

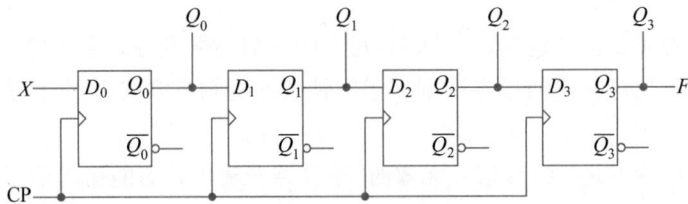

图 4-24   移位寄存器

CP 上升沿同时作用于所有触发器时,触发器输入端的状态都为现态。当第一个 CP 上升沿到达之后,各触发器按状态方程进行状态转换。输入代码 X 存入触发器 0,Q_1 按 Q_0 原来的状态翻转,Q_2 按 Q_1 原来的状态翻转,Q_3 按 Q_2 原来的状态翻转。总体看来,移位寄存器中的代码依次右移了一位。后续 CP 到来后按照这种方式继续右移。根据其移动方向称之为四位右移移位寄存器。

设在串行输入端 X 上输入串行序列 1001(每来一个 CP 按序向电路送入一位二进制码),则可进行表 4-14 所示的状态转移。

还可以通过时序图描述表 4-14 的工作波形。如图 4-25 所示,每当 CP 的上升沿到达时,输入的二进制码 X 按位移入触发器 0,触发器 0 的状态移入触发器 1,触发器 1 的状态移入触发器 2,以此类推。这样,每来一个 CP,输入信号便向右移一位;不来 CP 时,信号状态将存储在电路中不变。经过 4 个 CP 周期之后,串行输入的 4 位代码全部移入 4 位右移移位寄存器中,即 $Q_0Q_1Q_2Q_3 = 1001$。此时可以在 4 个触发器的 4 个输出端 Q_0、Q_1、Q_2、Q_3 并行输出 4 位二进制码。这种输入输出方式称为串行输入并行输出(串入并出)。如果输出只接在 Q_3 端,即串行输出端 F,就会得到串行输出的二进制码,这种方式称为串行输入串行输出(串入串出)。串行输入信号经过 4 个 CP 作用后才送到输出端,即输出信号比输入信号延迟了 4 个 CP 周期。由此可见,移位寄存器按串行输入串行输出的方式工作,可对输入信号产生固定的延迟,延迟时间 $T_d = nT_{CP}$,n 为移位寄存器的级数(触发器数),T_{CP} 为 CP 周期。当移位寄存器级数一定时,可以用改变 T_{CP} 的方法改变延迟时间 T_d。

表 4-14　四位右移移位寄存器状态转移表

CP 顺序	X	Q_0	Q_1	Q_2	Q_3
CP 到达前	1	0	0	0	0
CP_1 有效	0	1	0	0	0
CP_2 有效	0	0	1	0	0
CP_3 有效	1	0	0	1	0
CP_4 有效	$\times$	1	0	0	1

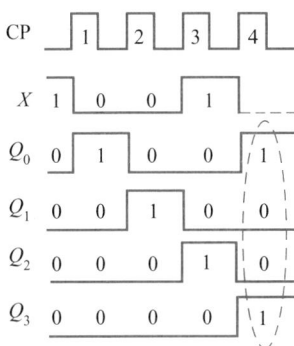

图 4-25　四位右移移位寄存器的时序图

将图 4-24 所示的四位右移移位寄存器的电路做一些改造,如图 4-26 所示,就能够实现并行输入方式。并行输入时按两步进行。第一步,将清零信号加到全部触发器的 R_D 端上,使触发器全置 0。第二步,在写入脉冲作用下,将并行输入信号 A、B、C、D 加到触发器的置 1 端 S_D 上,使触发器的状态 $Q_0Q_1Q_2Q_3 = ABCD$,实现了置数功能。当写入脉冲结束后,存储的信号将在 CP 的作用下逐位右移。其状态转移表如表 4-15 所示,其中 $\times$ 为任意值,取决于第一级触发器串行输入端 X 的状态。

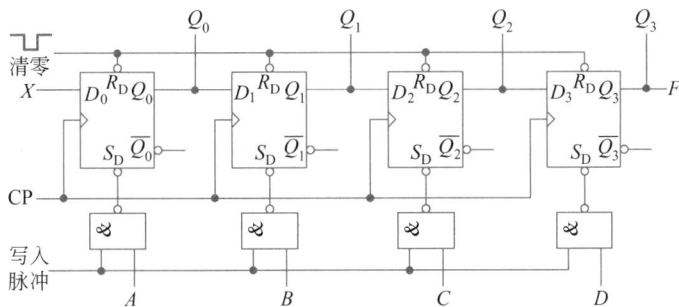

图 4-26　并行输入右移移位寄存器

并行输入右移移位寄存器所存信号可以并行输出,也可以串行输出。由表 4-15 可知,并行输入右移移位寄存器的代码信号为 $ABCD$,而串行输出序列为 $DCBA$,顺序正好反过来了。这种并行输入串行输出(并入串出)的工作方式常用于一些转接电路。如果采用并行输入并行输出(并入并出)的工作方式,则该移位寄存器仅作寄存器使用。

表 4-15 并行输入右移移位寄存器状态转移表

CP 顺序	X	Q_0 Q_1 Q_2 Q_3	CP 顺序	X	Q_0 Q_1 Q_2 Q_3
CP 到达前	$\times$	A B C D	CP_3	$\times$	$\times$ $\times$ $\times$ A
CP_1	$\times$	$\times$ A B C	CP_4	$\times$	$\times$ $\times$ $\times$ $\times$
CP_2	$\times$	$\times$ $\times$ A B			

通常,集成移位寄存器除具有移位功能之外,还有数据并行输入、保持、异步清零功能。图 4-27 为八位移位存储寄存器 74LS299 的逻辑电路,其功能如表 4-16 所示。

表 4-16 74LS299 功能

输 入							
MR	S_1	S_0	$\overline{OE_1}$	$\overline{OE_2}$	CP	DS_0	DS_7
L	$\times$	$\times$	H	$\times$	$\times$	$\times$	$\times$
L	$\times$	$\times$	$\times$	H	$\times$	$\times$	$\times$
L	H	H	$\times$	$\times$	$\times$	$\times$	$\times$
L	L	$\times$	L	L	$\times$	$\times$	$\times$
L	$\times$	L	L	L	$\times$	$\times$	$\times$
H	L	H	$\times$	$\times$	上升沿	D	$\times$
H	L	H	L	L	上升沿	D	$\times$
H	H	L	$\times$	$\times$	上升沿	$\times$	D
H	H	L	L	L	上升沿	$\times$	D
H	H	H	$\times$	$\times$	上升沿	$\times$	$\times$
H	L	L	H	$\times$	$\times$	$\times$	$\times$
H	L	L	$\times$	H	$\times$	$\times$	$\times$
H	L	L	L	L	$\times$	$\times$	$\times$

在图 4-27 所示的移位寄存器逻辑电路中,存储电路是 8 个 D 触发器,组合电路由 8 组与或门组成。电路有右移信号输入端 DS_0、左移信号输入端 DS_7 和 8 个双向数据端 $I/O_0 \sim I/O_7$。74LS299 有 5 种工作状态,是通过 S_0、S_1 及 $\overline{MR}$ 控制的。

(1) 清零。$\overline{MR} = 0$ 时,触发器 $Q_0 \sim Q_7$ 同时被置 0。移位寄存器工作时 $\overline{MR}$ 应为高电平。

(2) 置数。置数是指移位寄存器处于数据并行输入工作状态。当 $S_1 S_0 = 11$ 时,每组 4 个与门中左数第 1、2、4 个与门被封锁,只有左数第 3 个与门输入信号被选中,$I/O_0 \sim I/O_7$ 作为输入信号,在 CP 上升沿到达后,$Q_0 \sim Q_7 = I/O_0 \sim I/O_7$,实现了数据并行输入。

(3) 右移。当 $S_1 S_0 = 01$ 时,每组 4 个与门中最左边的一个与门输入信号被选中,其他 3 个与门被封锁,CP 上升沿到达后,$Q_0^{n+1} = DS_0$,$Q_1^{n+1} = Q_0^n$,$Q_2^{n+1} = Q_1^n$……实现了数据右移。

(4) 左移。当 $S_1 S_0 = 10$ 时,每组 4 个与门中左数第 2 个与门输入信号被选中,其他 3 个与门被封锁,CP 上升沿到达后,$Q_7^{n+1} = DS_7$,$Q_6^{n+1} = Q_7^n$,$Q_5^{n+1} = Q_6^n$……实现了数据左移。

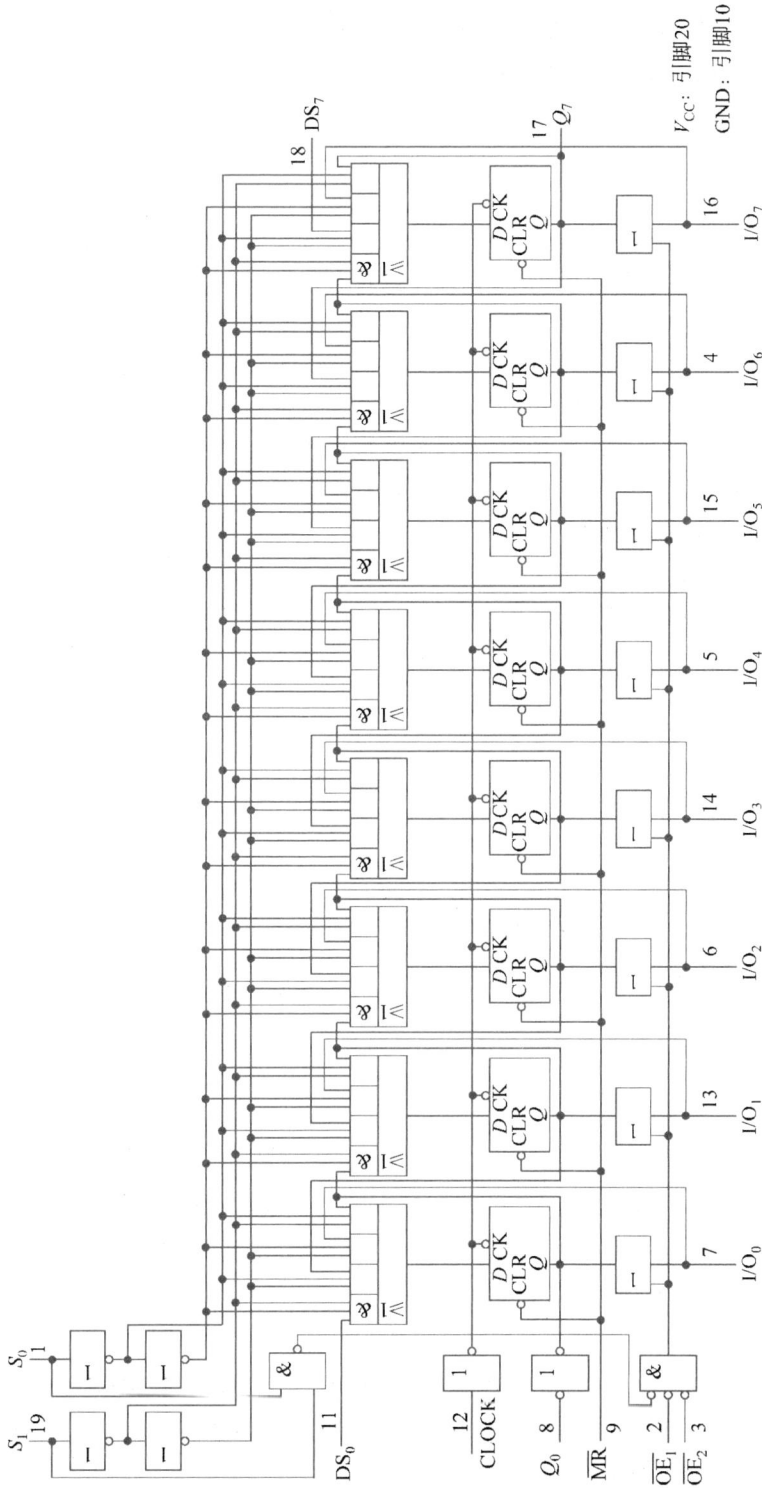

图 4-27　8 位移位存储寄存器 74LS299 逻辑电路

（5）保持。当 $S_1S_0=00$ 时，每组 4 个与门中最右边的一个与门输入信号被选中，其他 3 个与门被封锁，CP 上升沿到达后，$Q_0^{n+1}=Q_0^n$，$Q_1^{n+1}=Q_1^n$，$Q_2^{n+1}=Q_2^n$……每个触发器的输出端回送到输入端，触发器状态不变，实现了数据保持。

74LS299 可以实现串入串出、串入并出、并入串出和并入并出。

4.5 计 数 器

计数器是一种能够对输入的时钟脉冲进行计数的逻辑部件。计数器不仅用于时钟脉冲计数，还可以用于定时、分频、产生节拍脉冲以及数字运算等。计数器是应用最广泛的逻辑部件之一。

计数器的种类很多。按照触发方式可分为同步计数器和异步计数器。按照计数容量（即根据模数、基数、计数长度）分为二进制计数器、十进制计数器、任意进制（如八进制、十二进制、三十二进制等）计数器，以上 3 种计数器也可以称为模 2 计数器、模 10 计数器及任意模计数器，所谓计数器的模是指计数器所能计数的最大值。按照计数的功能分为加法计数器、减法计数器及可逆计数器。

二进制计数器是按二进制的规则计数的。对于二进制计数器电路，一位二进制计数器应有两个状态，可以计两个数，图 4-28 给出了二进制的两个状态和计数器的状态转移图。

(a) 二进制的两个状态　　　　　　　　(b) 二进制计数器的状态转移图

图 4-28　二进制的两个状态和二进制计数器的状态转移图

六进制计数器是按六进制的规则计数的。图 4-29 给出了六进制的 6 个状态和六进制计数器的状态转移图。

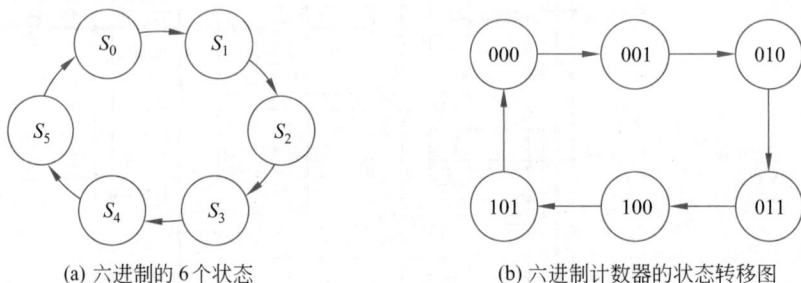

(a) 六进制的 6 个状态　　　　　　　　(b) 六进制计数器的状态转移图

图 4-29　六进制的 6 个状态和六进制计数器的状态转移图

图 4-30 给出了十进制的 10 个状态和十进制计数器的状态转移图，10 个状态采用 5211BCD 码编码。

加法计数器是每输入一个 CP 就在原来计数的基础上加 1，计到最大数（例如，八进制计数为 7）时，产生进位输出，再输入一个 CP，该计数器由最大数变为 0。八进制加法计数器的状态转移图如图 4-31 所示。

减法计数器是每输入一个 CP，就在原来计数的基础上减 1，减到 0 时，产生借位输出，

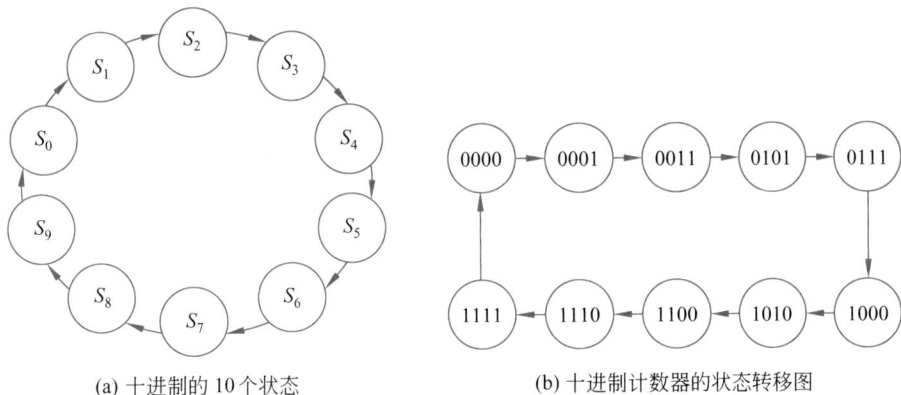

(a) 十进制的 10 个状态   (b) 十进制计数器的状态转移图

图 4-30 十进制的 10 个状态和十进制计数器的状态转移图

再输入一个 CP，计数器的值由 0 变为最大数（例如，七进制计数为 6）。七进制减法计数器的状态转移图如图 4-32 所示。

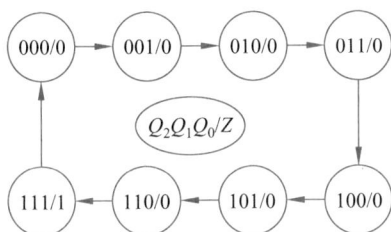

图 4-31 八进制加法计数器的状态转移图

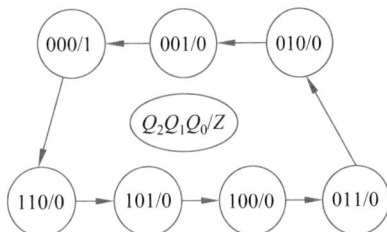

图 4-32 七进制减法计数器的状态转移图

可逆计数器分为双时钟加减计数器和单时钟加减计数器。双时钟加减计数器有两个 CP，一个控制加 1 计数，一个控制减 1 计数。单时钟加减计数器只有一个 CP，加减的功能是通过输入信号的不同取值控制的，如图 4-33 所示，$X=1$ 时是五进制加法计数器，$X=0$ 时是五进制减法计数器。

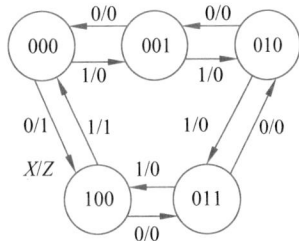

图 4-33 X 控制的五进制加减计数器的状态转移图

4.5.1 同步二进制计数器

图 4-34 为四位同步二进制加法计数器的逻辑电路。其存储电路是 4 个 JK 触发器，组合电路是 3 个与门。这样，由图 4-34 可以写出电路的激励方程：

$$J_0 = K_0 = 1 \tag{4-22}$$

$$J_1 = K_1 = Q_0^n \tag{4-23}$$

$$J_2 = K_2 = Q_0^n Q_1^n \tag{4-24}$$

$$J_3 = K_3 = Q_0^n Q_1^n Q_2^n \tag{4-25}$$

输出方程为

$$Z = Q_0^n Q_1^n Q_2^n Q_3^n \tag{4-26}$$

根据 JK 触发器的特征方程 $Q^{n+1} = J\overline{Q^n} + \overline{K}Q^n$ 及激励方程得到状态方程：

$$Q_0^{n+1} = \overline{Q_0^n} \tag{4-27}$$

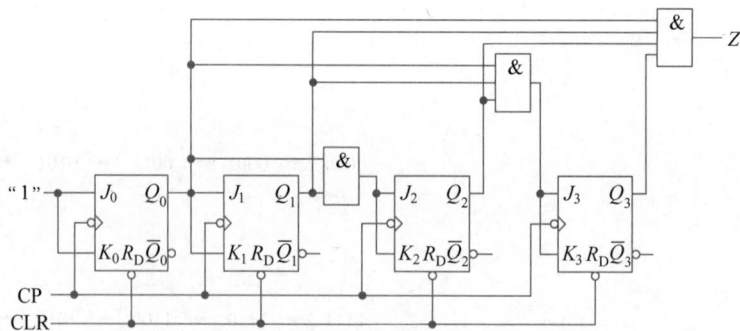

图 4-34   四位同步二进制加法计数器的逻辑电路

$$Q_1^{n+1} = Q_0^n \overline{Q_1^n} + \overline{Q_0^n} Q_1^n = Q_0^n \oplus Q_1^n \tag{4-28}$$

$$Q_2^{n+1} = Q_0^n Q_1^n \overline{Q_2^n} + \overline{Q_0^n Q_1^n} Q_2^n \tag{4-29}$$

$$Q_3^{n+1} = Q_0^n Q_1^n Q_2^n \overline{Q_3^n} + \overline{Q_0^n Q_1^n Q_2^n} Q_3^n \tag{4-30}$$

由状态方程和输出方程可作出如表 4-17 所示的状态转移表。由表 4-16 可作出该电路的状态转移图,如图 4-35 所示。

表 4-17   四位同步二进制加法计数器状态转移表

Q_3^n	Q_2^n	Q_1^n	Q_0^n	Q_3^{n+1}	Q_2^{n+1}	Q_1^{n+1}	Q_0^{n+1}	F	Q_3^n	Q_2^n	Q_1^n	Q_0^n	Q_3^{n+1}	Q_2^{n+1}	Q_1^{n+1}	Q_0^{n+1}	F
0	0	0	0	0	0	0	1	0	1	0	0	0	1	0	0	1	0
0	0	0	1	0	0	1	0	0	1	0	0	1	1	0	1	0	0
0	0	1	0	0	0	1	1	0	1	0	1	0	1	0	1	1	0
0	0	1	1	0	1	0	0	0	1	0	1	1	1	1	0	0	0
0	1	0	0	0	1	0	1	0	1	1	0	0	1	1	0	1	0
0	1	0	1	0	1	1	0	0	1	1	0	1	1	1	1	0	0
0	1	1	0	0	1	1	1	0	1	1	1	0	1	1	1	1	0
0	1	1	1	1	0	0	0	0	1	1	1	1	0	0	0	0	1

图 4-35 中状态圆圈内的数值为 $Q_3 Q_2 Q_1 Q_0$ 状态的二进制编码。由状态转移图可见,从全部触发器都处于 0 状态开始,第一个时钟脉冲 CP 输入后,电路由 0000 状态转换到 0001 状态,第二个 CP 计数脉冲输入后,电路状态由 0001 转换到 0010,以此类推,每来一个 CP,对应的数值加 1,计数到最大值 1111 时,输出一个 $Z=1$,到第 16 个 CP 到达后,电路中各触发器的状态都转回到 0000 状态,这样就完成了一次状态转换循环,以后每输入 16 个计数脉冲,电路状态循环一次,并输出一个 1,这个 1 即为十六进制数的进位数。该四位同步二进制加法计数器又称十六进制(模 16)加法计数器。

上述四位同步二进制加法计数器从 0 状态开始,可以用 0001~1111(共 15 个状态)表示输入 CP 的数目,每输入 16 个 CP,电路状态循环一次,最终电路有 16 个状态。对一个 N 位的二进制加法计数器来说,可以在 2^N 个 CP 作用下记录 2^N 个不同状态,每输入 2^N 个 CP 后,计数器循环一次。

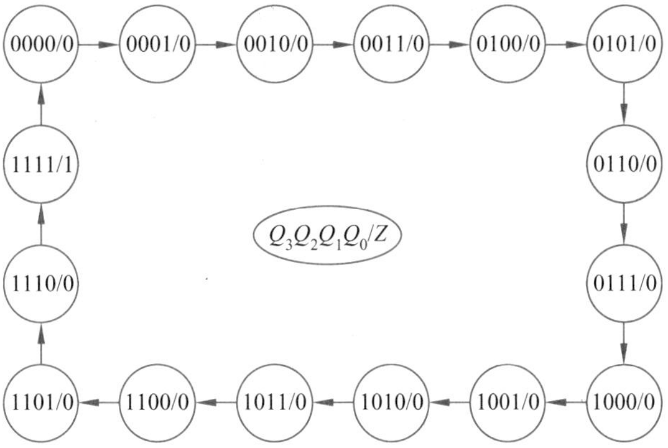

图 4-35　四位同步二进制加法计数器状态转移图

由 N 个触发器构成的同步二进制加法计数器的模为 2^N，例如 3 个触发器构成的同步二进制加法计数器的模为 2^3，5 个触发器构成的同步二进制加法计数器的模为 2^5。

图 4-35 所示电路为摩尔型时序逻辑电路，它的功能是记录输入电路的 CP 的数目，在 CP 作用下状态发生转移，输出 Z 标在圈中斜线的后面。

4.5.2　可逆计数器

图 4-36 为同步十进制可逆计数器(加减控制式)的逻辑电路。该电路的存储电路是 JK 触发器的输入端 J、K 并接在一起连成的 T 触发器，其中 G_1 触发器的 $J = K = 1$；组合电路则由与或门、与非门、与门等组成。

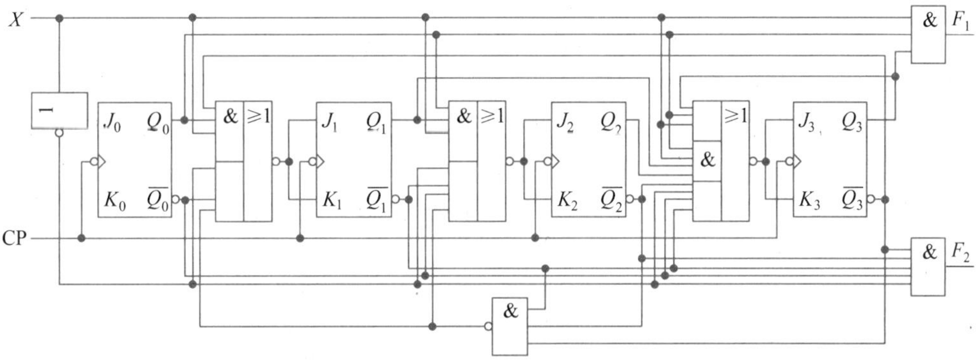

图 4-36　同步十进制可逆计数器的逻辑电路

由逻辑电路可以写出激励方程：

$$T_0 = J_0 = K_0 = 1 \tag{4-31}$$

$$T_1 = J_1 = K_1 = XQ_0^n \overline{Q_3^n} + \overline{X}\, \overline{Q_0^n}\, \overline{\overline{Q_1^n}\, \overline{Q_2^n}\, \overline{Q_3^n}} \tag{4-32(a)}$$

$$T_2 = J_2 = K_2 = XQ_0^n Q_1^n + \overline{X}\, \overline{Q_0^n}\, \overline{Q_1^n}\, \overline{\overline{Q_1^n}\, \overline{Q_2^n}\, \overline{Q_3^n}} \tag{4-32(b)}$$

$$T_3 = J_3 = K_3 = X(Q_0^n Q_3^n + Q_0^n Q_1^n Q_2^n) + \overline{X}\, \overline{Q_0^n}\, \overline{Q_1^n}\, \overline{Q_2^n} \tag{4-32(c)}$$

输出方程为

$$F_1 = XQ_0^n Q_3^n \tag{4-33}$$

$$F_2 = \overline{X} \, \overline{Q_0^n} \, \overline{Q_1^n} \, \overline{Q_2^n} \, \overline{Q_3^n} \qquad\qquad (4\text{-}34)$$

由 T 触发器的特征方程 $Q^{n+1} = T\overline{Q^n} + \overline{T}Q^n$ 及激励方程可以写出各触发器的状态方程，但由 T 触发器的状态转移表已知，当 $T=0$ 时，次态即为现态；当 $T=1$ 时，次态为现态的非。这样就可以根据 T_i 及 Q_i^n 直接得到 Q_i^{n+1} 的值。同步十进制可逆计数器状态转移表如表 4-18 所示。

表 4-18　同步十进制可逆计数器状态转移表

$Q_3^n Q_2^n Q_1^n Q_0^n$	$Q_3^{n+1} Q_2^{n+1} Q_1^{n+1} Q_0^{n+1}$		F	
	$X=1$	$X=0$	$X=1$	$X=0$
0000 (0)	0001 (1)	1001 (9)	0	1
0001 (1)	0010 (2)	0000 (0)	0	0
0010 (2)	0011 (3)	0001 (1)	0	0
0011 (3)	0100 (4)	0010 (2)	0	0
0100 (4)	0101 (5)	0011 (3)	0	0
0101 (5)	0110 (6)	0100 (4)	0	0
0110 (6)	0111 (7)	0101 (5)	0	0
0111 (7)	1000 (8)	0110 (6)	0	0
1000 (8)	1001 (9)	0111 (7)	0	0
1001 (9)	0000 (0)	1000 (8)	1	0

由表 4-18 可作出如图 4-37 所示的状态转移图。由表 4-18 及图 4-37 可知，电路共有 10 个状态（0～9）。当控制信号 $X=0$ 时，若电路处于 0 状态，则输出 F_2 为 1，这个 1 表示借位，这相当于计数从 10 开始，第一个 CP 输入后，电路由 0 状态转移到 9；第二个 CP 输入后，电路由状态 9 转移到 8；以此类推，每来一个 CP，电路状态的数值减 1，第十个时钟脉冲输入后，电路又回到 0 状态，并输入一个借位脉冲 $F_2=1$，完成一次电路状态转移循环，每输入 10 个 CP，电路状态转移循环一次，故该电路在 $X=0$ 时是十进制（模 10）减法计数器。

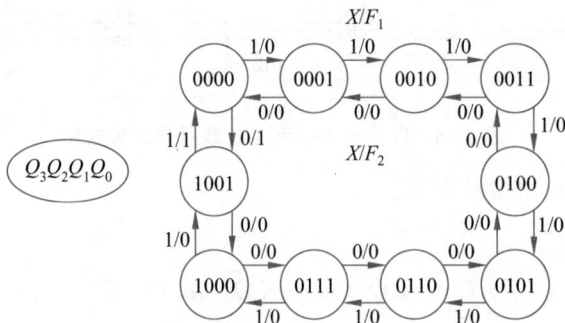

图 4-37　同步十进制可逆计数器状态转移图

当控制信号 $X=1$ 时，电路从 0 状态开始，每来一个 CP，电路状态数值加 1，到第十个 CP 输入后，电路回到 0 状态，并在 F_1 端输出一个进位脉冲，故该电路在 $X=1$ 时是十进制（模 10）加法计数器。

根据加减控制端 X 上的逻辑值,该电路可实现十进制加法计数或减法计数,故称为十进制可逆计数器。

4.5.3 移位寄存器型计数器

1. 环形计数器

图 4-38 给出了四位环形计数器的逻辑电路。它的结构特点是最后一级触发器的同相输出端(Q_3)反馈到第一级触发器的输入端(D_0)。图 4-38 的反馈函数为 $D_0 = Q_3^n$。通过置 0 端 R_D、置 1 端 S_D 置入数值,使 $Q_3Q_2Q_1Q_0 = 0001$。那么,在 CP 信号作用下,电路的状态转移将形成图 4-39 所示的有效循环。由于有效循环状态数可以表示输入时钟个数,所以把这种环形移位寄存器称作环形计数器。

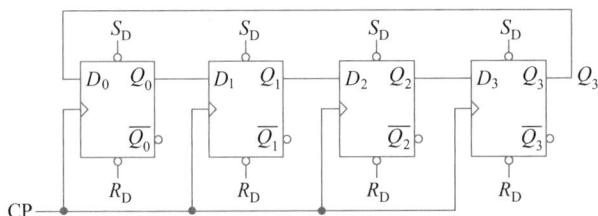

图 4-38 四位环形计数器逻辑电路

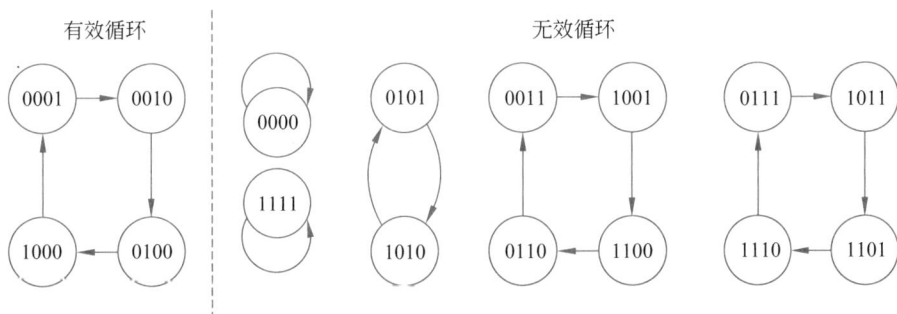

图 4-39 四位环形计数器状态转移图

4 个触发器的组合可以表示 16 个状态,有效循环中只表示 4 种状态,另外的 12 种状态构成的 5 种循环称为无效循环。之所以选择图 4-39 中最左边的循环为有效循环,是因为它的两个相邻状态只有一个变量不同,不会产生竞争冒险。

环形计数器的最大计数模值为 N,N 为触发器个数。3 个触发器构成的环形计数器的模为 3,8 个触发器构成的环形计数器的模为 8。环形计数器没有自启动能力。

2. 扭环计数器

扭环计数器也称约翰逊计数器。它的结构特点是将最后一级触发器的反相输出端反馈到第一级触发器的输入端。四位扭环计数器逻辑电路如图 4-40 所示。反馈函数为 $D_0 = \overline{Q_3^n}$。

四位环形计数器的有效循环中只有 4 个状态,其余 12 个状态构成的均为无效循环,可见电路状态的利用率很低。而四位扭环计数器的有效循环中却有 8 个状态,显然电路状态的利用率提高了。四位扭环计数器的状态转移图如图 4-41 所示。

图 4-41 中有两个循环。选择左边的循环为有效循环,同样是因为它的两个相邻状态只

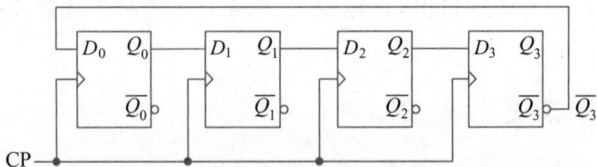

图 4-40　四位扭环计数器逻辑电路

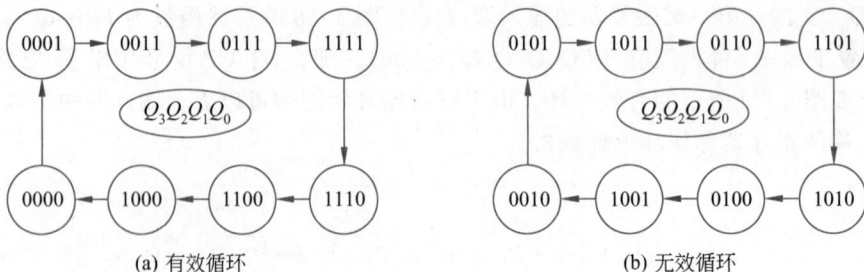

(a) 有效循环　　　　　　　　　　　　　(b) 无效循环

图 4-41　四位扭环计数器状态转移图

有一个变量不同,不会产生竞争冒险。

扭环计数器的模为 $2N$,N 为触发器个数。3 个触发器构成的扭环计数器的模为 6,8 个触发器构成的扭环计数器的模为 16。扭环计数器没有自启动能力。

4.6　脉冲分配器

脉冲分配器也称为节拍脉冲发生器或顺序脉冲发生器。脉冲分配器能够产生一组在时间上有先后顺序的脉冲。用这组脉冲可以使控制器形成所需的各种控制信号。以便控制数字系统按照事先规定的顺序进行一系列操作。

通常,脉冲分配器由计数器和译码器构成,也有不带译码器的脉冲分配器。

图 4-42 所示为脉冲分配器的逻辑电路。其中,存储电路是两个 JK 触发器,组合电路为4 个与门。

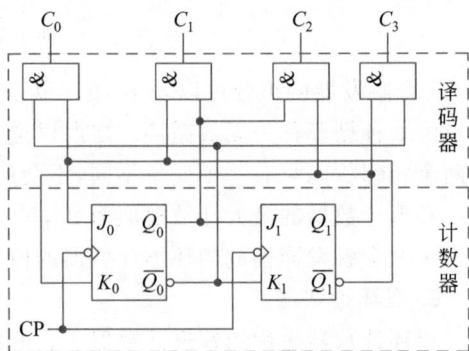

图 4-42　脉冲分配器的逻辑电路

由逻辑电路图可以写出电路的激励方程:

$$J_0 = \overline{Q_1^n}, \quad K_0 = Q_1^n \qquad (4\text{-}35)$$

$$J_1 = Q_0^n, \quad K_1 = \overline{Q_0^n} \qquad (4\text{-}36)$$

输出方程为

$$C_0 = \overline{Q_1^n}\,\overline{Q_0^n}, \quad C_1 = \overline{Q_1^n}Q_0^n \qquad (4\text{-}37)$$

$$C_2 = Q_1^nQ_0^n, \quad C_3 = Q_1^n\overline{Q_0^n} \qquad (4\text{-}38)$$

根据 JK 触发器的特征方程 $Q^{n+1} = J\overline{Q^n} + \overline{K}Q^n$ 及激励方程得到状态方程:

$$Q_0^{n+1} = \overline{Q_0^n}\,\overline{Q_1^n} + Q_0^n\overline{Q_1^n} = \overline{Q_1^n} \qquad (4\text{-}39)$$

$$Q_1^{n+1} = Q_0^n\overline{Q_1^n} + Q_0^nQ_1^n = Q_0^n \qquad (4\text{-}40)$$

由状态方程和输出方程可作出如表 4-19 所示的状态转移表。由表 4-19 可作出该电路的时序图,如图 4-43 所示。由时序图可清楚地看到,该电路在时钟脉冲作用下按一定顺序轮流地输出脉冲信号。由于电路能在 CP 作用下将脉冲信号按顺序分配到各个输出端,故称其为脉冲分配器。

表 4-19　脉冲分配器状态转移表

Q_1^n	Q_0^n	Q_1^{n+1}	Q_0^{n+1}	C_0	C_1	C_2	C_3
0	0	0	1	1	0	0	0
0	1	1	1	0	1	0	0
1	1	1	0	0	0	1	0
1	0	0	0	0	0	0	1

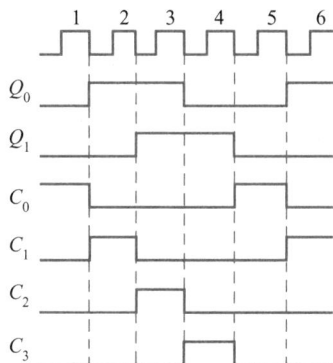

图 4-43　脉冲分配器时序图

另一种电路是选用扭环计数器作为脉冲分配器中的计数器。因为扭环计数器的循环状态中任何两个相邻状态之间只有一个触发器的状态不同,所以在状态转移过程中任何一个译码门都不会有两个输入端同时改变状态。这就从根本上消除了竞争冒险现象。扭环计数器构成的脉冲分配器的逻辑电路如图 4-44 所示。扭环计数器的有效循环状态和译码器输出函数列入表 4-20 中。

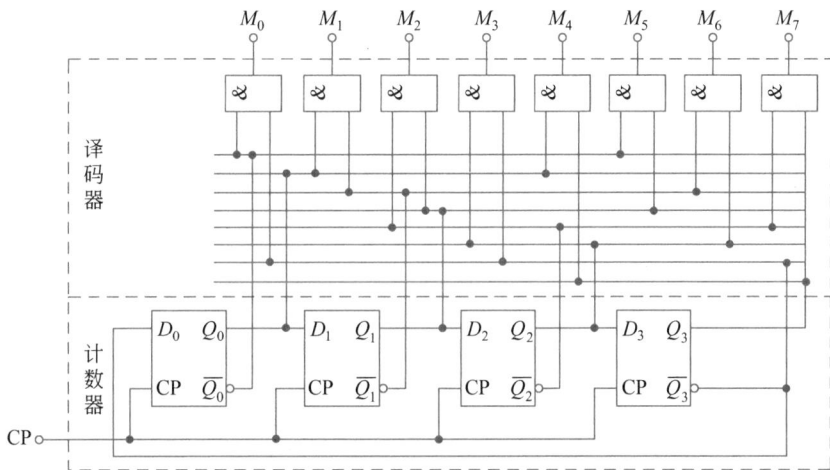

图 4-44　扭环计数器构成的脉冲分配器的逻辑电路

译码函数 $M_0 \sim M_7$ 逻辑表达式的求出可以根据图 4-45 的卡诺图化简得到。扭环计数器构成的脉冲分配器无论触发器的个数有多少,其译码函数都可以化简为二变量函数。

此外,环形计数器的有效循环中的每一个状态都只有一个触发器输出 1。这说明环形计数器本身就是一个脉冲分配器。图 4-46 为八位环形计数器构成的脉冲分配器的逻辑电路。它的工作波形如图 4-47 所示。

表 4-20　扭环计数器构成的脉冲分配器状态转移表

$Q_3^n Q_2^n Q_1^n Q_0^n$	译码函数	$Q_3^n Q_2^n Q_1^n Q_0^n$	译码函数
0　0　0　0	$M_0 = \overline{Q_0^n}\,\overline{Q_3^n}$	1　1　1　1	$M_4 = \overline{Q_0^n}\,Q_3^n$
0　0　0　1	$M_1 = \overline{Q_1^n}\,Q_0^n$	1　1　1　0	$M_5 = Q_1^n\,\overline{Q_0^n}$
0　0　1　1	$M_2 = \overline{Q_2^n}\,Q_1^n$	1　1　0　0	$M_6 = Q_2^n\,\overline{Q_1^n}$
0　1　1　1	$M_3 = \overline{Q_3^n}\,Q_2^n$	1　0　0　0	$M_7 = Q_3^n\,\overline{Q_2^n}$

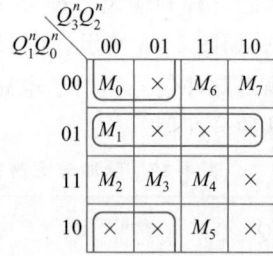

图 4-45　脉冲分配器输出端的卡诺图

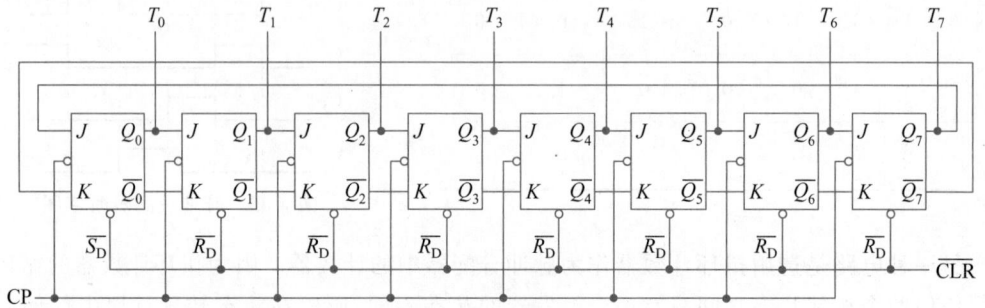

图 4-46　八位环形计数器构成的脉冲分配器的逻辑电路

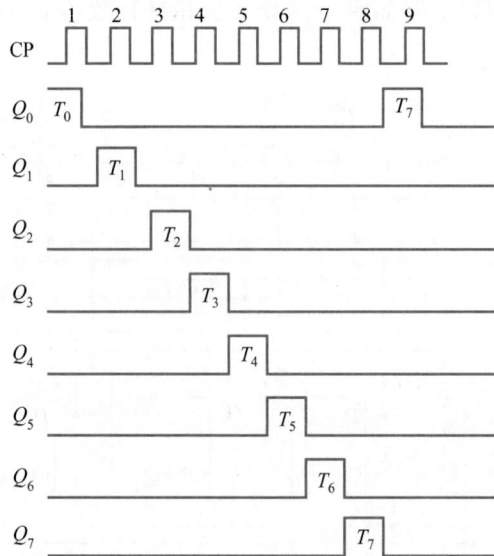

图 4-47　八位环形计数器构成的脉冲分配器的工作波形

4.7　序列信号发生器

　　序列信号发生器能够产生一串规定的脉冲序列信号应用于数字通信,例如通信双方需要一串同步信号 1110010(巴克码)表征通信的开始。序列信号发生器一般由移位寄存器加上反馈电路构成。

图 4-48 为 0101110 序列信号发生器的逻辑电路。该电路由 3 个 D 触发器构成的移位寄存器和与非门构成的组合电路组成。

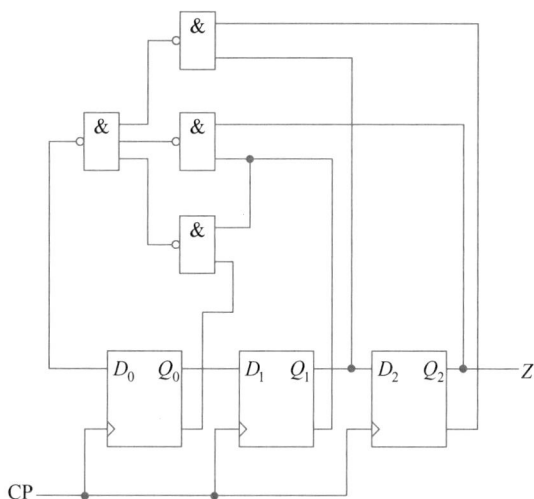

图 4-48　序列信号发生器的逻辑电路

根据逻辑电路图可以写出电路的激励方程：

$$D_0 = \overline{\overline{Q_0^n}\,\overline{Q_1^n}} + \overline{Q_1^n}\,Q_2^n + Q_1^n\,\overline{Q_2^n} \tag{4-41}$$

$$D_1 = Q_0^n \tag{4-42}$$

$$D_2 = Q_1^n \tag{4-43}$$

输出方程为

$$Z = Q_2^n \tag{4-44}$$

根据 D 触发器的特征方程 $Q^{n+1} = D$ 及激励方程可以得到状态方程：

$$Q_0^{n+1} = \overline{\overline{Q_0^n}\,\overline{Q_1^n}} + \overline{Q_1^n}\,Q_2^n + Q_1^n\,\overline{Q_2^n} \tag{4-45}$$

$$Q_1^{n+1} = Q_0^n \tag{4-46}$$

$$Q_2^{n+1} = Q_1^n \tag{4-47}$$

由状态方程和输出方程可作出表 4-21 所示的状态转移表。根据表 4-21 可作出该电路的时序图，如图 4-49 所示。在第 1～7 个 CP 作用下，电路按顺序输出一组特定的二进制码 0101110，因它是按顺序输出的，故称其为序列信号。第 8 个 CP 到达时，电路将重复第 1 个 CP 到达时的状态，这样，每来 7 个 CP，电路输出端将重复出现 7 位二进制码 0101110。由于输出序列由 7 位二进制码组成，故序列的长度(序列的循环周期)为 7。

表 4-21　序列信号发生器状态转移表

Q_2^n	Q_1^n	Q_0^n	Q_2^{n+1}	Q_1^{n+1}	Q_0^{n+1}	Z	Q_2^n	Q_1^n	Q_0^n	Q_2^{n+1}	Q_1^{n+1}	Q_0^{n+1}	Z
0	0	1	0	1	0	0	1	1	1	1	1	0	1
0	1	0	1	0	1	0	1	1	0	1	0	0	1
1	0	1	0	1	1	1	1	0	0	0	0	1	1
0	1	1	1	1	1	0							

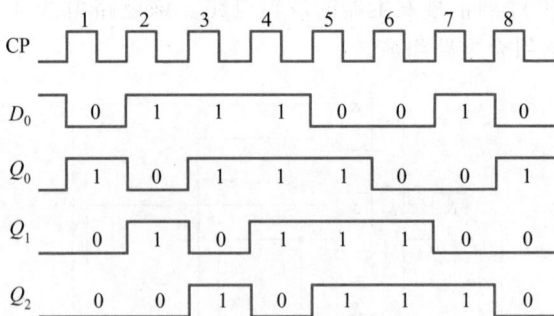
图 4-49　序列信号发生器时序图

4.8　同步时序逻辑电路的设计

设计时序逻辑电路设计就是根据给定的逻辑问题求出实现这一逻辑功能的时序电路。

4.8.1　设计方法与步骤

同步时序逻辑电路的设计通常按照如图 4-50 所示的流程进行,它基本上是时序逻辑电路分析的逆过程。

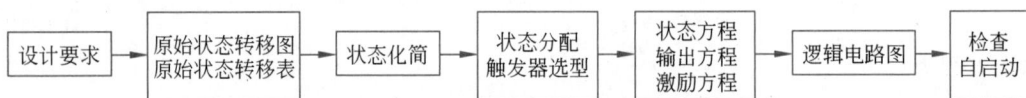
图 4-50　同步时序逻辑电路的设计流程

(1) 建立原始状态转移图、原始状态转移表。在将文字描述的设计要求变成原始状态转移图或原始状态转移表的过程中,首先必须搞清要设计的电路有几个输入变量和几个输出变量,有多少状态需要存储。目前还没有可遵循的固定程式来画状态转移图,对于较复杂的逻辑问题,一般需要经过逻辑抽象,再画出原始状态转移图或表。n 个触发器能表示 2^n 个状态。如果用 N 表示时序逻辑电路的状态数,有

$$2^{n-1} < N \leqslant 2^n \tag{4-48}$$

(2) 状态化简。由式(4-48)可知,状态数越多,n 越大,即所需触发器的个数越多。因此,在作好状态转移图或状态转移表后,要检查是否有多余状态,如有,则将多余状态消去,以便得到最少状态数的状态转移表。

(3) 状态分配及触发器的选型。状态分配就是给简化后的状态转移表中的每一个状态赋予一组二进制编码。二进制码组的位数等于状态变量数 n。触发器的选型就是在 D 触发器及 JK 触发器中选择一种,以便实现较简单的组合电路。

(4) 求状态方程、输出方程和激励方程。由状态转移表画出次态卡诺图,从次态卡诺图可求得状态方程。当触发器的类型确定以后,将状态方程与触发器的特征方程相比较,可求得激励方程。如设计要求的输出不是触发器的输出 Q_i,还要写出输出方程。输出方程和激励方程采用组合电路的设计来完成。

（5）作出逻辑电路图。

（6）检查自启动。无效状态能够在时钟脉冲作用下进入有效循环中,说明电路能够自启动;否则电路不能自启动。根据要求检查自启动情况,分析电路处在任意状态时能否经过若干个 CP 后回到主循环状态中。如不能自启动,需要修改设计,或在开始工作时将电路的状态置成有效循环中的某一状态,即采用强制启动电路。

4.8.2　状态转移图或状态转移表的形成

把设计要求的文字描述变成状态转移图或状态转移表时,必须认真分析题意,搞清要设计的电路中有多少个输入变量和多少个输出变量,有多少个状态需要记忆。然后,以每一个状态作为原始状态,根据输入条件确定电路的新状态及输出。在同步时序逻辑电路中,有些电路(如计数器)包含几个状态,状态之间如何进行转移很明确;而有些电路(如序列检测器)则不那么直观,需要根据电路工作过程确定。在作状态转移图(表)时,一般用字母或十进制数表示状态,此时应把注意力放在状态转移图(表)的正确性上,确保状态没有遗漏,而无须过多注意状态是否有多余,因为多余状态可在状态化简时消去。下面通过一些实例说明状态转移图(表)的形成方法。

例 4-8　作出五进制加法计数器的状态转移图及状态转移表。

解：五进制计数器就是一个逢五进一的计数器,它要记录 5 个计数脉冲,因此,电路应具有 5 个有效状态,分别将这 5 个状态命名为 S_0、S_1、S_2、S_3、S_4。另外,要求设计的是加法计数器,故从 S_0 状态开始,每来一个计数脉冲(即 CP),电路状态的数值加 1,当第 5 个计数脉冲到达时,电路回到 S_0 状态,并输出一个进位脉冲,令输出变量为 C。根据以上分析,可以画 5 个圆圈表示 5 个状态,按加法计数要求,状态转移顺序为 $S_0 \rightarrow S_1 \rightarrow S_2 \rightarrow S_3 \rightarrow S_4 \rightarrow S_0$。从状态 S_0 开始,只有第五个计数脉冲到达时,输出才是 1,其他情况输出为 0。这样便可作出如图 4-51 所示的状态转移图。计数器能够在脉冲作用下,自动地依次从一个状态转移到下一个状态,无须外输入信号,只要计数脉冲到达即发生状态的转移,因此,状态转移图应符合摩尔型时序逻辑电路的状态转移图的要求。

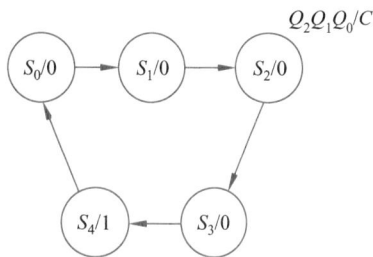

图 4-51　五进制加法计数器状态转移图

由状态转移图可作出状态转移表,如表 4-22 所示。

表 4-22　五进制加法计数器状态转移表

$Q_2^n Q_1^n Q_0^n$	$Q_2^{n+1} Q_1^{n+1} Q_0^{n+1}$	C	$Q_2^n Q_1^n Q_0^n$	$Q_2^{n+1} Q_1^{n+1} Q_0^{n+1}$	C
S_0	S_1	0	S_3	S_4	0
S_1	S_2	0	S_4	S_0	1
S_2	S_3	0			

例 4-9　作出二进制码串行加法器的状态转移图及状态转移表。

解：设二进制码串行加法器两个二进制数为

$$A = a_n a_{n-1} \cdots a_2 a_1 a_0$$
$$B = b_n b_{n-1} \cdots b_2 b_1 b_0$$

串行加法器从低位到高位逐位相加。每一位都是一个全加器,相加的过程中不但得到每一位的和 S_i,还要存储它向高位的进位 c_{i+1},第 $i+1$ 位相加时,c_{i+1} 也参加运算。也就是说,如果第 i 位相加产生了进位信号,则第 $i+1$ 位相加时应是 3 个数相加,即 $a_{i+1}+b_{i+1}+c_{i+1}$;如果第 i 位没有进位信号产生,则第 $i+1$ 位运算时为 $a_{i+1}+b_{i+1}$。全加器逻辑图如图 4-52 所示。

设 0 状态表示没有进位,1 状态表示有进位,因此可画两个圆圈来表示,根据加法法则,当 $a_i b_i = 00,01,10$ 而无低位来的进位(原状态为 0)时,输出分别为 0、1、1,其进位值为 0,因此,在这些输入条件下,状态 0 保持不变;当 $a_i b_i = 11$,原状态为 0 时,相加结果本位之和是 0,进位是 1,这时电路从 0 状态转移到 1 状态。当电路处于 1 状态时,表示低位向本位的进位为 1,用同样的方法就可得到处于 1 状态时 $a_i b_i$ 在不同的输入条件下的状态转移和输出情况。最终得到如图 4-53 所示的完整的状态转移图。根据状态转移图可以作出如表 4-23 所示的状态转移表。

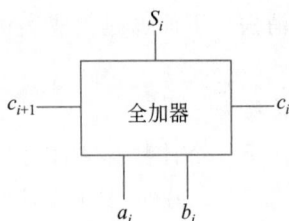

图 4-52 全加器逻辑图

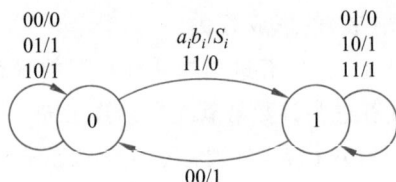

图 4-53 二进制数码串行加法器状态转移图

表 4-23 二进制数码串行加法器状态转移表

c_i	c_{i+1}/S_i			
	$a_i b_i = 00$	$a_i b_i = 01$	$a_i b_i = 10$	$a_i b_i = 11$
0	0/0	0/1	0/1	1/0
1	0/1	1/0	1/1	1/1

例 4-10 作出密码锁装置的原始状态转移图和状态转移表。要求:密码锁只有连续输入 3 个 1 时才被开启,其他情况都被锁住。

解:按题意,电路应有一个串行输入端 X,它可接收一连串随机信号序列;有一个串行出端 Z,用来指示对 111 序列的识别情况。输出和输入间的关系是连续输入 3 个 1 时输出为 1,其余情况输出均为 0。

根据以上分析,写出输入序列,然后根据输入与输出的关系写出对应的输出序列,并将每位输入及其输出的响应标为一个状态。为了保证状态的完整性,在输入序列前加一个初始状态。111 序列检测的 4 个状态如表 4-24 所示。

表 4-24 111 序列检测的 4 个状态

输入序列 X	0	1	1	1
输出响应 Z	0	0	0	1
状态	S_0	S_1	S_2	S_3

这样,4 个状态画出 4 个圆圈,并在其内标注 S_0、S_1、S_2、S_3,然后画出各个状态在不同输入情况下的转移情况。从初始状态 S_0 开始,如第一个输入 $X=0$,它不属于 111 序列,让它仍保持在状态 S_0,在返回初始原状态的带箭头的连线旁标以 0/0;如 $X=1$,则检测到序列的第一个 1,电路由状态 S_0 进入状态 S_1,在带箭头的连线旁标以 1/0。在状态 S_1,如第二个输入 $X=0$,它不属于 111 序列,则返回初始状态 S_0;如 $X=1$,则检测到序列的第二个 1,电路由状态 S_1 进入状态 S_2。在状态 S_2,如第三个输入 $X=0$,不属于 111 序列,返回初始状态 S_0;如 $X=1$,则检测到序列的第三个 1,电路由状态 S_2 进入状态 S_3,此时输出 $Z=1$。在状态 S_3,如第四个输入 $X=0$,表示 111 序列已结束,电路返回初始状态 S_0;如 $X=1$,电路输出为 1,并且在状态 S_3 保持不变,说明此 1 连同前两个 1 又是一个 111 序列,这种情况称为序列可重叠,状态转移图如图 4-54(a)所示。如果要求序列不可重叠,那么在状态 S_3 再输入一个 $X=1$ 就会返回状态 S_1,表示序列中第一个 1 到来了,状态转移图如图 4-54(b)所示。状态转移表如表 4-25 所示。

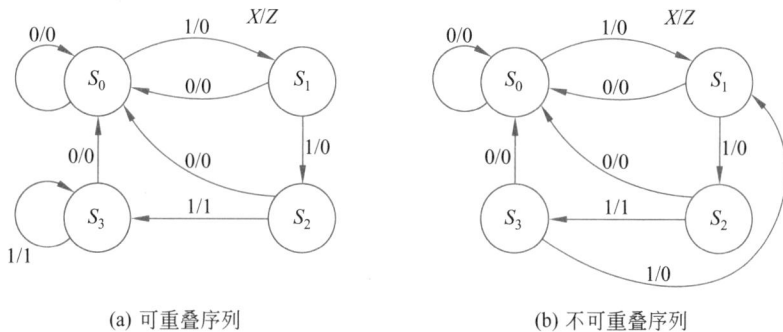

(a) 可重叠序列   (b) 不可重叠序列

图 4-54　111 序列检测状态转移图

表 4-25　111 序列检测状态转移表

Q^n	Q^{n+1}/Z(重叠)		Q^{n+1}/Z(不重叠)	
	$X=0$	$X=1$	$X=0$	$X=1$
S_0	$S_0/0$	$S_1/0$	$S_0/0$	$S_1/0$
S_1	$S_0/0$	$S_2/0$	$S_0/0$	$S_2/0$
S_2	$S_0/0$	$S_3/1$	$S_0/0$	$S_3/1$
S_3	$S_0/0$	$S_3/1$	$S_0/0$	$S_1/1$

由此可见,在建立序列检测的原始状态转移图时要注意下列几个问题:

- 要检测的有效码长度。
- 有效序列是否可重叠。
- 是从高位还是从低位开始检测。
- 输出情况。

建立原始状态转移图(表)可以采用的方法是:如果有效序列长度为 n,则设 $n+1$ 个状态。写出有效序列的各种可能的输入输出情况,在每个情况后面设一个状态,再用箭头标明各状态在不同输入时的次态即可。

还有一种方法是用状态树反映全部可能出现的情况。设初始状态为 A,第一个输入 X

可能是 0 或 1，设输入 $X_1=0$ 所对应的状态为 B，$X_1=1$ 所对应的状态为 C，如图 4-55 所示。在状态 B、C 时，输入第二个 X，$X_2=0$ 可产生对应的状态 D、E，$X_2=1$ 可产生对应的状态 F、G。由于检测序列 111 的长度为 3，故除了当前进入电路的输入 X 外，电路只需要记住在此以前的两位二进制序列的情况，因为只要第三个输入 X 到达，就可以判断其结果是否为检测序列，故不需要再设新状态了。

输入第三个 X 后的新状态可以根据最后两个输入（X_2X_3）决定。当输入 $X_1X_2=00$，电路进入 D 状态后，输入 $X_3=1$，此时 $X_2X_3=01$，电路能记忆在 01 之后的状态是 E，故在状态 D 时，输入 $X_3=1$ 便转到状态 E；如果输入 $X_3=0$，便转到状态 D。以此类推，就可作出如图 4-55 所示的状态树。由状态树可列出如表 4-26 所示的状态转移表。显然，这种方法所得的状态数比前一种方法多，其中包含了一些多余状态，可以通过状态化简将多余状态消去。

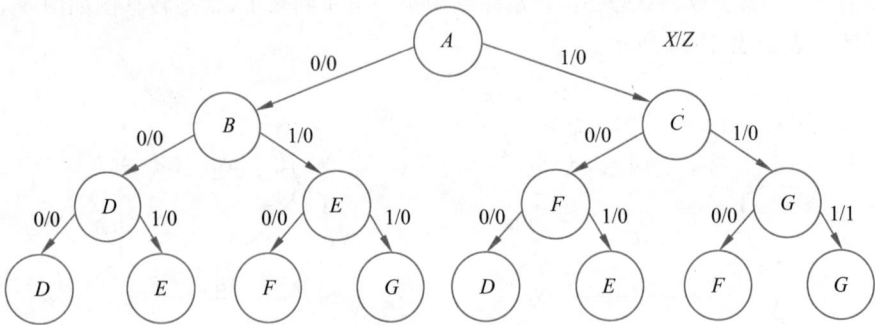

图 4-55　111 序列检测状态树

表 4-26　111 序列检测状态转移表

Q^n	Q^{n+1}/Z		Q^n	Q^{n+1}/Z	
	$X=0$	$X=1$		$X=0$	$X=1$
A	$B/0$	$C/0$	E	$F/0$	$G/0$
B	$D/0$	$E/0$	F	$D/0$	$E/0$
C	$F/0$	$G/0$	G	$F/0$	$G/1$
D	$D/0$	$E/0$			

4.8.3　状态化简

根据设计要求建立的原始状态表可能存在多余状态。用一定的方法消去多余状态，得到状态数目最少的最小化状态转移表的过程称为状态化简。状态化简必须保证由化简前后两个状态转移表分别设计的电路具有相同的外特性。换句话说，对于同样的输入序列，两个电路输出序列完全相同。状态化简的目的在于减少时序逻辑电路中存储单元(触发器)的数量。

在建立原始状态转移表的过程中，设置状态的目的在于：利用这些状态记住输入的历史情况，以便对其后的输入产生相应的输出。如果设置的两个状态对输入的所有序列产生的输出序列完全相同，则这两个状态可以合并为一个状态，这就是状态化简的基本原理。

状态化简的方法之一是找出等价状态，并将它们合并。用直接观察的方法判断等价状态的方法有如下 3 种。

1. 状态完全相同的等价

在状态转移表中,若两个(或两个以上)状态在相同的输入条件下有相同的输出,并且转换到相同的新状态,则这两个(或两个以上)状态被称为等价状态。当两个状态等价时,对于任意的输入序列均能产生相同的输出序列,即它们的输入和输出的关系总是一致的。如表 4-27 所示,状态 C 和 E 在输入 X 为 0 或为 1 的情况下产生的输出都分别相同,即

$$Z(C,0) = Z(E,0) = 0$$
$$Z(C,1) = Z(E,1) = 0$$

且所建立的次态也分别相同,即

$$S(C,0) = S(E,0) = A$$
$$S(C,1) = S(E,1) = D$$

这意味着状态 C 和 E 是等价的,可以合并为一个状态,并用 C' 表示。其最小化状态转移表如表 4-28 所示。

表 4-27　原始状态转移表

Q^n	Q^{n+1}/Z	
	$X=0$	$X=1$
A	$A/0$	$B/0$
B	$C/0$	$B/0$
C	$A/0$	$D/0$
D	$E/1$	$B/0$
E	$A/0$	$D/0$

表 4-28　表 4-27 化简后的状态转移表

Q^n	Q^{n+1}/Z	
	$X=0$	$X=1$
A	$A/0$	$B/0$
B	$C'/0$	$B/0$
C'	$A/0$	$D/0$
D	$C'/1$	$B/0$

2. 次态与现态交错的等价

在实际的状态转移表中还会有另一种情况,如表 4-29 所示。首先比较状态 D 和 E,无论输出还是次态都相同,即两者等价,合并为一个状态,用 D' 代替。另外,状态 B 和 C 输出完全相同,$X=1$ 时两个次态相等,$X=0$ 时次态与现态交错,即

$$S(B,0) = C$$
$$S(C,0) = B$$

这种情况也称为等价,B、C 合并为一个状态,用 B' 代替,化简后的状态转移表如表 4-30 所示。

表 4-29　原始状态转移表

Q^n	Q^{n+1}/Z	
	$X=0$	$X=1$
A	$C/1$	$B/0$
B	$C/1$	$E/0$
C	$B/1$	$E/0$
D	$D/1$	$B/1$
E	$D/1$	$B/1$

表 4-30　表 4-29 化简后的状态转移表

Q^n	Q^{n+1}/Z	
	$X=0$	$X=1$
A	$B'/1$	$B'/0$
B'	$B'/1$	$D'/0$
D'	$D'/1$	$B'/1$

3. 次态循环的等价

在表 4-31 所示的原始状态转移表中,先比较状态 A 和 D,输出完全相同,$X=0$ 时两次态相等,$X=1$ 时次态与现态不等,即

$$S(A,0)=B$$
$$S(D,0)=C$$

状态 A 与 D 能否合并,取决于状态 B 与 C 是否等价,为此要追踪状态,比较状态 B 和 C。由表 4-31 可知,状态 B 和 C 输出完全相同,$X=1$ 时两个次态相等,$X=0$ 时次态与现态不等,即

$$S(B,0)=A$$
$$S(C,0)=D$$

状态 B 与 C 能否合并又反过来取决于状态 A 与 D 是否等价,等价关系出现了循环。这种情况也视为等价,因此可以进行合并,(AD) 用 A' 表示,(BC) 用 B' 表示,化简后的状态转移表如表 4-32 所示。

表 4-31 原始状态转移表

Q^n	Q^{n+1}/Z	
	$X=0$	$X=1$
A	$A/0$	$B/0$
B	$A/1$	$C/0$
C	$D/1$	$C/0$
D	$A/0$	$C/0$

表 4-32 表 4-31 化简后的状态转移表

Q^n	Q^{n+1}/Z	
	$X=0$	$X=1$
A'	$A'/0$	$B'/0$
B'	$A'/1$	$B'/0$

综上所述,可以把两个状态合并为一个状态的原则归纳为状态合并的两个条件。若状态转移表中的任意两个状态 S_1、S_2 同时满足下列两个条件,则它们可以合并为一个状态。

(1) 两个状态的输出完全相同。

(2) 次态分别为下列情况之一:

① 两个次态完全相同。

② 两个次态为现态本身或者为现态交错。

③ 两个次态为状态对循环中的一个状态对。

用上述方法化简原始状态表称为直接观察法。然而,在更为复杂的原始状态转移表中,等价状态关系并不那么直观、简单,故仅用观察对比来判断状态等价是不够的,通常利用隐含表确定等价关系。

在介绍隐含表法之前,先介绍几个概念。

(1) 等价状态。用直观方法判断出来的,满足上述合并条件的两个状态(S_x 和 S_y)称为等价状态。

(2) 等价状态的传递性。若状态 S_x 和 S_y 等价,状态 S_y 和 S_z 等价,状态 S_x 和 S_z 也必然等价。

(3) 等价类。彼此等价的状态的集合称为等价类。例如,若有(S_x,S_y)和(S_y,S_z),则有等价类(S_x,S_y,S_z)。

（4）最大等价类。凡不包含在其他等价类中的等价类称为最大等价类。

隐含表法的基本指导思想是：首先，对原始状态转移表中的所有状态都进行两两比较，找出不等价状态、等价对状态、待定等价状态；然后，利用等价的传递性追踪比较，得到等价类、最大等价类，最终建立最简状态表。

隐含表法化简状态的步骤如下：

（1）作出隐含表。隐含表是直角三角形网格，直角边的格数等于原始状态转移表中的状态数减 1，两个直角边格数相等。如图 4-56 所示，设原始状态表中有 7 个状态 $S_1 \sim S_7$，在隐含表的垂直方向从上而下排列 $S_2 \sim S_7$，水平方向自左向右排列 $S_1 \sim S_6$。简单地说，垂直方向缺"头"（S_1），水平方向缺"尾"（S_7）。隐含表中每个方格表示一个状态对。

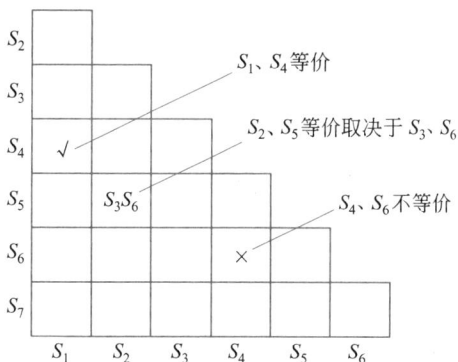

图 4-56　隐含表

（2）顺序比较。依次比较隐含表中各对状态的关系，并在方格内填入比较结果。

- 如果两个状态是不等价的，则将×标记在隐含表相应的方格内。
- 如果两个状态是等价的，则将√标记在隐含表相应的方格内。
- 如果不能确定两个状态是否等价，需要进一步追踪比较，则将两个状态的次态对填在隐含表相应的方格内。

（3）关联比较。这一步是对顺序比较中的待定状态追踪比较，进一步确定方格内应标注×、√还是等价对。

（4）找最大等价类，作出最小化状态表。找完等价对后，根据等价的传递性，便容易找出最大等价类。每个最大等价类可合并为一个状态，并用新的符号代替，这样便可以作出最小化状态表。

下面通过例子介绍这种方法。

例 4-11　化简如表 4-33 所示的状态转移表。

解：用直接观察的方法可见，在表 4-33 所示的原始状态转移表中，状态 A 和 D 是等价的，可以合并，但所得状态转移表并非最简的。下面用隐含表进行化简。

（1）作出隐含表，如图 4-57 所示。

表 4-33　原始状态转移表

Q^n	Q^{n+1}/Z	
	$X=0$	$X=1$
A	$D/0$	$B/0$
B	$A/0$	$E/0$
C	$D/0$	$C/1$
D	$D/0$	$B/0$
E	$A/0$	$B/0$

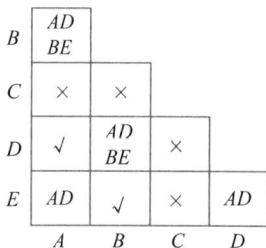

图 4-57　例 4-11 的隐含表

（2）顺序比较。为了不发生遗漏，可按顺序进行。例如，首先将横向的状态 A 与纵向的状态 B、C、D、E 进行比较，然后将横向的状态 B 与纵向的状态 C、D、E 进行比较，再将横向的状态 C 与纵向的状态 D、E 进行比较，最后将横向的状态 D 与纵向的状态 E 进行比较。

状态 A 和状态 D 是等价状态，用 √ 标记在对应的方格中；状态 B 和状态 E 输出相等，次态交错，是等价状态，用 √ 标记在对应的方格中。

A 和 C、B 和 C、C 和 D、C 和 E 的输出不相同，故在隐含表的相应方格中用 × 标记。

状态 A 和状态 E 输出相同，但在 $X=0$ 时，次态是 D 和 A，将 AD 填入对应的方格中，以待进一步比较，按此方法继续填好类似的情况。D、E 对应的方格中填 AD，A、B 对应的方格中填 AD、BE，B、D 对应的方格中填 AD、BE。

（3）关联比较。在上述基础上，对状态进一步比较，确定图 4-57 所示隐含表中填写的状态对是否等价，这种比较可在隐含表上直接进行。有时要进行多次比较，直到明确所有状态是等价还是不等价为止。在图 4-57 中，A 和 E 对应的方格中为 AD，意味着状态对 A 和 E 隐含状态对 A 和 D，即要求状态 A 和 E 等价，必须状态 A 和 D 等价。在图 4-57 中状态 A 和状态 D 是等价的，因此隐含着状态对 A 和 D 的 A 和 E 也是等价的，则在状态对 A 和 E 对应的方格中用 √ 标记。关联比较结果如图 4-58 所示。

（4）确定最大等价类。等价对有 A 和 B、A 和 D、A 和 E、B 和 D、B 和 E、D 和 E。

根据等价状态的传递性和等价类的性质，可以得出 $ABDE$ 为最大等价类。

图 4-58　例 4-11 的关联比较隐含表

还可以通过图解的方法确定最大等价类。首先画一个圆，在圆周上将所有的状态变量标上，根据得到的等价对，将状态两两相连，这样形成的封闭图形上所有有等价关系的状态就构成了最大等价类。例如，可以通过图 4-59 得到 $ABDE$ 为最大等价类，C 也为最大等价类。

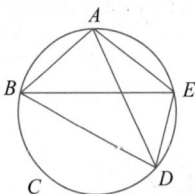

（5）建立最简状态转移表。原始状态转移表中 $ABDE$ 代之以 A'，C 保留，表 4-34 所示为化简后的状态转移表。

图 4-59　例 4-11 最大等价类图解方法

表 4-34　例 4-11 的化简后的状态转移表

Q^n	Q^{n+1}/Z	
	$X=0$	$X=1$
A'	$A'/0$	$A'/0$
C	$A'/0$	$C/1$

例 4-12　化简表 4-35 所示的状态转移表。

解：（1）作隐含表。原始状态转移表中有 7 个状态，故隐含表的横向及纵向均是 6 个方格，横向从左到右的顺序为 A、B、C、D、E、F，纵向从上到下的顺序为 B、C、D、E、F、G。

（2）顺序比较。按表 4-35 所示的原始状态转移表，从状态 A 开始按顺序进行比较，比较结果如图 4-60 所示。

表 4-35 原始状态转移表

Q^n	Q^{n+1}/Z	
	$X=0$	$X=1$
A	C/0	B/1
B	F/0	A/1
C	D/0	G/0
D	D/1	E/0
E	C/0	E/1
F	D/0	G/0
G	C/1	D/0

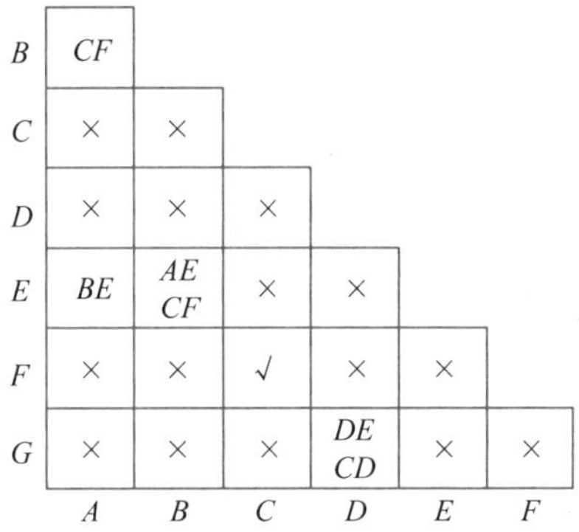

图 4-60 例 4-12 的隐含表

（3）关联比较。追踪标有状态对的方格，关联比较结果如图 4-61 所示。

（4）确定最大等价类。有 4 个等价状态对，分别为 A 和 B、A 和 E、B 和 E、C 和 F。因为 A 和 B、B 和 E、A 和 E 是等价状态对，说明 A、B、E 这 3 个状态是两两等价的，故 ABE 是等价类，而且它不包含在其他等价类 CF、D、G 中，故 ABE 是最大等价类。同样，CF 也是最大等价类。除此以外，原始状态转移表中的状态 D、G 不与任何状态等价，它们分别为最大等价类。这样，得到的最大等价类为 ABE、CF、D 和 G。

将最大等价类 ABE 类用 A′代替，CF 用 C′代替，D 和 G 保留，这样便得到如表 4-36 所示的化简状态转移表。

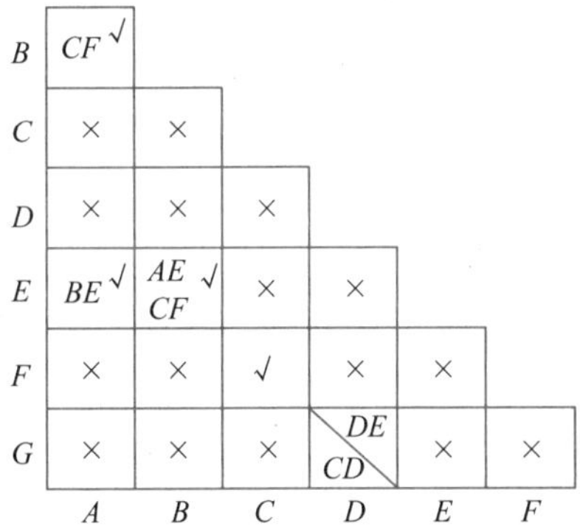

图 4-61 例 4-12 的关联比较隐含表

表 4-36 例 4-12 的化简状态转移表

Q^n	Q^{n+1}/Z	
	$X=0$	$X=1$
A′	C′/0	A′/1
C′	D/0	G/0
D	D/1	A′/0
G	C′/1	D/0

4.8.4 状态分配

所谓状态分配，就是给最简状态转移表中的每个符号状态指定一个二进制码，形成二进制状态转移表，或称状态编码、状态赋值。一般来说，不同的状态分配所得到的输出函数和次态函数的表达式也不同，从而设计出来的网络复杂程度也不同。因此，状态分配的任务无非是要解决两个问题：一是根据化简状态转移表给定的状态数确定所需触发器的数目；二是给每个状态指定二进制码，以使设计的网络最简单。

首先根据状态数确定触发器的数目。设简化状态表有 n 个状态,需要用 k 个触发器实现,则 k 必须满足下列关系:

$$2^k \geqslant n$$

其中,k 取满足上述关系的最小整数。

触发器的数目确定后,可能的分配方案有多种。例如,某状态转移表有 $n=4$ 个状态,则需要 $k=2$ 个触发器,用状态变量 Q_1 和 Q_0 表示。可能的状态分配方案如表 4-37 所示。

表 4-37　$n=4$ 的状态分配方案

状　　态	Q_1Q_0								
S_1	00	01	10	11	11	10	01	00	…
S_2	01	10	11	00	10	01	00	11	…
S_3	10	11	00	01	01	00	11	10	…
S_4	11	00	01	10	00	11	10	01	…

一般来说,状态数目为 n,所需触发器数目为 k 时,分配方案总数目 N 为

$$N = \frac{2^k!}{(2^k - n)!}$$

在这些方案中,有许多方案是等效的,即得到的网络是相同的。有人证明了真正性质不同的状态分配方案数 M 为

$$M = \frac{(2^k - 1)!}{(2^k - n)! \ k!}$$

那么,当 $n=4$、$k=2$ 时,$M=3$。说明真正性质不同的状态分配方案只有 3 个。对于状态数目少的情况,可以把每个方案都试试看。但是,当状态数目 $n=6$ 时,分配方案数目 $M=420$,在这种情况下,要想对全部状态分配方案进行比较,从中选出最佳方案,是十分困难的。在实际工作中,设计人员主要还是凭经验,依据一定的原则寻求接近最佳的状态分配方案。这里介绍的经验方法基于如下思想:在选择状态编码时,尽可能地使次态和输出函数在卡诺图上呈现为 1 相邻分布,以便形成较大的化简圈。这种方法主要采用以下 3 条相邻原则:

(1) 在相同输入条件下,次态相同,现态应给予相邻编码。所谓相邻编码,是指两个状态的二进制码仅有一位不同。

(2) 在不同输入条件下,同一现态、次态应相邻编码。

(3) 输出完全相同,两个现态应相邻编码。

例 4-13　对如表 4-38 所示的化简状态转移表进行状态分配。

表 4-38　化简状态转移表

Q^n	X		Q^n	X	
	0	**1**		**0**	**1**
S_1	$S_3/0$	$S_4/0$	S_3	$S_2/0$	$S_4/0$
S_2	$S_3/0$	$S_1/0$	S_4	$S_1/1$	$S_2/1$

根据原则(1),S_1 和 S_2、S_1 和 S_3 应相邻编码。

根据原则(2),S_3 和 S_4、S_1 和 S_3、S_2 和 S_4、S_1 和 S_2 应相邻编码。

根据原则(3),S_1 和 S_2、S_1 和 S_3、S_2 和 S_3 应相邻编码。

综合上述要求,S_1 和 S_2、S_1 和 S_3 应相邻编码,因为这是 3 条原则都要求的。借用卡诺图,很容易得到满足上述相邻要求的状态分配方案,见图 4-62。其中 Q_1 和 Q_2 表示触发器。由图 4-62 可得状态编码为

$$S_1 = 00, \quad S_2 = 01, \quad S_3 = 10, \quad S_4 = 11$$

将上述编码代入表 4-38 所示的化简状态转移表,就得到如表 4-39 所示的状态编码表,这就完成了状态分配。

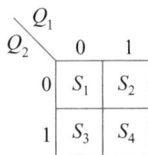

图 4-62　状态分配的卡诺图

表 4-39　状态编码表

$Q_2 Q_1$	X	
	0	1
00	10/0	11/0
01	10/0	00/0
10	01/0	11/0
11	00/1	01/1

4.8.5　确定激励方程和输出方程

在完成状态分配以后,时序逻辑电路设计的下一步工作就是确定激励方程和输出方程,并据此画出逻辑电路图。

由状态分配表得到状态编码表后,将它写成标准的状态转移表形式,表中反映了次态与输入及现态的关系,即状态方程;也反映了输出与输入及现态的关系,即输出方程。当触发器的类型选定后,根据触发器的特征方程就可以求出激励方程表达式。

例 4-14　根据表 4-39 所示的状态编码表写出激励方程和输出方程。

解:由表 4-39 写出标准的状态转移表,如表 4-40 所示,表中反映了次态 $Q_1^{n+1} Q_0^{n+1}$ 与输入 X 及现态 $Q_1^n Q_0^n$ 的关系,也反映了输出 Z 与输入 X 及现态 $Q_1^n Q_0^n$ 的关系。

表 4-40　状态转移表

$Q_1^n Q_0^n$	$Q_1^{n+1} Q_0^{n+1}/Z$		$Q_1^n Q_0^n$	$Q_1^{n+1} Q_0^{n+1}/Z$	
	$X=0$	$X=1$		$X=0$	$X=1$
00	10/0	11/0	10	01/0	11/0
01	10/0	00/0	11	00/1	01/1

将表 4-40 分解成关于 Q_1^{n+1}、Q_0^{n+1} 和 Z 的 3 个卡诺图,如图 4-63 所示,便于列出最简表达式。

$$Q_1^{n+1} = \overline{Q_1^n}\,\overline{Q_0^n} + \overline{Q_1^n}X + \overline{Q_0^n}X \tag{4-49}$$

$$Q_0^{n+1} = Q_1^n \overline{Q_0^n} + Q_1^n X + \overline{Q_0^n}X \tag{4-50}$$

$$Z = Q_1^n Q_0^n \tag{4-51}$$

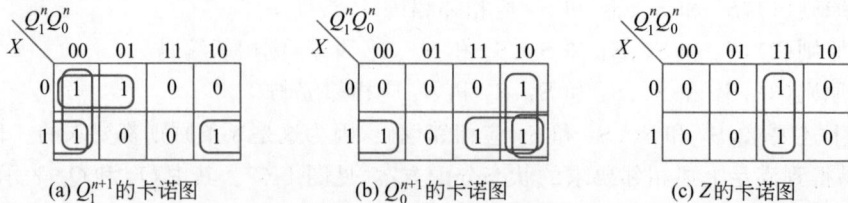

(a) Q_1^{n+1} 的卡诺图　　　　　(b) Q_0^{n+1} 的卡诺图　　　　　(c) Z 的卡诺图

图 4-63　例 4-14 的卡诺图

通过卡诺图化简可以轻松地得到输出方程,如式(4-51)所示。状态方程就是外部输入及原状态的函数,式(4-49)、式(4-50)所描述的关系正是如此,关键是看选用何种触发器承担等式右边的功能。如果选用 D 触发器,根据 D 触发器的特征方程 $Q^{n+1}=D$,就可得到 D 触发器的激励方程:

$$D_1 = \overline{Q_1^n}\,\overline{Q_0^n} + \overline{Q_1^n}\,\overline{X} + \overline{Q_0^n}X \tag{4-52}$$

$$D_0 = Q_1^n\overline{Q_0^n} + Q_1^nX + \overline{Q_0^n}X \tag{4-53}$$

根据式(4-52)、式(4-53)及式(4-51)就可轻松地画出由 D 触发器组成的时序逻辑电路图。

如果采用 JK 触发器,其特征方程为 $Q^{n+1}=J\,\overline{Q^n}+\overline{K}Q^n$,那么就要注意方程中每一项的对应关系。将式(4-49)重新整理,得

$$Q_1^{n+1} = (\overline{Q_0^n}+\overline{X})\,\overline{Q_1^n} + \overline{Q_0^n}X \tag{4-54}$$

Q_1^{n+1} 的标准形式为

$$Q_1^{n+1} = J_1\,\overline{Q_1^n} + \overline{K_1}Q_1^n \tag{4-55}$$

比较式(4-54)和式(4-55),J_1 的表达式可以找到,而 K_1 是没有的,并且式(4-54)多了一项 $\overline{Q_0^n}X$ 无法对应。因此要重新列写 Q_1^{n+1} 的表达式,也就是要重新在卡诺图上画圈。画圈的原则是满足 $Q^{n+1}=J\,\overline{Q^n}+\overline{K}Q^n$。图 4-64 为选用 JK 触发器的卡诺图。

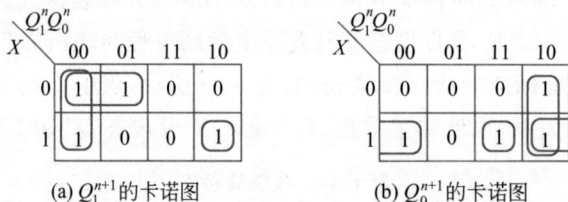

(a) Q_1^{n+1} 的卡诺图　　　　　　(b) Q_0^{n+1} 的卡诺图

图 4-64　例 4-14 选用 JK 触发器的卡诺图

由图 4-64 得

$$Q_1^{n+1} = \overline{Q_1^n}\,\overline{Q_0^n} + \overline{Q_1^n}\,\overline{X} + Q_1^n\overline{Q_0^n}X \tag{4-56}$$

$$Q_0^{n+1} = Q_1^n\overline{Q_0^n} + \overline{Q_0^n}X + Q_0^nQ_1^nX \tag{4-57}$$

Q_1^{n+1} 和 Q_0^{n+1} 的标准形式为

$$Q_1^{n+1} = J_1\,\overline{Q_1^n} + \overline{K_1}Q_1^n \tag{4-58}$$

$$Q_0^{n+1} = J_0\,\overline{Q_0^n} + \overline{K_0}Q_0^n \tag{4-59}$$

将式(4-56)与式(4-58)比较,式(4-57) 与式(4-59)比较,得

$$J_1 = \overline{Q_0^n} + \overline{X}, \quad K_1 = \overline{\overline{Q_0^n} X} \tag{4-60}$$

$$J_0 = Q_1^n + X, \quad K_0 = \overline{Q_1^n X} \tag{4-61}$$

根据式(4-60)、式(4-61)及式(4-51)就可轻松地画出由 JK 触发器组成的时序逻辑电路图。

当采用不同类型的触发器时,由触发器激励卡诺图求得激励方程的圈法是不相同的。

4.8.6 画逻辑电路图,并检查自启动

根据求得的激励方程和输出方程即可画出整个时序逻辑电路的电路图。

在有些实用时序逻辑电路中,所需的状态比触发器能提供的状态少,往往存在多余状态。在设计过程中,把这些多余状态作为随意状态处理。因而在电路设计完成后,要对这些多余状态进行检查,检查电路从任一多余状态出发,在加入输入信号后能否进入正常工作状态。如果电路陷入孤立状态或进入非工作循环,这是正常工作所不允许的,应加以避免或排除。

多余状态的检查过程实质上是对设计的电路的分析过程。由于设计的电路已经给出,触发器的激励方程就已确定,根据多余状态的二进制码及输入就可确定激励函数值,从而得到各触发器的新状态。当希望电路具有从多余状态进入有效循环的能力,即具有自启动能力时,需要重新修改原设计。通常在设计之初就应将自启动问题考虑到设计方案中。

下面通过例子完整地描述时序逻辑电路的设计过程。

例 4-15 用 JK 触发器设计一个五进制计数器。要求状态转移关系为 1→2→5→6→3→1。

解: 根据设计要求,电路有 5 个状态,所以需要 3 个 JK 触发器。

(1) 形成状态转移表。设计要求中已经给出状态的转移关系,每来一个时钟脉冲(CP)自动进入下一个状态,因此只需列出状态转移表,如表 4-41 所示。

表 4-41 例 4-15 的原始状态转移表

Q_2^n	Q_1^n	Q_0^n	Q_2^{n+1}	Q_1^{n+1}	Q_0^{n+1}	Q_2^n	Q_1^n	Q_0^n	Q_2^{n+1}	Q_1^{n+1}	Q_0^{n+1}
0	0	1	0	1	0	1	1	0	0	1	1
0	1	0	1	0	1	0	1	1	0	0	1
1	0	1	1	1	0						

由于状态数、状态转移关系以及每个状态的二进制代码都是确定的,可跳过状态简化、状态分配这两步。

(2) 作出各触发器下一状态的卡诺图,如图 4-65 所示。

(3) 写出触发器的状态方程:

$$Q_2^{n+1} = \overline{Q_0^n} \; \overline{Q_2^n} + Q_0^n Q_2^n$$

$$Q_1^{n+1} = \overline{Q_1^n} + Q_2^n Q_1^n$$

$$Q_0^{n+1} = \overline{Q_0^n} + Q_1^n Q_0^n$$

(4) 写出触发器的激励方程:

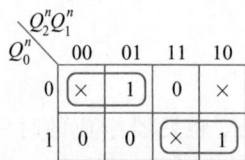

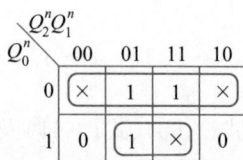

(a) Q_2^{n+1} 的卡诺图　　(b) Q_1^{n+1} 的卡诺图　　(c) Q_0^{n+1} 的卡诺图

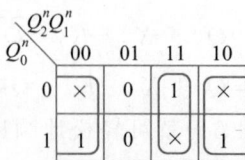

图 4-65　例 4-15 的卡诺图

$$J_2 = \overline{Q_0^n}, \quad K_2 = \overline{Q_0^n}$$

$$J_1 = 1, \quad K_1 = \overline{Q_2^n}$$

$$J_0 = 1, \quad K_0 = \overline{Q_1^n}$$

（5）检查多余状态的转移关系。还有 3 个状态不在计数循环的状态中（000→111、100→011、111→111），得到的状态转移图如图 4-66 所示。

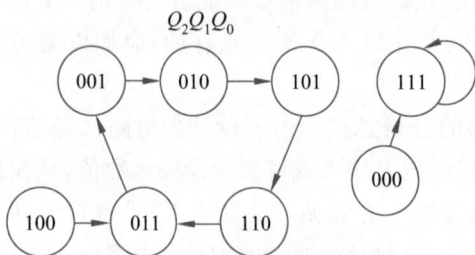

图 4-66　例 4-15 的状态转移图

从状态转移图可知,这个计数器现在还不能自启动:进入状态 111 后,就不能自己进入计数循环。

要使得计数器可以自启动,状态 111 的下一状态不能再是 111,而应该是有效循环中的状态。修改时,应该回到卡诺图,观察并决定如何修改最为实用。从图 4-65 可以看出,使得状态 111 的下一状态改为 011 最为实用。这样修改不影响 $Q_1^{n+1} Q_0^{n+1}$ 方程,只要将 Q_2^{n+1} 的卡诺图中状态 101 和 100 格的任意项合并,而不是像原来图中和 111 格的任意项合并,问题就可以解决。Q_2^{n+1} 的状态方程修改为

$$Q_2^{n+1} = \overline{Q_0^n}\,\overline{Q_2^n} + \overline{Q_1^n} Q_2^n$$

$$J_2 = \overline{Q_0^n} \qquad K_2 = Q_1^n$$

这样修改后,进入状态 111 后,下一状态将是 011,状态转移图如图 4-67 所示,计数器可以自启动。

（6）画出最后的逻辑图,如图 4-68 所示。该电路已将初始状态置为 $Q_2^n Q_1^n Q_0^n = 001$,进入正常工作后,每来一个 CP,电路就移向有效循环中的下一个状态,从而周而复始地工作。

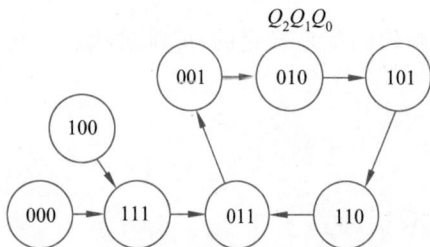

图 4-67　例 4-15 可自启动的状态转移

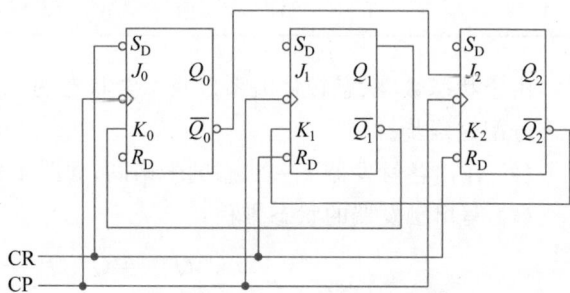

图 4-68　例 4-15 的时序逻辑电路图

例 4-16　有一个容量为 8 字×8 位的 ROM,要求对其设计一个产生地址的逻辑电路,

并能实现 ROM 的地址自动加 1 和自动减 1。

解：本例实际上是要求设计一个地址码产生电路。由于 ROM 是 8 个字，故只需产生 8 个地址，显然字长 8 位是与设计无关的条件。题意还要求电路既能实现地址自动加 1，又能实现地址自动减 1，故利用三级触发器构成同步模八可逆计数器，并且每个触发器的输出 $Q_2Q_1Q_0$ 作为 3 条地址线 $A_2A_1A_0$，地址的变化范围为 $000 \sim 111$。

(1) 作状态转移图。可逆计数器除了 CP 以外必须用一个输入 X 控制模八计数器的转移方向。当 $X=1$ 时，计数器进行加法计数，计到最大值为 7 时，再加一个计数脉冲，计数再从 0 开始；当 $X=0$ 时，计数器进行减法计数，当减到 0 时，再加一个计数脉冲，计数值变为 7。计数的过程都同步送到输出端 $A_2A_1A_0$。按上述要求作出状态转移图，如图 4-69 所示。状态转移图中已经把状态的编码给出。

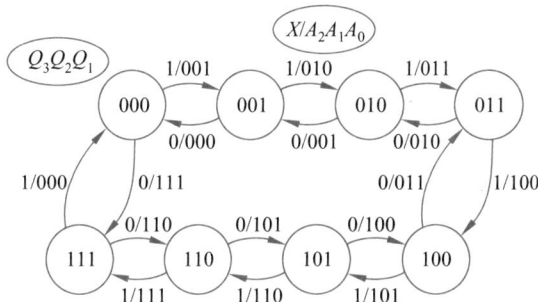

图 4-69 例 4-16 的原始状态转移图

(2) 作出状态转移表。由图 4-68 所示状态转移图可以得到如表 4-42 所示的状态转移表。3 个触发器正好表征 8 种状态，因此不需要进行状态化简。

表 4-42 例 4-16 的原始状态转移表

$X \ Q_2^n Q_1^n Q_0^n$	$Q_2^{n+1} Q_1^{n+1} Q_0^{n+1} / A_2 A_1 A_0$		$X \ Q_2^n Q_1^n Q_0^n$	$Q_2^{n+1} Q_1^{n+1} Q_0^{n+1} / A_2 A_1 A_0$	
0 0 0 0	111/111		1 0 0 0	001/001	
0 0 0 1	110/110		1 0 0 1	010/010	
0 0 1 0	101/101		1 0 1 0	011/011	
0 0 1 1	100/100	减 1 计数	1 0 1 1	100/100	加 1 计数
0 1 0 0	011/011		1 1 0 0	101/101	
0 1 0 1	010/010		1 1 0 1	110/110	
0 1 1 0	001/001		1 1 1 0	111/111	
0 1 1 1	000/000		1 1 1 1	000/000	

(3) 写状态方程。根据表 4-42 画出化简 Q_2^{n+1}、Q_1^{n+1}、Q_0^{n+1} 的卡诺图，如图 4-70 所示。由于输出 $A_2A_1A_0$ 即是每个触发器的输出端，所以 $A_2A_1A_0$ 不必再求解。采用 D 触发器实现该电路，卡诺图的圈法如图 4-70 所示。

状态方程为

$$Q_2^{n+1} = \overline{X}\,\overline{Q_2^n} + XQ_2^n\overline{Q_1^n} + XQ_2^n\overline{Q_0^n} + \overline{Q_2^n}Q_1^nQ_0^n$$

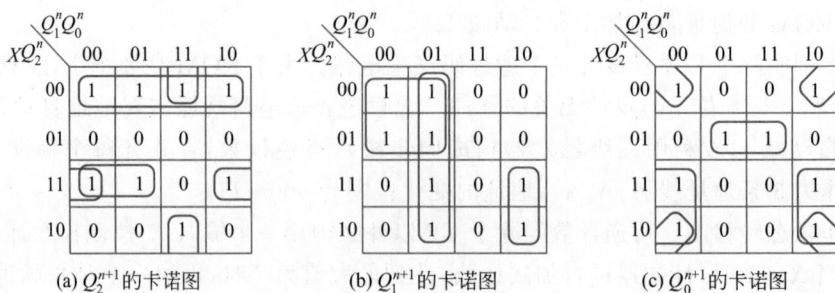

(a) Q_2^{n+1} 的卡诺图　　(b) Q_1^{n+1} 的卡诺图　　(c) Q_0^{n+1} 的卡诺图

图 4-70　例 4-16 的卡诺图

$$Q_1^{n+1}=\overline{Q_1^n}Q_0^n+\overline{Q_1^n}\,\overline{X}+XQ_1^n\overline{Q_0^n}$$

$$Q_0^{n+1}=X\,\overline{Q_0^n}+\overline{X}\,\overline{Q_2^n}Q_0^n+\overline{Q_2^n}\,\overline{Q_0^n}$$

（4）写激励方程。激励方程表达式为

$$D_2=\overline{X}\,\overline{Q_2^n}+XQ_2^n\overline{Q_1^n}+XQ_2^n\overline{Q_0^n}+\overline{Q_2^n}Q_1^nQ_0^n \tag{4-62}$$

$$D_1=\overline{Q_1^n}Q_0^n+\overline{Q_1^n}\,\overline{X}+XQ_1^n\overline{Q_0^n} \tag{4-63}$$

$$D_0=X\,\overline{Q_0^n}+\overline{X}\,\overline{Q_2^n}Q_0^n+\overline{Q_2^n}\,\overline{Q_0^n} \tag{4-64}$$

（5）画逻辑电路图。由式(4-62)、式(4-63)和式(4-64)可以画出整个时序逻辑电路,如图 4-71 所示。

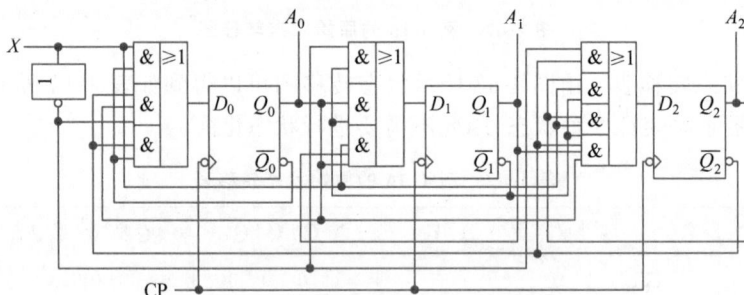

图 4-71　例 4-16 的时序逻辑电路

（6）由于电路没有多余状态,故无须进行检查。

例 4-17　设计 1111 序列检测器(序列可重叠)。

解：（1）形成状态转移图。序列检测器电路一定有串行输入端 X 和一个串行输出端 Z。输入 X 是一串随机信号。每当连续输入 4 个 1 时,检测器输出为 1;多于 4 个连续 1 时,输出仍为 1;其余情况输出为 0。根据上述状况,可列出输入序列及在输出端的响应,并给每位输入及其对应的输出标上一个状态。另外,在 1111 序列前设一个初始状态,即

输入 X：0　1　1　1　1。

输出 Z：0　0　0　0　1。

状态 Q：A　B　C　D　E。

因此,可以画出 5 个圈,在圈内标以状态 A、B、C、D、E,然后按上述序列画带有状态转移箭头的连线,并在连线旁标上对应的输入输出情况。每当输入 0 时,电路都回到初始状态,并输出 0。当连续输入 4 个 1 以后,输出为 1,但无须再记忆输入 1 的个数,故不必再设状态,而停在状态 E。这样便可得到图 4-72 所示的状态转移图。由状态转移图可作出状态

转移表,如表 4-43 所示。

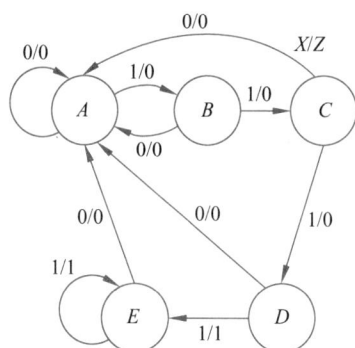

图 4-72 例 4-17 的原始状态转移图

表 4-43 例 4-17 的原始状态转移表

Q	Q^{n+1}/Z	
	$X=0$	$X=1$
A	A/0	B/0
B	A/0	C/0
C	A/0	D/0
D	A/0	E/1
E	A/0	E/1

(2) 状态化简。由表 4-43 并用直接观察法可发现,状态 D、E 的输出完全相同,次态也相同,因此状态 D 和 E 是等价状态对。将状态 D 和 E 合并,保留状态 D 并以 D 替代 E,便可得如表 4-44 所示的化简状态转移表。状态之间的关系比较清晰,因此不必用隐含表法进行状态化简。

(3) 状态分配。由表 4-44 所示的化简状态转移表可知,一共有 4 种状态,采用两个触发器。根据状态分配的相邻原则(1),状态 C 和 D 的新状态完全相同,因此状态 C 和状态 D 安排在相邻。根据状态分配规则(2),状态 C 和状态 D 的新状态为 A、D,因此,状态 A 和状态 D 安排在相邻位置。按上述相邻原则得到的状态分配方案是:A 为 00,B 为 01,C 为 11,D 为 10。表 4-45 为状态分配情况。

表 4-44 例 4-17 的化简状态转移表

Q	Q^{n+1}/Z	
	$X=0$	$X=1$
A	A/0	B/0
B	A/0	C/0
C	A/0	D/0
D	A/0	D/1

表 4-45 例 4-17 的状态分配表

$Q_1^n Q_0^n$	$Q_1^{n+1} Q_0^{n+1}/Z$	
	$X=0$	$X=1$
00	00/0	01/0
01	00/0	11/0
11	00/0	10/0
10	00/0	10/1

(4) 确定状态方程及输出方程。由状态分配表可作出 Q_1^{n+1}、Q_0^{n+1} 和输出的卡诺图,采用 D 触发器实现该电路,卡诺图的圈法如图 4-73 所示,状态方程为

$$Q_1^{n+1}=XQ_0^n+XQ_1^n$$

$$Q_0^{n+1}=X\,\overline{Q_1^n}$$

输出方程为

$$Z=XQ_1^n\overline{Q_0^n}$$

(5) 写出激励方程:

$$D_1=XQ_0^n+XQ_1^n=X(\overline{\overline{Q_0^n}\,\overline{Q_1^n}})$$

$$D_0=X\,\overline{Q_1^n}$$

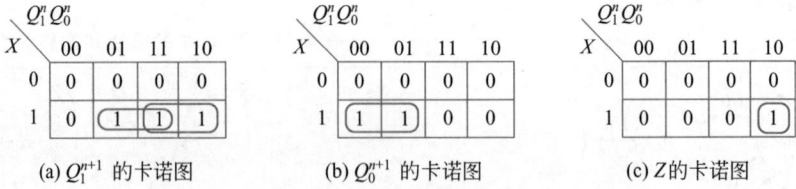

(a) Q_1^{n+1} 的卡诺图   (b) Q_0^{n+1} 的卡诺图   (c) Z 的卡诺图

图 4-73 例 4-17 的卡诺图

（6）画逻辑电路图，如图 4-74 所示。

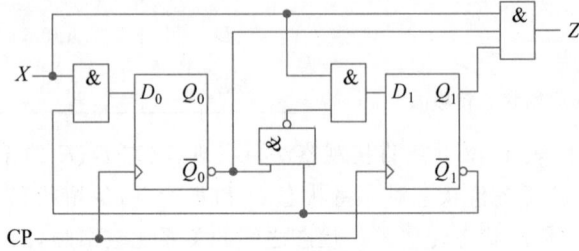

图 4-74 例 4-17 的时序逻辑电路

上面介绍的设计方法是传统的方法，实际应用中同步时序逻辑电路可以采用中规模集成计数器实现。如果集成计数器不能满足要求，可以采用可编程逻辑器件 FPGA 或 CPLD，通过硬件描述语言实现，同步时序逻辑电路的设计就变得更方便而快捷，具体方法参见第 6 章。

4.9 异步计数器

异步计数器也是一种常用的时序逻辑电路，它同样是用来对外加时钟脉冲（CP）进行计数的装置。只是异步计数器中每个触发器的时钟输入并不一定都统一接到外接的 CP 上，而可能接到前级触发器的输出或用其他方法形成，从而使得每个触发器的翻转时间不在同一时刻，这就是异步计数器的特点。

异步计数器的分析步骤与同步计数器完全一样，只是分析方法略有不同，回顾计数器的分析过程，重点是要确定在什么情况下触发器的状态发生翻转。同步计数器所有触发器的 CP 来自一个脉冲源，是同时有效的，因此在分析时不考虑 CP 对计数器的影响；而异步计数器触发器的 CP 不来自同一个脉冲源，不会同时有效，所以在分析时一定要先考虑 CP 是否有效，再考虑在有效情况下各种触发器如何翻转变化，即状态方程中要将 CP 信号也作为一个逻辑条件写入其中。

异步计数器分析方法的注意事项如下：

（1）分析过程必须从第一级触发器开始。

（2）在激励方程、输出方程、状态方程的基础之上增加描述 CP 信号的时钟方程。

（3）触发器的特征方程引入 CP 信号加以控制。

例 4-18 分析如图 4-75 所示异步时序逻辑电路。

解：按照同步时序逻辑电路的分析步骤进行分析。

（1）分析电路组成。组合电路部分由与非门和非门组成，存储电路部分由两个 D 触发

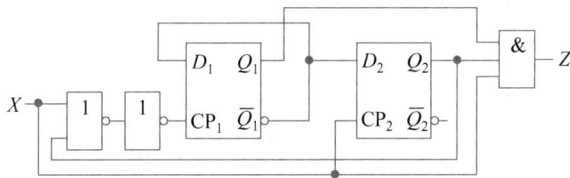
图 4-75　例 4-18 的异步时序逻辑电路

器组成,两个触发器的 CP 不是同一个脉冲源。

（2）列写激励方程：

$$D_1 = \overline{Q_1^n}, \quad D_2 = \overline{Q_1^n}$$

另外要增加时钟方程：

$$CP_1 = XQ_2^n, \quad CP_2 = X$$

（3）列写输出方程：

$$Z = XQ_1^n Q_2^n$$

（4）列写状态方程。同步时序逻辑时 D 触发器的特征方程为

$$Q^{n+1} = D$$

而异步时序逻辑时将 CP 引入特征方程中,D 触发器的特征方程为

$$Q^{n+1} = D \cdot CP + Q^n \cdot \overline{CP} \tag{4-65}$$

式(4-65)中等号右边的第一项表示 CP 有效(CP=1)时触发器按照 D 触发器的规律变化;第二项表示 CP 无效(CP=0)时 D 触发器保持不变,其中的 CP 用加非号的形式表示。图 4-75 中两个触发器的状态方程为

$$Q_1^{n+1} = D_1 \cdot CP_1 + Q_1^n \cdot \overline{CP_1} = \overline{Q_1^n} \cdot XQ_2^n + Q_1^n \overline{XQ_2^n} \tag{4-66}$$

$$Q_2^{n+1} = D_2 \cdot CP_2 + Q_2^n \cdot \overline{CP_2} = \overline{Q_1^n} \cdot X + Q_2^n \overline{X} \tag{4-67}$$

（5）作状态转移表。根据式(4-66)和式(4-67)得出状态转移表,如表 4-46 所示。

表 4-46　例 4-18 的状态转移表

现　态	输　入	触发器输入				次　态	输　出
$Q_2^n Q_1^n$	X	CP_1	D_1	CP_2	D_2	$Q_2^{n+1} Q_1^{n+1}$	Z
0　0	1	0	1	1	1	1　0	0
0　1	1	0	0	1	0	0　1	0
1　0	1	1	1	1	1	1　1	0
1　1	1	1	0	1	0	0　0	1

表 4-46 中触发器输入部分不但要考虑 D_2、D_1,还要考虑时钟输入 CP_1、CP_2。

（6）作状态转移图。根据状态方程及状态转移表得到状态转移图,如图 4-76 所示。

（7）画时序图。根据状态转移表和状态转移图可以方便地画出相应的工作波形,如图 4-77 所示。

（8）说明逻辑功能。该电路是三进制异步计数器。如果加电后的状态是 $Q_2 Q_1 = 01$,那么电路无法进入有效循环,因此它不具有自启动能力。

例 4-19　分析如图 4-78 所示的异步时序逻辑电路。

解：（1）分析电路组成。组合电路部分由一个与门组成,存储电路部分由 3 个 JK 触发器组成,3 个触发器的 CP 不是同一个脉冲源。

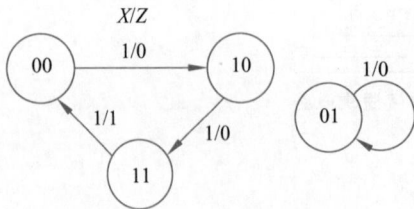

图 4-76 例 4-18 的状态转移图

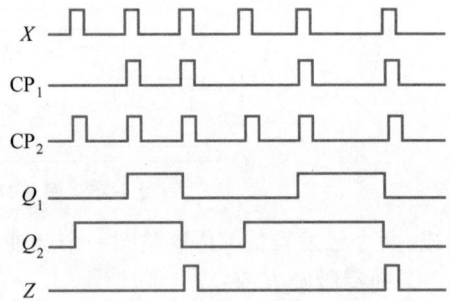

图 4-77 例 4-18 的时序图

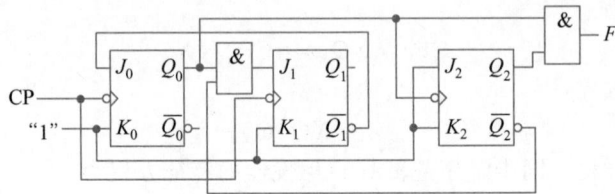

图 4-78 例 4-19 的异步时序逻辑电路

（2）列写激励方程：

$$J_0 = \overline{Q_1^n}, \quad K_0 = 1$$

$$J_1 = \overline{Q_2^n} Q_0^n, \quad K_1 = 1$$

$$J_2 = 1, \quad K_2 = 1$$

另外要增加时钟方程：

$$CP_0 = CP, \quad CP_1 = CP, \quad CP_2 = Q_0^n$$

（3）列写输出方程：

$$F = Q_2^n Q_0^n$$

（4）列写状态方程。同步时序逻辑时 JK 触发器的特征方程为

$$Q^{n+1} = J \overline{Q^n} + \overline{K} Q^n$$

而异步时序逻辑时将 CP 引入特征方程中，JK 触发器的特征方程为

$$Q^{n+1} = (J \overline{Q^n} + \overline{K} Q^n) CP + Q^n \overline{CP} \tag{4-68}$$

式（4-68）中等号右边的第一项表示 CP 有效（CP=1）时触发器按照 JK 触发器的规律变化；第二项表示 CP 无效（CP=0）时 JK 触发器保持不变，其中的 CP 用加非号的形式表示。图 4-78 中 3 个触发器的状态方程为

$$Q_0^{n+1} = \overline{Q_1^n}\,\overline{Q_0^n}\,CP_0 + Q_0^n \overline{CP_0} = \overline{Q_1^n}\,\overline{Q_0^n}\,CP + Q_0^n \overline{CP} \tag{4-69}$$

$$Q_1^{n+1} = \overline{Q_2^n}\,\overline{Q_1^n}\,Q_0^n\,CP_1 + Q_1^n \overline{CP_1} = \overline{Q_2^n}\,\overline{Q_1^n}\,Q_0^n\,CP + Q_1^n \overline{CP} \tag{4-70}$$

$$Q_2^{n+1} = \overline{Q_2^n}\,CP_2 + Q_2^n \overline{CP_2} = \overline{Q_2^n}\,Q_0^n + Q_2^n \overline{Q_0^n} \tag{4-71}$$

（5）作状态转移表。由于 $CP_0 = CP_1 = CP$，所以 Q_0^{n+1} 和 Q_1^{n+1} 的计算与同步时序逻辑电路一样，在 CP 下降沿其状态方程有效，触发器的状态会发生变化。而 $CP_2 = Q_0$，所以只有当 Q_0 由 1 变为 0，即下降沿出现时，状态方程 Q_2^{n+1} 才有效；Q_0 的下降沿不出现，Q_2^{n+1} 将保持原状态不变。根据式（4-69）、式（4-70）和式（4-71）得出状态转移表，如表 4-47 所示。

表 4-47 例 4-19 的状态转移表

现 态			时 钟 边 沿			次 态			输 出
Q_2^n	Q_1^n	Q_0^n	CP_2	CP_1	CP_0	Q_2^{n+1}	Q_1^{n+1}	Q_0^{n+1}	Z
0	0	0		↓	↓	0	0	1	0
0	0	1	↓	↓	↓	1	1	0	0
1	1	0		↓	↓	1	0	0	0
1	0	0		↓	↓	1	0	1	0
1	0	1	↓	↓	↓	0	0	0	1

由表 4-47 可以看出,触发器的次态翻转还要取决于 CP 的有效情况,而不仅依赖于 JK 输入的取值。

（6）作状态转移图。根据状态方程及状态转移表得到状态转移图,如图 4-79 所示。

（7）画时序图。根据状态转移表可以画出相应的工作波形,如图 4-80 所示。

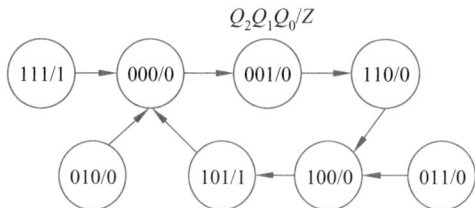

图 4-79 例 4-19 的状态转移图

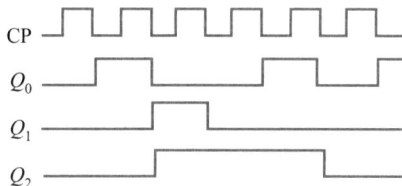

图 4-80 例 4-19 的时序图

（8）说明逻辑功能。该电路是异步五进制计数器,并且具有自启动能力。

4.10 中规模集成计数器的应用

中规模计数器分为同步计数器和异步计数器。无论是哪种计数器都具有多种功能。即便是同一片计数芯片,经过适当的连接也可以具有不同的功能。

4.10.1 同步中规模集成计数器

1. 74LS163

74LS163 是四位二进制同步计数器,图 4-81 描述了它的逻辑电路、框图和逻辑符号。该计数器有 4 个 D 触发器,因此模是 16。各触发器的翻转在外部时钟信号 CLK 的上升沿完成。$\overline{CLR}$ 是同步清零端,ENP 和 ENT 是计数器控制端,$\overline{LOAD}$ 是预置控制端,DATA $A \sim$ DATA D 是 4 个数据输入端,RCO 是进位输出端,$Q_A \sim Q_D$ 是 4 个数据输出端。对于该集成计数器的内部结构只需一般了解,掌握的重点是外部特性及功能特点。

表 4-48 给出了 74LS163 的功能。

74LS163 的功能简述如下:

（1）置数。当 $\overline{CLR}=1$、$\overline{LOAD}=0$、CLK↑ 到来后,$Q_D Q_C Q_B Q_A$ 输出为 $dcba$。输出端反映输入数据,置数在 CLK↑ 时进行,称为同步置数。

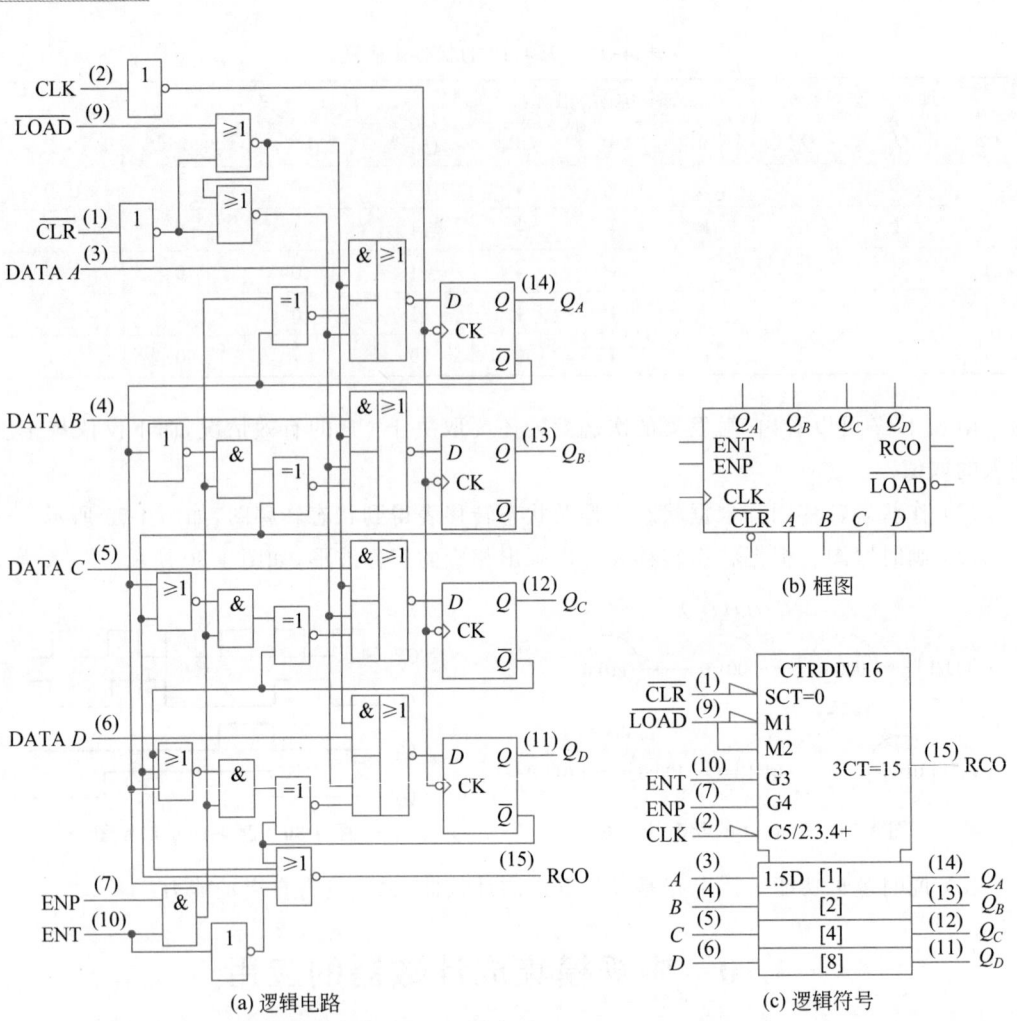

图 4-81 74LS163 的逻辑电路、框图和逻辑符号

(a) 逻辑电路   (b) 框图   (c) 逻辑符号

表 4-48 74LS163 的功能

输　入								输　出			
CLK	$\overline{\text{CLR}}$	$\overline{\text{LOAD}}$	ENP	ENT	D	C	B	A	Q_D	Q_C	Q_B	Q_A
↑	L	×	×	×	×	×	×	×	L	L	L	L
↑	H	L	×	×	d	c	b	a	d	c	b	a
↑	H	H	H	H	×	×	×	×	计数			
↑	H	H	L	×	×	×	×	×	保持			
×	H	H	×	L	×	×	×	×	保持			

（2）计数。当 $\overline{\text{CLR}}=1$、$\overline{\text{LOAD}}=1$、ENP=ENT=1 时，计数器处于计数状态，随着 CP 上升沿的到来，触发器翻转，计数器开始工作，电路状态按加一计数工作。RCO 是进位输出信号，RCO=$Q_D Q_C Q_B Q_A$ ENT，当 $Q_D Q_C Q_B Q_A$ 和 ENT 均为 1 时，RCO=1，产生正脉冲，如图 4-82 所示。

（3）保持。当 $\overline{\text{CLR}}=1$、$\overline{\text{LOAD}}=1$、ENP=0 或 ENT=0 时，计数器处于保持状态，此时即使有 CLK 脉冲，各触发器的状态仍保持不变。

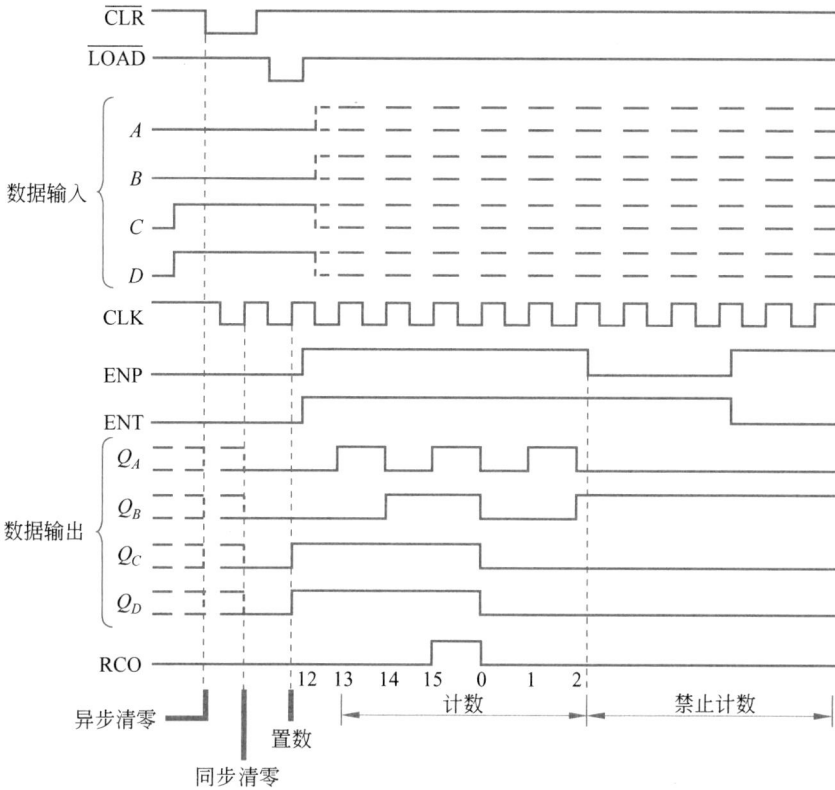

图 4-82　74LS163 时序图

（4）清零。当 $\overline{\text{CLR}}=0$ 时，并不能使计数器输出为 0，它要等待时钟信号 CLK 上升沿的到来时才能完成清零功能，称为同步清零。

2. 74LS192

74LS192 是四位二进制同步可逆计数器，图 4-83 描述了它的逻辑电路和框图。该计数器具有 4 个 T 触发器，理应模是 16，电路的连接方式决定其模为 10。各触发器的翻转在外部时钟信号 CP_U、CP_D 的上升沿完成。MR 是异步清零端，$\overline{\text{PL}}$ 是预置控制端，$P_0 \sim P_3$ 端是 4 个数据输入端，$\overline{\text{TC}_U}$ 是进位输出端，$\overline{\text{TC}_D}$ 是借位输出端，$Q_0 \sim Q_3$ 是 4 个数据输出端。

表 4-49 给出了 74LS192 的功能。

表 4-49　74LS192 的功能

输　入								输　出			
MR	$\overline{\text{PL}}$	CP_U	CP_D	P_3	P_2	P_1	P_0	Q_3	Q_2	Q_1	Q_0
H	×	×	×	×	×	×	×	L	L	L	L
L	L	×	×	p_3	p_2	p_1	p_0	p_3	p_2	p_1	p_0
L	H	H	H	×	×	×	×	保持			
L	H	↑	H	×	×	×	×	加法计数			
L	H	H	↑	×	×	×	×	减法计数			

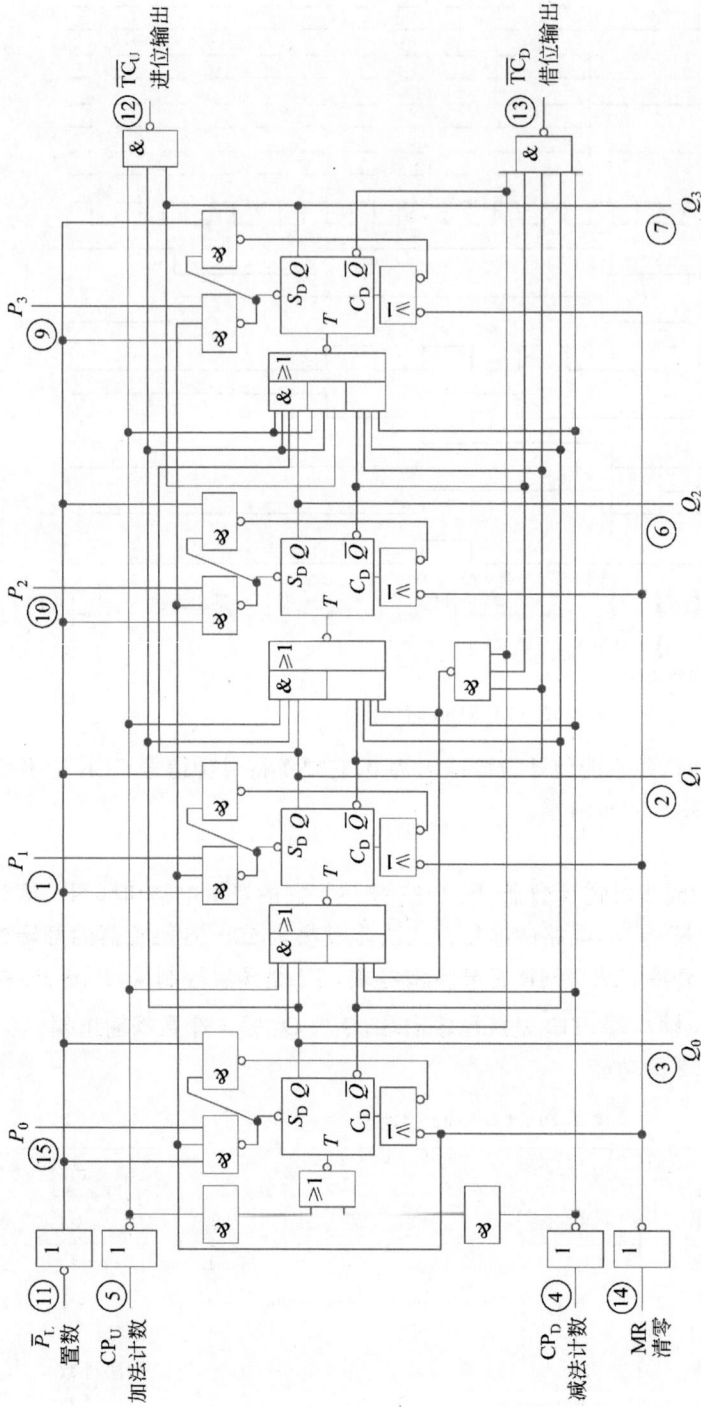

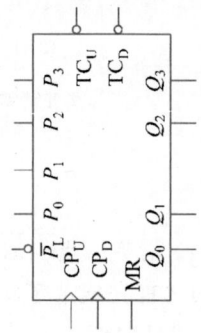

图 4-83　74LS192 的逻辑电路和框图

(a) 逻辑电路

(b) 框图

74LS192 的功能简述如下：

（1）置数。当 MR=0、$\overline{PL}$=0 时，立即将 $p_3 p_2 p_1 p_0$ 输出到 $Q_3 Q_2 Q_1 Q_0$。输出端反映输入数据，送数操作与 CP_U、CP_D 无关，称为异步置数。

（2）加法计数。当 MR=0、$\overline{PL}$=1、CP_D=1、CP_U↑时，计数器处于加法计数状态，随着 CP 上升沿的到来，触发器翻转，计数器开始工作，电路状态按加 1 计数工作。$\overline{TC_U}$ 是进位输出信号，当 $Q_D Q_C Q_B Q_A$=1001 时，$\overline{TC_U}$=0，产生负脉冲。

（3）减法计数。当 MR=0、$\overline{PL}$=1、CP_U=1、CP_D↑时，计数器处于减法计数状态，随着 CP 上升沿的到来，触发器翻转，计数器开始工作，电路状态按减 1 计数工作。$\overline{TC_D}$ 是借位输出信号，当 $Q_D Q_C Q_B Q_A$=0000 时，$\overline{TC_D}$=0，产生负脉冲。

（4）保持。当 MR=0、$\overline{PL}$=1、CP_U=CP_D=1 时，计数器处于保持状态。

（5）清零。当 MR=1 时，无论 $\overline{PL}$、CP_U、CP_D 为何种状态，都能使计数器输出为 0，称异步清零。

4.10.2　异步中规模集成计数器

异步中规模计数器通常在一个芯片内部由两个独立的计数器组合而成，根据连接方式的不同可以实现不同的功能。其最主要的特点是内部触发器的时钟脉冲不是统一的脉冲源。

1. 74LS90

74LS90 是异步二-五-十进制计数器，图 4-84 描述了它的逻辑电路、编码连接和框图。该计数器有 4 个 JK 触发器，有两个时钟信号 $\overline{CP_0}$ 和 $\overline{CP_1}$，相应的触发器分别在时钟的下降沿触发；触发器 A 为模 2 计数器，触发器 B、C、D 组成异步模 5 计数器；$R_0(1)$、$R_0(2)$ 为异步复位端，$R_9(1)$、$R_9(2)$ 为异步置 9 端，$Q_A \sim Q_D$ 是 4 个数据输出端。

表 4-50 给出了 74LS90 的功能。

表 4-50　74LS90 功能表

输　　入						输　　出				说　　明
$R_0(1)$	$R_0(2)$	$R_9(1)$	$R_9(2)$	$\overline{CP_0}$	$\overline{CP_1}$	Q_D	Q_C	Q_B	Q_A	
H	H	L	×	×	×	L	L	L	L	异步置 0
H	H	×	L	×	×	L	L	L	L	异步置 0
×	×	H	H	×	×	H	L	L	H	异步置 9
×	L	×	L	↓		二进制计数				由 Q_A 输出
L	×	L	×		↓	五进制计数				由 $Q_D Q_C Q_B$ 输出
L	×	×	L	↓	Q_A	8421BCD 码十进制计数				由 $Q_D Q_C Q_B Q_A$ 输出
×	L	L	×	Q_D	↓	5421BCD 码十进制计数				由 $Q_A Q_D Q_C Q_B$ 输出

74LS90 的功能简述如下：

（1）清零。当 $R_0(1)$=$R_0(2)$=1 时，$R_9(1)$、$R_9(2)$ 为低电平，立即使各触发器全部为 0，实现计数器清零功能。由于清零不需要与时钟同步，称之为异步置 0。

（2）置数。当 $R_9(1)$=$R_9(2)$=1 时，输出为 $Q_D Q_C Q_B Q_A$=1001。所置数值固定为 9，

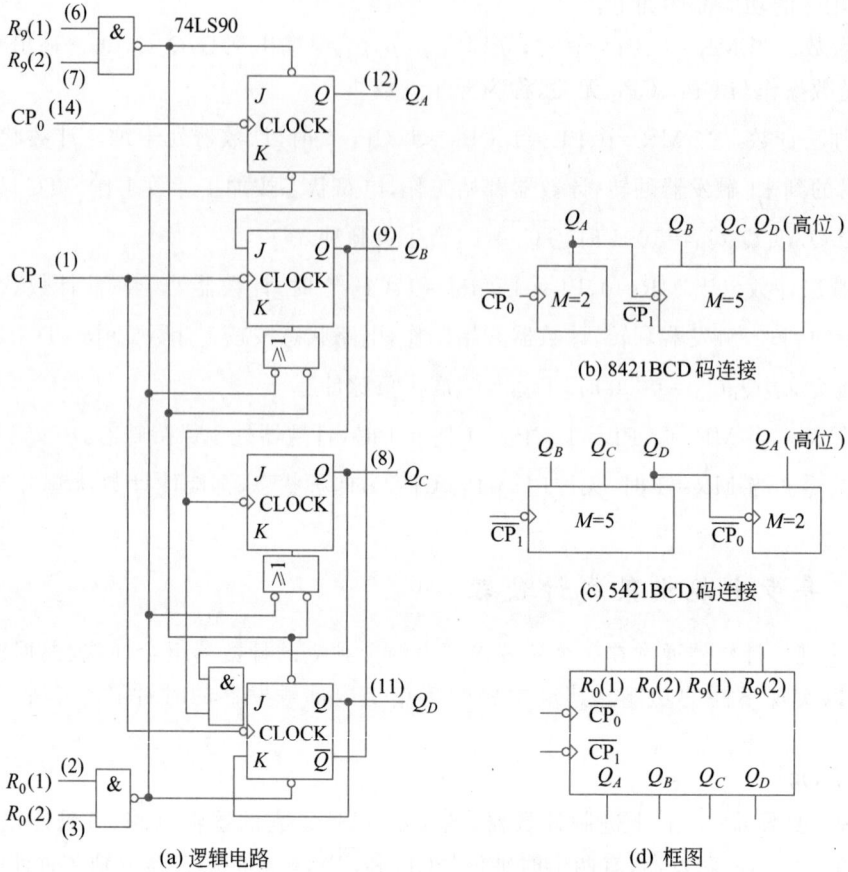

图 4-84　74LS90 的逻辑电路、编码连接和框图

并且置数不需要与时钟同步,称之为异步置 9。

(3) 计数。当 $R_0(1)$、$R_0(2)$ 及 $R_9(1)$、$R_9(2)$ 这 4 个输入中至少有一个为低电平时,触发器处于正常工作状态,在时钟脉冲的下降沿实现计数操作。

- 二进制计数:仅使用 $\overline{CP_0}$ 一个时钟脉冲,并从 Q_A 输出。
- 五进制计数:仅使用 $\overline{CP_1}$ 一个时钟脉冲,并从 $Q_D Q_C Q_B$ 输出。
- 8421BCD 码十进制计数。将 $\overline{CP_1}$ 与 Q_A 连接,计数脉冲由 $\overline{CP_0}$ 输入,形成脉冲的异步连接方式,如图 4-84(b)所示,构成了 2×5 的 8421BCD 码十进制计数器。其状态转移表如表 4-51 所示。
- 5421BCD 码十进制计数。将 $\overline{CP_0}$ 与 Q_D 连接,计数脉冲由 $\overline{CP_1}$ 输入,同样形成脉冲的异步连接方式,如图 4-84(c)所示,构成了 5×2 的 5421BCD 码十进制计数器。其状态转移表如表 4-52 所示。

2. 74LS93

74LS93 是异步二进制计数器,图 4-85 描述了它的逻辑电路、编码连接和框图。该计数器有 4 个 JK 触发器,有两个时钟信号 $\overline{CP_0}$ 和 $\overline{CP_1}$,相应的触发器分别在时钟的下降沿触发。触发器 A 为模 2 计数器,触发器 B、C、D 组成异步模 8 计数器;$R_0(1)$、$R_0(2)$ 为异步复位端,$Q_A \sim Q_D$ 是 4 个数据输出端。

表 4-51 74LS90 的 8421BCD 码状态转移表

计数脉冲	输 出			
$\overline{CP_0}$	Q_D	Q_C	Q_B	Q_A
0	0	0	0	0
1	0	0	0	1
2	0	0	1	0
3	0	0	1	1
4	0	1	0	0
5	0	1	0	1
6	0	1	1	0
7	0	1	1	1
8	1	0	0	0
9	1	0	0	1

表 4-52 74LS90 的 5421BCD 码状态转移表

计数脉冲	输 出			
$\overline{CP_1}$	Q_A	Q_D	Q_C	Q_B
0	0	0	0	0
1	0	0	0	1
2	0	0	1	0
3	0	0	1	1
4	0	1	0	0
5	1	0	0	0
6	1	0	0	1
7	1	0	1	0
8	1	0	1	1
9	1	1	0	0

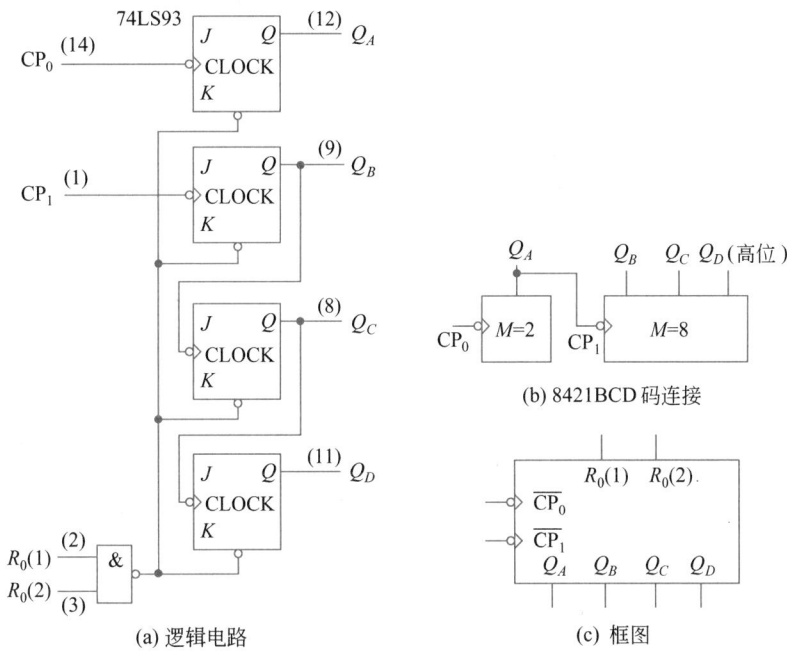

图 4-85 74LS93 的逻辑电路、编码连接和框图

表 4-53 给出了 74LS93 的功能。

表 4-53 74LS93 功能表

输 入				输 出				说 明
$R_0(1)$	$R_0(2)$	$\overline{CP_0}$	$\overline{CP_1}$	Q_D	Q_C	Q_B	Q_A	
H	H	×	×	L	L	L	L	异步置 0
×	L	↓	×	二进制计数				由 Q_A 输出
L	×	×	↓	八进制计数				由 $Q_D Q_C Q_B$ 输出
L	×	↓	Q_A	十六进制计数				由 $Q_D Q_C Q_B Q_A$ 输出

74LS93 的功能简述如下：

(1) 清零。当 $R_0(1)=R_0(2)=1$ 时,立即使各触发器全部为 0,实现异步清零功能。

(2) 计数。当 $R_0(1)$ 及 $R_0(2)$ 输入有低电平时,触发器处于正常工作状态,在时钟脉冲的下降沿实现计数操作。

- 二进制计数：仅使用 $\overline{CP_0}$ 一个时钟脉冲,并从 Q_A 输出。
- 八进制计数：仅使用 $\overline{CP_1}$ 一个时钟脉冲,并从 $Q_D Q_C Q_B$ 输出。
- 十六进制计数：将 $\overline{CP_1}$ 与 Q_A 连接,计数脉冲由 $\overline{CP_0}$ 输入,形成脉冲的异步连接方式,如图 4-85(b)所示,构成了 2×8 的十六进制计数器。其状态转移表如表 4-54 所示。

表 4-54　74LS93 的状态转移表

计数脉冲	输	出			计数脉冲	输	出		
$\overline{CP_0}$	Q_D	Q_C	Q_B	Q_A	$\overline{CP_0}$	Q_D	Q_C	Q_B	Q_A
0	0	0	0	0	8	1	0	0	0
1	0	0	0	1	9	1	0	0	1
2	0	0	1	0	10	1	0	1	0
3	0	0	1	1	11	1	0	1	1
4	0	1	0	0	12	1	1	0	0
5	0	1	0	1	13	1	1	0	1
6	0	1	1	0	14	1	1	1	0
7	0	1	1	1	15	1	1	1	1

4.10.3　中规模集成计数器构成任意进制计数器

中规模集成计数器芯片按照其原始的功能表只能完成规定的功能,在实际应用中往往不能满足要求,还需要通过某种方法构成任意进制计数器。所谓任意进制是在集成计数器芯片所能允许的计数范围之内。

从前面对同步和异步集成计数器的介绍可以知道,计数器有清零(复位)功能和预置功能。清零功能是每种计数器都有的,而预置功能随芯片的不同而各异,只要充分利用这些控制端,就可以构成任意进制的计数器。利用中规模集成计数器构成任意进制计数器的方法归纳起来有反馈复位法、置数法和级联法 3 种。

1. 反馈复位法

反馈复位法的基本思想是,当输入 M 个计数脉冲后,用此状态反馈控制计数器回到全零状态。实现的方法是从初始状态开始计数,到达满足模值等于 M 的终止状态时,产生复位信号,加到计数器的清零(复位)输入端,使计数器回到初始状态。然后重复进行上述过程,实现模值为 M 的计数。它是将大模值修改为小模值的一种方法。反馈复位法的关键是要写出反馈表达式,即集成计数芯片的清零(复位)端与输出端 Q 之间的关系式,然后用组合逻辑电路实现。下面通过例子加以说明。

例 4-20　用异步二进制计数器 74LS93 构成模 11 计数器。

解：已知 74LS93 的模是 16,根据题目要求,要将十六进制修改为十一进制。采用反馈复位法。模 11 计数器的循环状态为 0000～1010,理应利用最大值 1010 反馈到置 0 端

$R_0(1)$ 及 $R_0(2)$ 来控制,计数器回零,但是由于端 $R_0(1)$、$R_0(2)$ 是异步复位,最大值 1010 是看不到的,因此要用 1011 状态控制清零,而 1011 状态不在计数过程中体现,它被称为过渡态,用虚线圆圈表示。用 74LS93 构成模 11 计数器的逻辑电路及状态转移图如图 4-86 所示。其中的控制关系用三输入与门实现。只有当 $Q_D Q_B Q_A$ 均为 1 时与门的输出才为 1,使得 $Q_D Q_C Q_B Q_A = 0000$,完成清零功能。

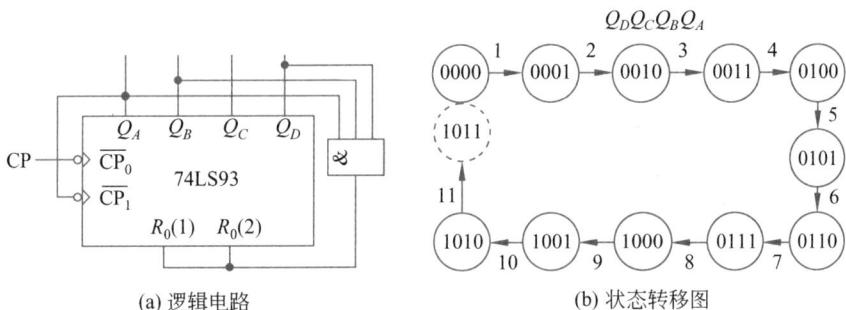

(a) 逻辑电路　　　　(b) 状态转移图

图 4-86　用 74LS93 构成模 11 计数器的逻辑电路及状态转移图

例 4-21　采用反馈复位法,由 74LS90 构成模 7、模 8 计数器。

解:74LS90 是二-五-十进制计数器,异步清零端 $R_0(1)$、$R_0(2)$ 为高电平使能。由于 74LS90 具有 8421BCD 码十进制和 5421BCD 码十进制两种方式,所以电路的结构不唯一。

用 74LS90 构成模 7、模 8 计数器的逻辑电路及状态转移图如图 4-87～图 4-90 所示。

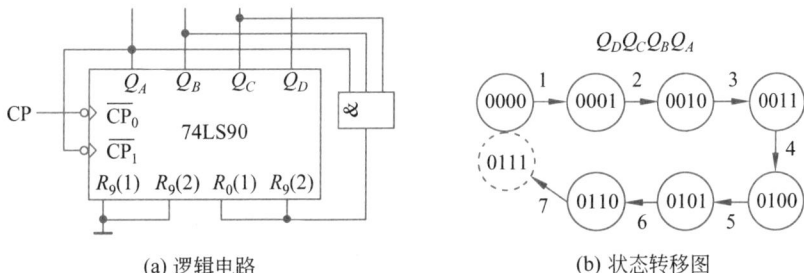

(a) 逻辑电路　　　　(b) 状态转移图

图 4-87　用 74LS90 构成 8421BCD 码模 7 计数器的逻辑电路及状态转移图

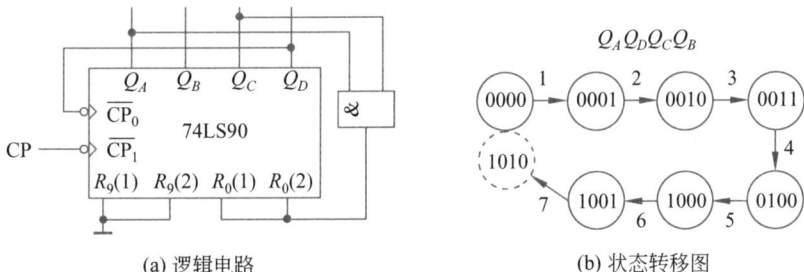

(a) 逻辑电路　　　　(b) 状态转移图

图 4-88　用 74LS90 构成 5421BCD 码模 7 计数器的逻辑电路及状态转移图

例 4-22　采用反馈复位法,由 74LS163 构成模 7 计数器。

解:74LS163 是四位二进制同步计数器,模是 16。用其构成模 7 计数器的状态范围是 0000～0110。将输出的最大值 0110 作为清零端的反馈控制即可,原因在于 $\overline{\text{CLR}}$ 是同步清零,当清零信号有效时需要等待外部时钟信号 CLK 的上升沿才能复位,使得输出

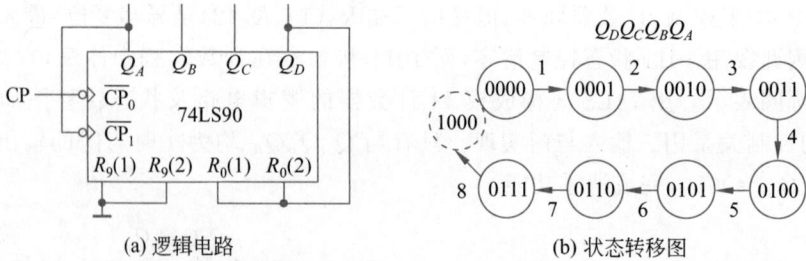

(a) 逻辑电路 　　　　　　　(b) 状态转移图

图 4-89　用 74LS90 构成 8421BCD 码模 8 计数器的逻辑电路及状态转移图

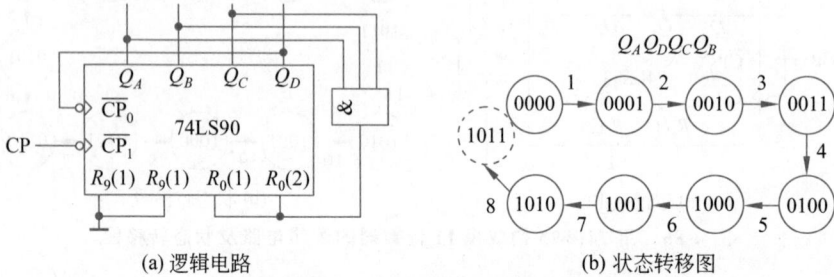

(a) 逻辑电路 　　　　　　　(b) 状态转移图

图 4-90　用 74LS90 构成 5421BCD 码模 8 计数器的逻辑电路及状态转移图

$Q_D Q_C Q_B Q_A = 0000$，因此状态转移过程中不存在过渡态。这是同步计数器和异步计数器采用反馈复位法时的不同之处。74LS163 构成模 7 计数器的逻辑电路及状态转移图如图 4-91 所示。

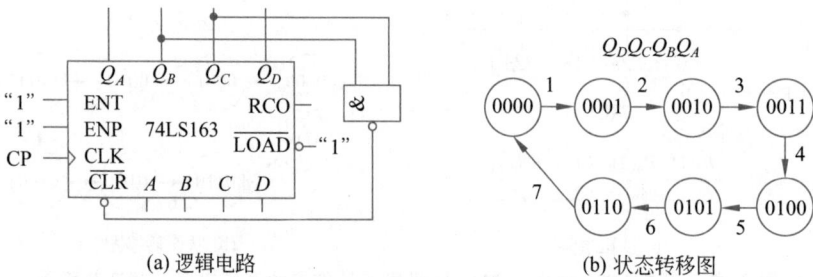

(a) 逻辑电路 　　　　　　　(b) 状态转移图

图 4-91　74LS163 构成模 7 计数器的逻辑电路及状态转移图

通过例 4-22 可知，采用反馈复位法的根本是改变原有模值，在新的期望模值处控制复位。由于计数器芯片有同步复位和异步复位之分，所以新模值计数器的状态转移中可能会出现过渡态。另外，新模值（M）计数器状态转移循环在 0 到 $M-1$ 之间。

2. 置位法

置位法的基本思想是：当输入 M 个计数脉冲后，控制计数器回到预置的状态。实现的方法可以是计数器计数到最大值时置入计数器状态转移图中的最小数的二进制码作为计数循环的起点；也可以在计数到某一数值（小于计数器原模值）时置入最大数，然后接着从 0 开始计数。如果用 N 进制计数器构成 M 进制计数器，上述方法都要跳过 $N-M$ 个状态。它同样是将大模值修改为小模值的一种方法。除上述两种方法之外，还可以在 N 进制计数器模值中间跳过 $N-M$ 个状态。

例 4-23　采用置位法，由 74LS163 构成模 12 计数器。

解：74LS163 是十六进制计数器，可以采用上述方法中的第一种，置入 $N-M=16-$

12＝4 这个数值，即 $DCBA=0100$。最终的计数效果是，当计数器计到最大值 1111 后，使得计数器处于预置工作状态，利用进位输出 RCO 驱动预置使能端 $\overline{LOAD}$，由于 $\overline{LOAD}$ 是低电平使能，所以 RCO 信号经非门接到 $\overline{LOAD}$ 上，在 CLK 上升沿到来时，将 $DCBA=0100$ 置入计数器。其逻辑电路及状态转移图如图 4-92 所示。

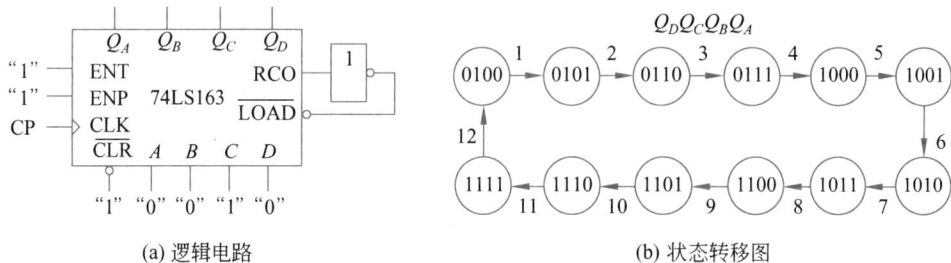

(a) 逻辑电路　　　　　(b) 状态转移图

图 4-92　例 4-23 模 12 计数器构成方法（1）

如果采用置最大数的方法，应跳过 1110、1101、1100、1011 这 4 个状态。为此，需要在 $Q_DQ_CQ_BQ_A=1010$ 时，使得 $\overline{LOAD}=0$，预置数 $DCBA=1111$。其逻辑电路及状态转移图如图 4-93 所示。

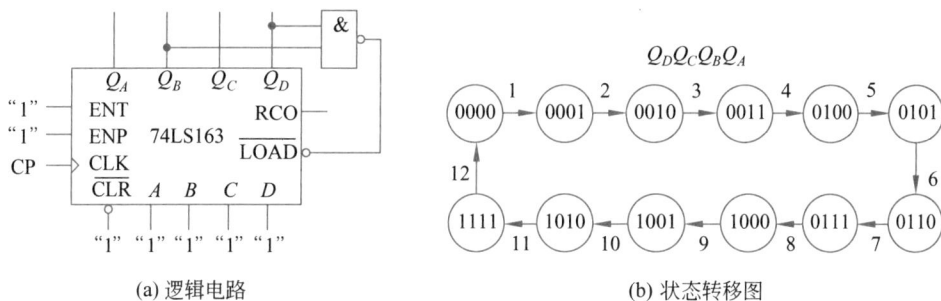

(a) 逻辑电路　　　　　(b) 状态转移图

图 4-93　例 4-23 模 12 计数器构成方法（2）

假定跳过的状态取 0110、0111、1000、1001，就得在 $Q_DQ_CQ_BQ_A=0101$ 时，使得 $\overline{LOAD}=0$，预置数 $DCBA=1010$。其逻辑电路及状态转移图如图 4-94 所示。

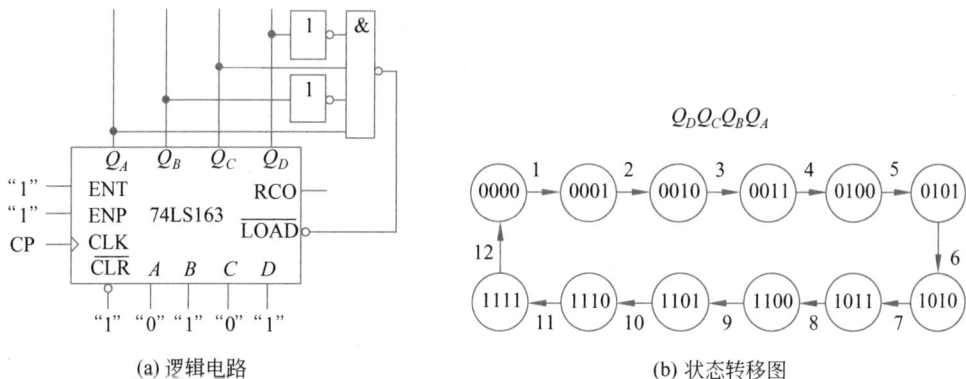

(a) 逻辑电路　　　　　(b) 状态转移图

图 4-94　例 4-23 模 12 计数器构成方法（3）

例 4-24　采用置位法，由 74LS90 构成模 7 计数器。

解：74LS90 是二-五-十进制计数器，异步置 9 端 $R_9(1)$、$R_9(2)$ 为高电平使能，置位的值是固定的 1001,状态中不含过渡态,因为置 9 后需要一个时钟脉冲才会回到全 0000,置 9 的控制函数应该是模中的最大值。如模 5 计数器,置 9 的控制函数为 0100;模 7 计数器,置 9 的控制函数为 0110,但 0110 状态会被 1001 状态立即代替。其逻辑电路及状态转移图如图 4-95 所示。

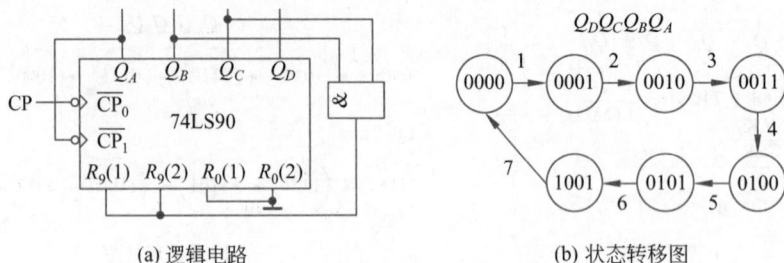

(a) 逻辑电路   (b) 状态转移图

图 4-95   置位法构成模 7 计数器

以上所述的反馈复位法和置位法均属于要实现计数模值 M 小于集成计数器本身的模值 N,即 $M < N$ 的情况。

3. 级联法

级联法的基本思想是将多片 N 进制计数器级联构成 M 进制计数器,即 $M > N$。实现的方法有串行进位方式、并行进位方式、整体置零方式和整体置数方式。下面通过例子描述这几种方式。

例 4-25   用 74LS163 及必要的门电路设计一百进制计数器。

解:根据题目要求画出状态转移图,如图 4-96(a)所示,为了方便,在状态转移图中用十进制数描述。74LS163 本身是十六进制计数器,两片的计数值可达到 256,故需要两片 74LS163 构成一百进制计数器。

采用整体置数方式实现级联。利用 $\overline{\text{LOAD}}$ 端,当计数达到最大值 99 时,使得 $\overline{\text{LOAD}}=0$。对应十进制数 99,二进制为 01100011,那么低位片用 0011 控制,高位片用 0110 控制,为 1 的位分别接在与非门的输入端。另外,低位片与高位片的时钟脉冲统一连接在一个外部时钟源上,同步控制;两片之间的进位关系用低位片的进位输出 RCO 接到高位片的使能端 ENP 实现,当低位片计满 16 时 RCO 输出 1,使得高位片在时钟脉冲到来时加 1。

例 4-26   用 74LS192 设计一百进制计数器。

解:74LS192 本身是十进制计数器,两片的计数值正好达到 100,采用两片进行级联。其逻辑电路如图 4-97 所示。低位片和高位片的时钟脉冲接在同一个外部时钟源上,同步控制;高位片计数与否完全取决于低位片的进位输出 RCO 是否为 1,即,只有当低位片计满 16 时 RCO 输出 1,高位片在时钟脉冲到来时加 1。此方法称为并行进位方式,也称为同步级联方式。

例 4-27   用 74LS90 设计二十五进制计数器。

解:74LS90 本身是二-五-十进制计数器,两片计数器进行级联可以满足要求。其逻辑电路如图 4-98 所示。高位片的时钟脉冲接在低位片的输出端,此方法称为串行进位方式,也称为异步级联方式。低位片计数满 5 后 Q_D 为 1,将其作为高位片的时钟计数脉冲。计数器的模 $M = 5 \times 5 = 25$。

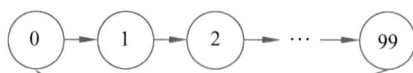

(a) 状态转移图

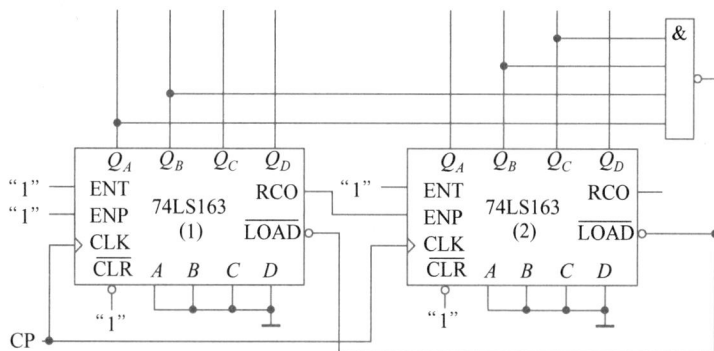

(b) 逻辑电路

图 4-96　一百进制计数器(1)

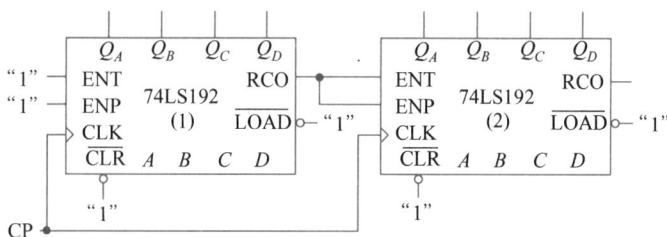

图 4-97　一百进制计数器(2)

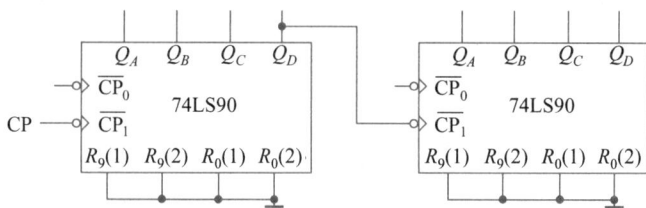

图 4-98　二十五进制计数器

总之,级联法是将小模值增加为大模值的一种方法。

小　　结

本章首先介绍了时序逻辑电路的基本概念,然后讲述了时序逻辑电路的分析、设计及中规模集成时序部件及其应用。

时序逻辑电路的特点是任　时刻的输出信号不仅取决于该时刻的输入信号,而且与电路原来的状态有关。时序逻辑电路一般由存储电路(触发器组)及组合逻辑电路两部分组成。时序逻辑电路的功能描述有状态转移图、状态转移表、时序图、方程组等方法,这几种方法是分析和设计时序逻辑电路的重要工具,但是在实际应用中并不是每一种方法都必须用到,而是根据具体的电路情况而定。时序逻辑电路按输出与输入的关系分为米利型和摩尔型,按时钟脉冲连接方式分为同步时序逻辑电路和异步时序逻辑电路。

时序逻辑电路的分析步骤如下:

(1) 分清是同步还是异步时序逻辑电路。

(2) 写出方程组,包括激励方程、输出方程、状态方程,对于异步时序逻辑电路要增加时钟方程。

(3) 作出状态转移表和状态转移图。

(4) 说明电路的逻辑功能。

时序逻辑电路的设计为分析的逆过程,步骤如下:

(1) 根据需求画出状态转移图或状态转移表。

(2) 化简状态转移表。

(3) 状态分配。

(4) 选择触发器。

(5) 写出状态方程、输出方程和激励方程。

(6) 画出时序逻辑电路图。

(7) 检查电路有无自启动能力。

本章还介绍了中规模集成时序逻辑电路的结构、功能、外特性,其中包括寄存器、锁存器、移位寄存器、各种计数器。使用集中规模成时序逻辑电路芯片可以构成各种实际电路。

习　　题

4-1　根据表 E4-1 所示的状态转移真值表,指出该时序逻辑电路是米利型还是摩尔型,作出标准状态转移表并画出状态转移图。

表 E4-1　习题 4-1 表

输入	现态	次态	输出	输入	现态	次态	输出
X	$Q_2^n Q_1^n$	$Q_2^{n+1} Q_1^{n+1}$	Z	X	$Q_2^n Q_1^n$	$Q_2^{n+1} Q_1^{n+1}$	Z
0	0　0	0　0	0	1	0　0	0　0	0
0	0　1	0　1	0	1	0　1	1　1	0
0	1　0	1　0	0	1	1　0	1　0	0
0	1　1	1　1	0	1	1　1	0　1	1

4-2　根据下列几种同步时序逻辑电路的激励函数,作出完整的状态转移图(其中 Q 为触发器的输出状态)。

(1) $D_2 = \overline{Q_0}$

　　$D_1 = Q_2$

　　$D_0 = Q_2 Q_1$

(2) $J_2 = \overline{Q_0}, K_2 = Q_0$

$$J_1 = Q_2, K_1 = \overline{Q_2}$$

$$J_0 = Q_1, K_0 = \overline{Q_2}$$

（3）$J_3 = Q_2 Q_1 Q_0, K_3 = Q_1$

$$J_2 = Q_1 Q_0, K_2 = Q_1 Q_0$$

$$J_1 = Q_0, K_1 = Q_3 + Q_0$$

$$J_0 = \overline{Q_3} + \overline{Q_1}, K_0 = 1$$

4-3　分析如图 E4-1 所示的两个同步时序逻辑电路,作出电路的状态转移图和状态转移表。

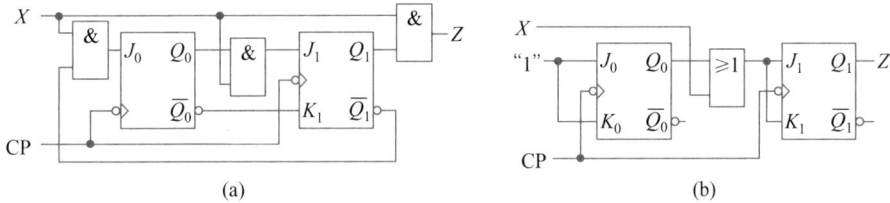

图 E4-1　习题 4-3 图

4-4　分析如图 E4-2 所示的同步时序逻辑电路,除作出其状态转移表及状态转移图外,还要求画出输入信号序列 0110110 相应的输出波形(设初始状态为 00)。

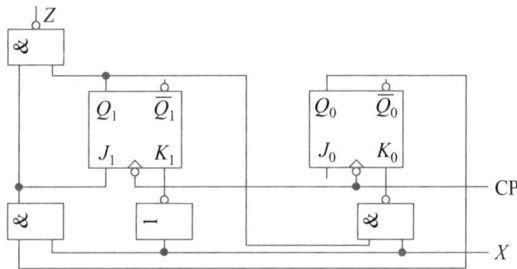

图 E4-2　习题 4-4 图

4-5　分析如图 E4-3 所示的同步时序逻辑电路,作出其状态转移表及状态转移图。

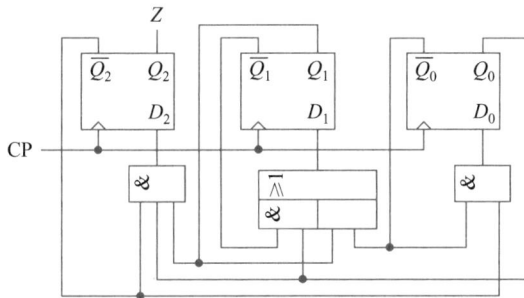

图 E4-3　习题 4-5 图

4-6　环形计数器的电路如图 E4-4 所示,作出其状态转移表及状态转移图。

4-7　扭环形计数器的电路如图 E4-5 所示,作出其状态转移表及状态转移图。

4-8　异步计数器的电路如图 E4-6 所示,作出其状态转移表及状态转移图,并画出时间波形图。

4-9　作 101 序列检测器的状态转移图。该同步时序逻辑电路有一个输入端 X 和一个输出

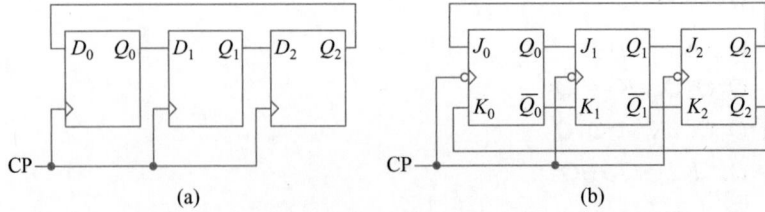

图 E4-4　习题 4-6 图

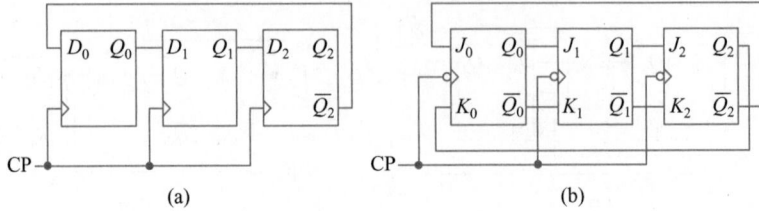

图 E4-5　习题 4-7 图

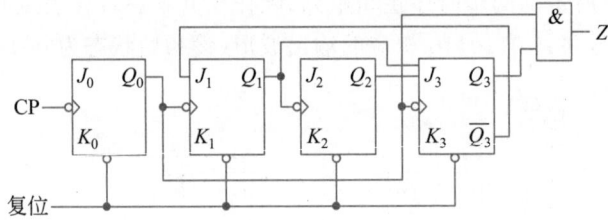

图 E4-6　习题 4-8 图

端 Z,对应输入序列 101 的最后一个 1,输出 $Z=1$。分别给出序列可重叠和序列不可重叠两种情况。

4-10　化简表 E4-2 和表 E4-3 所示的状态转移表。

表 E4-2　习题 4-10 表(1)

Q^n	Q^{n+1}/Z	
	$X=0$	$X=1$
A	$A/0$	$E/1$
B	$E/1$	$C/0$
C	$A/1$	$D/1$
D	$F/0$	$G/1$
E	$B/1$	$C/0$
F	$F/0$	$E/1$
G	$A/1$	$D/1$

表 E4-3　习题 4-10 表(2)

Q^n	Q^{n+1}/Z	
	$X=0$	$X=1$
A	$B/0$	$A/1$
B	$C/0$	$A/0$
C	$C/0$	$B/0$
D	$E/0$	$D/1$
E	$C/0$	$D/0$

4-11　对表 E4-4 和表 E4-5 所示的状态转移表进行状态分配。

表 E4-4　习题 4-11 表（1）

Q^n	Q^{n+1}/Z	
	$X=0$	$X=1$
A	$B/0$	$D/0$
B	$C/0$	$A/0$
C	$D/0$	$B/0$
D	$A/1$	$C/1$

表 E4-5　习题 4-11 表（2）

Q^n	Q^{n+1}/Z	
	$X=0$	$X=1$
A	$B/0$	$D/0$
B	$C/0$	$A/0$
C	$D/0$	$A/0$
D	$B/1$	$C/1$

4-12　移位寄存器的逻辑电路图如图 E4-7（a）所示，CP 和 D_0 的输入波形如图 E4-7（b）所示。设 Q 初始状态为 0，画出 $Q_3\sim Q_0$ 的波形。

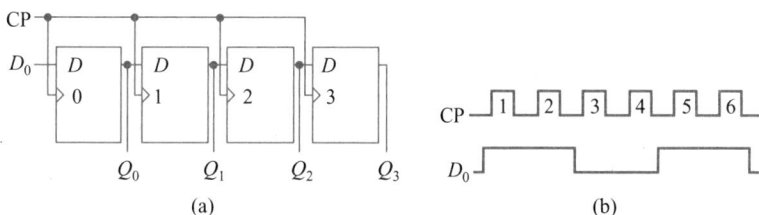

图 E4-7　习题 4-12 图

4-13　设计一个按格雷码规律工作的同步十进制计数器。

4-14　设计一个五状态加 1、加 2 计数器。

4-15　设计一个同步六进制可逆计数器。

4-16　设计一个同步时序逻辑电路，它有两个输入 A 和 B，只在连续两个（或两个以上）时钟脉冲作用下两个输入才一致，输出 F 才是 1。

4-17　设计一个二进制数 A、B 的串行减法器。

4-18　用异步二进制计数器 74LS93 设计 8421BCD 码六十进制计数器。

4-19　用同步十六进制加法计数器 74LS163 设计十进制计数器。分别采用反馈复位法、置数法（余 3 码）、置最小数法实现。

4-20　电路结构如图 E4-8 所示，分析电路由 $Q_7\sim Q_0$ 一起输出时以及电路由 F 输出时的功能。

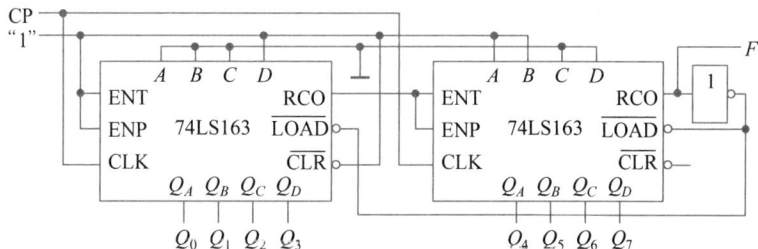

图 E4-8　习题 4-20 图

4-21　用双向移位寄存器 74LS194 构成 6 位扭环计数器。查阅 74LS194 的技术资料完成设计。

4-22 图 E4-9 是某数控仪器中的分频电路,若输入的 CP 的频率为 1.536MHz,计算 X_1、X_2、X_3、X_4、X_5、X_6 各点的频率。查阅 74LS161 的技术资料完成设计。

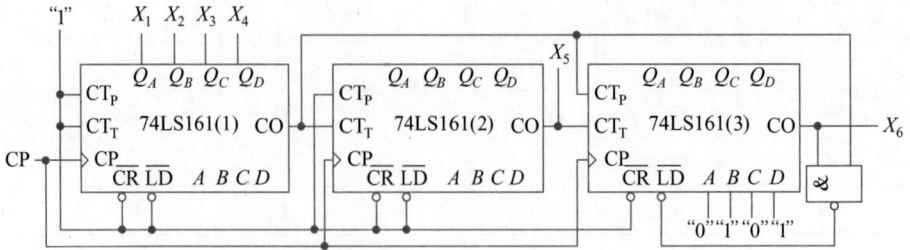

图 E4-9 习题 4-22 图

4-23 用计数器 74LS90 设计一个 5421BCD 编码的六进制计数器。

4-24 分析图 E4-10 所示的由 74LS90 构成的 4 个计数器电路,它们各为几进制计数器?

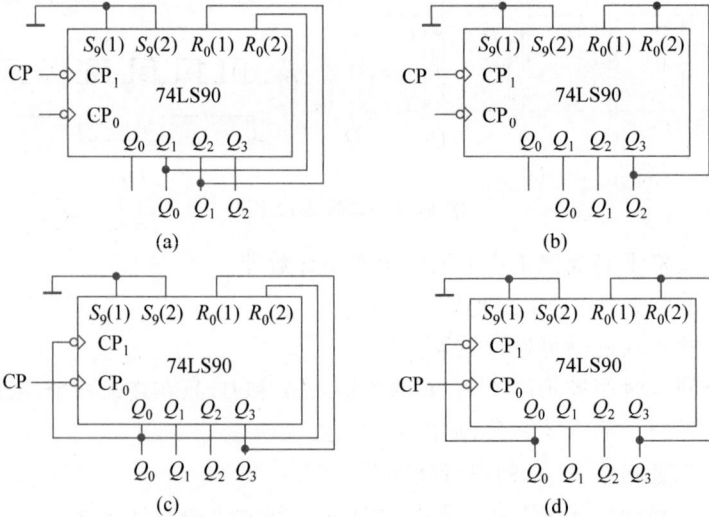

图 E4-10 习题 4-24 图

第 5 章

可编程逻辑器件

前面几章介绍的中小规模数字集成电路(如 74 系列)的逻辑功能是固定的,不能为了适合某一特定设计而变更,而且这些器件功能简单,包含的门数少,因此,在构造大型逻辑电路时效果较差。20 世纪 70 年代出现了可编程逻辑器件(Programmable Logic Device,PLD),一片 PLD 能容纳的逻辑门可达到数百、数千甚至更多,片上的逻辑功能可以由用户编程指定。

自从 PLD 问世以来,经历了从 PLA、PAL 等低密度 PLD 到 CPLD,FPGA 等高密度 PLD 的发展过程。PLD 的出现和发展,打破了数字系统被中小规模通用型集成电路和大规模专用集成电路垄断的局面。与中小规模通用型集成电路相比,用 PLD 实现数字系统存在集成度高、速度快、功耗小、可靠性高等优点。与大规模专用集成电路相比,用 PLD 实现数字系统具有研制周期短、先期投资少、无风险、修改逻辑设计方便、小批量生产成本低等优点。

5.1 可编程逻辑阵列

20 世纪 70 年代中期出现的可编程逻辑阵列(Programmable Logic Array,PLA)是最早问世的 PLD 器件。其结构如图 5-1 所示,它由一个与阵列和一个或阵列组成。PLA 的输入是 $x_1, x_2, \cdots, x_n$,与阵列的每一个输出 $p_1, p_2, \cdots, p_k$ 是关于 $x_1, x_2, \cdots, x_n$ 原反变量的乘积项,乘积项作为或阵列的输入,或阵列的输出信号是 $f_1, f_2, \cdots, f_m$,每个输出信号实现乘积项的任意的或运算。由此可见,PLA 可以实现输入 $x_1, x_2, \cdots, x_n$ 的乘积项之和。

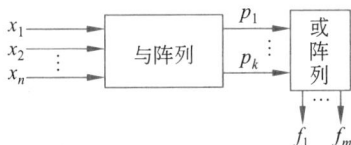

图 5-1 PLA 的总体结构

图 5-2 是一个 PLA 的内部结构示意图,它有 3 个输入信号和 2 个输出信号。与阵列中的每个与门有 6 个输入,分别对应于 x_1、x_2、x_3 及其反变量。每个输入和与门的连接关系由编程决定,图 5-2 中的波浪线表示输入和与门相连,断开表示不相连。或阵列同样也是可编程的。图 5-3 是对图 5-2 的一种简化,称之为方阵图。每一个与门连接到水平横线,与门的输入则画成与水平横线相交的垂直线,在水平线和垂直线的交叉处加 · 表示该输入被编程为和与门相连。或阵列与此相似,或门连接到一根垂直线,和与门的输出线相交,对交叉点连接进行编程,实现所需的逻辑。在图 5-3 中,输出为 P_1 的与门的输入端连接到变量 x_1

和 x_2，因此 $P_1 = x_1 x_2$。同样的道理，$P_2 = \overline{x_1} x_2 \overline{x_3}$，$P_3 = x_1 \overline{x_2}$，$P_4 = x_1 x_3$。输出为 f_1 的或门的输入端连接到乘积项 P_1、P_2、P_4，因此 $f_1 = x_1 x_2 + \overline{x_1} x_2 \overline{x_3} + x_1 x_3$，同样的道理，$f_2 = \overline{x_1} x_2 \overline{x_3} + x_1 \overline{x_2}$。这个例子说明，通过对与阵列及或阵列分别编程，每一个输出 f_1 和 f_2 都可以实现输入的各种函数。

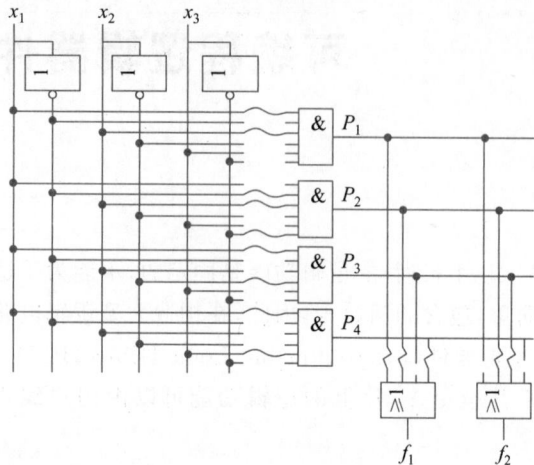

图 5-2　PLA 的内部结构示意图

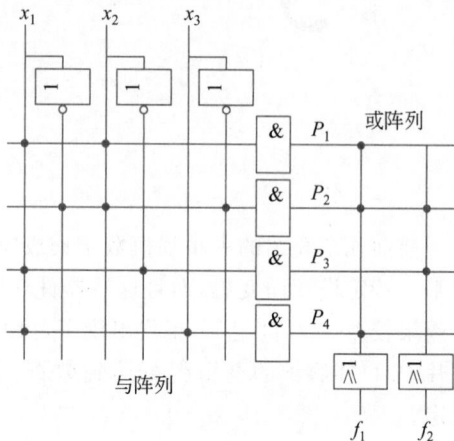

图 5-3　PLA 的阵列图

5.2　可编程阵列逻辑

PLA 的与阵列和或阵列都是可编程的，可编程开关的制造工艺复杂，降低了 PLA 的速度。因此，出现了一种叫作可编程阵列逻辑(Programmable Array Logic，PAL)的器件，它同样采用阵列逻辑结构，其中与阵列可编程，或阵列固定。这种结构比 PLA 工艺简单，易于编程，而且能提供更高的速度。同时，也可以实现灵活多变的逻辑功能。

图 5-4 是一个 PAL 的例子，它的与阵列是可编程的，而两个或门的连接是固定的，乘积项 P_1 和 P_2 固定连接到一个或门，P_3 和 P_4 固定连接到另一个或门。该 PAL 被编程实现下述逻辑函数：

$$f_1 = \overline{x_1} + x_2 x_3$$
$$f_2 = x_1 \overline{x_2} + x_3$$

与图 5-3 所示的 PLA 相比较，由于或门的输入是固定的，PAL 的灵活度较小，为了增加 PAL 的灵活性，许多 PAL 在或门之后还附加了一些电路，这种电路习惯上被称为宏单元。图 5-5 所示的是宏单元的一个实例，它的或门输出的后面是一个动态触发的 D 触发器，在时钟信号的作用下，保存来自或门的信号值。二选一多路开关用于为 PAL 输出端选择信号：或者把或门的输出作为 PAL 的输出，或者把触发器的输出作为 PAL 的输出。图 5-4 中还有一个三态缓冲器连接在多路开关和 PAL 输出端之间，同时多路开关的输出还反馈到 PAL 的与阵列。

综上所述，PAL 能提供多种灵活的内部结构，可实现组合逻辑和时序逻辑功能。用 PAL 进行逻辑设计时，一般先按常规设计方法对要求实现的功能进行正确的逻辑描述(如作出真值表、状态转移图等),写出相应的函数表达式,然后根据具体要求(如输入数、输出数、寄存器数以及与项数等)选择合适的器件,最后按函数表达式进行编程。

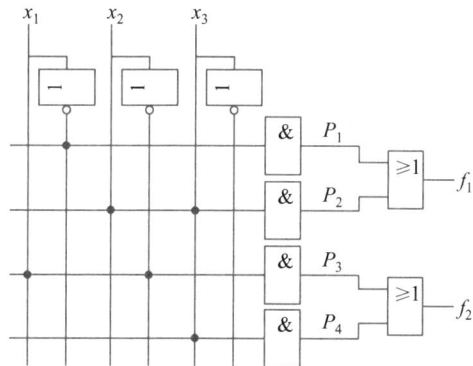

图 5-4 一个 PAL 的例子

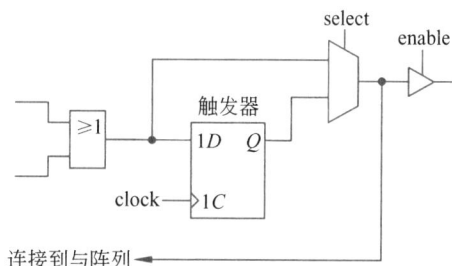

图 5-5 PAL 中的宏单元

例 5-1 用 PAL 设计一个 8421BCD 码同步计数器。

解:有寄存器输出的 PAL 能用来实现时序逻辑电路。8421BCD 码同步计数器状态转移表如表 5-1 所示。

表 5-1 8421BCD 码同步计数器状态转移表

Q_4	Q_3	Q_2	Q_1	Q_4^{n+1}	Q_3^{n+1}	Q_2^{n+1}	Q_1^{n+1}	Z
0	0	0	0	0	0	0	1	0
0	0	0	1	0	0	1	0	0
0	0	1	0	0	0	1	1	0
0	0	1	1	0	1	0	0	0
0	1	0	0	0	1	0	1	0
0	1	0	1	0	1	1	0	0
0	1	1	0	0	1	1	1	0
0	1	1	1	1	0	0	0	0
1	0	0	0	1	0	0	1	0
1	0	0	1	0	0	0	0	1

由表 5-1 得到 4 个 D 触发器的激励函数,化简后为

$$D_1 = \overline{Q_1}$$

$$D_2 = \overline{Q_4}\,\overline{Q_2}Q_1 + Q_2\overline{Q_1}$$

$$D_3 = \overline{Q_3}Q_2Q_1 + Q_3\overline{Q_1} + Q_3\overline{Q_2}$$

$$D_4 = \overline{Q_4}Q_3Q_2Q_1 + Q_4\overline{Q_1}$$

实现中需要 4 个触发器 FF_4、FF_3、FF_2 和 FF_1,根据触发器的激励函数及输出方程,可作出 PAL 阵列图,如图 5-6 所示。

在图 5-3 和图 5-4 中,用符号 · 表示 PLA 或 PAL 中的信号被编程为和逻辑门相连,PLD 芯片中含有数千个可编程开关,其编程是依靠 EDA 工具完成的。支持 PLD 器件的 EDA 工具能够自动产生对 PLD 器件中每一个开关编程的信息,当用户完成了电路设计,EDA 工具就会产生一个编程文件(或称为熔丝映射表),它规定 PLD 器件中每一个开关的

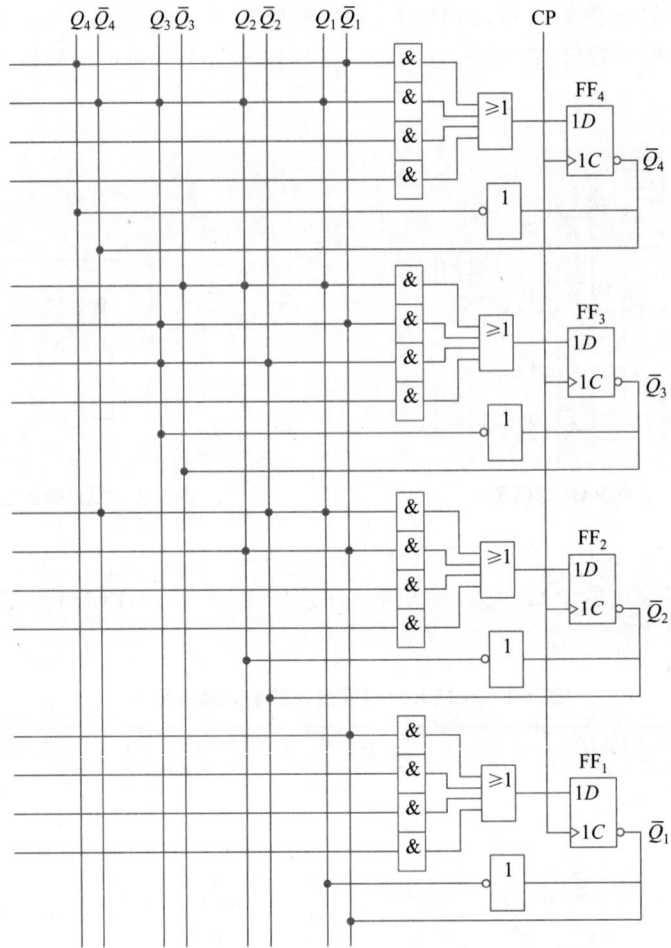

图 5-6　实现 8421BCD 码同步计数器的 PAL 阵列图

状态,开关处于上述指定的状态就能正确实现用户设计的电路。

　　运行 EDA 工具的计算机通过电缆和专用的编程器(programming unit)相连,PLD 器件放置在编程器的上面。编程器处于特定的编程模式。对 PLD 器件编程的过程大概需要几分钟,编程完毕之后,编程器通常会自动从 PLD 器件中读回每一个开关的状态,以检验对该芯片编程的正确性。

5.3　复杂可编程逻辑器件

　　PLA、PAL 以及类似的电路属于简单 PLD(Simple PLD,SPLD),一般用于规模较小的数字电路。复杂可编程逻辑器件(Complex PLD,CPLD)是从 PLA、PAL 发展而来的高密度可编程逻辑器件,它的规模可以达到几十万门甚至上百万门,而工作速度可以达到 100MHz 以上。目前 CPLD 已经成为主流的可编程逻辑器件之一。

5.3.1　CPLD 的基本结构

　　CPLD 包含多个类似于 PLA 或 PAL 的电路块,并且通过内部连线资源把这些电路块连接起来。

CPLD 一般由 3 部分组成：逻辑阵列块（Logic Array Block，LAB）、可编程互连阵列（Programmable Interconnect Array，PIA）和 I/O 控制块（I/O control block）。图 5-7 是 CPLD 器件的内部结构。

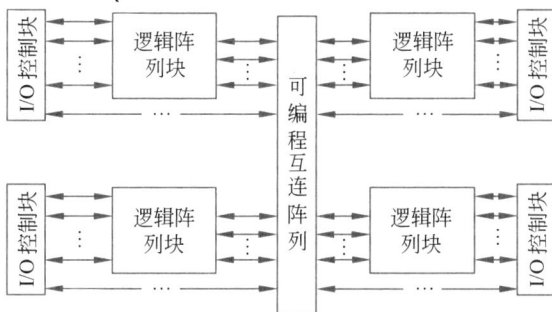

图 5-7　CPLD 器件的内部结构

逻辑阵列块是 CPLD 中最重要的单元，每个逻辑阵列块在结构上和 PLA 或 PAL 相似，可以独立地配置成组合逻辑电路或者时序逻辑电路来使用。每个逻辑阵列块和可编程互连阵列相连，而且还连接到一个 I/O 控制块。

可编程互连阵列包含许多可编程开关，提供内部逻辑阵列块之间的互连。这种互连可以在不改变引脚配置的情况下改变内部设计，因此具有很大的灵活性。CPLD 的可编程互连阵列还有一个重要特征，就是其连线延时是累加的，因此 CPLD 的延时是可预测的，在设计时可以得到较好的时序性能。

I/O 控制块和外部输入输出引脚相连，每个引脚都配备一个三态缓冲器。三态缓冲器起到开关的作用，使得每一个引脚既可用于 CPLD 的输出，又可用于 CPLD 的输入。

在前面介绍过对于 PAL 和 PLA 使用编程器编程，但是这种方法对于大型 CPLD 却很不方便。原因之一是引脚多而细，易折易弯；原因之二是需要一个价格昂贵的插座，这种插座的价格甚至高于芯片本身。为了满足 CPLD 编程的需要，出现了在系统可编程（In-System Programmability，ISP）技术，即 CPLD 芯片所在的印制电路板上还焊有一个很小的连接器，再用一根电缆把连接器和计算机系统连接起来。EDA 系统产生的编程信息通过电缆和连接器到达 CPLD 芯片，从而实现对 CPLD 的编程。CPLD 器件被编程之后，其编程状态保持不变，即使电源掉电也能保持原有信息，这种性质称作非易失性编程。

5.3.2　典型的 CPLD 芯片

图 5-8 展示了 Altera 公司的 MAX7000 芯片的总体结构，其中有 4 个专用输入引脚，这 4 个专用输入可以用作通用输入，也可以用作每个宏单元和 I/O 引脚的高速全局控制信号（时钟、清零及两个输出使能信号）。图 5-8 中每个灰色方框为一个逻辑阵列块，其中包含 16 个宏单元。每个逻辑阵列块都连接到一个 I/O 控制块，其中有连接到芯片封装引脚上的三态缓冲门；每个这样的引脚都可被用作一个输出引脚或输入引脚。每个逻辑阵列块还连接到可编程互连阵列上。可编程互连阵列由一组扩展到整个器件中的连线组成，所有宏单元之间的连接都通过可编程互连阵列完成。

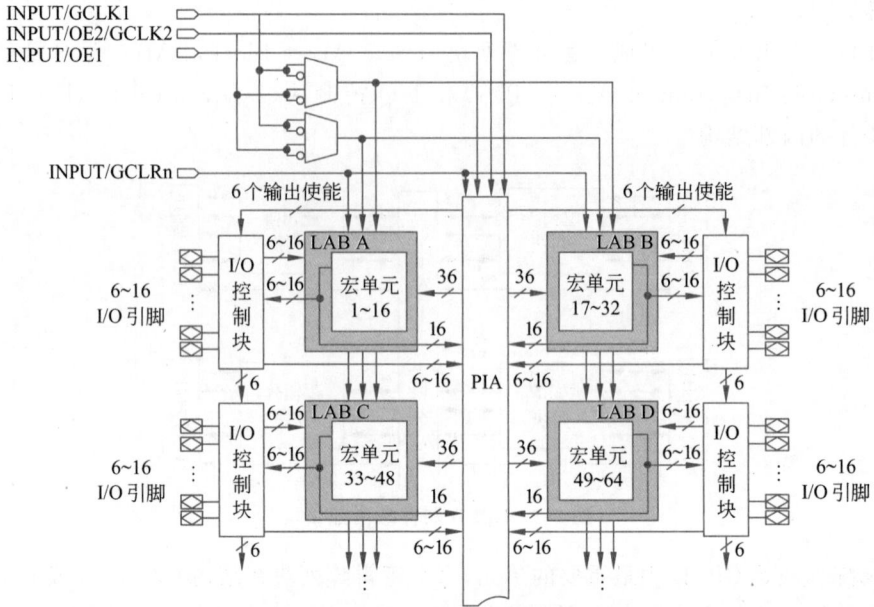

图 5-8　MAX7000 的总体结构

图 5-9 给出了 MAX7000 宏单元的结构。其中有 5 个乘积项，它们可通过乘积项选择阵列(product term select matrix)连接到一个或门。对该或门可进行配置，使它只使用宏单元中实现的电路需要的那些乘积项。或门的输出通过一个异或门连接到一个触发器上。如果需要超过 5 个以上的乘积项，多出来的乘积项可以通过从其他宏单元中"共享"得到，宏单元中的或门有一个额外的输入，它可以被连接到上方宏单元中或门的输出，称为并行扩展器(parallel expander)，被用于实现包含多于 20 个乘积项的逻辑函数。如果还需要更多的乘积项，可以使用另一个被称为共享扩展器(shared expander)的特性。如图 5-9 下部灰色方

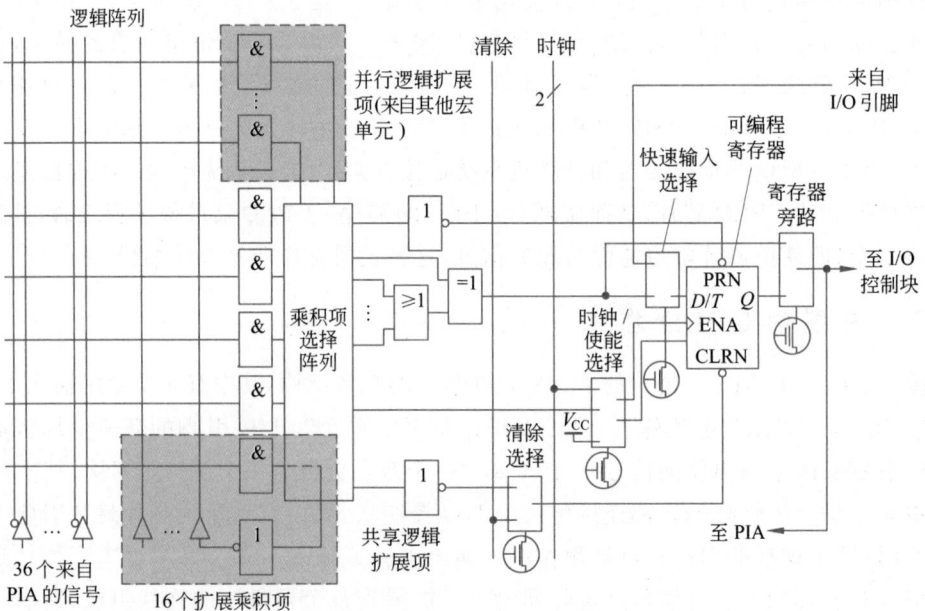

图 5-9　MAX7000 宏单元的结构

框所展示的,一个宏单元中的某个乘积项被取反后反馈到了乘积项阵列中。如果该乘积项的输入在表达式中是以取反形式出现的,那么根据德摩根定律,这样做的结果将产生一个和项。共享扩展器可被同一个逻辑阵列块中的任何一个宏单元使用。

5.4　现场可编程门阵列

前面已经介绍了多种器件,包括 74 系列、SPLD 和 CPLD,它们可以实现许多逻辑电路。上述器件中除了 CPLD 之外,规模都偏小,一般只适于简单应用。即使是 CPLD,一个芯片中也只能装入中等规模的逻辑电路。衡量电路规模的常用指标是实现某电路所使用的二输入与非门(NAND)的个数,或者称该器件中包含的等价门个数。技术发展到今天,由 2 万个门所组成的电路已经不能算作大型逻辑电路。对于大型逻辑电路,可以使用包含门数更多的现场可编程门阵列(Field-Programmable Gate Array,FPGA)实现,用 FPGA 实现的电路规模可以超过几十万个等价门。

5.4.1　FPGA 的基本结构

FPGA 的基本结构框图如图 5-10 所示。FPGA 不采用与阵列和或阵列结构,与 SPLD 和 CPLD 的内部结构有明显的区别。FPGA 的结构基本由 3 部分组成:可配置逻辑块 (Configurable Logic Block,CLB)、输入输出功能块(I/O Block,IOB)以及可编程连线 (Programmable Interconnect,PI)。可配置逻辑块用于实现所需的逻辑功能,I/O 块用于与封装的引脚相连。可配置逻辑块安排成二维阵列,可编程连线则安排成垂直和水平布线通道,位于可配置逻辑块的行和列之间。布线通道中包含连线和可编程开关,允许可配置逻辑块以多种方式相连。I/O 块和可编程连线之间也有可编程开关,用于实现它们之间的连接。

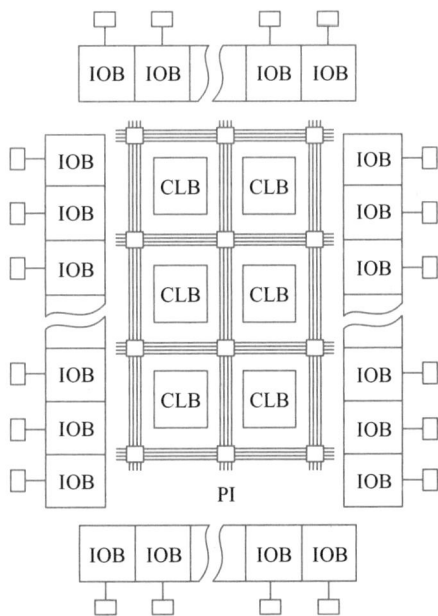

图 5-10　FPGA 的基本结构框图

146

FPGA 器件结构的差别主要表现在可配置逻辑块上。最常用的可配置逻辑块结构是查找表(LookUp Table,LUT),典型的 LUT 有一个输出和很少的输入,用于实现一个规模不大的逻辑函数。LUT 内部有若干存储单元和多路选择器。存储单元的值可以是 1 或 0。任何形式的组合逻辑函数均能通过向存储单元写入相应的数据实现。LUT 的规模由其输入个数来定义,可以创建各种规模的 LUT。图 5-11 是一个二输入的 LUT,它有两个输入 x_1、x_2 和一个输出 f,可以实现两个输入变量的任何逻辑函数。

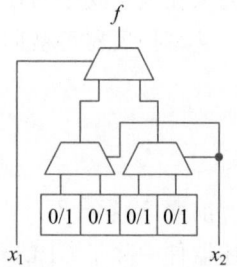

图 5-11　二输入 LUT 电路

例 5-2　用一个二输入 LUT 实现逻辑函数 $f = x_1 \overline{x_2} + \overline{x_1} x_2$。

解:列出函数 $f = x_1 \overline{x_2} + \overline{x_1} x_2$ 的真值表,如图 5-12(a)所示。因为两个变量的真值表有 4 行,所以这个 LUT 具有 4 个存储单元,一个存储单元和真值表中一行的输出值相对应。输入变量 x_1 和 x_2 连接到 3 个多路选择器的选择端。根据 LUT 中 3 个多路选择器的安排,在输入变量 x_1 和 x_2 的取值确定时,只有一个存储单元能够通过多路选择器到达 LUT 的输出端。例如,当 $x_1 = x_2 = 0$ 时,第一个存储单元的值输出,由真值表知此时 $f = 0$,因此第一个存储单元取值 0。

同理,当输入变量取其他值时,LUT 的输出值也都和真值表一致,从而确定每一个相应存储单元的值。实现函数 $f = x_1 \overline{x_2} + \overline{x_1} x_2$ 的二输入 LUT 如图 5-12(b)所示。

x_1	x_2	f
0	0	0
0	1	1
1	0	1
1	1	0

(a) 函数 $f = x_1 \overline{x_2} + \overline{x_1} x_2$ 的真值表　　(b) 实现函数 $f = x_1 \overline{x_2} + \overline{x_1} x_2$ 的二输入 LUT

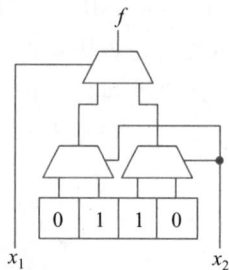

图 5-12　例 5-2 图

例 5-3　用一个三输入 LUT 实现函数 $f = x_1 x_2 x_3 + \overline{x_1}\, \overline{x_2}\, \overline{x_3}$。

解:因为三变量真值表有 8 行,所以它有 8 个存储单元。函数 $f = x_1 x_2 x_3 + \overline{x_1}\, \overline{x_2}\, \overline{x_3}$ 的真值表如图 5-13(a)所示。实现函数 $f = x_1 x_2 x_3 + \overline{x_1}\, \overline{x_2}\, \overline{x_3}$ 的三输入 LUT 如图 5-13(b)所示。

前面介绍过,PAL 除了含有与阵列和或阵列之外,还有一些附加电路。FPGA 的可配置逻辑块中除了有 LUT 之外,也同样包含一些附加电路。例如,可以在其中添加一个触发器,如图 5-14 所示,这样可以实现时序逻辑电路。

5.4.2　FPGA 的编程

通常一个 LUT 的输入个数是 4 或 5,因而存储单元的个数也就是 16 或 32。由于一个可配置逻辑块的规模较小,它只能实现规模足够小的逻辑函数。对于规模较大的逻辑电路

x_1	x_2	x_3	f
0	0	0	1
0	0	1	0
0	1	0	0
0	1	1	0
1	0	0	0
1	0	1	0
1	1	0	0
1	1	1	1

(a) 函数 $f = x_1 x_2 x_3 + \overline{x_1} \, \overline{x_2} \, \overline{x_3}$ 的真值表

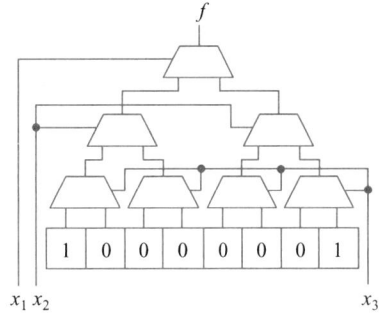

(b) 实现函数 $f = x_1 x_2 x_3 + \overline{x_1} \, \overline{x_2} \, \overline{x_3}$ 的三输入 LUT

图 5-13　例 5-3 图

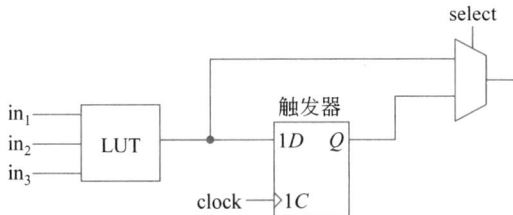

图 5-14　在 FPGA 的逻辑块中添加一个触发器

来说,为了能装入 FPGA 芯片,必须被分解为若干规模较小的子电路,以适应可配置逻辑块的规模。实际上,把用户设计的电路转化为满足 FPGA 所需的形式,是由 EDA 工具自动实现的。如果一个电路用 FPGA 实现,则 FPGA 的可配置逻辑块被编程以实现必需的逻辑功能,布线通道被编程以实现可配置逻辑块之间的互连。

FPGA 采用 ISP 方法。FPGA 中 LUT 的存储单元是易失性的,一旦电源关闭,则芯片中的内容全部丢失。因此,每次加电时都必须对 FPGA 进行编程。通常采用的方法是:在同一个印制电路板上焊有一片可编程只读存储器(Programmable Read-Only Memory,PROM)芯片,其中保存着 FPGA 的编程数据,当给该 FPGA 所在的印制电路板加电时,数据将自动从 PROM 中加载到 FPGA 的存储单元中。

5.4.3　典型的 FPGA 芯片

XC4000 系列 FPGA 是 Xilinx 公司于 20 世纪 90 年代末推出的最成功的产品之一,是 Xilinx 公司最成熟的 FPGA 产品,是查找表结构 FPGA 的代表。

XC4000 系列芯片的结构与图 5-10 所示的 FPGA 的结构很类似。它有一个二维的可配置逻辑块阵列,这些可配置逻辑块可以使用垂直和水平的布线通道互相连接起来。XC4000 系列芯片的规模从 XC4002 到 XC40250 为 2000~250 000 个等效的逻辑门。

图 5-15 是简化的可配置逻辑块结构,一个可配置逻辑块包含两个四输入 LUT,这样可以实现四变量的任意逻辑函数。这些 LUT 的输出可以可选地保存在触发器中。可配置逻辑块中还包含了一个三输入 LUT,它的两个输入可以来自 F 和 G,其余的输入来自可配置逻辑块外,所以一个可配置逻辑块可以实现多达 9 个变量的逻辑函数。

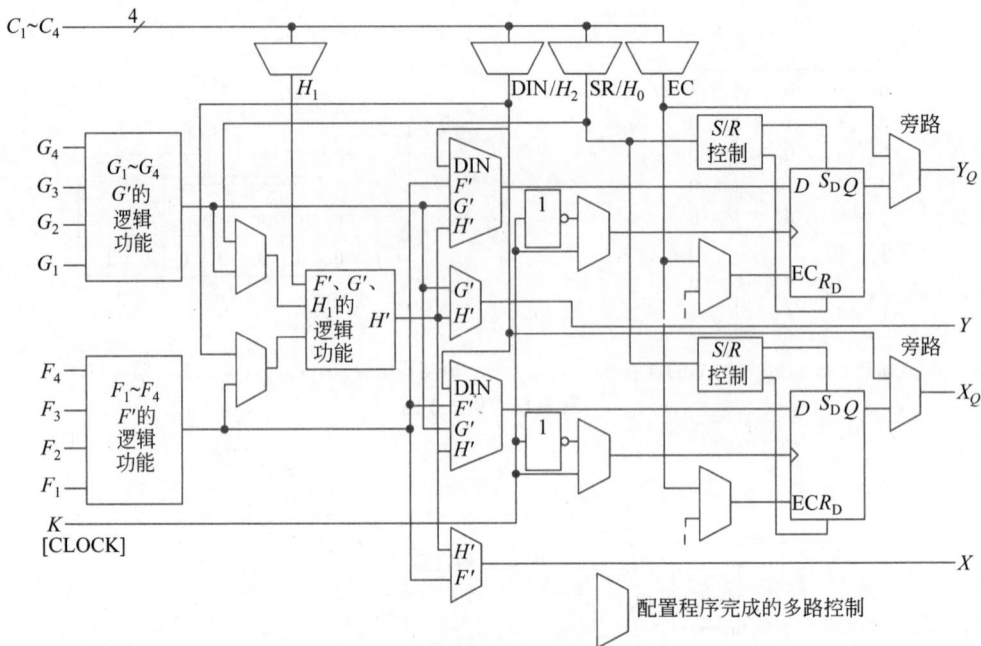

图 5-15　简化的 XC4000 芯片的可配置逻辑块结构

5.5　标准单元和定制芯片

在 PLD 中通过对可编程开关的编程实现用户所需的电路。可编程开关的存在占用了芯片的一部分面积,影响了可装入 PLD 电路的规模,并降低了电路的运行速度。

在电路规模很大、运行速度要求极高的情况下,通常使用定制芯片(custom chip),定制芯片中不含可编程开关,其中包含大量的逻辑门,运行速度也远远高于 PLD。定制芯片的设计者有很大的自由度,自己决定电路形式、芯片的规模、晶体管在芯片中的位置以及晶体管的互连方式。通常把确定晶体管的位置及相互连接的过程叫作布线(layout)。定制芯片的设计者完全可以自由地创建自己希望的任何布线。定制芯片所包含的晶体管数可以超过数百万,因而布线所需的工作量十分大,成本十分昂贵,而且只有在销售量很大的情况下才能补偿设计成本。定制芯片最常见的例子是微处理器和存储器芯片。

使用标准单元(standard cell)可以减少定制芯片设计的工作量,使用这种技术制成的芯片通常叫作应用专用集成电路(application specific integrated circuit,ASIC)。所谓标准单元是由 ASIC 销售商提供的一些已经完成了连接和紧密布线的晶体管单元。一般来说,ASIC 中使用的标准单元可以有许多种,预先存储在库中,设计者可以随时选用。ASIC 销售商还提供各自的 EDA 工具,整个芯片的布线图由 EDA 工具自动实现。

5.6　可编程器件的设计流程

可编程器件设计是指利用 EDA 工具和编程器对器件进行开发的过程。一般来说,可编程器件设计包括设计准备、设计输入、设计处理和器件编程 4 个设计步骤以及相应的功能仿真、时序仿真(合称为设计校验)和器件测试 3 个验证过程。

1. 设计准备

设计准备是指设计者在对可编程器件芯片进行设计之前,依据任务要求,确定系统所要完成的逻辑功能并选择所需的器件。在选择器件型号时,主要考虑电路占用的单向及双向 I/O 引脚、寄存器、门电路等资源,并考虑系统对速度、传输延迟、功耗、输出极性、工作频率等方面的要求。

2. 设计输入

设计者将要设计的系统或电路按开发软件要求的某种形式表示出来并输入计算机的过程称为设计输入。设计输入有多种形式,如文本、图形或两者混合的形式,也可采用各种流行的硬件描述语言(Hardware Description Language,HDL,如 VHDL)进行设计输入,还可采用自顶向下的层次结构设计方法,将多个输入文件合并成一个设计文件等。波形输入方式主要用于建立和编辑波形设计文件以输入仿真向量和功能测试向量。

3. 设计处理

设计处理是器件设计中的核心环节。在设计处理阶段,利用编译软件对设计输入文件进行逻辑化简、综合和优化,并适当地用一片或多片器件自动地进行适配,最后产生编程用的编程文件。其主要过程如下:

(1)设计编译和检查。

设计输入完成之后,立即进行编译。在编译过程中首先进行语法检查,如检查原理图有无漏连信号线、信号有无双重来源、文本输入文件中有无关键字错误等各种语法错误,并及时标出错误的位置,生成信息报告。然后进行设计规则检验,检查总的设计有无超出器件资源或规定的限制,生成编译报告,指明违反规则和潜在不可靠电路的情况。

(2)逻辑优化和综合。

逻辑优化是化简所有的逻辑议程或用户自建的宏,使设计所占用的资源最少。综合的目的是将多个模块经设计文件合并为一个网表文件,并使层次结构平面化(即展平)。

(3)适配。

确定优化以后的逻辑能否与器件中的宏单元和 I/O 单元适配,把设计放入目标器件中。

(4)布局和布线。

布局和布线工作是在设计检验通过以后由软件自动完成的,它能以最优的方式对逻辑元件进行布局,并准确地实现元件间的布线互连。布局和布线以后软件会自动生成布线报告,提供有关设计中各部分资源的使用情况等信息。

(5)生成编程数据文件。

设计处理的最后一步是产生编程使用的数据文件。对 CPLD 来说,是产生熔丝图文件,即 JED 文件;对 FPGA 来说,是生成位流数据,即 BG(Bit-stream Generation)文件。

4. 设计校验

设计校验过程包括功能仿真和时序仿真。

(1)功能仿真是在布局布线之前进行的逻辑功能的验证,又称前仿真。此时的仿真没有延时信息。仿真过程能及时发现设计中的逻辑错误,加快设计进度,提高设计的可靠性。

(2)时序仿真在布局布线之后进行,又称后仿真,其目的是验证设计是否满足时序要求。在后仿真中将布局布线的延时反标到设计中去,使仿真既包含门延时信息又包含线延时信息。后仿真是最准确的仿真,能较好地反映芯片的实际工作情况。

5. 器件编程

器件编程是指设计将处理中产生的编程数据文件通过软件放到具体的可编程逻辑器件中去。对 CPLD 器件来说,是将 JED 文件下载到 CPLD 器件中去;对 FPGA 器件来说,是将 BG 文件配置到 FPGA 器件中去。

普通的 CPLD 器件和一次性编程的 FPGA 器件需要专用的编程器完成器件编程工作。在系统可编程器件(ISP-PLD)则不需要专门的编程器,只要一根与计算机互连的下载编程电缆就可以了。

6. 器件测试

器件编程完毕之后,可以用编译时产生的文件对器件进行检验、加密等工作,或采用边界扫描测试技术进行功能测试,测试成功后才完成其设计。

5.7　可编程器件工具软件介绍

利用可编程器件进行数字系统设计是在 EDA 软件开发环境下进行的。一种可编程器件能否得到广泛应用,能否受到用户欢迎,除了器件本身的性能价格比之外,在很大程度上取决于它的开发环境。表 5-2 列出了流行的 EDA 软件。本节以 Intel 公司的 Quartus Prime 为例,介绍 EDA 软件的使用方法。

表 5-2　EDA 软件

公　司	开 发 软 件	简　　　介
Altera	Max plus Ⅱ	早期的中小规模 FPGA 和 PLD 开发软件
	Quartus Ⅱ	新一代 PLD 开发软件,同 Max plus Ⅱ 相比其功能更加完善
	SOPC Builder	配合 Quartus Ⅱ,完成集成 CPU 的 FPGA 芯片开发
	DSPBuilder	Quartus Ⅱ 与 MATLAB 的接口,利用 IP 核在 MATLAB 中快速完成数字信号处理的仿真和最终 FPGA 实现
Lattice	Isp Design EXPERT	早期 PLD 开发软件
	Isp LEVER	取代 Isp Design EXPERT,成为 FPGA 和 PLD 设计的主要工具
Xilinx	ISE	新一代 FPGA 和 PLD 开发软件
	System Generator for DSP	配合 MATLAB 完成数字信号处理的工具
	Foundation	提供混合语言(VHDL 和 Verilog HDL)的综合优化,支持第三方 IP 核
Intel	Quartus Prime	在 Quartus Ⅱ 基础上进行了优化,采用高效能 Spectra-Q 引擎,增强了 FPGA 和 SoC FPGA 设计性能

由 Altera 公司开发的 Quartus 系列 EDA 软件经历了 Quartus Ⅱ 多个版本的演进,在 2015 年 Intel 公司收购 Altera 公司后,于 2016 年更新为 Prime 16.0,目前最新版本为 24.3。本节中的图例来自免费的 Quartus Prime Lite 版本。读者可在此基础上参考 Quartus

Prime 用户手册学习其完整的功能。

安装并运行 Quartus Prime 后，管理器窗口如图 5-16 所示，初始默认包含项目导航（Project Navigator）、任务（Tasks）、消息（Messages）和 IP 目录（IP Catalog）等工具窗口。如图 5-17 所示，可以选择菜单 View→Utility Windows 下的选项对工具窗口进行添加或删除。

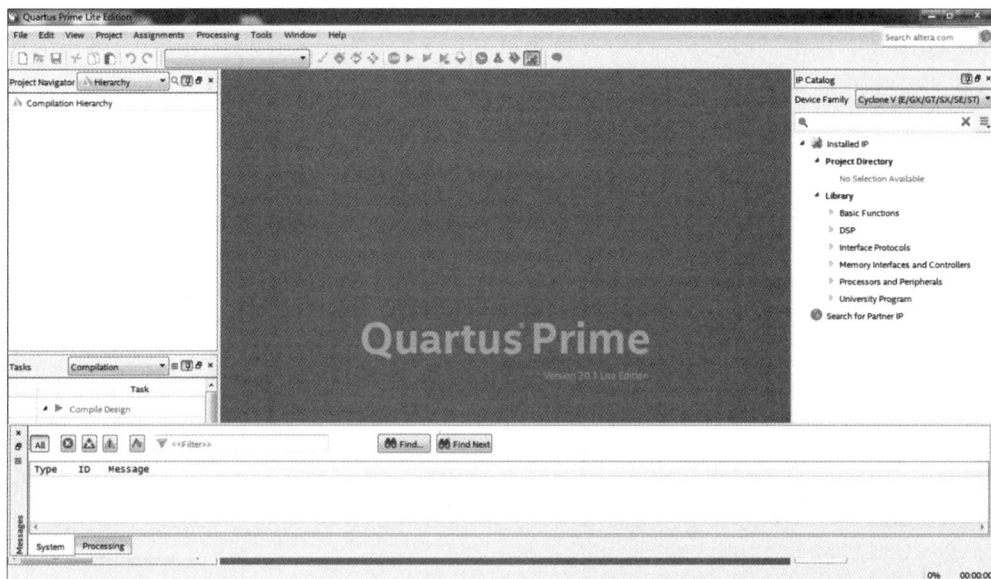

图 5-16　Quartus Prime 管理器窗口

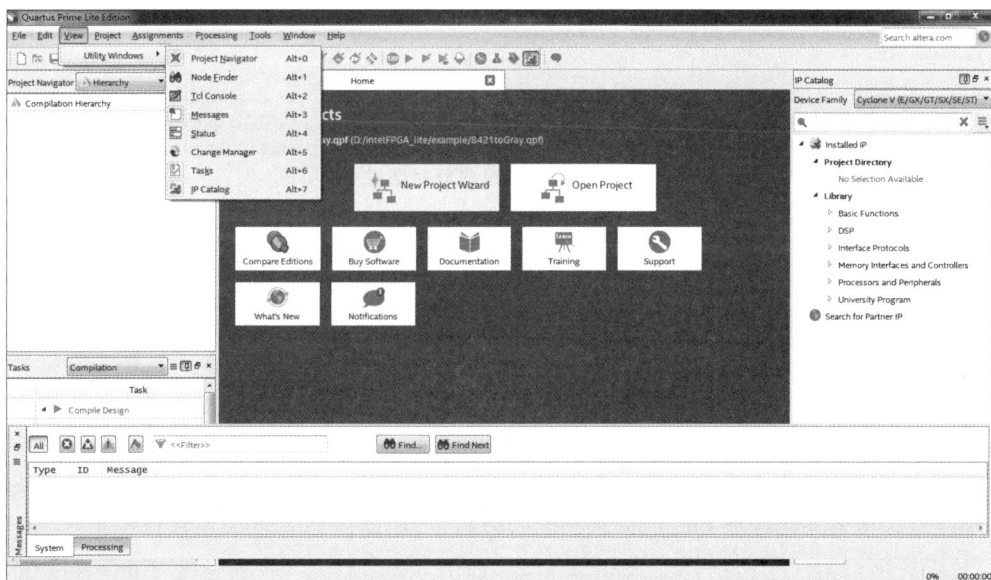

图 5-17　添加和删除工具窗口

用 Quartus Prime 开发数字系统主要包括以下几个步骤：设计输入、文件编译、仿真、器件适配和编程文件下载。设计中如果出现错误，则需要对设计进行修改，然后重复相应步骤，直至各阶段都正确。

5.7.1 设计输入

Quartus Prime 设计输入支持多种文件格式,例如原理图文件、文本文件(AHDL、VHDL、Verilog HDL 等文件)、符号文件、底层输入文件以及第三方 EDA 工具提供的文件格式(如 EDIF、Tcl 等)。本节以 VHDL 文件为例说明设计输入步骤。

1. 新建项目

在 Quartus Prime 管理器窗口中选择菜单 File→New Project Wizard 命令,弹出的新项目向导对话框如图 5-18 所示,在其中输入项目路径、项目名和顶层实体名。虽然系统默认的顶层实体名和项目名一样,但是可以修改顶层实体名,它可以与项目名不一致。此处设置的项目名为 mydemo1,顶层实体名为 my2counter。

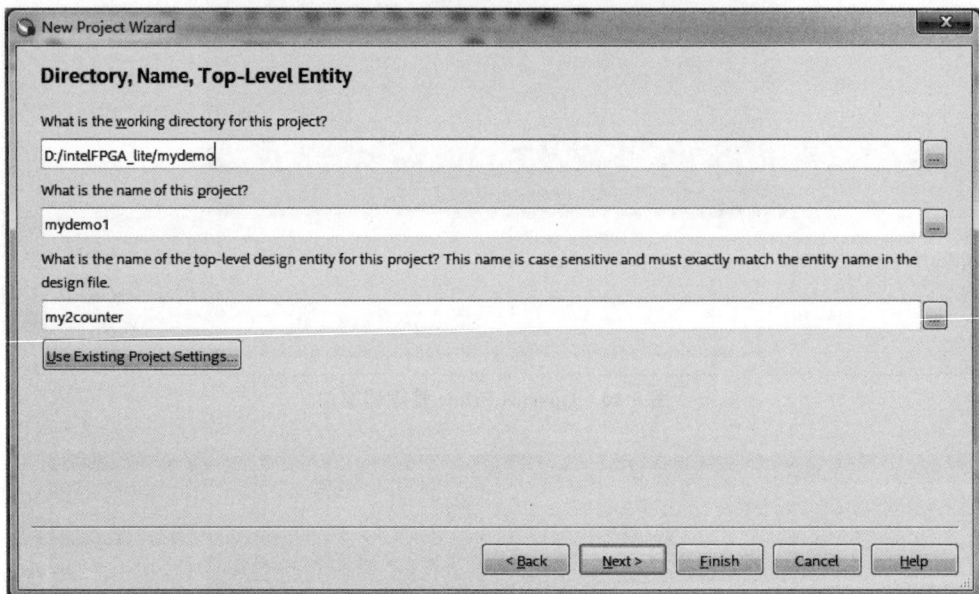

图 5-18　新项目向导对话框

单击 Next 按钮后,进入新项目向导的添加文件(Add Files)页,这里先跳过该步,系统允许开发者随时向项目中添加设计文件。

继续单击 Next 按钮,出现的是家族、器件和电路板设置(Family,Device & Board Settings)页,开发者可以根据器件的封装形式、引脚数量和需求参数选择目标器件。为方便实验,这里选择了 Intel 公司的 Cyclone Ⅴ 系列中的 5CSEMA5F31C6 芯片,如图 5-19 所示。

下一页是 EDA 工具设置(EDA Tool Settings),用于添加第三方 EDA 综合、仿真、定时等分析工具,系统默认选择 Quartus Prime 的分析工具,建议初学者采用默认选项。

最后新项目向导会给出总结(Summary),如图 5-20 所示。单击完成(Finish)按钮,系统进入 mydemo1 项目导航状态。

新项目向导中的选项可以通过菜单 Assignments→Settings→General 命令进行修改。

2. 新建文件

选项菜单 File→New 或单击新建文件按钮,出现 New 对话框,如图 5-21 所示。在

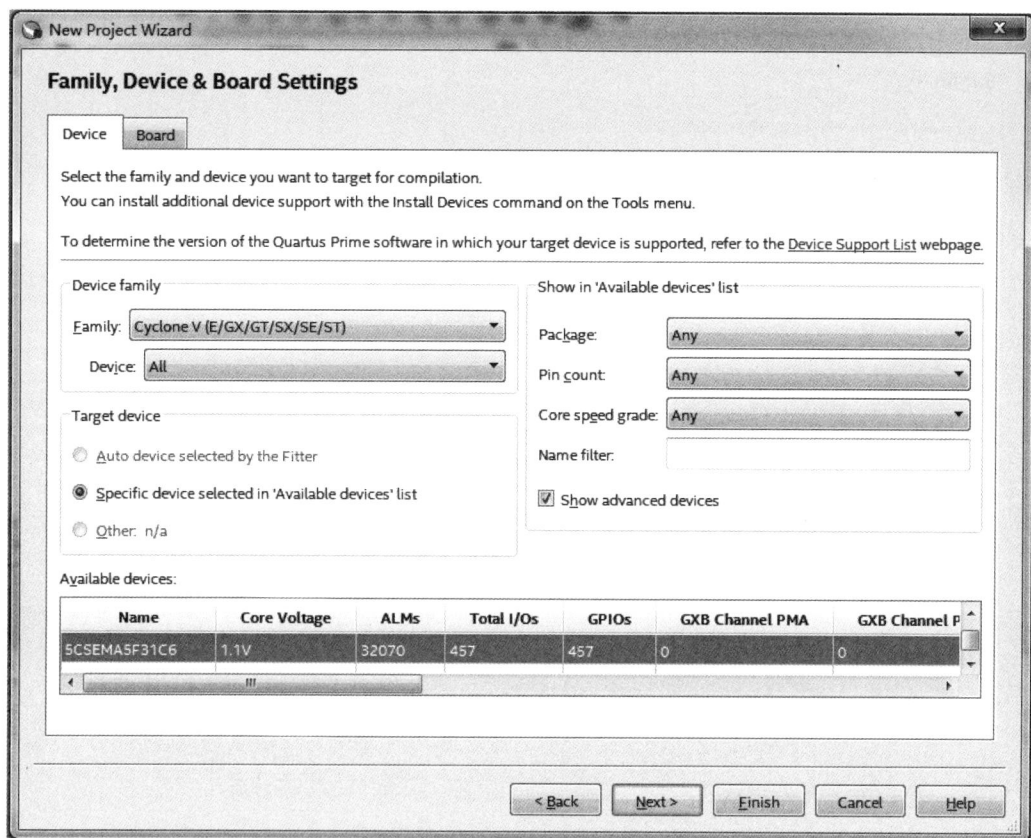

图 5-19　家族、器件和电路板设置

Design Files 下选择 VHDL File，单击 OK 按钮后，会出现文本编辑器窗口。VHDL 文件的扩展名是.vhd。Quartus Prime 还支持其他多种硬件描述语言，如 AHDL（文件扩展名为.tdf）、Verilog HDL（文件扩展名为.v）。

在文本编辑器窗口中，按照 VHDL 语法规则输入代码，并存盘，就可以完成基于硬件描述语言的设计输入。此外，还可以利用系统提供的模板（template）快速编辑文本文件。

3. 编写文件

这里以 5 位二进制计数器的设计为例对 Quartus Prime 的主要功能进行介绍。如果基于模板进行 VHDL 文件的编写，编程会更加方便、灵活、可靠性高。可以选择菜单 Edit→Insert Template 命令，图 5-22 展示了弹出的对话框。在左侧的 Language templates 中，选择 VHDL→Full Designs→Arithmetic→Counters→Binary Counter，在右侧的 Preview 中就会显示出该模板的文件内容，通过此处的预览功能，可以判断模板内容是否和要设计的文件接近，如果是，则单击 OK 按钮，在 Quartus Prime 的文本编辑器窗口中就会加载选定的模板内容，如图 5-23 所示。

将模板简化，将实体名和结构体中的模板名称修改为 my2counter，删除 enable 信号。修改后的代码如下所示：

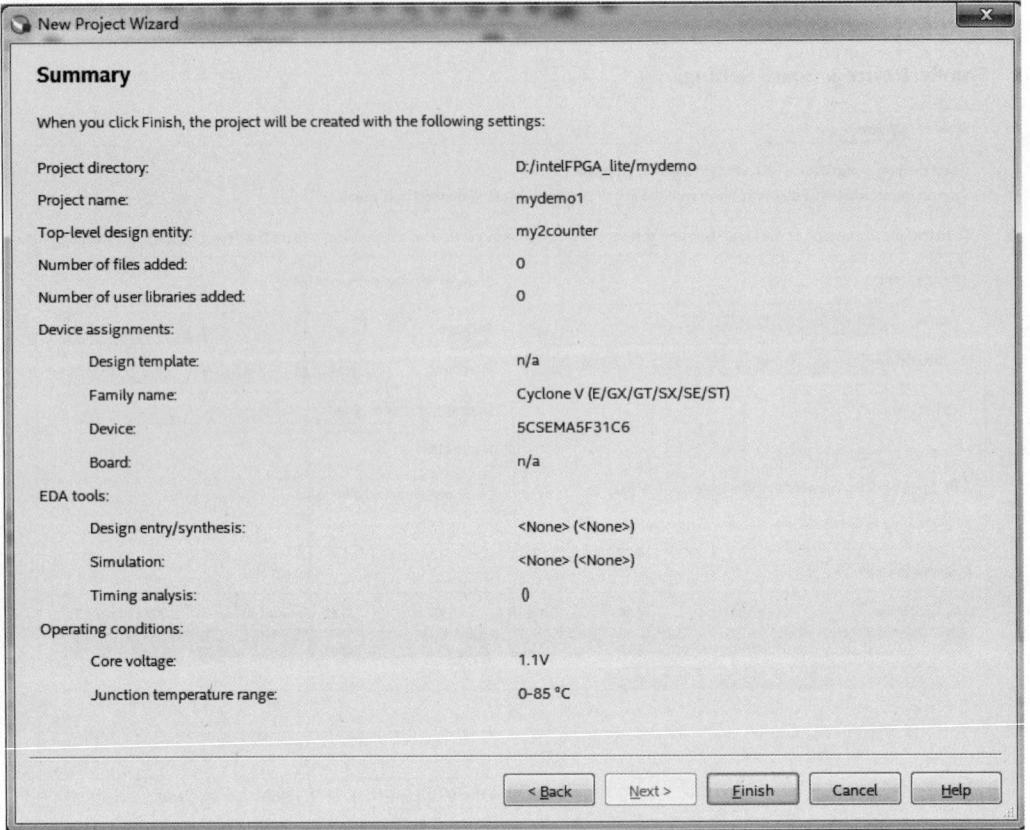

图 5-20 "总结"对话框

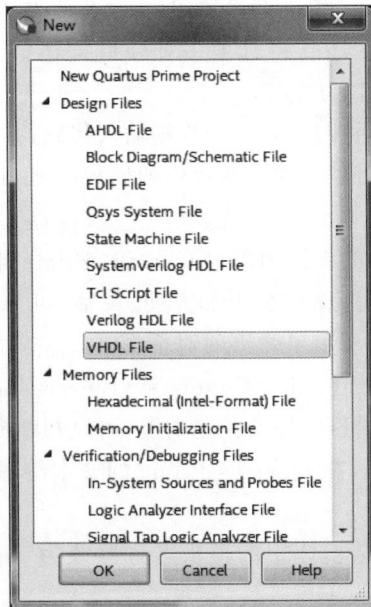

图 5-21 新建 VHDL 文件对话框

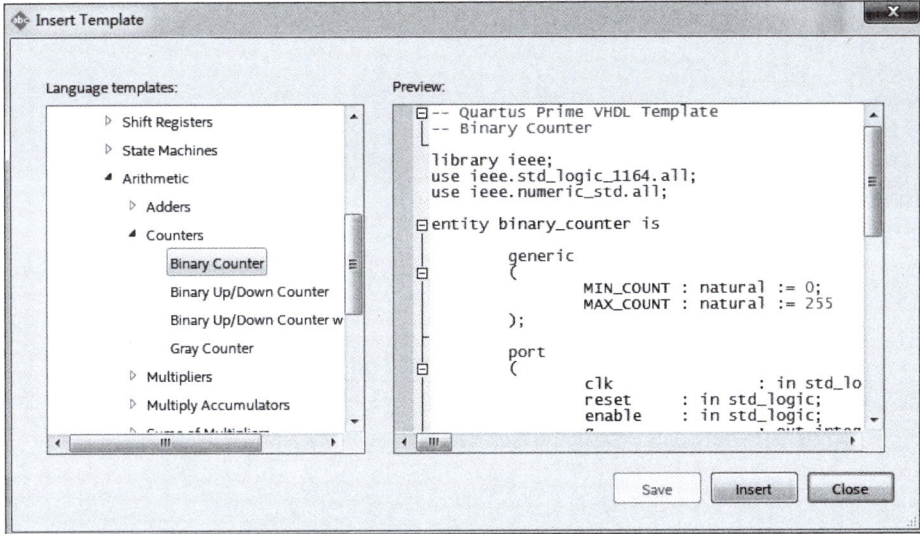

图 5-22　"插入模板"对话框

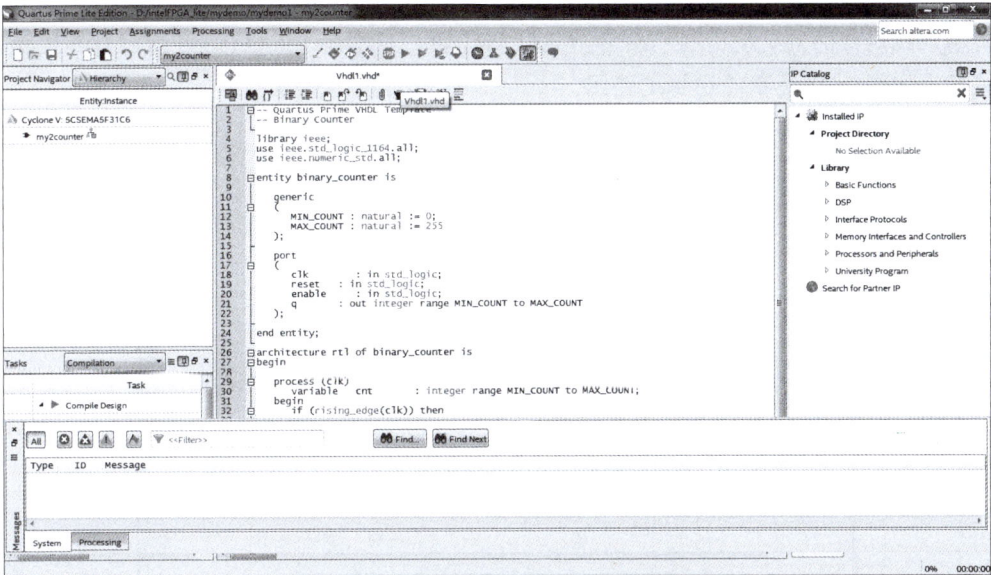

图 5-23　加载模板内容后的文本编辑器

```
--Quartus Prime VHDL Template
--Binary Counter
library ieee;
use ieee.std_logic_1164.all;
use ieee.numeric_std.all;
entity my2counter is
    port
    (
        clk     : in std_logic;
        reset   : in std_logic;
        q       : out integer range 0 to 31
```

```
        );
    end entity;
    architecture rtl of my2counter is
    begin
        process (clk)
            variable   cnt        : integer range 0 to 31;
        begin
            if (rising_edge(clk)) then
                if reset ='1' then
                    --Reset the counter to 0
                    cnt :=0;
                else
                    --Increment the counter if counting is enabled
                    cnt :=cnt +1;
                end if;
            end if;
            --Output the current count
            q <=cnt;
        end process;
    end rtl;
```

此时,选择菜单 File→Create/Update→Create Symbol Files for Current File 命令,可以自动生成对应的 my2counter.bsf 电路图文件。再选择菜单 File→Open 命令打开该文件,即可显示如图 5-24 所示的逻辑电路图。

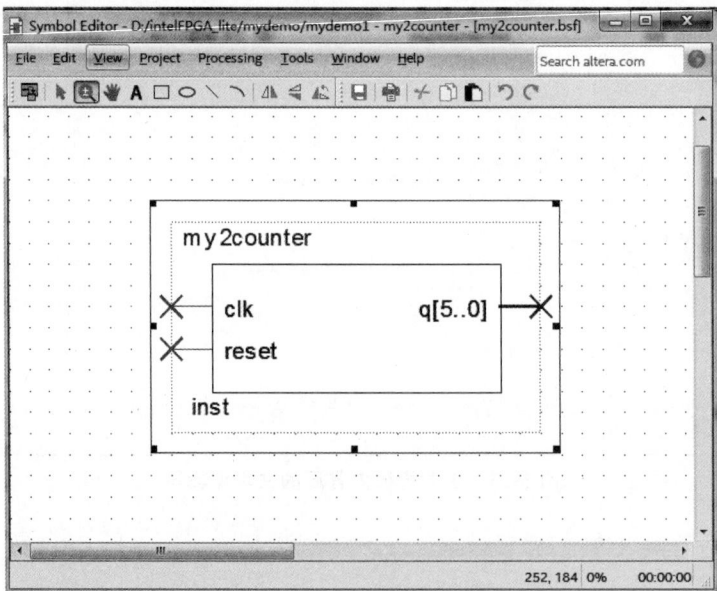

图 5-24　my2counter 逻辑电路图

5.7.2　文件编译

在 VHDL 原文件输入后,必须经过编译及优化,其作用同其他语言(如 C 语言)一样。若不能通过编译,则需返回修改原文件。

设计输入完成后的编译包括设置编译器、执行编译和锁定引脚。

1. 设置编译器

在运行 Quartus Prime 后出现的新项目向导对话框中就包含配置的各项操作。如果在项目已建立或文件编写完成后需要对编译器进行设置，可以选择菜单 Assignments→Settings 命令，再次打开这个对话框，在其左侧的 Category 下选择 Compilation Process Settings，右侧会呈现相关内容，如图 5-25 所示。

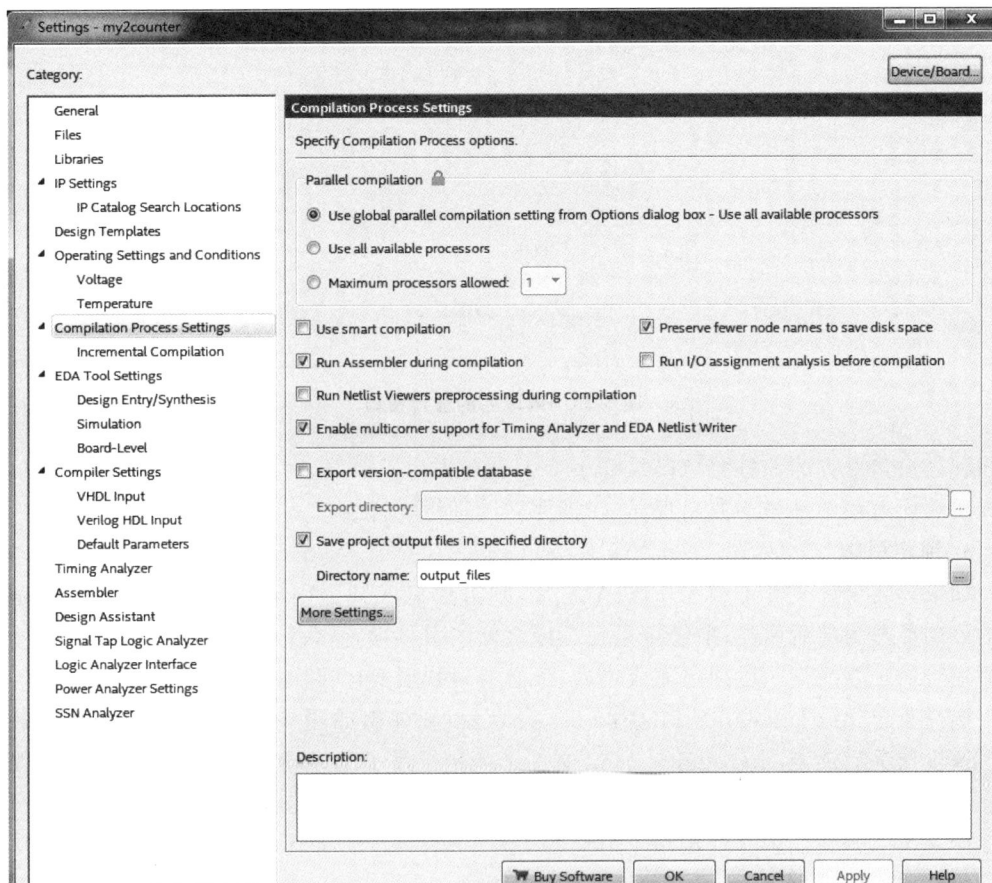

图 5-25 "编译器设置"对话框

2. 执行编译

在对已建项目中的文件进行编译时，首先需要将要编译的文件设置为顶层实体（Top-Level Entity）。本例的项目中只有一个 5 位二进制计数功能的 VHDL 文件，打开该文件后，在菜单中选择 Project→Set as Top-Level Entity，然后再选择菜单 Processing→Start Compilation 命令，或者直接单击工具栏中的编译按钮 ▶，开始执行编译操作。

编译后如果没有 error 级别的错误，在管理窗口右下角显示进度 100%，任务（Tasks）窗口的编译设置（Compile Design）之前的进度显示为绿色的对钩，Flow Summary 列出了编译结果，就说明本次编译已完成。

如图 5-26 所示，编译报告窗口（Compile Report-my2counter）中编译流程结果显示 Successful，说明对文件 my2counter.vhd 的编译成功了。Table of Contents 中 Timing Analyzer 显示红色的原因是：虽然本例指定了 FPGA 器件型号，但还没有进行引脚锁定，

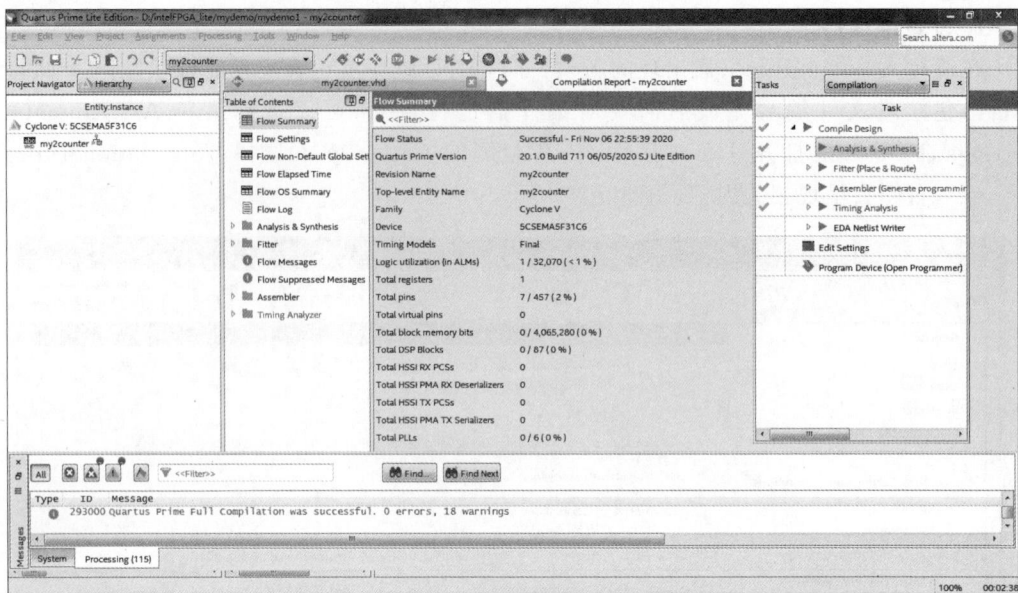

图 5-26　编译后的管理窗口

这在管理窗口下方的消息窗口(Messages)中也有提示。所以,时序分析(也就是门级仿真)在本次编译过程中部分参数出现异常,需要后续进行配置改正。

3. 锁定引脚

如果要将设计文件下载至 FPGA 芯片,则需要完成锁定引脚的操作。Quartus Prime 中的该功能分为前后两类,前锁定是在编译之前的引脚锁定,后锁定则是在完成设计项目编译后进行的配置操作。后锁定完成之后,务必要对顶层实体再次进行编译。

选择菜单 Assignments→Pin Planner 命令后,会弹出如图 5-27 所示的 Pin Planner 窗口。这里作为后锁定,my2counter.vhd 文件已经执行过了编译,因此,引脚锁定窗口下方的所有引脚(All Pins)栏中会列出所有程序定义的输入输出信号,对应的条目可以通过节点名(Node Name)查看。依次双击每个节点的 Location,会出现对应器件的所有引脚号列表,选择想要绑定的引脚,即可完成全部信号的锁定操作。

5.7.3　仿真

利用开发工具软件进行电路或电子系统设计,仿真是检验设计逻辑和功能的必要环节。对数字系统而言,从输入输出波形的角度检验设计逻辑是最直观的方式,也是与传统仪表(例如示波器)最接近的检验手段,这就需要用到波形仿真功能。Quartus Ⅱ从版本 13.0 起包含了 Simulation Waveform Editor 仿真工具,此外,Quartus Prime 也支持 ModelSim 等第三方仿真工具。虽然 Simulation Waveform Editor 是 Quartus 自带的仿真工具,但其实它也利用了 ModelSim。因此,本节主要以 ModelSim 和 Simulation Waveform Editor 为例介绍仿真过程。

仿真分为行为级、RTL(Register Transmission Level,寄存器传输级)和门级(gate level)。其中,RTL 对应于功能仿真(functional simulation);门级对应于时序仿真,在时序仿真中体现了门电路信号的传输延迟以及可能产生的竞争冒险现象。

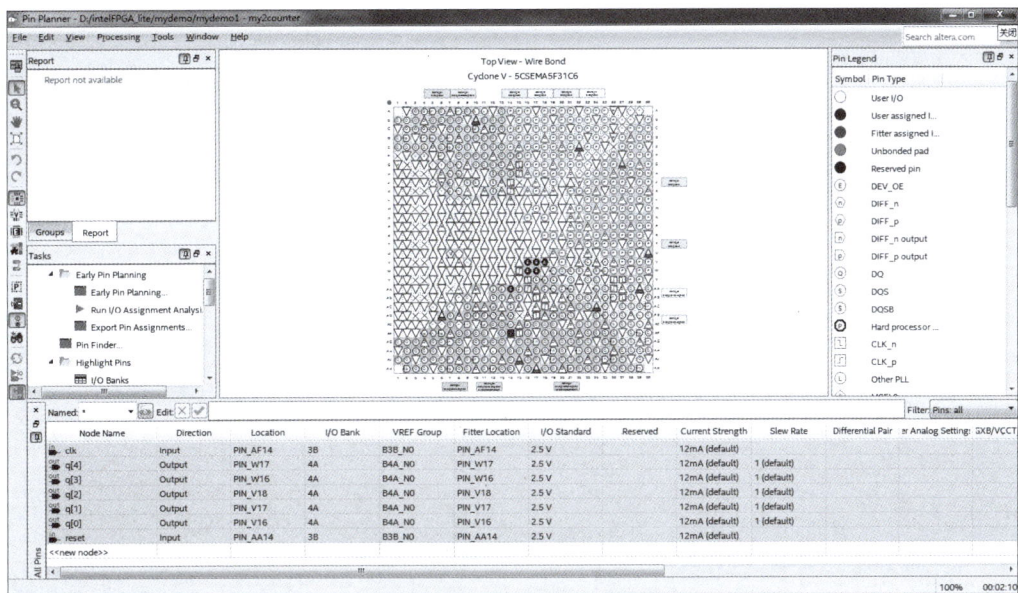

图 5-27　Pin Planner 窗口

1. ModelSim 仿真

ModelSim 是 Mentor Graphics 公司开发的产品,具有可以进行代码分析、精度高、便于操作、速度快等特点。它能编译和仿真多种类型的源文件,但不支持指定编译的器件和下载配置,因此,它和 Quartus Prime 这类 FPGA 综合设计软件相比各有侧重。

和 Quartus Prime 配合使用时,需要先对 ModelSim 进行配置。在菜单栏中选择 Tools→Options 命令,在打开的 Options 对话框中的 EDA tool option 选项卡里对 ModelSim 的安装路径进行指定。由于本书用的是 Lite 版,其中提供的 ModelSim 免费版本是 ModelSim-Altera,所以,本例是在 ModelSim-Altera 的一项中指定了如下路径:

```
D:\intelFPGA_lite\20.1\modelsim_ase\win32aloem
```

启动仿真之前,需要进行任务设置。选择菜单 Assignments→Settings 命令,在打开的 Settings 对话框中进行如下配置:在左侧 Category 窗口里选择 EDA Tool setting→Simulation,在右侧相应的 Tool name 中选择 ModelSim 或者 Model-Altera,在 Format for output netlist 中选择 VHDL,如图 5-28 所示,然后单击 Apply 和 OK 按钮。

该步完成后,需要编译当前工程,选择菜单 Processing→Start Compilation 命令,等待系统编译结果。如果没有发生错误,Quartus Prime 会在当前工程目录下生成 simulation 目录。然后,选择菜单 Processing→Start→Start Test Bench Template Writer 命令,该操作会生成与项目顶层文件同名的测试文件模板 my2counter.vht。基于这个模板,可以快捷方便地修改其中的信号类型、数值,生成需要的测试文件。本例中基于模板修改后的测试文件如下:

```
LIBRARY ieee;
USE ieee.std_logic_1164.all;
ENTITY my2counter_vhd_tst IS
END my2counter_vhd_tst;
```

```
ARCHITECTURE my2counter_arch OF my2counter_vhd_tst IS
--constants
--signals
SIGNAL clk : STD_LOGIC := '1';
SIGNAL q : integer range 0 to 31;
SIGNAL reset : STD_LOGIC := '1';
COMPONENT my2counter
    PORT (
    clk : IN STD_LOGIC;
    q : OUT integer range 0 to 31;
    reset : IN STD_LOGIC
    );
END COMPONENT;
BEGIN
    i1 : my2counter
    PORT MAP (
--list connections between master ports and signals
    clk =>clk,
    q =>q,
    reset =>reset
    );
init : PROCESS
--variable declarations
BEGIN
    wait for 2 ns; reset <= '0';    --code that executes only once
    WAIT;
END PROCESS init;
always : PROCESS
--optional sensitivity list
--(          )
--variable declarations
    BEGIN
        wait for 5 ns; clk <=not clk;
                        --code executes for every event on sensitivity list
    END PROCESS always;
END my2counter_arch;
```

这里在 init 进程中添加了 reset 信号在 2ns 之后无效以及 always 进程中的周期信号为 10ns。保存修改后的文件,在 Settings 对话框左侧选择 EDA Tool setting→Simulation,进行进一步的配置。参见图 5-28 的 NativeLink settings 部分,选择 Compile test bench 单选按钮后,单击 Test Benches 按钮,弹出图 5-29 所示的对话框,单击 New 按钮,在图 5-30 所示的 New Test Bench Settings 对话框中,在 Test bench name 后输入对应的测试文件名,本例为 my2counter,在 Top level module in test bench 后输入测试文件中的顶层模块名,此处为 my2counter_tst。选中 Use test bench to perform VHDL timing simulation 复选框。在 Design instance name in test bench 后输入测试文件里对应的实例化默认名字 i1。在 Test bench and simulation files 下的 File name 后选择测试文件 my2counter.vht。单击 Add 和 OK 按钮完成设置。

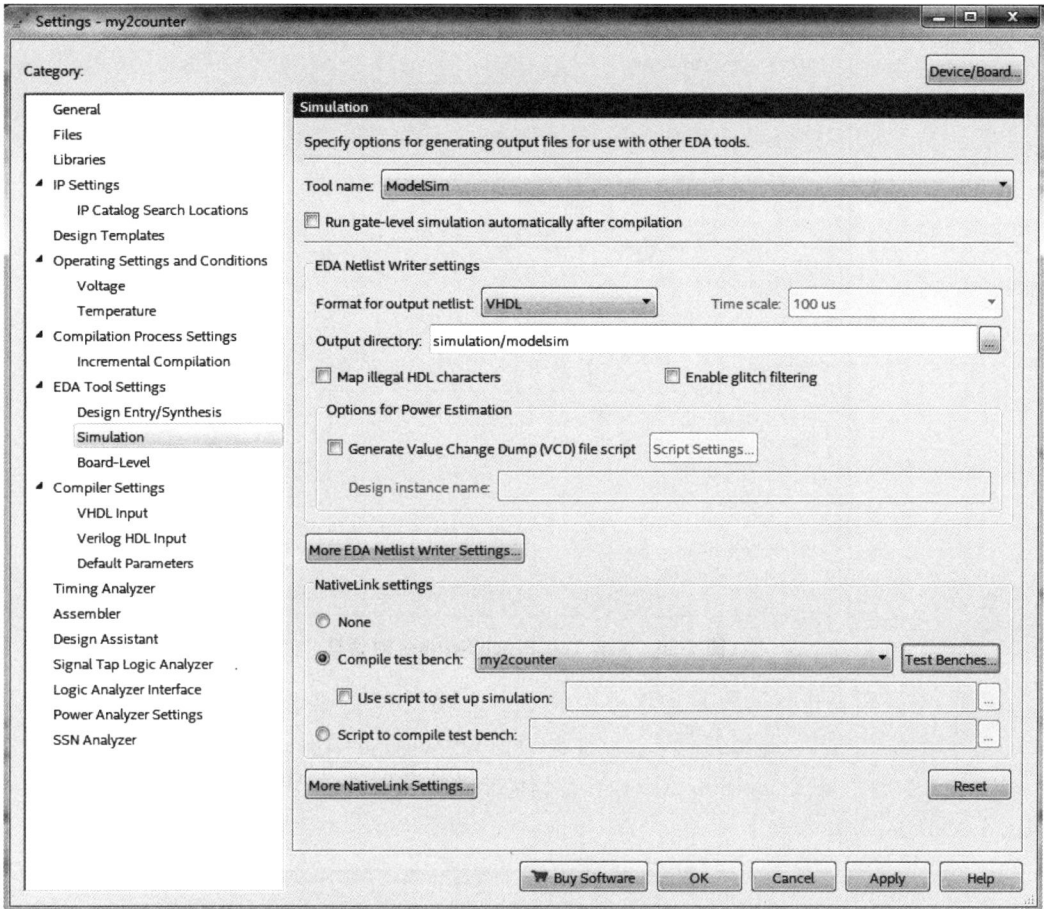

图 5-28　Settings 对话框

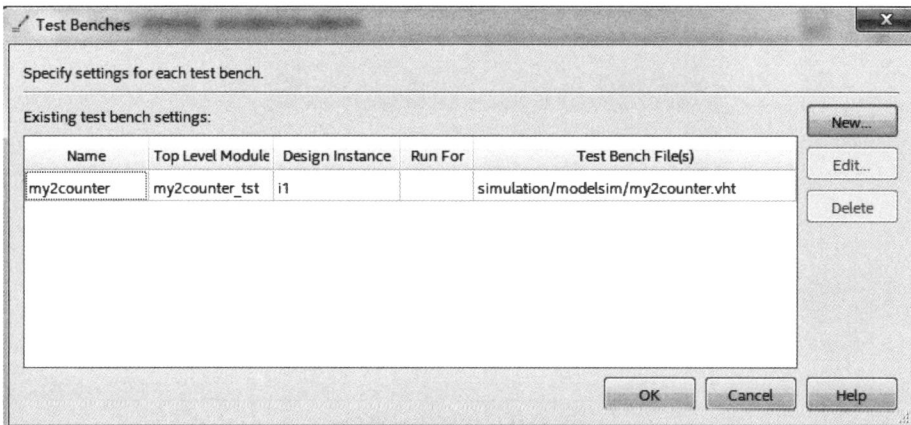

图 5-29　Test Benches 对话框

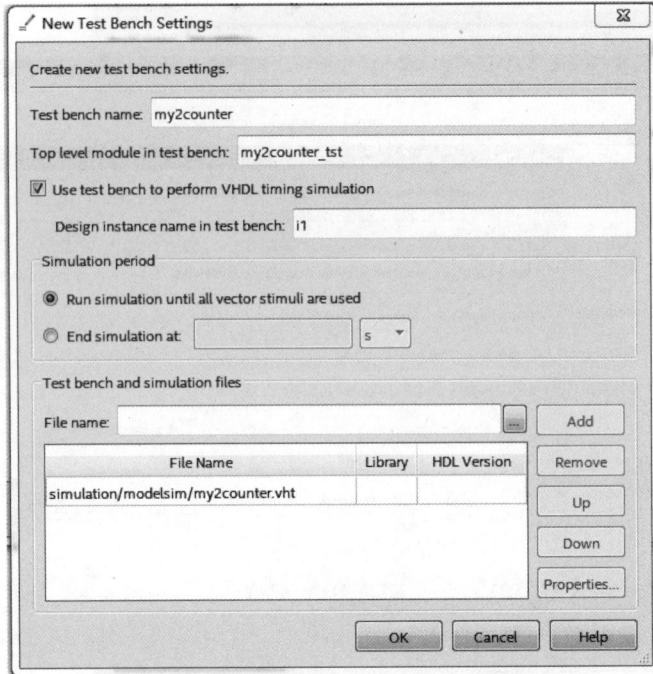

图 5-30   New Test Bench Settings 对话框

至此,仿真需要进行的配置操作就完成了。选择菜单 Tools→Run Simulation Tool→ RTL Simulation 命令,输出是图 5-31 所示的窗口,Quartus Prime 在仿真过程中启动了 ModelSim(本例中是 ModelSim-Altera)。具体的结果可以查看 Wave 窗口中的仿真波形, 如图 5-32 所示。

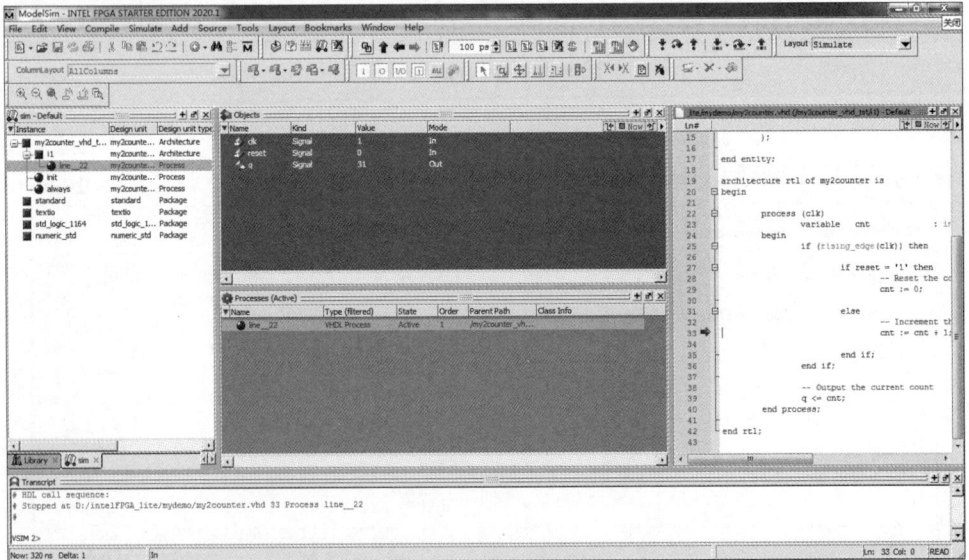

图 5-31   仿真输出窗口

2. Simulation Waveform Editor 仿真

Quartus Prime 自带 Simulation Waveform Editor 仿真工具。可以选择菜单 File→

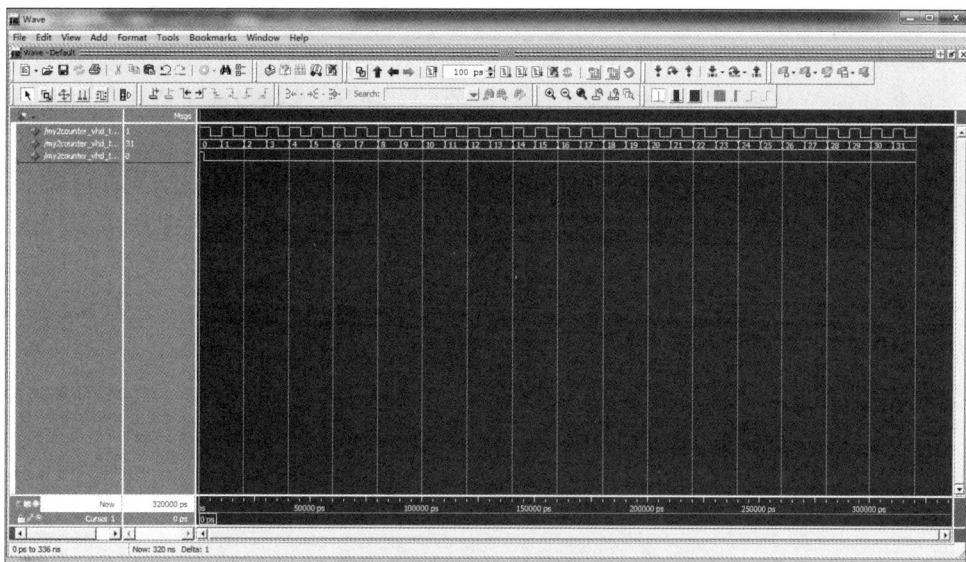

图 5-32　RTL 仿真波形

New 命令，在弹出的对话框中选择 Verification→Debugging Files 的 University Program VMF，单击 OK 按钮后，就能出现如图 5-33 所示的 Simulation Waveform Editor 窗口。

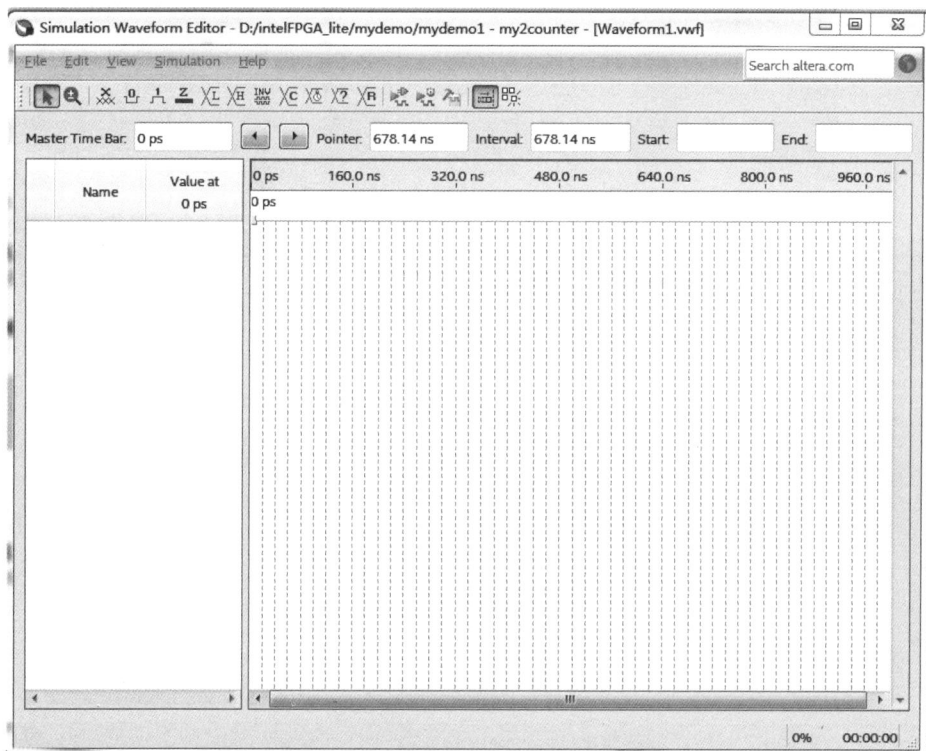

图 5-33　Simulation Waveform Editor 窗口

采用 Simulation Waveform Editor，需要设置仿真时间，添加仿真信号，为仿真信号赋值，然后才能运行功能仿真和时序仿真。仿真时间设置通过选择菜单 Edit→Set End Time

命令进行。添加仿真信号时,选择菜单 Edit→Insert→Insert Node or Bus 命令,或者双击图 5-33 所示的左侧 Name 栏空白处,会弹出相应的对话框。再单击 Node Finder 按钮,出现的对话框如图 5-34 所示。单击 Look in 右侧的"…"按钮,选择当前工程文件并单击 OK 按钮,再单击 Node Finder 对话框中的 List 按钮,工程中的信号就会出现在左侧的 Nodes Found 列表中。通过单击">"按钮,根据仿真需求,将列出的信号添加至 Selected Nodes 列表中,操作确认后,逐级单击 OK 按钮,在 Simulation Waveform Editor 窗口中就会出现选择的信号和默认波形。

信号赋值需要逐一修改信号的参数。以时钟信号为例,先单击 clk 信号,然后单击 ☒ 按钮,弹出如图 5-35 所示的 Clock 对话框,可以修改周期值、偏移量和占空比。信号都赋值完成后,要通过菜单 File→Save 或 Save as 命令保存当前配置文件(.vwf)。赋值后的图形如图 5-36 所示。单击 ☒ 按钮,运行功能仿真,如图 5-37 所示。

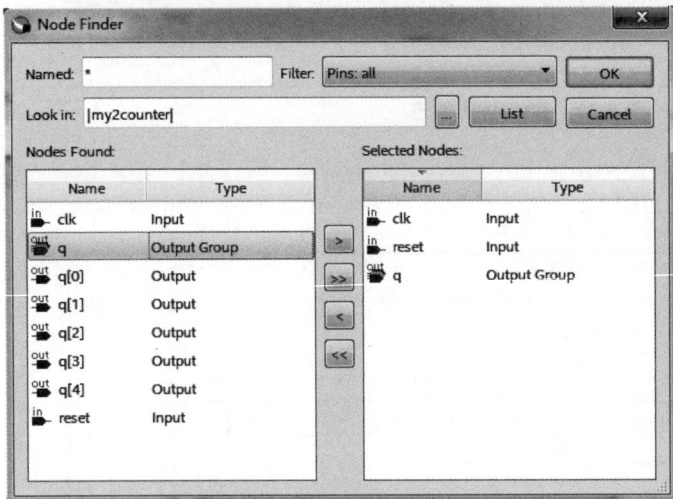

图 5-34　Node Finder 对话框

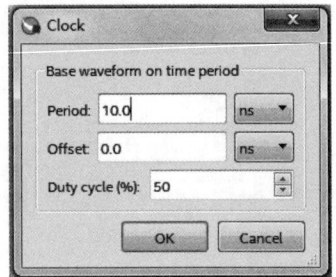

图 5-35　Clock 对话框

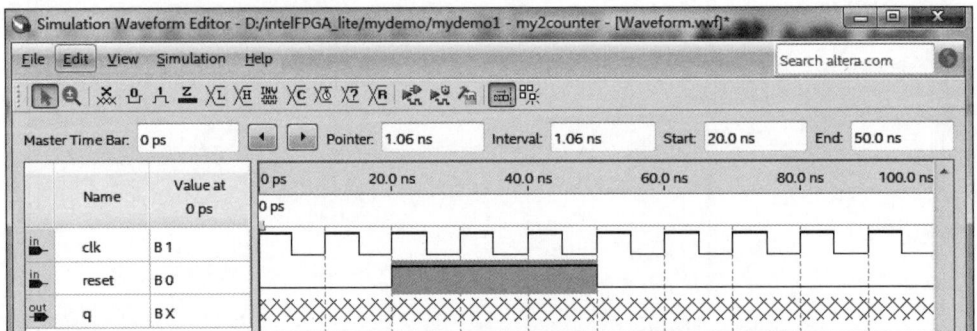

图 5-36　赋值后的波形

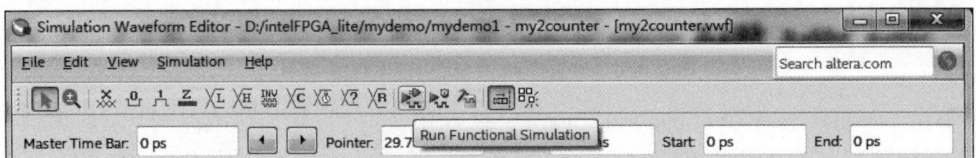

图 5-37　运行功能仿真

5.7.4　器件适配和编程文件下载

器件适配是把设计放进指定器件中，产生用于器件编程的.sof 和.pof 等编程数据文件，通过下载电缆把编程文件加载到所选 FPGA 芯片里，该芯片就会执行设计文件描述的功能。

在进行器件编程前，需要进行 PC 和编程器件的连接操作。根据下载电缆类型的不同，需要连接 PC 的不同端口，具体如下：MasterBlaster 电缆连接 PC 的串行端口，ByteBlasterMV 电缆连接 PC 的并行端口，USB Blaster 则连接 PC 的 USB 端口。

在 Quartus Prime 的菜单栏里选择 Tools→Programmer 命令，出现的窗口如图 5-38 所示。可以根据自己的实验设备情况进行器件编程的设置。具体设置包括下载电缆硬件设置（Hardware Setup）、配置模式（Mode）和配置文件。配置文件会自动列出当前项目的.sof 文件。如果需要手动添加配置文件，可以单击 Add File 按钮进行添加。

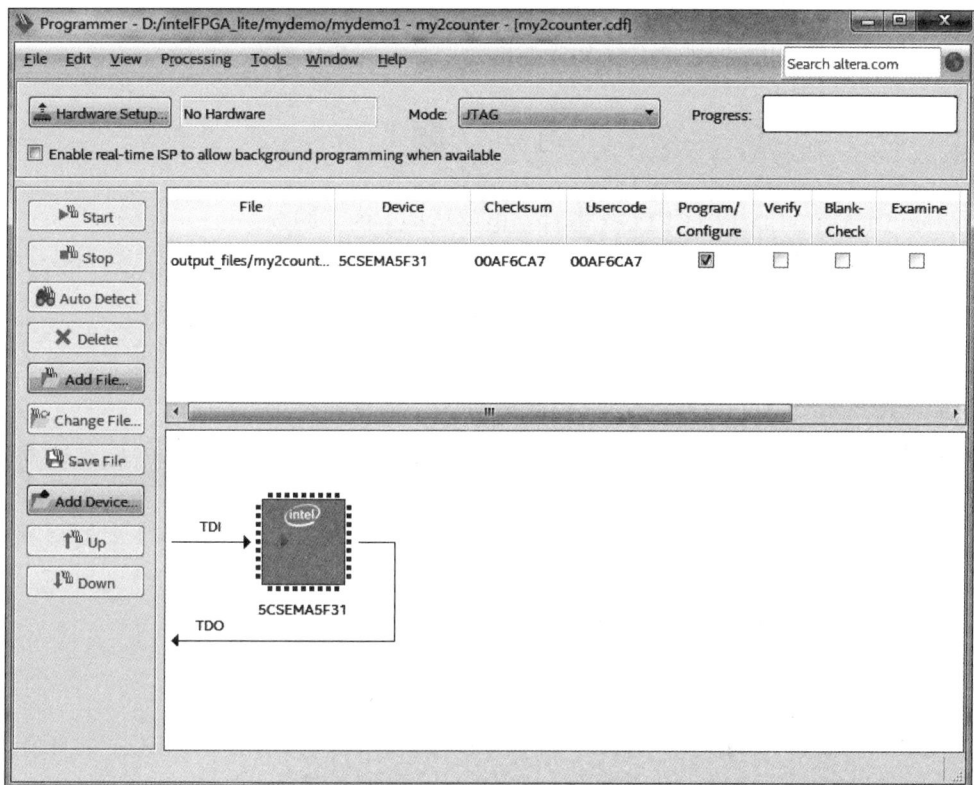

图 5-38　Programmer 窗口

然后单击 Start 按钮，Progress（进度）会显示下载情况。编程结束后，在实验设备上查看 FPGA 芯片的工作情况，本例中可以给当前 FPGA 实现的计数器加载时钟信号并观察计数器的变化。如果计数器实现了 5 位二进制计数功能，则说明读者已基本掌握采用 Quartus Prime 实现 FPGA 设计开发的流程和主要功能。

小　结

PLD 的快速发展和广泛应用使用户从被动地选用厂商提供的通用芯片发展到主动地对芯片进行设计,从根本上改变了系统设计方法,使各种逻辑功能的实现变得灵活、方便。本章介绍了各种 PLD 的结构、特点以及应用。

PLA 和 PAL 这两种可编程器件结构简单,价格低,速度高,适合完成简单的数字逻辑功能。它们采用熔断丝工艺,只允许一次性编程使用,编程通过专用的编程器完成。

CPLD 适用于更大规模的电路(例如超过 2 万个门)。一般来说,用 CPLD 实现的电路,其绝大多数也可以用 FPGA 实现,具体选用 CPLD 还是 FPGA 取决于实际应用中的许多因素。某些 CPLD 可以提供较快的速度,而 FPGA 能够支持更大规模的电路。当前,CPLD和 FPGA 是应用的主流。CPLD 和 FPGA 的编程采用在系统编程技术,不需要编程器,用户可根据需要任意编程,反复擦写和修改。

当电路的规模很大时,可能会用到标准单元以及定制芯片技术。

习　题

5-1　比较 PLA、PAL、CPLD、FPGA 器件在电路结构上的异同点。

5-2　用 PLA 设计实现函数 $f_1(x_1,x_2,x_3) = \sum\limits_{i=1,2,4,7} m_i$。该 PLA 的输入为 x_1、x_2 和 x_3,乘积项为 $P_1,P_2,\cdots,P_4$,输出为 f_1。

5-3　习题 5-2 已经实现了 f_1,利用该 PLA 的输出端还可以实现哪些逻辑函数? 将全部可能的逻辑函数列出。

5-4　用 PLA 设计一个两位二进制加法器。设这两个两位的二进制数为 $X = X_1 X_2$,$Y = Y_1 Y_2$。

5-5　用时序 PLA 设计一个循环码十进制计数器。要求优化设计,即 FPLA 的面积尽可能小。

5-6　用 PAL 实现四位二进制并行加法器的功能。

5-7　简述 CPLD 结构上的特点。

5-8　简述 FPGA 结构上的特点。

5-9　用 3 个二输入 LUT 实现函数 $f = f_1 + f_2 = x_1 x_2 + \overline{x_2} x_3$,给出每个 LUT 的真值表。

5-10　用 5 个二输入 LUT 实现函数 $f(x_1,x_2,x_3) = x_1 \overline{x_2} + x_1 x_3 + \overline{x_3} x_2$,给出每个 LUT 的真值表。

第 6 章

硬件描述语言 VHDL

6.1 VHDL 概述

传统的数字电路设计方法已滞后于当今计算机技术和半导体技术的发展。电子设计自动化被提到议事日程,硬件描述语言(HDL)就是顺应这一需要而产生和发展起来的,它是一种能够以形式化方式描述电路的结构和行为并用于模拟和综合的高级描述方法。从 20 世纪 60 年代开始,为了解决大规模复杂集成电路的设计问题,许多厂商和科研机构开始使用自己的电路 HDL,如 Data I/O 公司的 ABEL-HDL、Altera 公司的 AHDL、Microsim 公司的 DSL 等。这些 HDL 各具特色,普遍得到了优于传统方法的实际效果,语言本身也在应用中不断地发展和完善,逐步成为描述硬件电路的重要手段。但各种非标准 HDL 之间存在的差异已成为束缚设计者选择最佳设计环境和进行交流的巨大障碍。20 世纪 80 年代初,美国国防部为其超高速集成电路(Very High Speed Integrated Circuit,VHSIC)计划提出了专用的硬件描述语言 VHDL(VHSIC Hardware Description Language),作为该计划的标准 HDL 格式。随后 Verilog HDL 也被批准为国际标准语言。而传统的逻辑电路图和布尔方程主要用于门级描述,但对于复杂的电路,在高于逻辑级的抽象层次上,采用硬件描述语言,同时采用自顶向下的设计方法。

VHDL 主要用于描述数字系统的结构、行为、功能和接口,与其他硬件描述语言相比,VHDL 有如下优越之处:

(1) VHDL 支持自上而下和基于库的设计方法,还支持同步电路、异步电路、FPGA 以及其他随机电路的设计。

(2) VHDL 具有多层次描述系统硬件功能的能力,可以从系统的数学模型直到门级电路,其高层次的行为描述可以与低层次的 RTL 描述和结构描述混合使用,还可以自定义数据类型,给编程人员带来较大的自由度。

(3) VHDL 对设计的描述具有相对独立性,设计者可以不懂硬件的结构,也不必关心最终设计实现的目标器件是什么。

(4) VHDL 具有电路仿真与验证功能,可以保证设计的正确性,设计者甚至不必编写如何测试相量便可以进行源代码级的调试,而且设计者可以非常方便地比较各种方案的可行性及优劣,不需要做任何实际的电路实验。

（5）VHDL 可以采用与工艺无关的编程方法，可移植性强。

（6）VHDL 标准、规范，易于共享和复用。

目前在国际上，以标准化硬件描述语言和逻辑综合为基础的自顶向下的电路设计方法已十分流行。大多数 EDA 工具引入了 VHDL，有些甚至用 VHDL 取代了原有的非标准 HDL，这一趋势越来越明显。从现在起，所有正在和将要从事数字系统设计的人员都有必要学习和掌握 VHDL。

本章下面内容将依据 IEEE STD 1076—1987，从理解和使用的角度介绍 VHDL 的基本概念和使用要点，通过典型实例展示使用 VHDL 进行可编程逻辑器件设计的基本方法。至于 VHDL 具体的仿真和综合过程，不同公司的软件在使用方法上存在较大差异。

6.2　VHDL 设计文件的基本结构

VHDL 既可以设计基本的门电路，也可以设计数字电路系统。在 VHDL 中，对某个数字系统的硬件抽象称为实体(entity)。实体既可以单独存在，也可以将其模块化后作为另一个实体的一部分。模块化和自顶向下、逐层分解的结构化设计思想贯穿于整个 VHDL 设计文件之中。当一个实体成为另一个实体的一部分时，就把这个实体称为组件(component)。组件跟实体并没有本质上的区别，只是在系统中的具体层次不同。设计文件的实体部分描述该模块(系统)的端口信息，包括端口的数目、方向和类型等，其作用就相当于传统设计方法中使用的元件符号；结构体(architecture)部分则描述该模块的内部电路，对应于原理图、逻辑方程和模块的输入输出特性。描述一个实体的对外特性及其内部功能是设计的主要任务。对一个实体的具体描述，或者说一个 VHDL 程序设计的基本结构，主要包括 4 个方面：实体、结构体、配置(configuration)和程序包(package)。

6.2.1　初识 VHDL

前面几章已经介绍了，数字逻辑主要通过布尔表达式、逻辑电路图和真值表 3 种方式表达。下面通过 3 个实例了解 VHDL。

1. 逻辑描述

逻辑描述即通过布尔代数方式描述。

例 6-1　与非门的逻辑描述。

```
library ieee;
    use ieee.std_logic_1164.all;
    entity nand-2 is
        port(a,b:in std_logic;
            y:out std_logic);
    end nand-2;
architecture rtl of nand-2 is
    begin
        y<=not (a and b);
    end rtl;
```

例 6-1 中描述的是二输入与非门。实体部分利用 port(端口)语句说明该模块有两个输入引脚 a、b 和一个输出引脚 y，其数据类型均为 std_logic；结构体部分说明模块内部的数据传输和变换关系。所用的符号＜＝表示传送或赋值，称为赋值符。该文件的前两行分别是库说明和程序包说明语句，其作用是声明要引用 IEEE 库(library)中 std_logic_1164 程序包的所有项目。例 6-1 中仅在 port 语句中引用了 IEEE 预定义的标准数据类型 std_logic(标准逻辑位)。库和程序包中存放的是经过编译的数据，包括对信号、常数、数据类型以及实体、结构体等的定义。

2. 结构描述

结构描述类似于逻辑电路图描述。

例 6-2 与非门的结构描述。

```
library ieee;
use ieee.std_logic_1164.all;
entity nand-2 is
    port(a,b:in std_logic;
         y:out std_logic);
end nand2;
architecture struct of nand-2 is
    component inv
            port(in:in std_logic;
                 out:out std_logic);
    end component;
        component and2
             port(in1,in2:in std_logic;
                  out:out std_logic);
    end component;
    signal out1:std_logic;
begin
    u1: and2 port map(a,b,out1);
    u2: inv port map(out1,y);
end struct;
```

例 6-2 采用了结构描述方式，与例 6-1 的差别主要在结构体上。其思路与原理图设计相似：先利用两个 component(元件)语句说明要调用的两个标准模块(在库中已生成)，相当于调入器件符号；再利用两个 port map(端口对应)语句说明这两个元件之间以及元件与端口之间的信号对应关系，也就是连接关系，相当于连线。这样，便将原理图直接转化成了对应的 VHDL 设计文件。图 6-1 给出了对应的逻辑图，以便于理解。

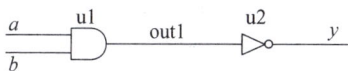

图 6-1　例 6-2 对应的逻辑图

3. 行为描述

行为描述的实质就是真值表描述。

例 6-3 与非门的行为描述。

```
library ieee;
use ieee.std_logic_1164.all;
entity nand-2 is
   port(a,b:in std_logic;
        y:out std_logic);
end nand-2;
architecture behav of nand-2 is
begin
process(a,b)
```

```
    variable tmp:std_logic_vector(1 downto 0);
    begin
     tmp:=a&b;
       case tmp is
         when "00"=>y<='1';
         when "01"=>y<='1';
         when "10"=>y<='1';
         when "11"=>y<='0';
         when others=>y<='x';
       end case;
    end process;
 end behav;
```

例 6-3 则采用了行为描述方式。它以 2 输入与非门的真值表为依据,在 process(进程)语句中利用 case(条件)语句列出了所有的输入组合及对应的输出结果。该设计文件利用了 std_logic_vector(标准位向量)类型的变量 tmp,暂且可以将它理解成由两个逻辑位组成的串。而 tmp:=a&b 一行是将两个逻辑位拼接成串,赋给变量 tmp。随后的 case 语句的格式和作用与 Pascal 语言中的 case 语句基本相同,与 C 语言中的 switch 语句也很相似,都是多分支条件选择。其中的 when 子句的含义是:当跟在保留字 case 后的情况表达式(例 6-3 为 tmp)取值为保留字 when 之后的特定值时,则执行=>符号后的语句,为信号 y 赋值。

6.2.2 实体和结构体

实体和结构体是构成 VHDL 设计文件的基本组成部分。实体说明中包含用来描述模块的公共信息,包括外部可见特性,如端口的数目、方向和类型等,以及类型说明、断言语句等外部不可见信息。实体在整个系统中所处的层次由其所描述的模块的层次决定,既可以是顶层实体,也可以是底层实体。

实体的一般格式如下:

```
entity 实体名 is
  [类属参数说明];
  [端口说明];
end 实体名;
```

说明:

(1) 类属参数说明是可选部分。如果需要,可使用多个以分号结尾的 generic(类属)语句指定该设计单元的默认类属参数(如延时、功耗等),其格式为

```
generic(端口名{,端口名,…}:[in]子类型符[:=初始值]
{,端口名{,端口名,…}:[in]子类型符[:= 初始值]});
```

例如:

```
generic(d: TIME:= 5ns);          --指定在该实体所属的结构体内 d=5ns
```

(2) 端口说明使用 port 语句,其格式为

```
port(端口名{,端口名,…}:方向 数据类型名;
```

其中,方向可以是 in(输入)、out(输出)、inout(双向)、buffer(输出并向内部反馈)等,数据类

型原则上可以是任何标准数据类型和用户自定义类型,但常用的只有 std_logic(标准逻辑位)、std_logic_vector(标准逻辑位向量)、bit(逻辑位)和 bit_vector(位向量)等几种。这些数据类型的定义和区别将在 6.3 节介绍。

(3) 实体名、端口名等均应为符合 VHDL 命名规则的标识符。VHDL'87 中的标识符定义为:以英文字母开头,以数字、字母和下画线为有效字符的字符串,大小写不加区分。VHDL'93 继承了该定义并加以扩展。

实体中的类属说明部分使用的 generic 语句,是用来传递信息给实体中具体元件的常用手段。传递的信息可以是元件的上升或下降沿延时,也可以是一些用户定义的数据类型,包括负载电容和电阻等信息。对综合参数,如数据通道宽度、信号宽度等也能作为类属传送。使用这种方法,设计者能在设计中对不同的具体元件传送不同的值,从而使设计模块化和通用化。

例 6-4 二输入与门的实体。

```
entity and2 is
      generic(rise,fall:time);
      port(a,b:in bit;c:out bit);
end and2;
```

结构体与实体相配合,用于描述模块的内部特性。从前面的例子已经看到,在结构体中使用逻辑描述、结构描述和行为描述这 3 种描述方法,可以从不同的侧面和层次更好地加以说明。行为描述的抽象层次最高,主要用于系统级描述,但不被某些综合工具所接受。对于可编程逻辑器件设计而言,另外两种方式更为常用。

一个完整的结构体格式如下:

```
architecture 结构体名 of 实体名 is
 [定义语句];
begin
 [并行处理语句];
end 结构体名;
```

说明:

(1) 结构体中的实体名说明该结构体隶属于哪个实体。结构体名原则上可以是任何合法的标识符,但通常依据该结构体所采用的描述方法用相应的英文单词 behaviour(行为)、dataflow(数据流)、structure(结构)或者它们的缩略形式为其命名,以便理解和交流。本章中的例子都是这样做的。

(2) 定义语句用于对该结构体需要使用的元件、信号、常数、数据类型等进行定义。如前面的例子中使用了 component、signal 语句,分别对所采用的元件和信号进行了说明。

(3) 并行处理语句是功能描述的核心部分,也是变化最丰富的部分。可以使用的语句包括赋值语句(见例 6-1)、元件调用语句(见例 6-2)、进程语句(见例 6-3)、块(block)语句以及子程序等。

需要注意的是,这些语句都是并行(同时)执行的,与排列的顺序无关。这种并行性是由硬件本身天然的并行性所决定的,也是硬件描述语言与软件程序最大的不同,请务必注意。有关语句的语法细节将在 6.4 节中详细介绍和举例说明。

例 6-5 二输入与门的结构体。

```
architecture strc of and2 is
      signal tmp:bit;
begin
      tmp<=a and b;
      c<=tmp after rise when tmp= '1' else
      tmp after fall;
end strc;
```

6.2.3 配置

前面用逻辑描述、结构描述和行为描述对与非门电路进行了描述。那么,这 3 种方式哪一种的效果最好? 在实际设计中也常遇到这样的情况,需要对多个设计方案进行对比和选择。这时,便需要在设计文件中增加配置部分,利用配置从多个结构体中每次选择一个,对实体进行说明。比较各次仿真的结果便可以选出性能最佳的结构体。

一般来说,配置语句可描述设计中不同层次之间的连接关系以及实体与结构体之间的连接关系,但它主要用于指定与实体对应的结构体。其基本语法形式为

configuration 配置名 **of** 实体名 **is**
      ［说明语句］;
end 配置名;

其中的说明语句有多种形式,有简有繁。对于不包含 block 语句和 component 语句的结构体,可以使用如下的简单形式:

for 选配结构体名
end for;

这样,利用配置语句便可将上面的 3 个独立的例子合在一起,组成一个包含一个实体、3 个结构体的新设计文件,如例 6-6 所示。通过修改配置语句中的 for 语句,就可以选择一个结构体与实体配对。按照例 6-6 中的设置,选择的是 rtl 结构体;若要选择 behav 结构体或 struct 结构体,则只需将 for 语句中的 rtl 相应地改为 behav 或 struct 即可。

例 6-6 以下是加入了配置的与非门设计文件,可以选择不同的结构体。

```
library ieee;
  use ieee.std_logic_1164.all;
  entity nand-2 is
          port(a,b:in std_logic;
                y:out std_logic);
  end nand-2;
architecture rtl of nand-2 is
begin
  y<=not (a and b);
end rtl;
architecture struct of nand-2 is
    component inv
          port(in:in std_logic;
                out:out std_logic);
end component;
    component and2
          port(in1,in2:in std_logic;
```

```
                        out:out std_logic);
end component;
signal out1:std_logic;
begin
   u1:and2 port map(a,b,out1);
   u2:inv port map(out1,y);
end struct;
    architecture behav of nand- 2 is
    begin
  process(a,b)
     variable tmp:std_logic_vector (1 downto 0);
begin
    tmp:=a&b;
    case tmp is
     when "00"=>y<='1';
     when "01"=>y<='1';
     when "10"=>y<='1';
     when "11"=>y<='0';
     when others=>y<='x';
    end case;
end process;
end behav;
configuration nand2-con of nand-2 is
     for rtl
     end for;
end nand2-con;
```

对于包含 component 语句的结构体，可以使用如下的配置形式：

```
for 选配结构体名
{for 元件标号表:元件型号 use entity work.实体名 (结构体名);
end for; }
end for;
```

花括号内是对一种型号的元件的完整配置。如果有多种不同型号的元件,则需按该格式分别配置。例如,若要对 struct 结构体中的元件 and2 和 inv 进行配置,便需要在该结构体中增加如下的配置语句：

```
configuration nand2-con of nand-2 is
    for u1:and2 use entity work.and2(behav)
    end for;
    for u2:inv use entity work.inv(behav)
    end for;
end nand2- con;
```

6.2.4 程序包和库

1. 程序包

数据类型、常量以及子程序可以在实体说明部分或结构体部分加以说明。但是,这样所定义的类型、常量及子程序等的作用范围限于对应的结构体中,在其他实体或结构体中无法引用这些定义。为了使一组类型说明、常量说明或子程序说明能被许多设计实体(及其结构体)所引用,VHDL 提供了程序包结构。程序包由程序包说明和程序包体组成,用于存放各设计单元都能共享的数据类型、常数和子模块等,相当于 C 语言中的 H 文件。

程序包说明的语法形式是

```
package 包集合名 is
      ［说明部分］；
end 包集合名；
```

一个程序包说明至多可以带一个程序包体(以下简称包体)。包体与程序包使用相同的名字,包体的内容是基本说明及子程序体说明。包体的语法形式是

```
package body 程序包名 is
      ［说明部分］；
end 程序包名；
```

包体中的子程序体及其相应的说明是专用的,不能被其他 VHDL 单元引用;而程序包中的说明则是共用的,可供外部引用。程序包说明单元是主设计单元,它可以独立编译并插入设计库中。程序包体是次级设计单元,在其对应的主设计单元编译并插入设计库之后,它才可以独立进行编译,并插入设计库中。

需要注意的是,当在程序包中包含子程序说明时,必须将子程序体放在对应的包体中,而不能放在程序包说明中。当程序包仅包含类型说明时,可以不带程序包体。

2. 库

库的作用与程序包类似,但级别高于程序包,其中存放着已经编译过的实体说明、结构体、配置说明、程序包说明和程序包体等,可以用作其他 VHDL 描述的资源而被引用。目前在 VHDL 中常用的库主要有以下几种:

(1) IEEE 库。这种库包含经过 IEEE 正式认可的 std_logic_1164 程序包和某些公司提供的程序包,如 std_logic_arith(算术运算库)、std_logic_unsigned 等。

(2) STD 库。这种库是 VHDL 的标准库,含有标准程序包 standard,其中定义了多种常用的数据类型,均不加说明便可直接引用。另一个包含在其中的程序包 textio(文本文件输入输出)则需经说明后方可使用。

(3) WORK 库。这种库是当前作业库,主要包含在当前的设计单元中定义的类型、函数等。

(4) 用户库。由用户自己创建。设计者可以把一些自己需要经常使用的非标准(一般是自己开发的)包集合和实体等汇集成库,作为对 VHDL 标准库的补充。

VHDL 把设计库作为对多个项目进行组织和维护的手段。允许设计者在多个库中有选择地打开当前需要使用的库,未被打开的库则不能使用。WORK 库和 STD 库总会自动打开。

3. 如何打开库和程序包

利用 library 语句可以把库打开,以供后面的实体及其结构体引用。其语法形式为

```
library   库逻辑名表；
```

其中,库逻辑名表是一系列用逗号分隔的标识符。例如:

```
library vital,ieee;
```

对 STD 库和 WORK 库,不必使用 library 语句打开,它们总会被自动打开。利用 use 语句可打开选定的程序包。其语法形式为

```
use   程序包标识表；
```

其中,程序包标识表是一系列用逗号分隔的项目标识。

use 语句一般应在 library 语句后使用。其最后一个标识符可以是保留字 all,其含义是:打开由前面各标识符共同指定的程序包说明中的所有说明或者库中的所有单元。但是应当注意:如果使用了多个带有保留字 all 的 use 语句,则有可能出现被打开的对象之间重名的问题,因此应谨慎使用保留字 all。

还需要注意的是,library 语句和 use 语句的作用范围只限于紧跟其后的实体及其结构体。因此,如果一个程序中有一个以上的实体,则必须在每个实体的前面分别加上 library 语句和 use 语句,说明各实体及其结构体需要使用的库和程序包。

6.3 对象、类型和属性

6.3.1 对象

VHDL 涉及的对象(object)主要有 3 类,如表 6-1 所示。

表 6-1 3 类对象的含义和说明场合

对 象 类 别	含　义	说明语句的场合
信号	说明全局量	architectrue,package,entity
变量	说明局部量	process,function,procedure
常量	说明全局量	architectrue,package,entity,process,function,procedure

1. 信号

信号代表电路内部各元件之间的连接线,是实体间动态交换数据的手段。信号通常在实体、结构体和程序包中说明。信号说明语句的格式为

signal 信号名:信号类型[:初始值];

例如:

signal vcc: std_logic:= '1';

2. 变量

变量用于对暂时数据的局部存储,只能在进程语句和子程序中使用。其说明语句的格式为

variable 变量名 {,变量名,…}: 变量类型 [:=初始值];

例如:

variable a,b:std_logic;

3. 常量

常量是在仿真/综合过程中固定不变的值,但可通过其标识符引用。使用常量的主要目的是增加设计文件的可读性和可维护性。其说明语句的格式为

constant 常量名 {,常量名,…}:类型名[:=取值];

例如：

```
constant pi: real:=3.14159;
```

值得注意的是,应严格区别信号和变量的定义和使用。尽管它们都用来存储数据,但二者存在许多重要差别。

(1) 说明的形式与位置不同,作用范围也不同。信号可用于进程间的通信,变量则不行。

(2) 变量的赋值是立即生效的。对信号的赋值则是按仿真节拍进行的,还可以用 after 语句附加延时。

(3) 信号的赋值采用<=符号,而变量的赋值采用:=符号。

6.3.2 数据类型

VHDL 有非常严格的数据类型的规定。每个信号、常量、变量或表达式都必须有唯一的数据类型,以确定它能保持哪一类数据。一般来说,为对象或表达式分配数据时,不同类型的数据不能混用;每个对象和表达式的类型在仿真之前便确定下来,不再改变。

1. 标准数据类型

VHDL 共提供了 10 种标准的数据类型,不需说明库和程序包便可直接引用。下面分别给出其保留字并稍加解释。

(1) integer(整数)。取值范围为 $-2^{31}+1 \sim 2^{31}-1$,主要用于表示总线(如多位计数器的输出)的状态,不能直接按位操作,也不能进行逻辑运算。

(2) real(实数)。取值范围为 $-1.0E+38 \sim +1.0E+38$,主要用于硬件方案的研究或实验。

(3) bit(位)。只有两种取值,即 0 和 1,可用于描述信号的取值。

(4) bit-vector(位向量)。是用双引号括起来的一组位数据,每位只有两种取值: 0 和 1。在其前面可以加上数制标记,如 x(十六进制)、b(二进制,默认)、o(八进制)等。常用于表示总线的状态。

(5) boolean(布尔量)。又称逻辑量。有真、假两种状态,分别用 true 和 false 标记。用于关系运算和逻辑判断。

(6) character(字符)。是用单引号括起来的一个字母、数字或 $ 、@、%等字符,字母区分大小写。

(7) string(字符串)。是用双引号括起来的由字母、数字或 $ 、@、%等字符组成的串,字母区分大小写。常用于程序的提示和说明等。

(8) time(时间)。由整数值、一个以上的空格以及时间单位等组成。常用单位有 fs(飞秒)、ns(纳秒)、μs(微秒)、ms(毫秒)、s(秒)、min(分)等。常用于指定器件延时和标记仿真时刻。

(9) severity level(错误等级)。分 note(注意)、warning(警告)、error(出错)、failure(失败)4 级,用于提示系统的错误等级。

(10) natural(自然数)。是整数类型的子类型,其取值范围为 $0 \sim 2^{31}-1$。

除了这些标准数据类型之外,还有两种 ieee 库定义的数据类型也很常用。它们是与 bit 类型对应的 std_logic 类型和与 bit-vector 类型对应的 std_logic_vector 类型。这两种类型均可以有 9 种取值,特别是增加了不定态 x 和高阻态 z,对信号和总线的描述能力大大增强,因此使用非常广泛。由于它们存放在 ieee 库的 std_logic_1164 程序包中,使用前也必须使用 library 和 use 语句加以说明。在前面的例子中就是这样做的。

2. 用户自定义数据类型

除了可使用 VHDL 提供的标准数据类型之外,设计者还可以自己建立新的数据类型及子类型。新构造的数据类型及子类型通常在包集合中说明,以便重用和供多个设计共用。数据类型说明语句的一般形式是

> **type** 数据类型名 **is** [数据类型定义];

常用的用户自定义数据类型有以下 3 个:

(1) 枚举类型。通过列举某类变量所有可能的取值来加以定义。对这些取值,一般使用自然语言中有相应含义的单词或字符序列代表,以便于阅读和理解。枚举类型的具体定义格式为

> **type** 数据类型名 **is (**元素 1,元素 2,…**);**

例如,在程序包 std_logic_1164 中对 std_logic 的定义为

> type std_logic is ('u','x','0','1','z','w','l','h','-');

(2) 数组类型。又称为向量,是多个相同类型的数据的集合。VHDL 既支持一维数组也支持多维数组。其定义的格式为

> **type** 数据类型名 **is array (**范围**) of** 元素类型名;

其中,范围规定数组下标的类型和范围。默认的下标类型是整数,也可以使用其他数据类型,如枚举类型等,这时需在范围中标明下标的类型。例如:

> type table1 is array(0 to 15, 0 to 7) of std_logic;

(3) 记录类型。是多个不同类型的数据的集合。

此外,设计者还可以对已定义的数据类型的取值范围加以限制,形成新的数据类型,称为用户定义的子类型。子类型定义的一般格式为

> **subtype** 子类型名 **is** 数据类型名 [范围];

例如,可定义一种适用于数码管的数据类型 digit:

> subtype digit is integer range 0 to 9;

除了定义新的数据类型之外,设计者还可以通过限制和约束已有的数据类型达到同样的目的。例如,可以使用 range 子句将 integer 类型信号 digit 的取值限制为 0~9:

> signal digit: integer range 0 to 9;

同样,可以限制 std_logic 类型,得到取值限制为 x、0、1 或 z 的变量 var1:

> variable var1 std_logic range 'x' to 'z'

3. 数据类型的转换

VHDL 的程序包中提供了多种转换函数,使得某些类型的数据之间可以相互转换,以实现正确的赋值操作。常用的类型转换函数如下:

(1) conv_integer( )函数。将 std_logic_vector 类型转换成 integer 类型。

(2) conv_std_logic_vector( )函数。将 integer 类型、unsigned 类型或 signed 类型转换

成 std_logic_vector 类型。该函数有两个输入参数：待转换对象和目标位长度。

（3）to-bit()函数。将 std_logic 类型转换成 bit 类型。

（4）to-bitvector()函数。将 std_logic_vector 类型转换成 bit-vector 类型。

（5）to-stdlogic()函数。将 bit 类型转换成 std_logic 类型。

（6）to-stdlogicvector()函数。将 bit-vector 类型转换成 std_logic_vector 类型。

其中，第一个函数由 std_logic_unsigned 程序包定义，第二个函数由 std_logic_arith 定义，其余均由 std_logic_1164 定义。引用前必须先打开库和相应的程序包。

除可使用转换函数进行类型转换外，对两个关系密切的简单（标量）类型，如 integer 与 real、unsigned 与 bit-vector、unsigned 与 std_logic_vector 等，还可以使用类型标记（即类型名）实现类型转换。

4. 运算符

VHDL 中共有 4 类运算，即算术运算、关系运算、逻辑运算和符号运算，相应的运算符如表 6-2 所示。

表 6-2　VHDL 中的运算符

类　　型	运算符	功　　能	操作数数据类型
算术运算符	＋	加	整数
	－	减	整数
	&	并置	一维数组
	*	乘	整数和实数（包括浮点数）
	/	除	整数和实数（包括浮点数）
	mod	取模	整数
	rem	取余	整数
	sll	逻辑左移	位或布尔型一维数组
	srl	逻辑右移	位或布尔型一维数组
	sla	算术左移	位或布尔型一维数组
	sra	算术右移	位或布尔型一维数组
	rol	逻辑循环左移	位或布尔型一维数组
	ror	逻辑循环右移	位或布尔型一维数组
	**	乘方	整数
	abs	取绝对值	整数
关系运算符	＝	等于	任何数据类型
	/＝	不等于	任何数据类型
	＜	小于	枚举与整数及对应的一维数组
	＞	大于	枚举与整数及对应的一维数组
	＜＝	小于或等于[①]	枚举与整数及对应的一维数组
	＞＝	大于或等于	枚举与整数及对应的一维数组

续表

类　型	运算符	功　能	操作数数据类型
逻辑运算符	and	与	位、布尔量和 std_logic
	or	或	位、布尔量和 std_logic
	nand	与非	位、布尔量和 std_logic
	nor	或非	位、布尔量和 std_logic
	xor	异或	位、布尔量和 std_logic
	xnor	异或非	位、布尔量和 std_logic
	not	非	位、布尔量和 std_logic
符号运算符	+	正	整数
	—	负	整数

① ＜＝也可用于表示信号赋值。

需要提醒的是,由于 VHDL 有非常严格的数据类型规定,因此在编写 VHDL 程序时,必须保证操作数的类型与运算符所要求的类型一致,否则就必须重新定义操作数的类型或者换成相应的运算符,当然也可以使用有关的类型转换函数。

6.3.3　VHDL 的属性

VHDL 中的属性是用来反映和影响硬件行为的,使得 VHDL 设计文件更加简明扼要,容易理解。属性在描述时序逻辑电路的 VHDL 设计文件中几乎处处可见,例如,利用属性检测信号上升沿、下降沿,知道前一次发生的事件,等等。VHDL 的属性可分为数值类属性、函数类属性、信号类属性、类型类属性和范围类属性。其引用的一般形式均为

对象'属性

下面介绍最常用的数值类属性、信号函数类属性和信号类属性。

1. 数值类属性

数值类属性用于返回数组、块或一般数据的有关值,如边界、数组长度等。对一般数据,有 4 种数值类属性:对象类型的左边界、右边界、上边界和下边界,对应的保留字依次是 left、right、high 和 low。数组还有一个长度属性 length。

例 6-7　数值类属性的使用。

```
type bit32 is array(63 downto 32) of bit;
    variable left-range,right-range,uprange,lowrange,len:integer;
begin
    left-range:=bit32'left;        --return 63
    right-range:=bit32'right;      --return 32
    uprange:=bit32'high;           --return 63
    lowrange:=bit32'low;           --return 32
    len:=bit32'length;             --return 32
    ...
```

本例中,数组 bit32 的下标是整数 63 到 32,所以利用 LEFT 属性求得的左边界为 63,赋给变量 left-range。同时求得右边界为 32,赋给变量 right-range。上边界、下边界分别与左边界、右边界相对应,也得到相同的值。数组的长度为 32,赋给变量 len。

2. 信号函数类属性

信号函数类属性属于函数类属性,用来返回有关信号行为功能的信息。共有 5 种信号函数类属性,分别是:event(事件)反映信号的值是否变化,active(活跃)反映信号是否活跃,last-event 和 last-active 分别反映从最近一次事件和活跃到现在经过了多长时间,last-value 反映信号变化前的取值。其中,最常用的属性是 event,当在信号上发生了跳变(0 变 1 或 1 变 0)时该属性能马上响应,其取值立即由假变为真。这对检查时钟的边沿触发是很有效的。假设 clk 为时钟信号,则可以用逻辑表达式

```
clk'event and clk='1'
```

判断时钟的上升沿是否到来并采取相应的处理。显然,只有当 clk = '1' 和 clk'event 都为真时,该逻辑表达式才能为真。这时,时钟处于高电平而且刚刚发生过跳变,当然说明时钟的上升沿刚刚到来。同理,可以用逻辑表达式

```
clk'event and clk='0'
```

判断时钟的下降沿是否到来并执行相应的操作。

信号的"事件"和"活跃"是两个不同的概念,必须严格区分。信号的活跃定义为信号值的任何变化。信号值从 1 变为 0 是一个活跃实例,而从 1 变为 1 也是一个活跃实例,唯一的准则是发生了事情,这种情况被称为一个事务处理(transaction)。然而,事件则要求信号值发生变化。信号值从 1 变为 0 是一个事件,而从 1 变为 1 虽是一个活跃却不是一个事件。所有的事件都是活跃,但并非所有的活跃都是事件。

3. 信号类属性

信号类属性的作用对象是信号,其结果也是一个信号。共有 4 种信号类属性。

(1) delayed[(time)],即延时:该属性将使受它作用的信号产生延时,延时值由括号内的时间表达式所确定。

(2) stable[(time)]。用于监测信号在规定时间内的稳定性。若在括号内的时间表达式所说明的时间内受它作用的信号没有发生事件,则该属性的结果为真。

(3) quiet[(time)]。用于监测信号在规定时间内是否安静。若在括号内的时间表达式所说明的时间内受它作用的信号没有发生转换或其他事件,则该属性的结果为真。

(4) transaction。用于检测信号发生的转换或事件。当有转换或事件发生时,该属性的值也将发生改变。

利用 delayed 属性可以产生所需的延时,其他 3 种信号类属性则与信号函数类属性 Event 等一样,可以用于监测/检测一般信号的转换或事件。

6.4 VHDL 的功能描述方法

如前所述,在 VHDL 中主要由结构体描述要设计的单元的内部特性,共有以下 3 种描述方法:

(1) 结构描述。描述该设计单元的硬件结构,即该硬件是如何构成的。主要使用元件例化语句及配置指定语句描述元件的类型及元件的互连关系。

(2) 数据流描述。以类似于寄存器传输级的方式描述数据的传输和变换。主要使用并

行的信号赋值语句,既显式表达了该设计单元的行为,也隐式表达了该设计单元的结构。

（3）行为描述。描述该设计单元的功能,即该单元能做些什么。主要使用函数、过程和进程语句,以算法形式描述数据的变换和传送。

其中,行为描述的抽象能力最强,但因与硬件电路之间没有明确的对应关系,目前仍不为大多数 VHDL 综合工具所支持,主要用于理论研究和系统级的建模与仿真;其他两种方法既可用于仿真也可用于综合,因而被各种 EDA 工具所普遍接受。考虑到在实际设计中,行为描述与数据流描述之间并没有很明确的界限,3 种描述方法也经常混合使用,因此本节将行为描述与数据流描述放在一起介绍,合称为功能描述。以下将分别介绍可用于功能描述的并行描述语句和顺序描述语句,举例说明它们的用法及异同。

6.4.1　并行描述语句

在 VHDL 的结构体中没有规定语句的执行次序,所有的语句都可以同时执行。在任一时刻,每个语句是否执行仅取决于该语句中的敏感信号是否发生了新的变化。敏感信号每发生一次新的变化,该语句就执行一次,而不受其他语句的影响。之所以这样规定,是为了模拟硬件电路本身的并行性。在实际的硬件电路中,各部分都相对独立、并行地工作,没有人能为它们规定工作的顺序。

并行描述语句主要包括信号赋值语句、进程语句、块语句等。有些语句(如信号赋值语句)既可描述并行行为,又可描述顺序行为,而且两种用法的格式相同。进程语句和块语句都是复合语句,其内部可包含多条语句。作为一个整体,它们在结构体内并行工作,但其内部所包含的各条语句又是按书写次序顺序执行的。

1. 信号赋值语句

信号赋值语句是 VHDL 中进行功能描述的最基本的语句,其常用的格式为

目的信号量<=表达式;

其作用是将表达式的值赋予目的信号量。表达式中至少有一个敏感信号,每当敏感信号改变其值时,就执行该信号赋值语句。具有延时的信号赋值语句格式为

目的信号量<=表达式 after 延时量;

其含义是当表达式中的敏感信号改变其值时,要在由延时量规定的延时后才将表达式的值赋予目的信号量。

使用信号赋值语句时,必须保证表达式的类型和目的信号量的类型相同。

例 6-8　以下是使用信号赋值语句描述的译码器,两个输出中 y1 考虑了元件的延时。

```
entity decoder1 is
  port(a15,a14,a13:in bit;
       y0,y1:out bit);
end decoder1;
architecture behav of decoder1 is
begin
    y0<=(not a15) and a14 and a13;
    y1<=(not a15) and a14 and a13 after 5 ns;
end behav;
```

上面介绍的信号赋值语句属于无条件赋值,只要敏感信号变动它就执行。此外,还有两

种有条件的赋值语句,分别称为条件信号赋值语句和选择信号赋值语句。它们都包括多个附带条件值的赋值子句,需根据条件表达式的取值决定将哪一个信号表达式赋值给目的信号量。条件信号赋值语句的一般形式为

```
目的信号量<=信号表达式 1 when 条件 1 else
        信号表达式 2 when 条件 2 else
        ...
        信号表达式 n;
```

选择信号赋值语句的一般形式为

```
with 条件表达式 select
        目的信号量<=信号表达式 1 when 条件 1,
        信号表达式 2 when 条件 2,
        ...
        信号表达式 n when 条件 n;
```

需要注意的是,在选择信号赋值语句中,前几个 when 子句都以逗号结束,只有最后一个 when 子句以分号结束。

下面的例 6-9 使用了两个条件赋值语句。它的设计思路是用信号 sel 代表控制信号的当前取值,再由 sel 决定选择 4 个输入中的一个送给输出 q。

例 6-9　四选一数据选择器。

```
library ieee;
use ieee.std_logic_1164.all;
    entity mux4 is
      port(i0,i1,i2,i3,a,b:in std_logic;
            q:out std_logic);
    end mux4;
    architecture behav of mux4 is
      signal sel:integer;
    begin
      q<=i0 after 10 ns when sel=0 else
            i1 after 10 ns when sel=1 else
            i2 after 10 ns when sel=2 else
            i3 after 10 ns;
    sel<=0 when a='0' and b='0' else
            1 when a='1' and b='0' else
            2 when a='0' and b='1' else
            3;
    end  behav;
```

从程序的先后顺序上看,例 6-9 中的程序好像不能工作,因为计算 sel 在使用 sel 之后。但实际上,此程序是正确的,因为位于结构体内的两个条件赋值语句是并行工作的。第二个条件赋值语句对信号 A 和 B 敏感,每当 A、B 的值发生变化时便会执行该句,更新信号 sel;第一个条件赋值语句对信号 sel 敏感,每当 sel 的值发生变化时,便会执行该句,按 sel 的值选择数据送至输出端。

下面再给出一个实例,描述的是用于驱动共阴极数码管的七段译码器,利用与真值表对应的选择赋值语句实现。

例 6-10　以下是用于驱动共阴极数码管的七段译码器的描述,它显示十六进制数字 0～F。

```
entity seg7 is
port(seg:in integer range 0 to 15;
     led:out bit_vector(0 to 6));
end seg7;
architecture behav of seg7 is
  begin
--segment a,b,c,d,f,g
        led<=('1','1','1','1','1','1','0') when seg=0 else
             ('0','1','1','0','0','0','0') when seg=1 else
             ('1','1','0','1','1','0','1') when seg=2 else
             ('1','1','1','1','0','0','1') when seg=3 else
             ('0','1','1','0','0','1','1') when seg=4 else
             ('1','0','1','1','0','1','1') when seg=5 else
             ('1','0','1','1','1','1','1') when seg=6 else
             ('1','1','1','0','0','0','0') when seg=7 else
             ('1','1','1','1','1','1','1') when seg=8 else
             ('1','1','1','1','0','1','1') when seg=9 else
             ('1','1','1','0','1','1','1') when seg=10 else
             ('0','0','1','1','1','1','1') when seg=11 else
             ('1','0','0','1','1','1','0') when seg=12 else
             ('0','1','1','1','1','0','1') when seg=13 else
             ('1','0','0','1','1','1','1') when seg=14 else
             ('1','0','0','0','1','1','1'));
        end behav;
```

例 6-10 的仿真波形如图 6-2 所示。

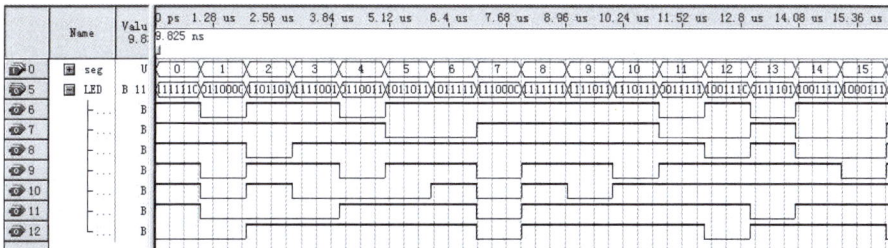

图 6-2 例 6-10 的仿真波形

2. 进程

进程在 VHDL 中起着非常重要的作用，对描述时序电路的行为尤其如此。VHDL 的结构体中可以有多个进程语句，其内部可以包含多条语句。VHDL 规定：各进程语句之间是并行关系，进程内部各语句之间是顺序关系，仍按照它们的排列次序执行。进程语句的一般形式如下：

```
[进程标号:]process (敏感信号表)
    [进程说明区]
        begin
         语句部分;
        end process[进程标号];
```

进程标号是该进程的文字标号，是可选项。语句部分则是一段顺序执行的程序，定义该进程的行为。

进程说明区定义该进程所需的局部数据环境，包括子程序说明、属性说明和变量说明等。变量说明的一般形式为

184

> **variable** 定义变量表:
> 类型说明初始值[:=初值];

可以在进程或子程序中说明和使用变量。对变量赋值的一般形式为

> 变量名:=表达式;

如果某个进程正在执行中,则称该进程处于活跃状态;否则,称其处于挂起状态。可以激活某进程的信号称为该进程的敏感信号,它可以有一个或多个。每当其中一个或多个信号值改变时,便启动进程,执行进程中的语句。在执行完进程的最后一条语句后,便会自动返回进程的第一条语句,等待进程再次被激活。

进程的执行过程可以由 wait 语句控制。wait 语句有以下 4 种形式:

> **wait;**
> **wait on** 敏感信号表;
> **wait until** 条件表达式;
> **wait for** 时间表达式;

第一种形式的 wait 语句将进程无限期地挂起。执行了这种形式的 wait 语句之后,进程将在整个模拟期间保持挂起状态而不会再次被激活。

第二种形式的 wait 语句中列出了敏感信号表,当其中任何一个信号有事件发生(信号值改变)时,该进程就会被重新激活。

第三种形式的 wait 语句给出了一个条件表达式,当该条件表达式取值为真时,进程被再次激活。

第四种形式的 wait 语句给出了一个进程被挂起的最长时间,一旦超过了这个时间,进程就会被再次激活。

可以将上述各种条件结合使用,从而形成更为复杂的条件。下面给出例子。

例 6-11   wait 语句的使用。

```
process
  variable count:integer:=0;
  begin
    count:=count+1;
    wait for 1000 ns;
  end process;
```

上面的程序在 process 后没有敏感信号,但使用了 wait for 1000 ns;语句,使进程语句可以每隔 1000ns 被激活一次。当进程被激活后,执行 count+1,然后被挂起,等待 1000ns 后再次被激活。显然,该进程的作用是以 1000ns(1µs)为单位进行计数。

每当进程语句敏感信号表中的信号的值发生变化时,就要执行进程语句内部的顺序执行语句,得到的结果可以加在输出信号上,也可被其他进程读取。当进程的最后一句执行完后,进程就被挂起。待到敏感信号再次发生变化时,再从第一句起依次执行。

一个结构体中包含的所有进程语句都可以在任何时候被激活,所有被激活的进程是并行执行的。下面以 2-4 译码器程序为例,说明进程语句是如何进行工作的。

例 6-12   利用进程语句描述 2-4 译码器。

```
library  ieee;
use ieee.std_logic_1164.all;
```

```
entity decoder is
  port(a,b:in std_logic;
       y0,y1,y2,y3:out std_logic);
end decoder;
architecture behav of decoder is
begin
  process(a,b)
  begin
    y0<=(not a) and (not b);
    y1<=(not a) and b;
    y2<=a and (not b);
    y3<=a and b;
  end process;
end behav;
```

每当在进程敏感信号表中的输入信号 a、b 的值发生变化时,进程中的顺序语句就被执行。本例不像例 6-11 那样需等待 1000ns 以后再激活进程,而是只要 a、b 的值一发生改变就使进程激活,从第一句开始顺序执行各条语句。

3. 并行断言语句

并行断言语句和 6.4.2 节介绍的断言语句在语法上具有相同的形式,它等价于含有同一断言语句的进程语句。并行断言语句可以出现在结构体或实体说明中,因为它不对任何信号赋值,它的等价进程语句是一个被动的进程。具体的格式和用法参见 6.4.2 节的"断言语句"部分。

4. 块语句

块可以看作结构体中的子模块。保留字 block 和 end block 形成一个语法括号,把许多并行语句包装在一起形成一个子模块。按照规定,结构体中的语句都是并行执行的,因此加或不加这一对保留字并不对语义有什么影响。

block 语句的语法形式如下:

```
块标号: block [(保护条件)]
           [块说明部分]
           BEGIN
           并行语句;
       end block 块标号;
```

保护条件是一个布尔表达式,是可选项。如果选择使用了保护条件,则称为带保护的块语句(guarded block),只有当该条件为真时,块中的语句才被执行。

下面给出一个用 block 语句描述锁存器行为的例子。该锁存器是一个 D 触发器,具有数据输入端 d、时钟输入端 clk、输出端 q 和反相输出端 qb。只有 clk 有效时(clk="1"),输出端 q 和 qb 才会随 D 端输入数据的变化而变化。

例 6-13 使用带保护的块语句描述锁存器的行为。

```
entity latch is
  port(d,clk:in bit;
       q,qb:out bit);
  end latch;
architecture latch-guard of latch is
begin
b1:block(clk='1')
```

```
      begin
        q<=guarded d after 5ns;
        qb<=guarded not(d) after 6ns;
      end block b1;
    end latch-guard;
```

在块中的两个信号赋值语句都有关键词 guarded,表示只有当保护条件表达式为真时这两个语句才被执行,称为带保护的信号赋值语句,是 VHDL'93 新增加的语句。

这样,当端口 clk 的值为 1 时,保护条件的布尔表达式为真,d 端的输入值经 5ns 延时后从 q 端输出,并且对 d 端的值取反,经 7ns 后从 qb 端输出。当端口 clk 的值为 0 时,d 端到 q、qb 端的信号传递通道将被切断,q 端和 qb 端的输出保持原状,不随 d 端值的变化而改变。

6.4.2 顺序描述语句

VHDL 提供了丰富的顺序描述语句,用来定义进程、过程或函数的行为。所谓"顺序",意味着按照各语句的排列次序执行,而且前面语句的执行结果可能会影响后面语句的执行及其结果。顺序描述语句包括 wait 语句、变量赋值语句、信号赋值语句、if 等条件控制类语句和 loop 等循环控制类语句。wait 语句、变量赋值语句和信号赋值语句的形式和用法与对应的并行描述语句完全相同。下面仅对其他几种最常用的语句——if、case、for、while-loop、exit、next 和 assert 进行讨论。

1. if 语句

if 语句的含义是计算各条件表达式的取值,执行取值为真的条件表达式所对应的语句。

完整的 if 语句形式如下:

if 条件 then
      语句;
    else
      语句;
end if;

或

if 条件 then
    语句;
      elsif 条件 then
  else 语句;
end if;

不完整的 if 语句形式如下:

if 条件句 then
      顺序语句;
end if;

或

if 条件句 then
      if 条件句 then;
      …
      end if
end if

其中需要注意的是,在用 if 语句描述组合电路时,一定要用完整的 if 语句,同时,在描述每种条件下的输出语句状态时也要完整,避免引入锁存器。

例 6-14 用 VHDL 设计家用报警系统的控制逻辑。它有以下信号:来自传感器的 3 个输入信号——smoke(烟雾)、door(撬门)、water(水位);低电平有效的输入允许信号 en;报警允许信号 alarm-en;3 个用于驱动报警器的输出信号——fire-alarm(火灾)、burg-alarm(偷盗)、water-alarm(水淹),高电平有效。当某个输入信号为低电平且允许报警时,便将相应的报警输出置为高电平。其 VHDL 描述如下:

```
library ieee;
  use ieee.std_logic_1164.all:
  entity alarm is
    port(smoke,door,water: in std_logic;
      en,alarm-en: in std_logic;
        fire-alarm,burg-alarm,water-alarm:out
  std_logic);
  end alarm;
architecture alarm-behav of alarm is
begin
  process(smoke,door,water,en,alarm-en)
begin
    if ((smoke='1') and (en='0')) then
      fire-alarm<='1';
    else
      fire-alarm<='0';
    end if:
if ((door='1') and ((en='0') and (alarm-en='0'))) then
burg-alarm<='1';
  else
burg-alarm<='0';
  end if:
if ((water='1')and(en='0')) then
water-alarm<='1':
  else
water-alarm<='0';
end if;
  end process;
  end alarm-behav;
```

2. case 语句

case 语句的一般形式是

case 表达式 is
{when 条件值=>顺序语句;}
end case;

其中的表达式必须是离散类型或一维数组类型,when 子句按条件值表示方式的不同有 4 种变化形式,分别用于单个条件值、多个条件值、离散取值区间和默认情况:

when 值 =>语句;
when 值|值=>语句;
when 离散取值区间=>语句;
when others=>语句;

case 语句根据所给表达式的值选择执行相应的分支(when 子句)中=>后面的语句。

case 语句不限制分支的数量,但不允许两个分支具有同一条件值,即各分支必须互斥;并且 case 语句中所有分支合起来应包括表达式值域中的全部值,即分支又必须是完备的;如果使用 others 分支,至多只能使用一个,而且必须放在最后面。

对前面的七段译码器例子(见例 6-10)可以使用 case 语句改写。其中,case 后面的表达式是 seg。case 语句将根据输入 seg 的值,检查各分支中 when 后所列值是否与 seg 的值相等。如果有,就执行该分支列出的语句;否则执行 others 语句行,结束 case 语句。

3. for 语句

for 语句属于计数型循环,其一般形式为

```
[循环标号:] for 循环变量 in 循环范围 loop
    [语句;]
    end loop [循环标号];
```

其格式和意义与 Pascal 和 BASIC 语言中的 for 语句相近,都是将所包含的语句重复执行规定的次数,具体的次数由循环范围指定。例如,下面一段程序可以计算两位二进制数的平方数。

```
for i in 1 to 3 loop
    a(i):=i*i;
end loop;
```

其中,循环变量为 i,循环范围为 1 to 3,计算 i 的平方并赋给数组元素 a(i)。

4. while-loop 语句

while-loop 语句属于当型循环,其一般形式为

```
[循环标号:] while 条件 loop
        语句;
end loop [循环标号];
```

其中的条件是一个布尔表达式。在每次执行循环前先检查条件,若为真则执行循环,否则结束循环。

5. exit 语句

exit 语句用于强制退出循环,转去执行循环语句之后的语句,常用于非正常退出(如错误处理)等情况。EXIT 语句有两种形式:

```
exit [循环标号];
exit [循环标号] when 条件;
```

其中,第一种是无条件退出,第二种只在条件满足时才退出。

6. next 语句

next 语句与循环语句一起使用,构成另一种结构,该语句控制循环提前进入下一次迭代(而不是结束循环)。next 语句的语法形式为

```
next [循环标号] [when 条件];
```

循环标号和 when 条件都是可选项。执行了 next 语句后,控制就转移到由循环标号表示的循环体的尾部(如果未给出循环标号,就转到当前循环的尾部),并且开始新的一轮循环。

7. 断言语句

断言语句的语法形式如下:

```
assert    条件
report    "输出信息"
severity  严重级别;
```

当条件不满足(为假)时,系统的输出设备将输出要报告的信息、信息的严重级别以及断言语句所在设计单元的名字。严重级别共分 4 级:注意(note)、警告(warning)、出错(error)和失败(failure)。断言语句不直接描述硬件,主要用于模块的预处理和调试、查错。

在前面的例子中已经使用了断言语句监测和报告异常情况。下面再给出一个 RS 触发

器的设计实例。其中的断言语句用于检查 RS 触发器中的输入信号,指明不允许 r 和 s 同时为 1。如果出现了这种情况,模拟器将报告有关出错信息。

例 6-15 断言语句用法举例。

```
entity rsff is
port(s, r:in bit;q, qbar:out bit);
end rsff;
architecture examp of rsff is
begin
process
variable last-sta:bit:='0';
begin
assert not(s='1' and r='1')
report "both s and r equal to '1'!"
severity error;
    if s='0' and r='0' then
        last-sta:=last-sta;
    elsif s='0' and r='1' then
        last-sta:='0';
    else s='1' and r='0'
        last-sta:='1';
    end if;
    q<=last-sta after 2 ns;
    wait on r, s;
  end process;
end examp;
```

在本例中,还利用了进程和 if 语句,一旦 r 或 s 发生变动,便根据 r 或 s 当前的取值以及触发器的现态 last-sta 共同确定触发器的次态,次态的值仍存入变量 last-state 并同时输出到端口 q。

6.5 VHDL 的结构描述方法

对一个硬件进行结构描述,就是要描述它由哪些元件组成以及各元件之间的互连关系。具体地说,由实体说明元件、端口与信号,由结构体描述元件之间的连接关系以及端口与元件中信号的对应关系。

其中,元件是硬件的描述,即门电路、芯片或者电路板,主要由 component 语句说明;端口是元件与外界的连接点,数据通过端口进入或流出元件;而信号则是硬件连线的一种抽象表示,它既能保持变化的数据,又可以连接各个元件对应的端口。端口信号和信号都由 port 语句说明,前面已经介绍过了。

结构描述方法能很好地体现层次化设计的优点。设计者可以将已有的设计成果方便地应用到新设计中,提高设计的效率。结构描述也比行为描述更加具体化,其结构非常清晰,与电路原理图有直接的对应关系,但同时,它也要求设计者必须具备足够的硬件设计知识。行为描述的基本单元是进程语句,而结构描述则主要依靠元件说明(component)语句和元件调用(port map)语句。

元件说明语句的一般格式为

component 元件名

```
port(端口名:端口类型);
end component;
```

该语句说明元件的外部特性(端口名、类型、流向)。它既可以出现在结构体中,又可以出现在程序包中。元件说明语句与元件调用语句配合使用。

元件调用语句又称为元件例化语句,用于引用在较低层次模块中已经定义好的元件。其一般的语法形式为

```
调用标号: 元件名
[genetic (类属关联表);]
port map (端口关联表);
```

其中的类属(genetic)说明部分是可选项,用来传递类属参数。调用标号可看作实例元件(通过调用建立的元件)的名字,即底层元件名。模板元件名就是在 component 语句中说明的元件名。component 语句中说明的端口称为形式端口。在元件调用语句中,类属关联表把顶层元件中的类属参数传递给底层元件;端口关联表将形式端口与实际对象联系起来。此实际对象必须是信号类型,可以有两种情况:一种是实际对象是已被说明的信号;另一种是实际对象是已在实体中被说明的形式端口,该实体必须与此元件调用语句所在的结构体相对应。

VHDL 要求实际对象和形式端口之间的关联必须满足以下条件:二者数据类型一致,数据流方向一致(或不冲突),决断性一致。

例 6-16   半加器和全加器的实现。

半加器的实现代码如下:

```
library ieee;
use ieee.std_logic_1164.all;
entity half_adder is
port(a,b:in std_logic;
     s,co:out std_logic);
end half_adder;
architecture rtl of half_adder is
begin
s<=a xor b;
co<=a and b;
end rtl;
```

全加器的实现代码如下:

```
library ieee;
use ieee.std_logic_1164.all
entity full_adder is
port(a,b,cin:in std_logic;
     s,co:out std_logic);
end full_adder;
architecture str of full_adder is
component half_adder
port(a,b:in std_logic;
     s,co:out std_logic);
end component;
signal u0_co,u0_s,u1_co:std_logic;
begin
```

```
u0:half_adder port map(a,b,u0_s,u0_co);
u1:half_adder port map(u0_s,cin,s,u1_co);
co<=u0_co or u1_co;
end str;
```

在例 6-16 中,全加器的实现使用元件语句说明了需引用的两个底层元件,它们是已由其他设计文件(半加器)描述并编译好的,利用 port map 语句各对应一个实例元件。每个语句均按引用的元件的名称与对应的 component 语句相关联;调用语句的端口关联表中的各端口也按位置与 component 语句中说明的各元件端口建立对应关系。

这样,利用元件调用语句中的元件名部分说明电路由哪些底层元件组成;通过端口映射说明各个底层元件的引脚与模块端口的对应关系,并借助定义的内部信号名说明各个底层元件之间的连接关系,从而完成对模块内部结构的描述。这里,内部信号起到了硬件电路中的连接线和中间节点的作用。结合图 6-3 给出的逻辑电路,便很容易理解这个例子。

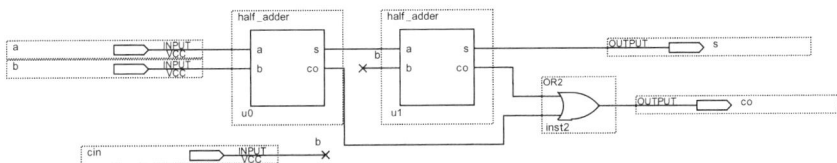

图 6-3　全加器逻辑电路

图 6-3 同时也展示了一种编写结构描述程序的直观方法(称为框图法),即模仿逻辑电路图的绘制方式——用框图表示当前设计单元的组成和内部连接关系,然后对照该框图编制 VHDL 程序。其主要步骤如下:

(1) 绘制框图。确定当前设计单元中需要用到的模块的种类和个数。每个模块用一个图符(称为实例元件)代表,只标出其编号、功能(可用图符区别或文字注记)和接口特征(端口及信号流向),而不关心其内部细节。

(2) 按照元件说明语句的格式,编写设计文件的元件说明部分,每种模块分别用一个元件说明语句说明。

(3) 为各实例元件之间的每条连线都起一个唯一的名字,称为信号名。利用 signal 语句对这些信号分别予以说明。

(4) 根据实例元件的端口与模板元件的端口之间按位置映射的原理,对每个实例元件均可写出一个调用语句。

(5) 至此,设计文件的主体部分已建立起来,再添加必要的框架,整个设计文件的编写就完成了。

通过本例也可以看出结构描述方法在设计中起着重要的作用。

6.6　过程和函数

VHDL 在其提供的程序包和库中已经预先定义了多种过程(procedure)和函数(function),也允许设计者自己定义新的过程和函数以补充和增强 VHDL 的基本功能。设计者可以将自己定义的过程和函数组织在程序包和库中,以便复用和共享。

在 VHDL 中,将过程和函数统称为子程序,其中的过程、函数和子程序的含义都和其他高级语言中的对应概念相当,即可由主程序调用并将处理结果返回主程序的程序模块。与 C 语言中的情况一样,VHDL 中的子程序在每次调用时均重新进行初始化,其内部变量的值不能保持,执行结束后子程序即终止。而且,VHDL 中的子程序是不可重入的,必须在返回以后才能被再次调用。

1. 过程的定义和调用

1) 过程的定义

在 VHDL 中,过程语句的定义格式如下:

```
procedure 过程名(输入输出参数表) is
    ［定义语句］;
begin
    ［顺序处理语句］;
end 过程名;
```

其中,输入输出参数表中应包括该过程用到的所有输入和输出参数。参数的定义格式与 port 语句中的信号定义格式相同,即

```
参数名：输入输出类型 数据类型;
```

在定义语句部分主要进行变量等的定义。请看下面的例子。

例 6-17 完成将位向量转换为整数的过程语句。

```
procedure
vector-to—integer(b:in std_logic_vector;
                   d: out integer) is
  begin
    d:=0;
    for i in b'range loop
      d:=d*2;
      if(b(i)=1) then
        d:=d+1;
      end if;
    end loop;
end vector-to-integer;
```

该过程有两个参数：b 是输入(in)参数,代表需要转换的位向量;d 为输出(OUT)参数,代表转换的结果。该过程依据的算法就是将二进制数转换为十进制数时常用的按位权值加权求和的算法。在 for 循环中,使用了数组属性 range(下标范围)作为循环变量的变化范围。

与进程(process)结构相同,过程结构中的各条语句也是顺序执行的。调用者在调用过程前应先将初始值传递给过程的输入参数(类型为 in),输入参数在过程中作为常数。然后过程语句启动,按顺序执行过程结构中的语句,执行结束时将输出值复制到调用者的 out 和 inout 类型的变量或信号中。如果没有特别指定,就将值传递给变量。

如果没有特别指定,就将值传递给变量。如果调用者需要将输出 out 和输入输出作为信号使用,则应在相应的过程参数名前面加上保留字 signal。

2) 过程的调用

对过程的调用非常简单,以一个利用双向变量计算整数平均值的过程为例。该过程定义在程序包 intpack 中,利用了一个记录类型的双向变量 x。x 的 bus-val 字段包含输入的 8

个整型数据,过程将计算它们的平均值并写入 x 的 average-val 字段,待过程执行完毕后返回给调用它的进程。

例 6-18 过程调用示例。

```
package intpack is
    type bus-start-vec is array(0 to 7) of integer;
    type bus-start-t is
      record
        bus-val: bus-start-vec;
        average-val: integer;
      end record;
    procedure bus-average(x: inout bus-stat-t);
end intpack;
package body intpack is
    procedure bus-average(x: inout bus-stat-t) is
    variable total: integer:=0;
    begin
      for i in 0 to 7 loop
        total:=total+x.bus-val(i);
      end loop;
      x.average-val:=total/8;
    end bus-average;
end intpack;
```

调用过程的进程代码如下:

```
process(mem-update)
  variable bus-statistics ,bus-stat-t;
  begin
    bus-statistics.bus-val:=(50,40,30,35,45,55,65,85);
    bus-average(bus-statistics);              --调用过程
usage of procedure
    average<=bus-statistics. average-val;
end process;
```

过程调用语句的参数 bus-statistics 与过程中定义的参数 x 具有相同的数据类型,既用于传入原始数据,又用于带出平均的结果,再赋值给 average。

2. 函数的定义和调用

1) 函数的定义

VHDL 中的函数与过程具有基本相同的格式和规则。函数的一般定义格式如下:

```
function 函数名(输入参数表) return 数据类型名 is
        [定义语句];
    begin
        [顺序处理语句];
        return 返回变量名;
end 函数名;
```

其中,输入参数表列出所用的输入参数,每个参数均表示为"参数名:数据类型;"。各输入参数在函数中也被作为常数使用。函数的运算结果则由返回变量名体现,由函数名传送给调用者。下面是最大值函数的例子,该函数定义在程序包 user 中。

例 6-19 最大值函数 max 的定义。

```
library ieee;
  use ieee.std_logic_1164.all;
  package user is
    function max(a:std_logic_vector;
                 b:std_logic-vector;
                 c:std_logic_vector)
    return std_logic_vector;
  end user;
package body user is
    function max(a:std_logic_vector;
                 b:std_logic_vector;
                 c:std_logic_vector)
    return std_logic_vector is
      variable tmp:std_logic_vector (a'range);
      begin
      if (a>tmp) then
          tmp:=a;
      end if;
      if (b>tmp) then
          tmp:=b;
      end if;
      if (c>tmp) then
          tmp:=c;
      end if;
      return tmp;
    end max;
  end user;
```

说明：在上面的程序中，对函数 max 的说明包含在程序包 user 之中。函数 max 使用了选择法找出 3 个输入位向量 a、b、c 中的最大值，利用属性 a'range 将 tmp 定义为与 a 位数相同的位向量（某些 EDA 工具，如 Max＋Plus Ⅱ，不支持这种动态定义），tmp 的初始值为默认值（各位全 0）。找出的最大值，由 return tmp;语句传送给函数 max。

2）函数的调用

VHDL 中调用函数的格式与 C 语言相同，即"函数名(实际参数表)"。调用的函数值可以作为运算量写入表达式，该表达式则可以赋值给变量或信号。

例 6-20   利用函数 max 描述的数字峰值保持器。

```
library ieee;
use ieee.std_logic_1164.all;
use work.user.all;
entity peak-detector is
    port(di1,di2:in std_logic_vector(7 downto 0);
         clk,clr:in std_logic;
         dout:out std_logic_vector(7 downto 0));
end peak-detector;
architecture rtl of peak-detector is
    signal last-max:std_logic_vector(7 downto 0);
function max(a:std_logic_vector(7 downto 0);
             b:std_logic_vector(7 downto 0);
             c:std_logic_vector(7 downto 0))
return std_logic_vector is
    variable tmp:std_logic_vector(7 downto 0);
    begin
```

```
                if(a>tmp) then
                    tmp:=a;
                end if;
                if(b>tmp) then
                    tmp:=b;
                end if;
                if(c>tmp) then
                    tmp:=c;
                end if;
                return tmp;
        end max;
        begin
            dout <=last-max;
            process(clk)
            begin
              if(clk'event and clk='1') then
                  if(clr='1') then
                      last-max<="00000000";
                  else
                  last-max<=max(di1,di2,last-max);
                  end if;
              end if;
            end process;
        end rtl;
```

说明：该程序所描述的数字峰值保持器可并行输入两路与时钟 clk 同步的 8 位数据，通过在每个时钟周期的上升沿调用一次函数 max 找出并保持数据中的最大值（即峰值保持值）。clr 为清零控制端，用于清除现有的峰值保持值并开始新的检测过程。

从上面的介绍可以看出，同样是子程序，过程和函数之间仍有一些不同之处：过程能返回多个变量，而函数则总是返回一个取值；过程有输入参数、输出参数和双向参数，而函数中的所有参数都是输入参数；过程在结构体或者进程中以语句的形式被调用，而函数经常在赋值语句或表达式中使用。

3. 决断信号和决断函数

通常情况下，一个信号只有一个驱动源，但在特殊情况下，例如在"线与"或"线或"的电路中，多个门的输出端连接在一起，就造成了一个信号具有多个驱动源的情况。连接至总线的输入端口对应的信号也具有多个驱动源。与实际电路相对应，VHDL 中给某个信号赋值的每个进程或并行赋值语句都为该信号建立一个驱动源，多个进程或并行赋值语句给同一个信号赋值时，该信号便具有多个驱动源。每个驱动源都是一个值-时间对，表示在经过若干时间之后将赋予信号什么值。在这种情况下，便需要利用函数对多个驱动源之间的竞争进行合理的仲裁。

具有多个驱动源的信号称为决断信号，计算决断信号值的函数称为决断函数。定义非决断信号时，只要指明其值类型即可；而定义决断信号时，不仅要指明其值类型，还要指明其决断函数。

决断函数是 VHDL 中最常用的两类函数之一，另一类是用于数据类型转换的转换函数。可以利用仿真器提供的典型决断函数，也可以由设计者自己编写决断函数。其输入必须是与决断信号类型相同的一维非限定性数组，输出是类型与信号类型匹配的单个信号，具体内容则依具体的应用场合而定。在定义决断函数时，不能假设各驱动源到达的次序。在每个模拟周期内,当对应的决断信号活跃时,决断函数被隐含地自动调用以决定信号的实际取值。用户不能控制该函数调用的发生。

在定义了决断函数之后,可以用两种方式定义决断信号:一种是先定义包含决断函数的决断子类型 subtype,再将信号说明为该决断子类型;另一种是直接在信号定义中包含决断函数。例如,假定决断函数 wired-together 的定义如下:

```
function wired-together(in-data:bit-vector) return bit is
```

则可以下列两种方式之一定义称为 s1 的决断信号:

```
signal s1:wired-together bit;
```

或

```
subtype bits-res is wired-together bit;
signal s1:bits-res;
```

常用的数据类型 std_logic 和 std_logic_vector 都是含决断功能的数据类型,利用它们定义的信号和端口即为多驱动源连接。

6.7　常用单元电路的设计实例

前面介绍了 VHDL 的主要特点、设计规则和描述方法,以及常用的几种描述语句。本节将分门别类地介绍一些常用单元电路的设计实例并加以分析,以帮助读者进一步加深对有关内容的理解,初步掌握 VHDL 的基本使用方法。同时,这些单元电路的描述也可作为描述较大规模的电路的素材和参考。

6.7.1　组合逻辑电路

常用的组合逻辑电路主要有编码器、数据选择器、加法器等,前面已经举过许多例子,这里再做一些补充和总结。

1. 编码器

编码器可以将多个输入信号的组合状态转换成位数较少的二进制编码,常用于中断控制和键盘查询等,其实现转换的原理类似于查表。

例 6-21　8-3 优先编码器。

```
library ieee;
use ieee. std_logic_1164. all;
use ieee. std_logic_unsigned.all;
  entity encoder8 is
    port(k0,k1,k2,k3,k4,k5,k6,k7:in std_logic;
         code:out integer range 0 to 7);
end encoder8;
architecture rtl of encoder8 is
begin
    process(k0,k1,k2,k3,k4,k5,k6,k7)
    begin
      if k0='0' then
```

```
        code<=0;
      elsif k1 ='0' then
        code<=1;
      elsif k2 ='0' then
        code<=2;
      elsif k3 ='0' then
        code<=3;
      elsif k4='0' then
        code<=4;
      elsif k5 ='0' then
        code<=5;
      elsif k6 ='0' then
        code<=6;
      elsif k7='0' then
        code<=7;
      end if;
    end process;
end rtl;
```

例 6-21 的仿真波形如图 6-4 所示。

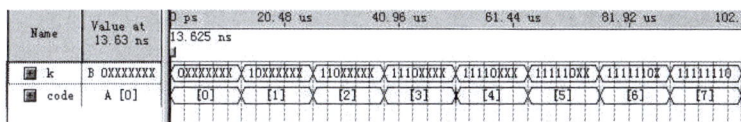

图 6-4　例 6-21 的仿真波形

2. 四选一数据选择器

数据选择器又称为多路选择器(multiplexer),是一种多个输入一个输出的中规模器件,其输出的信号在某一时刻仅与输入端信号的一路信号相同,即从输入端信号中选择一个输出。例 6-22 采用 case 语句实现。

例 6-22　四选一数据选择器。

```
library ieee;
use ieee.std_logic_1164.all;
entity mux4 is
port(a:in std_logic_vector(3 downto 0);
     sel:in std_logic_vector(1 downto 0);
     c:out std_logic);
end mux4;
architecture mux4_arch of mux4 is
begin
    process(sel,a)
    begin
      case sel is
        when "00"=>c<=a(0);
        when "01"=>c<=a(1);
        when "10"=>c<=a(2);
        when "11"=>c<=a(3);
      end case;
    end process;
end;
```

例 6-22 的仿真波形如图 6-5 所示。

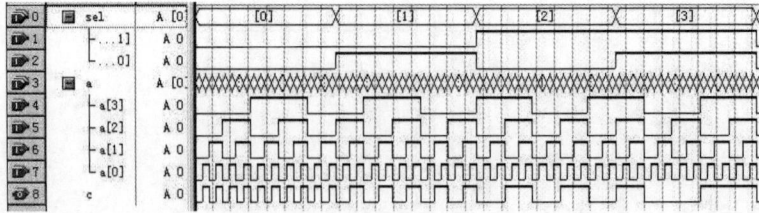

图 6-5   例 6-22 的仿真波形

6.7.2   时序逻辑电路

常用的时序逻辑电路主要有触发器、锁存器、计数器、分频器和移位寄存器等,构成这些电路的基本要素是触发器和时钟、复位和置位等信号。因此,在对这些电路做具体描述之前,先对有关的概念和基本描述进行归纳。

1. 时钟的状态及其描述

时钟信号是时序逻辑电路最基本的执行条件,任何时序逻辑电路总是在时钟的有效边沿或有效电平到来时才改变其状态。在 VHDL 描述中,时序电路对时钟的这种依赖性可以用两种方式体现。

1)显式表达

显式表达是指将时钟列入进程的敏感信号表,其一般格式为

```
process(时钟信号名[,其他敏感信号])
    begin
    [if 时钟边沿表达式 then
       {语句;}
     end if;]
    [if 时钟电平表达式 then
        {语句;}
     end if;]
end process;
```

2)隐含表达

隐含表达是指不将时钟列入进程的敏感信号表,而是将其作为进程中 wait on 语句的条件,其一般格式为

```
process
  begin
  [wait on 时钟信号名 until 时钟边沿表达式
  {语句;}]|
  [wait on 时钟信号名 until 时钟电平表达式
  {语句;}]
end process;
```

在上面的格式中,|意为"或",表示可根据时序电路的具体类型选用时钟边沿表达式或时钟电平表达式。其中的时钟边沿表达式按照有效边沿的不同可有两种形式(假定时钟名为 clk):

(1)上升沿有效,表示为

```
clk'EVENT AND clk'='1'
```

（2）下降沿有效，表示为

```
clk'EVENT AND clk'='0'
```

2. 两种复位/置位方式的描述

时序逻辑电路的初始状态一般由复位/置位信号设置，有同步复位/置位和异步复位/置位两种工作方式。所谓同步复位/置位就是在复位/置位信号有效且给定的时钟边沿到来时，时序电路才被复位/置位；而异步复位/置位则与时钟无关，一旦复位/置位信号有效，时序电路就被复位/置位。

1）同步复位/置位的描述

在用 VHDL 描述时，同步复位/置位一定在以时钟为敏感信号的进程中定义，且用 if 等条件语句描述必要的复位/置位条件。其格式为

```
process(时钟信号名)
begin
    if 时钟边沿表达式 and 复位/置位条件表达式 then
        [复位/置位语句;]
    else
        [正常执行语句;]
    end if;
end process;
```

2）异步复位/置位的描述

描述异步复位/置位时，应将时钟信号和复位/置位信号同时加入进程的敏感信号表中或 wait on 语句后的信号表中，而且在执行时需识别进程是由时钟激活还是由复位/置位信号激活，并分别执行相应的操作，即复位/置位信号与时钟无关。其常用格式可表示为

```
process(时钟信号,复位/置位信号)
  begin
    if 复位/置位信号有效 then
    [复位/置位语句;]
    elsif 时钟边沿表达式 then
    [正常执行语句;]
    …
    end if;
end process;
```

3. 触发器的描述

根据上述时钟和复位/置位信号的各种组态及其描述方法，可以很容易地对不同种类的触发器进行描述。下面将针对其中最典型的 D 触发器给出不同组态下的描述程序实例。对其他种类触发器的 VHDL 描述可仿照进行，只需利用该类触发器的激励方程计算出对应的 D 触发器的数据输入信号 D，再带入对应组态的 VHDL 程序即可。

下面给出两个描述程序实例。

例 6-23　基本的 D 触发器。

```
library ieee;
use ieee.std_logic_1164.all;
entity d_ff is
        port(clk,d:in std_logic;
                q,qd:out std_logic);
```

```
end dff;
architecture rtl_arc of dff is
begin
    process(clk,d)
    begin
        if(clk'event and clk='1') then
            q<=d;
            qb<=not d;
        end if;
    end process;
end rtl_arc;
```

例 6-23 的仿真波形如图 6-6 所示。

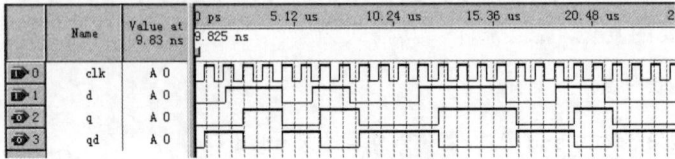

图 6-6　例 6-23 的仿真波形

一位 D 触发器只能传送或存储一位数据,而在实际工作中往往希望一次传送或存储多位数据。为此可以把多个 D 触发器的时钟输入端口 CP 连接起来,用一个公共的控制信号控制,而各个数据端口仍然是各自独立地接收数据。这样所构成的能一次传送或存储多个数据的电路就称为锁存器。锁存器的品种很多,这里以 8 位锁存器 74LS373 为例,详细讨论锁存器的 VHDL 程序设计。74LS373 的工作原理为:当三态控制端口的信号有效(OE=0)并且数据控制端口的信号也有效(G=1)时,锁存器把输入端口的 8 位数据送到输出端口;当三态控制端口的信号有效而数据控制端口的信号无效(G=0)时,锁存器的输出端口将保持前一个状态;当三态控制端口的信号无效(OE=1)时,锁存器的输出端口处于高阻状态。

例 6-24　描述 8 位锁存器 74LS373 逻辑功能的 VHDL 程序。

```
library ieee;
use ieee.std_logic_1164.all;
entity latch_74ls373 is
    port(d:in std_logic_vector(7 downto 0);
         oe,g:in std_logic;
         q:buffer std_logic_vector(7 downto 0));
end latch_74ls373;
architecture rtl_arc of latch_74ls373 is
begin
    process(oe,g)
    begin
        if(oe='0') then
            if(g='1') then
                q<=d;
            else
                q<=q;
            end if;
        else
            q<="zzzzzzzz";
        end if;
    end process;
end rtl_arc;
```

例 6-24 的仿真波形如图 6-7 所示。

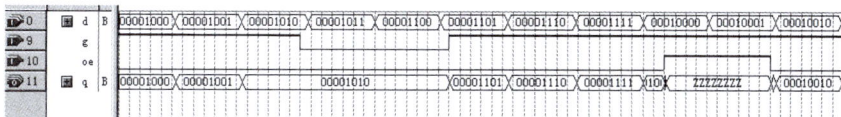

图 6-7　例 6-24 的仿真波形

4. 计数器的描述

在数字电路中,计数器是使用最为广泛的一种时序逻辑电路,它是数字设备中的基本逻辑单元。计数器的功能是记忆时钟脉冲的个数,它通过使几个触发器的状态按照一定规律随时钟脉冲变化来记忆时钟脉冲的个数。计数器能记忆的时钟脉冲的最大数目称为计数器的模。

在数字电路中,同步计数器是指在时钟脉冲的作用下组成计数器的各个触发器的状态同时发生变化的一类计数器。这里定义四位二进制计数器的功能为:如果计数值为 1111,那么它的输出为 1。

例 6-25　四位二进制计数器。

```
library ieee;
use ieee.std_logic_1164.all;
use ieee.std_logic_arith.all;
use ieee.std_logic_unsigned.all;
entity counter is
        port(clk:in std_logic;
             areset:in std_logic;
             sset:in std_logic;
             enable:in std_logic;
             cout:out std_logic;
             q:buffer std_logic_vector(3 downto 0));
end counter;
architecture rtl_arc of counter is
begin
    process(clk, areset)
    begin
        if(areset='1') then
            q<=(others=>'0');
        elsif(clk'event and clk='1') then
            if(sset='1') then
                q<="1010";
            elsif(enable='1') then
                q<=q+1;
            else
                q<=q;
            end if;
        end if;
    end process;
    cout<='1' when q="1111" and enable= '1'
    else '0';
end rtl_arc;
```

例 6-25 的仿真波形如图 6-8 所示。

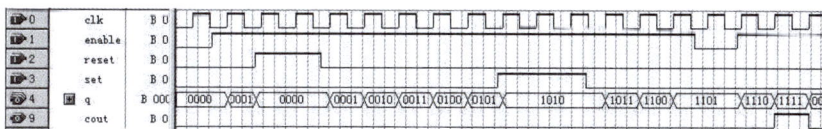

图 6-8　例 6-25 的仿真波形

小　结

　　硬件描述语言就是对硬件电路进行结构描述、寄存器传输描述或行为描述的一种语言，它的出现使得数字系统的设计发生了革命性变化。本章主要介绍了 VHDL 的基本概念、基本结构和基本语法，通过实例介绍了 VHDL 的实体、结构体、配置、程序包等基本内容。对于大型数字系统设计，通常采用模块化的思想将问题简单化，VHDL 采用块结构、进程语句结构、子程序结构 3 种模块化方法。VHDL 语言类似于高级语言，提供了大量语句，主要包括两大类描述语句：一类是顺序描述语句；另一类是并行描述语句。顺序语句的执行顺序按照书写顺序进行；但是并行语句执行顺序与书写顺序无关，所有并行语句是并发执行。顺序语句包括 wait 语句、变量赋值语句、信号赋值语句、if 等条件控制类语句、loop 等循环控制类语句。并行语句主要有信号赋值语句、进程(process)语句、块(block)语句等。此外VHDL 需要对实体、结构体、数据类型、信号等对象进行属性设置。

习　题

6-1　在 VHDL 中，一个实体由哪几部分组成？哪些是必须包含的？

6-2　在 VHDL 中，对象是如何定义的？VHDL 中的对象有哪些？

6-3　什么是块语句？块语句是如何嵌套的？应该注意哪几点？

6-4　简述信号与变量的区别。

6-5　简述信号类属性与函数类属性的异同。

6-6　如何理解 VHDL 中的并行语句执行。

6-7　设计一个四选一电路，总结一下可以用多少条语句对其进行描述。

6-8　用 VHDL 设计一个八位循环寄存器。

6-9　用 VHDL 设计一个六进制计数器。

6-10　用 VHDL 设计一个 128×8 位的 ROM 和 RAM。

第 7 章

现代数字系统设计

第 6 章对 VHDL 语句、语法以及利用 VHDL 设计基本逻辑电路作了详细介绍。本章将讲述现代数字系统设计的基本方法,并基于 VHDL 给出现代数字系统的设计实例。

7.1　数字系统的基本概念

数字系统是由若干数字电路和逻辑功能部件构成的能够处理和传递数字信息的电路,其结构如图 7-1 所示。

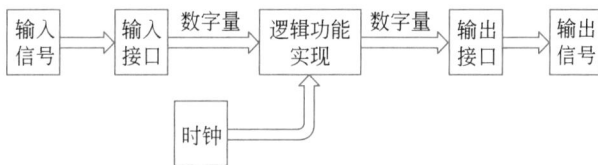

图 7-1　数字系统结构

数字系统通常由许多组合逻辑电路和时序逻辑电路按功能连接而成,整个系统根据一定的要求实现复杂的逻辑运算。复杂的数字系统可以分割成若干子系统,但不论数字系统的复杂程度和规模如何,就其实质而言都应归为逻辑问题,从结构上说都是由许多能够进行各种逻辑操作的功能部件组成的,这些功能部件又可以由各种各样的小规模集成电路、中规模集成电路、大规模集成电路甚至 CPU 芯片组成。由于各子系统之间的有机配合、协调工作,使数字系统成为统一的数字信息存储、传输和处理的电子电路。

7.1.1　数字系统与 EDA 技术

用通用集成电路构成数字系统即采用小规模集成电路、中规模集成电路和大规模集成电路,如 74 系列芯片、计数器芯片、存储器芯片等,根据系统设计要求构成所需的数字系统。早期电子工程师设计数字系统的过程一般是:根据设计要求进行逻辑代数设计→选择器件→电路搭建调试→样机制作。这样完成的系统设计由于器件之间的众多连接造成系统可靠性不高,也使数字系统规模较大,集成度低。当数字系统大到一定规模时,如果某一过程出现错误,查找和修改十分不便,搭建调试会变得非常困难甚至不可行。

随着数字集成技术和电子设计自动化(EDA)技术的迅速发展,数字系统设计的理论和方法也在不断发展和更新,从计算机辅助设计(CAD)、计算机辅助制造(CAM)、计算机辅助测试(CAT)和计算机辅助工程(CAE)等技术逐渐发展形成今天的 EDA 技术。它以计算机为工具,设计者只需对系统功能进行描述,就可在 EDA 工具的帮助下完成数字系统设计。

第 5 章讲述的可编程逻辑器件就可以用来实现数字系统的设计,并且是目前利用 EDA 技术设计数字系统的潮流。同时以数字系统设计软件为工具,将传统数字系统设计中的搭建调试用软件仿真取代,将系统实现在可编程逻辑器件上,这样可以最大限度地缩短设计和开发时间,降低成本,提高系统的可靠性。

20 世纪 90 年代初,设计工作的标准化得到广泛支持,进行了一系列标准化工作,如制定了硬件描述语言 VHDL、网表格式 EDIF 等。设计者在进行功能模拟或仿真时,设计工作可以独立于器件厂商以及制作工艺,只在器件进行逻辑综合时才需要到器件厂商提供的与工艺参数有关的库单元。这样,设计的可移植性较强,这期间要做的工作只是利用新厂商提供的与工艺参数有关的库重新做一次逻辑综合,在新的设计环境下复用原有数据即可。随着计算机技术和微电子技术的发展,ASIC 设计为 EDA 技术的不断进步奠定了坚实的物理基础。大规模可编程逻辑器件不但具有微处理器和单片机的特点,而且随着微电子技术和半导体制造工艺的进步,集成度不断提高,与微处理器、DSP、ADC、DAC、RAM 和 ROM 等独立器件之间的物理与功能界限正日趋模糊,嵌入式系统和片上系统(System on Chip,SoC)得以实现。以大规模可编程集成电路为物质基础的 EDA 技术打破了软硬件之间的设计界限,实现数字系统硬件/软件协同设计(hardware/software co-design),使硬件系统软件化,这已成为现代电子设计技术的发展趋势。

7.1.2 数字系统的描述方法

描述数字系统是设计者在设计初期首要考虑的问题,需要将整个设计思路简单、清晰、有步骤地以便于阅读的形式描述出来。由于数字系统的输入变量、状态变量和输出变量的数目较多,很难用真值表、卡诺图和状态表完整地、清晰地描述系统的逻辑功能,需要借助于某些特有的描述方法对系统功能进行描述。通常采用的方法有原理框图、时序图、逻辑流程图、ASM 图和 MDS 图等。在本节简要地介绍几种描述数字系统的方法。

1. 原理框图

原理框图用于描述数字系统的模型,是用图示的方法表示出系统的功能划分。通过一个设计实体内部各个组成部件的互连描述系统的内部组成及其相互关系。每一个方框定义一个信息处理、存储或传送的子系统,在方框内用文字、表达式、通用符号或图形表示该子系统的名称或主要功能。方框之间用带箭头的直线相连,表示各个子系统之间数据流的信息通道,箭头表示信息传送的方向。原理框图使设计者易于对整个系统结构进行构思和组合。

2. 时序图

时序图又称为定时图或时间关系图,是用来描述系统内各模块之间、模块内部各器件之间的输入输出和控制信号的对应时序关系及特征。它描述各种输入信号可能出现的所有情况以及对应的输出信号所处的状态。从时序图上可以看出各输入信号的种类、作用的先后、上升或下降沿的有效性、同步信号还是异步信号以及输出信号的状态。图 7-2 是时序图示例。

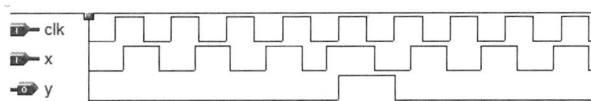

图 7-2 时序图示例

3. 逻辑流程图

逻辑流程图是描述数字系统逻辑功能的最普通、最常用的工具之一。在进一步理解设计对象的基础上,用特定的几何图形、指向线和简练文字说明描述数字系统的基本工作过程,与软件设计中的流程图相似。

逻辑流程图由开始块和结束块、状态块、判别块、条件块以及指向线组成,与软件设计中所用的流程图极为相似。逻辑流程图的基本符号如图 7-3 所示。

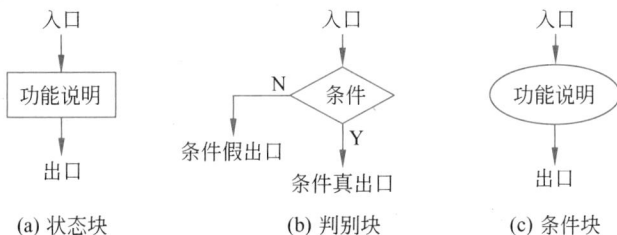

图 7-3 逻辑流程图的基本符号

(1)开始块和结束块仅表示该算法流程图的开始和结束,它是一个圆角矩形。

(2)状态块的符号是一个矩形,块内用简要的文字说明该块所对应的硬件操作内容及对应的输出信号。

(3)判别块的符号是一个菱形,块内给出判别变量和判别条件,根据不同的判别结果,逻辑流程图将确定采用什么样的后续操作。判别块必定有至少两个后续操作。

(4)条件块的符号是一个椭圆,它总是源于判别块的一个分支,并仅当该分支条件满足时,条件块中标明的操作才执行。条件块是逻辑流程图中所特有的,它可以描述硬件操作的并发性,它与软件流程图中的分支程序的不同在于条件块的操作是与判断结果同时发生的。

(5)指向线(箭头线)用于把状态块、判别块、条件块有机地连接起来,构成完整的逻辑流程图。

4. ASM 图

用逻辑流程图描述系统时,并未严格地规定完成各操作所需的时间及操作之间的时间关系,仅规定了操作的顺序。采用同步时序结构的控制器在时钟脉冲的驱动下将产生一系列控制信号,使数据处理单元完成各种操作。为此应该对各操作间的时间关系做出严格的描述。

ASM(Algorithmic State Machine,算法状态机)图用于描述时钟驱动的控制器的工作流程,它采用类似于流程图的形式描述控制器在不同的时间内应完成的一系列操作,反映了控制条件及控制器状态的转换。这种描述方法和控制器硬件的实施有很好的对应关系。ASM 图与逻辑流程图的区别不大,可以说 ASM 图是详细的逻辑流程图并由逻辑流程图可以导出 ASM 图。例如,在 ASM 图的标注中,$\overline{EN}$表示 EN 是低电平有效,CP↑↓表示 CP 输出一个正脉冲。

5. MDS 图

MDS 图（Mnemonic Documented State diagrams，可译为助记状态图）是美国的 William Fletcher 于 1980 年提出的一种系统设计方法。

MDS 图与状态图十分相似，而且扩展了状态图的功能并更加简练。MDS 图表现设计过程时，既方便、清晰又具有较大的灵活性，与硬件有良好的对应关系。MDS 图可以清楚地反映出逻辑电路应提供多少个状态值、各个状态之间的转换必须符合什么条件、在状态转换时需要哪些输入信号、何时产生输出信号、输出信号应该以何种方式输出等要求，依据这些要求可以设计出符合数字系统逻辑关系的逻辑电路。

当详细逻辑流程图画好后，应该遵循下列规则将其转换为 MDS 图：

(1) (S_i) 表示状态 S_i。

(2) $(S_i) \rightarrow (S_j)$ 表示只要时钟 CP 的有效沿到来，状态 S_i 无条件转换到状态 S_j。

(3) $(S_i) \xrightarrow{X} (S_j)$ 表示状态 S_i 在满足条件 X 时转换到状态 S_j。X 表示输入条件，它可以是一个字母（即一个输入变量），也可以是一个积项，还可以是一个复杂的布尔表达式。

(4) $(S_i)\, Z\uparrow$ 表示进入状态 S_i 时输出 Z 变为有效。

(5) $(S_i)\, Z\downarrow$ 表示进入状态 S_i 时输出 Z 变为无效。

(6) $(S_i)\, Z\uparrow\downarrow$ 表示进入状态 S_i 时输出 Z 变为有效，退出状态 S_i 时 Z 变为无效。

(7) $(S_i)\, Z\uparrow\downarrow = S \cdot X$ 表示如果条件 X 满足则进入状态 S_i，输出 Z 有效，退出 S_i 时 Z 无效。

(8) $(S_i) \xrightarrow{X}$ 表示 X 是一个异步输入变量，S_i 在异步输入作用下退出 S_i 状态。

由流程图转换而来的 MDS 图如图 7-4 所示。

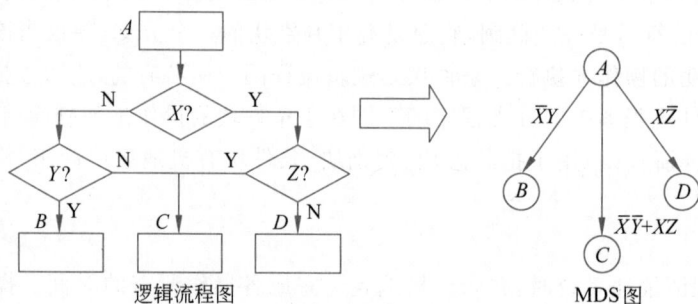

图 7-4　由流程图转换而来的 MDS 图

MDS 图和逻辑流程图的不同在于输入输出变量的表示方法。在 MDS 图中，标注在定向线旁的输入变量用简化项表示。在作 MDS 图时应注意：

(1) MDS 图中任意两个相邻的状态圆之间只允许有一个分支，从逻辑关系上讲，状态圆之间并行的分支是逻辑或运算的关系，故将两个分支合并为一个，再用逻辑或运算符将两个分支条件合并为一个逻辑与或表达式。

(2) MDS 图中条件输出信号标注在当前状态圆旁边。在详细逻辑流程图中，条件输出信号框画在两个工作框之间，在转换为 MDS 图后必须把条件输出信号标在状态圆旁边。

（3）输入输出实际有效电平的处理。对于初学者，最好先不要考虑实际的有效电平，应该先按规则将详细逻辑流程图转换为 MDS 图，再根据器件的具体型号逐个明确各个输入输出信号的实际有效电平。

（4）详细逻辑流程图中多个相连的判断条件转换为 MDS 图后，成为 MDS 图上一个分支条件逻辑与运算的不同变量。

7.2 现代数字系统的设计方法

7.2.1 现代数字系统层次化结构

在现代数字系统设计中，系统设计功能描述、系统设计过程和设计方法是 3 个相互关联的方面，其中系统设计功能描述是设计的出发点。数字系统的设计是根据提出系统的功能要求，经过逻辑抽象，进而具体化为物理结构的过程。因此，人们总结出层次化和结构化的设计方法。层次化设计方法能使复杂的系统简化，而且能在不同的设计层次及时发现错误并加以纠正；结构化设计方法则把复杂、抽象的系统划分成一些可操作的模块，允许多个设计者同时设计，而且某些子模块的资源可以共用。

层次化、结构化的描述方法如图 7-5 所示，其中 3 个互不相同的设计域由 3 条射线表示，分别为行为域、结构域和物理域/几何域。

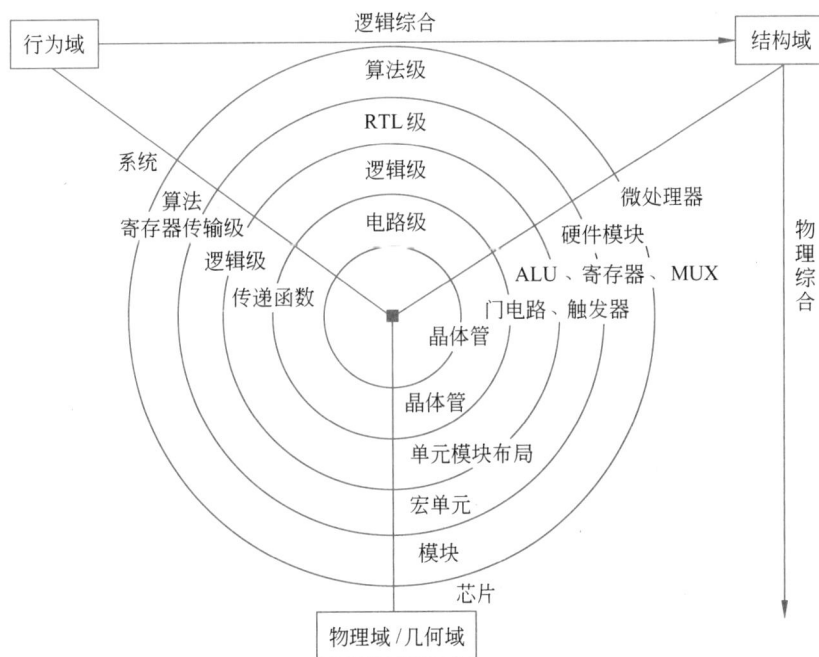

图 7-5 层次化、结构化的描述方法

行为域描述强调的是行为，说明一个特定的系统做些什么、要完成什么功能以及电路的输入和输出关系。对系统性能的要求可以用多种描述形式说明，如文字、符号、表达式和程序语言等。结构域描述实现某一功能的具体结构以及各模块是怎样连接在一起的，即互连功能部件的层次关系。从系统的功能出发，把系统化分为若干子系统，每个子系统又可以分解为若干模块,对模块的功能再进行算法设计。物理/几何域描述结构的物理实现,以及如何实际制作一个满足一定的连接关系的结构,并能实现满足功能要求的芯片。

每个设计域都可以在不同的抽象层次上描述。图 7-5 中同心圆表示不同的抽象层次,这些抽象层次从高到低通常包含下面的设计级别:系统结构级(子系统、模块)、寄存器传输级、逻辑级、电路级和晶体管级。

7.2.2 现代数字系统设计流程

图 7-6 给出了现代数字系统设计流程。首先从系统的设计和描述入手,在上层系统级进行功能的划分,考虑系统的结构及其工作过程是否能达到系统设计的要求;接下来,对电路功能进行描述,从上至下地跨层完成每个子系统的设计,再用仿真工具进行功能验证;然后利用逻辑综合工具,将用硬件描述语言描述的程序转换成用基本逻辑器件表示的文件,生成门级网表,同时对逻辑综合结果在门电路级上仿真。输出网表后,根据不同需求可以利用自动布线程序将网表转换成相应的 ASIC 芯片的制造工艺,定制芯片,也可以将网表转换成相应的可编程逻辑器件编程码,利用可编程逻辑器件完成硬件电路的设计。

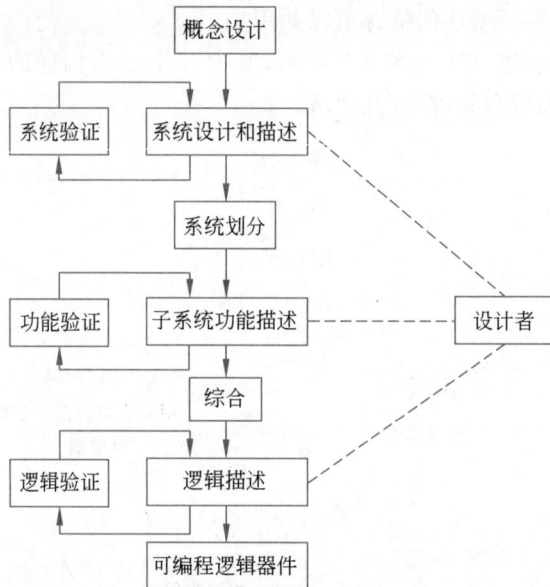

图 7-6　现代数字系统设计流程

现代数字系统设计是一种概念驱动式设计,设计者无须通过门级原理图描述电路,而是针对设计目标进行功能描述,由于摆脱了电路细节的束缚,设计者可以把精力集中于创造性的概念构思与方案上,一旦这些概念构思以硬件描述的形式输入计算机后,EDA 工具就能以规则驱动的方式自动完成整个设计。

7.2.3 电路设计方法

1. 传统的电路设计方法

1) 试凑法

试凑法的基本思想是把系统的总体方案分成若干相对独立的功能模块,然后用组合逻辑电路和时序逻辑电路的设计方法分别设计并构成这些功能模块,或者直接选择合适的 SSI、MSI、LSI 器件实现上述功能,最后把这些已经确定的模块按要求拼接组合起来,构成完整的数字系统。当一些规模不大、功能不太复杂的数字系统选用集成器件时,可以采用试凑法设计。

2) 自底向上的设计方法

自底向上的设计方法的基本思路还是选择标准集成电路自底向上地构造出一个新的系统,设计过程从最底层设计开始,首先选择具体的器件,用这些器件通过逻辑电路设计完成系统中各独立功能模块的设计,再把这些功能模块连接起来,组装成完整的硬件系统。

传统的电路设计方法的优点是符合硬件设计工程师传统的设计习惯;缺点是在进行底层设计时,缺乏对整个电子系统总体性能的把握,在整个系统设计完成后,如果发现性能尚待改进,修改起来比较困难,因而设计周期长。随着集成电路设计规模的不断扩大和复杂度的不断提高,传统的设计方法已经无法满足设计的要求。EDA 工具的发展和 VHDL 的产生使自顶向下的设计方法得以实现。

2. 自顶向下的设计方法

自顶向下的设计方法的基本思想是:设计者首先从整体规划整个系统的功能和性能,然后将数字系统逐步分解为各个子系统和模块,层层分解,直至整个系统中各子系统关系合理并便于逻辑电路级的设计和实现为止。这种方法适用于设计规模较大的数字系统。图 7-7 所示的是自顶向下与自底向上设计过程的比较。

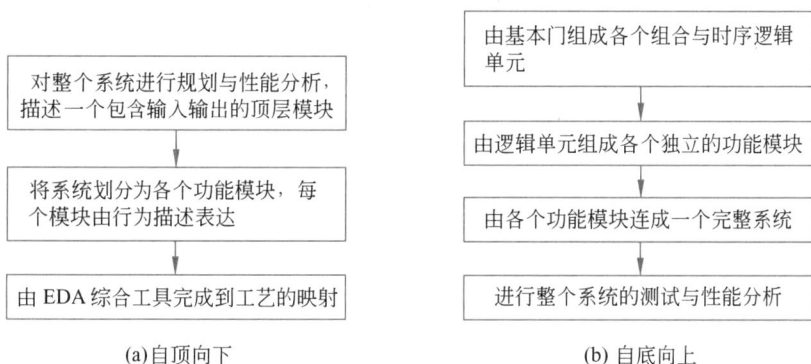

图 7-7　自顶向下与自底向上设计过程的比较

自顶向下设计是一种正向设计,由于整个设计是从系统顶层开始的,可以从一开始就掌握要实现的系统的性能状况,结合应用领域的具体要求,确定初步的设计方案。随着设计层次向下进行,系统性能参数将得到进一步的细化与确认,并随时可以根据需要加以调整,有利于早期发现结构设计上的错误,避免无效的设计工作,缩短设计周期。设计规模越大,这种设计方法的优势越明显。自顶向下的设计方法需要先进的 EDA 工具和精确的工艺库的支持。自顶向下的设计方法具有如下优点:

(1) 它是一种模块化设计方法,对设计的描述从上到下逐步由粗略到详细,符合常规的逻辑思维习惯。

(2) 由于高层设计同器件无关,可以完全独立于目标器件的结构。在设计的最初阶段,设计者可以不受芯片结构的约束,集中精力对产品进行最适应市场需求的设计,从而避免了传统设计方法中的再设计风险,缩短了产品的上市周期。

(3)由于系统采用硬件描述语言进行设计,可以完全独立于目标器件的结构,因此设计易于在各种集成电路工艺或可编程器件之间移植。

(4)适合多个设计者同时进行设计。随着技术的不断进步,许多设计已无法由一个设计者完成,必须经过多个设计者分工协作完成一项设计的情况越来越多。在这种情况下,应用自顶向下设计方法便于由多个设计者同时进行设计,对设计任务进行合理分配,用系统工程的方法对设计进行管理。

3. 并行设计方法

20世纪90年代以来,随着工艺技术的发展,深亚微米(Deep SubMicro,DSM)已经广泛使用,系统级芯片的规模更大、更复杂,物理连线延迟、信号串扰和噪声等互连效应及功耗等都已成为影响超大规模集成电路产品性能的重要因素。在这种情况下,由于采用自顶向下的设计方法进行与工艺无关的高层次行为功能设计时并不考虑物理上的互连效应和功耗等的影响,与实际情况差异较大,因而常常产生设计错误,造成设计反复,并有可能导致设计反复而不收敛。并行设计方法正是为应对这一挑战而提出来的。

并行设计方法要求设计者从设计一开始就考虑产品在整个生命周期中从概念形成到产品报废处理的所有因素,要求在进行层次功能设计的同时进行层次物理设计规划或虚拟物理设计。设计中要并行、全面地规划影响产品质量、成本和开发周期等相关的因素,通过各层次设计中的信息反馈,产生合理的约束集,并利用约束驱动设计,重视协同设计,这样可以在产品设计开发的早期发现错误并及早解决问题,避免设计过程不收敛,确保设计成功。

并行设计方法的最大特点是:概念设计、功能设计及物理设计(物理布局规划等)统一考虑,并行地进行工作,充分利用各层次设计中的信息反馈,形成合理的约束集,并依此优化设计。通常,并行设计必须借助EDA工具才能进行。

7.3　数字系统设计实例

在本节中,将基于VHDL介绍几个具体数字系统设计实例,以进一步说明数字系统设计的方法和步骤。

7.3.1　实例一:经典数学游戏

一个人要将一只狗、一只猫、一只老鼠渡过河,独木舟一次只能装载人和一只动物,但猫和狗不能单独在一起,而猫和老鼠也不能友好相处。模拟这个人将3只动物安全渡过河的过程。通过本例可以进一步了解在第4章讲述过的状态机的应用,同时体会在一个设计结构体中包含多个进程的设计方法。

1. 设计任务及要求

动态模拟独木舟渡河(假设要从左岸到右岸)的过程,选中渡河的动物及在两岸的动物都应有显示,若选错应有报警显示。游戏难度可以设置,不同难度要在不同的渡河次数之内完成游戏。当3只动物均安全渡过河时,游戏成功,并记录此次游戏独木舟往返渡河的次数。

2. 设计分析

根据设计要求,游戏总体结构框图如图 7-8 所示。

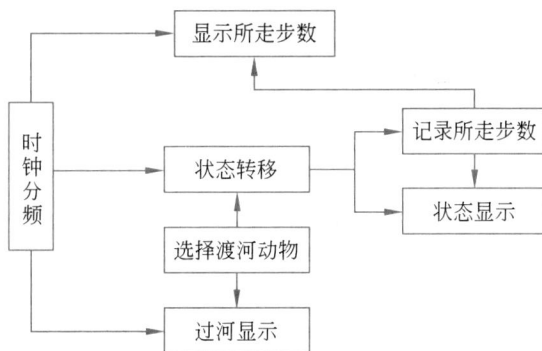

图 7-8 游戏总体结构框图

根据设计要求,采用状态机方式描述较为方便,又由于输出结果同输入信号及所处状态均有关,故采用米利状态机。为了方便操作,设置 5 个操作键,分别是复位、狗、猫、老鼠及空载过河。在游戏的进行中,共有 11 个状态,如表 7-1 所示。

表 7-1 游戏状态描述

状　　态	左　　岸	右　　岸	注　　释
状态 1	狗、猫、鼠、船	无	开始状态
状态 2	狗、鼠	猫、船	游戏中
状态 3	狗、鼠、船	猫	游戏中
状态 4	狗	猫、船、鼠	游戏中
状态 5	狗、猫、船	鼠	游戏中
状态 6	鼠	狗、猫、船	游戏中
状态 7	猫、船、鼠	狗	游戏中
状态 8	猫	狗、鼠、船	游戏中
状态 9	猫、船	狗、鼠	游戏中
状态 10	无	狗、猫、鼠、船	成功
状态 11			失败,猫与狗或老鼠在一起

3. 状态机设计

定义的 11 个状态分别是 Start、S1、S2、S3、S4、S5、S6、S7、S8、Success、Fail;Sel 为 1000、0100、0010 和 0000,分别表示选择狗、选择猫、选择老鼠和空载过河;Res 表示复位;L、R 分别表示左岸、右岸的动物,3 位依次表示狗、猫、老鼠,高电平有效;Ship 为 1 表示船在左岸,为 0 表示船在右岸。

1)状态转移设计

状态转移图如图 7-9 所示。

可以根据现在所处状态及选择的操作确定下一状态,其具体实现如下。

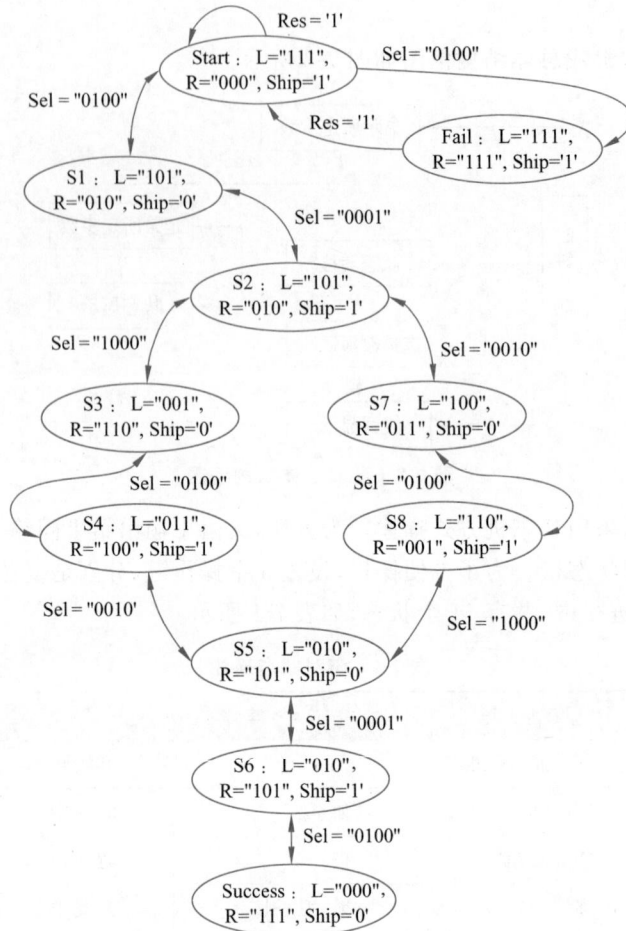

图 7-9　状态转移图

（1）状态声明：

```
...
type all_state is(fail,start,s1,s2,s3,s4,s5,s6,s7,s8,success);
    signal present_state, next_state:all_state;
...
```

（2）状态转移程序：

```
process(present_state,sel)
    begin
        case present_state is
        when start=>
            if sel="1000" then
                next_state<=fail;
            elsif sel="0100" then
                next_state<=s1;
            elsif sel="0010" then
                next_state<=fail;
            elsif sel="0001" then
                next_state<=fail;
            elsif sel="0000" then
```

```vhdl
                next_state<=start;
            else next_state<=fail;
            end if;
        when s1=>
            if sel="1000" then
                next_state<=fail;
            elsif sel="0100" then
                next_state<=start;
            elsif sel="0010" then
                next_state<=fail;
            elsif sel="0001" then
                next_state<=s2;
            elsif sel="0000" then
                next_state<=s1;
            else
                next_state<=fail;
            end if;
    ...
        when s8=>
            if sel="1000" then
                next_state<=s5;
            elsif sel="0100" then
                next_state<=s7;
            elsif sel="0010" then
                next_state<=fail;
            elsif sel="0001" then
                next_state<=fail;
            elsif sel="0000" then
                next_state<=s8;
            else
                next_state<=fail;
            end if;
        when fail=>
            next_state<=fail;
        when success=>
            next_state<=success;
    end case;
    end process p2;
```

2）具体状态显示

```vhdl
--各种状态对应的输出
process(present_state)
  begin
    case present_state is
        when start=>ship<='1';river<="00";l<="111";r<="000";ship1<='1';
        when s1=>ship<='0';river<="00";l<="101";r<="010";ship1<='0';
        when s2=>ship<='1';river<="00";l<="101";r<="010";ship1<='1';
        when s3=>ship<='0';river<="00";l<="001";r<="110";ship1<='0';
        when s4=>ship<='1';river<="00";l<="011";r<="100";ship1<='1';
        when s5=>ship<='0';river<="00";l<="010";r<="101";ship1<='0';
        when s6=>ship<='1';river<="00";l<="010";r<="101";ship1<='1';
        when s7=>ship<='0';river<="00";l<="100";r<="011";ship1<='0';
        when s8=>ship<='1';river<="00";l<="110";r<="001";ship1<='1';
        when fail=>ship<='0';river<="00";l<="000";r<="000";
        when success=>ship<='0';river<="00";l<="000";r<="111";
```

```
        end case;
    end process;
```

4. 源程序

完整的程序如下：

```
Library ieee;
use ieee.std_logic_1164.all;
use ieee.std_logic_unsigned.all;
use ieee.std_logic_arith.all;
--------------------------------定义实体 exp1----------------------------
Entity exp1 is
    port(clk:in std_logic;
    res:in std_logic;
    sel:in std_logic_vector(3 downto 0);            --狗,猫,老鼠,空驶
    step;in std_logic_vector(3 downto 0);           --设定游戏难度
    ship:out std_logic;
    cnt:out std_logic_vector(5 downto 0);           --数码管的亮暗
    data_out:out std_logic_vector(6 downto 0);      --数码管的显示
    river:out std_logic_vector(1 downto 0);         --过河显示
    l:out std_logic_vector(2 downto 0);             --左岸
    r:out std_logic_vector(2 downto 0));            --右岸
end;
Architecture guohe of exp1 is
-----------------------采用 type 语句定义米利状态机------------------
    type all_state is (fail,start,s1,s2,s3,s4,s5,s6,s7,s8,success);
    signal present_state, next_state:all_state;
    signal q:std_logic_vector(19 downto 0);
    signal clk1k,clk1s:std_logic;
    signal numlet:std_logic_vector(1 downto 0);
    signal ship1:std_logic;
    signal count1:integer range 0 to 9;
    signal count2:integer range 0 to 9;
    signal count:integer range 0 to 9;
    signal a1:integer range 0 to 20;
    signal a2:integer range 0 to 20;
begin
------------------------------分频进程------------------------------
    P1:process(clk)
        begin
          if(clk'event and clk='1') then
                q<=q+1;
              if(q="11110100001001000000")then
                  q<="00000000000000000000";
                  clk1s<=not clk1s;
              end if;
              clk1k<=q(19);
          end if;
        end process P1;
------------------------------状态转移------------------------------
    P2:process(present_state,sel)
    begin
        case present_state is
        when start=>
            if sel="1000" then
```

```vhdl
            next_state<=fail;
        elsif sel="0100" then
            next_state<=s1;
        elsif sel="0010" then
            next_state<=fail;
        elsif sel="0001" then
            next_state<=fail;
        elsif sel="0000" then
            next_state<=start;
        else next_state<=fail;
        end if;
    when s1=>
        if sel="1000" then
            next_state<=fail;
        elsif sel="0100" then
            next_state<=start;
        elsif sel="0010" then
            next_state<=fail;
        elsif sel="0001" then
            next_state<=s2;
        elsif sel="0000" then
            next_state<=s1;
        else
            next_state<=fail;
        end if;
    when s2=>
        if sel="1000" then
            next_state<=s3;
        elsif sel="0100" then
            next_state<=fail;
        elsif sel="0010" then
            next_state<=s7;
        elsif sel="0001" then
            next_state<=s1;
        elsif sel="0000" then
            next_state<=s2;
        else
            next_state<=fail;
        end if;
    when s3=>
        if sel="1000" then
            next_state<=s2;
        elsif sel="0100" then
            next_state<=s4;
        elsif sel="0010" then
            next_state<=fail;
        elsif sel="0001" then
            next_state<=fail;
        elsif sel="0000" then
            next_state<=s3;
        else
            next_state<=fail;
        end if;
    when s4=>
        if sel="1000" then
            next_state<=fail;
        elsif sel="0100" then
```

```
              next_state<=s3;
          elsif sel="0010" then
              next_state<=s5;
          elsif sel="0001" then
              next_state<=fail;
          elsif sel="0000" then
              next_state<=s4;
          else
              next_state<=fail;
          end if;
      when s5=>
          if sel="1000" then
              next_state<=s8;
          elsif sel="0100" then
              next_state<=fail;
          elsif sel="0010" then
              next_state<=s4;
          elsif sel="0001" then
              next_state<=s6;
          elsif sel="0000" then
              next_state<=s5;
          else
              next_state<=fail;
          end if;
      when s6=>
          if sel="1000" then
              next_state<=fail;
          elsif sel="0100" then
              next_state<=success;
          elsif sel="0010" then
              next_state<=fail;
          elsif sel="0001" then
              next_state<=s5;
          elsif sel="0000" then
              next_state<=s6;
          else
              next_state<=fail;
          end if;
      when s7=>
          if sel="1000" then
              next_state<=fail;
          elsif sel="0100" then
              next_state<=s8;
          elsif sel="0010" then
              next_state<=s2;
          elsif sel="0001" then
              next_state<=fail;
          elsif sel="0000" then
              next_state<=s7;
          else
              next_state<=fail;
          end if;
      when s8=>
          if sel="1000" then
              next_state<=s5;
          elsif sel="0100" then
              next_state<=s7;
```

```
              elsif sel="0010" then
                  next_state<=fail;
              elsif sel="0001" then
                  next_state<=fail;
              elsif sel="0000" then
                  next_state<=s8;
              else
                  next_state<=fail;
              end if;
          when fail=>
              next_state<=fail;
          when success=>
              next_state<=success;
          end case;
      end process P2;
-----------------------当前状态与下一状态的转移----------------------
P3:process(res,clk1k)
begin
      if clk1k'event and clk1k='1' then
          if res='1' then            --按复位键时,回到初始状态
              present_state<=start;count1<=0;count2<=0;
          elsif (present_state/=next_state) then
              if(count1=9) then
                  count1<=0;count2<=count2+1;
              else count1<=count1+1;
                  a2<=count1+count2*10;
              end if;
              if a2<a1 then
                  present_state<=next_state;
                  else present_state<=fail;
              end if;
          end if;
      end if;
end process P3;
-----------------------各种状态对应的输出---------------------
P4:process(present_state)
begin
      case present_state is
          when start=>ship<='1';river<="00";l<="111";r<="000";ship1<='1';
          when s1=>ship<='0';river<="00";l<="101";r<="010";ship1<='0';
          when s2=>ship<='1';river<="00";l<="101";r<="010";ship1<='1';
          when s3=>ship<='0';river<="00";l<="001";r<="110";ship1<='0';
          when s4=>ship<='1';river<="00";l<="011";r<="100";ship1<='1';
          when s5=>ship<='0';river<="00";l<="010";r<="101";ship1<='0';
          when s6=>ship<='1';river<="00";l<="010";r<="101";ship1<='1';
          when s7=>ship<='0';river<="00";l<="100";r<="011";ship1<='0';
          when s8=>ship<='1';river<="00";l<="110";r<="001";ship1<='1';
          when fail=>ship<='0';river<="00";l<="000";r<="000";
          when success=>ship<='0';river<="00";l<="000";r<="111";
      end case;
end process P4;
-----------------------显示当前所走步数---------------------
P5:process(count1,clk,sel)
begin
      if clk'event and clk='1' then
          if(numlet="00") then
```

```
                        count<=count1;cnt<="111101";
                  elsif(numlet="01")then
                        count<=count2;cnt<="111110";
              end if;
              if(numlet="01") then numlet<="00";
                  else numlet<=numlet+1;
              end if;
          case count is
              when 0=>data_out<="1111110";--0
              when 1=>data_out<="0110000";--1
              when 2=>data_out<="1101101";--2
              when 3=>data_out<="1111001";--3
              when 4=>data_out<="0110011";--4
              when 5=>data_out<="1011011";--5
              when 6=>data_out<="1011111";--6
              when 7=>data_out<="1110000";--7
              when 8=>data_out<="1111111";--8
              when 9=>data_out<="1111011";--9
              when others=>data_out<="0110001";          --错误显示
          end case;
          end if;
      end process P5;
  ------------------------游戏难度设定------------------------
P6:process(step)
begin
    case step is
      when "0010"=>a1<=2;
      when "0111"=>a1<=7;
      when "1000"=>a1<=8;
      when "1001"=>a1<=9;
      when "1010"=>a1<=10;
      when "1011"=>a1<=11;
      when "1100"=>a1<=12;
      when "1101"=>a1<=13;
      when "1110"=>a1<=14;
      when "1111"=>a1<=15;
      when others=>a1<=20;
    end case;
  end process P6;
end;
```

7.3.2 实例二：多功能拔河游戏机

在 6.5 节曾讲述过元件调用语句的描述方法,这种方法最大的优点是可以分模块进行调测,便于系统电路的设计与实现,提高设计效率,同时能很好地体现层次化设计的优点。在接下来的两个综合实例中将采用这种方法实现系统功能设计。

1. 设计任务及要求

拔河游戏机是一种甲乙双方参赛(最多容许双方各有两人参赛)的游戏电路。由 7 个 LED 表示拔河的“电子绳”。游戏开始时位于“电子绳”中点的 LED 发光,作为拔河的中心线。甲乙双方通过按键输入信号,按下键表示用力,根据甲乙双方按键的快慢与多少决定发光点移动的方向。发光点移到某方终端二极管时,该方获胜,该方记分牌自动加分,然后开始下一局的比赛。比赛采用五局三胜制,甲乙双方各自记分。当记分牌清零后,重新开始下一场拔河比赛。一场比赛结束时演奏一首欢快的乐曲。

2. 设计分析

根据设计要求,在本系统中要实现模拟拔河的过程,图 7-10 是其框图。本实例的关键点如下:

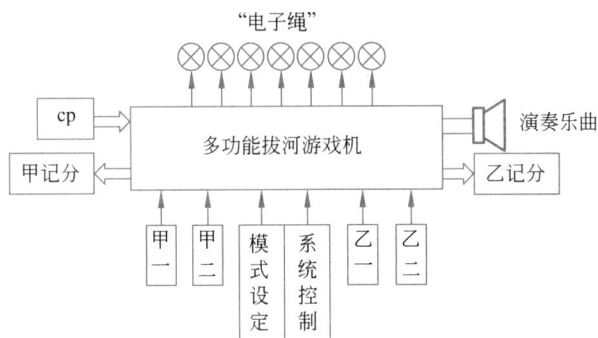

图 7-10 多功能拔河游戏机框图

(1) 为了方便操作,设置系统控制开关,分别控制游戏开始和系统复位。

(2) 由 7 个 LED 表示拔河的"电子绳",根据发光点的移动模拟拔河过程。

(3) 用 4 个按键代表甲乙双方的 4 人(甲一、甲二和乙一、乙二),比较两队的按键次数,作为"电子绳"移动方向的依据。

(4) 在数码管上分别显示甲乙双方的得分。

3. 顶层电路设计

在自顶向下的设计过程中,第一步是描述顶层的系统接口(包括输入端口和输出端口)以及一些信号和参数(不仅包括方向,还包括类型)。系统的流程图如图 7-11 所示。下面给出顶层设计的参考程序。

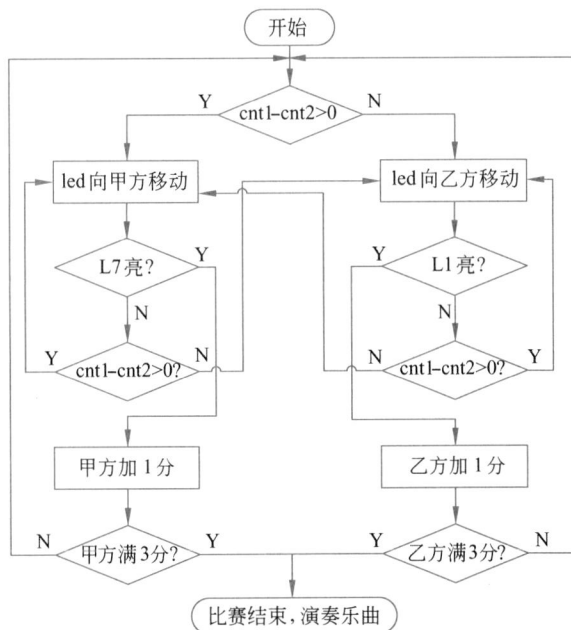

图 7-11 多功能拔河游戏机流程图

```
-----------------------------顶层文件-----------------------------
library ieee;
use ieee.std_logic_1164.all;
use ieee.std_logic_signed.all;
entity exp2 is
port(
    clk:in std_logic;                        --高频时钟
    start:in std_logic;                      --开始
    reset:in std_logic;                      --复位
    sw1,sw2:in std_logic;                    --各队第二位参赛队员
    btn1,btn2,btn3,btn4:in std_logic;        --拔河队员
    seg:out std_logic_vector(6 downto 0);    --数码管
    sel:out std_logic_vector(1 downto 0);    --数码管选通
    led:out std_logic_vector(6 downto 0);    --"电子绳"显示
    speaker:out std_logic                    --喇叭
    );
end exp2;
architecture bahe of exp2 is
  signal cnt1_signal,cnt2_signal: INTEGER range 0 to 7;
  signal ldout_signal1,ldout_signal2:std_logic;
  signal ld_signal,a_signal :std_logic_vector(6 downto 0);
  signal clk100_signal,clk5_signal:std_logic;
  signal play_signal:std_logic;
-----------------------底层分频模块端口说明----------------------
component div
port(
    clk:in std_logic;
    reset:in std_logic;
    clk100:out std_logic;
    clk5:out std_logic
    );
end component;
-----------------------底层计数模块端口说明----------------------
component count
port(
    start:in std_logic;
    sw1,sw2:in std_logic;
    reset:in std_logic;
    btn1,btn2,btn3,btn4:in std_logic;
    cnt1,cnt2:out integer range 0 to 7
    );
end component;
-------------------- -----底层移动模块端口说明----------------------
component move
port(
    clk:in std_logic;
    start2:in std_logic;
    reset:in std_logic;
    cnt1:in integer range 0 to 7;
    cnt2:in integer range 0 to 7;
    ld:out std_logic_vector(6 downto 0);
    ldout1,ldout2:out std_logic
    );
end component;
-----------------------底层显示模块端口说明----------------------
component disp
port(
```

```
      clk:in std_logic;
      start3:in std_logic;
      reset:in std_logic;
      seg:out std_logic_vector(6 downto 0);
      sel:out std_logic_vector(1 downto 0);
      ld_b,ld_c:in std_logic;
      play:out std_logic
    );
end component;
-----------------------底层音乐模块端口说明----------------------
component music
port
   (
    clk,reset:in std_logic;
    play,clk5:in std_logic;
    speaker:out std_logic
   );
end component;
--------------------------端口映射--------------------------
begin
  u1:div port
  map(clk=>clk,reset=>reset,clk100=>clk100_signal,clk5=>clk5_signal);
  u2:count port map
  (start=>start,sw1=>sw1,sw2=>sw2,reset=>reset,btn1=>btn1,btn2=>btn2,btn3=>
      btn3,btn4=>btn4,cnt1=>cnt1_signal,cnt2=>cnt2_signal);
  u3:move port
  map(clk=>clk100_signal,start2=>start,reset=>reset,cnt1=>cnt1_signal,cnt2=>
      cnt2_signal,ld=>led,ldout1=>ldout_signal1,ldout2=>ldout_signal2);
  u4:disp port
  map(clk=>clk,start3=>start,reset=>reset,seg=>seg,sel=>sel,ld_b=>
      ldout_signal1,ld_c=>ldout_signal2,play=>play_signal);
  u5:music1 port
  map(clk=>clk,reset=>reset,play=>play_signal,clk5=>clk5_signal,speaker=>
      speaker);
end;
```

4. 底层模块设计

前面讨论了顶层文件的设计与实现,接下来进一步分析在具体实现过程中采用的底层模块的设计以及它们的 VHDL 描述,根据系统的性能及要求分析,可采用五个底层模块,分别是分频模块(div)、计数模块(count)、移动模块(move)、显示模块(disp)和音乐模块(music)。

1) 分频模块

分频模块如图 7-12 所示。该模块实现的功能是:将时钟频率分频到 100 Hz,用于数码管显示模块;再将 100 Hz 分频到 5 Hz,用于音乐模块。该模块采用串行分频的方法实现。

代码如下:

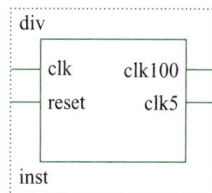

图 7-12　分频模块

```
library ieee;
use ieee.std_logic_1164.all;
use ieee.std_logic_arith.all;
entity div is
port(
```

```
        clk:in std_logic;
        reset:in std_logic;                ——复位键
        clk100:out std_logic;              ——100Hz 时钟
        clk5:out std_logic                 ——5Hz 时钟
    );
end div;
architecture clkdiv of div is
signal count1:integer range 0 to 99999;
signal count2:integer range 0 to 9;
signal temp100,temp5:std_logic;
begin
process(reset,clk)
  begin
if(reset='1') then count1<=0;temp100<='0';
elsif(clk 'event and clk='1')then
  if(count1=99999) then count1<=0;temp100<=not temp100;
  else count1<=count1+1;
    end if;
end if;
end process;
process(reset,temp100)
begin
  if(reset='1') then count2<=0;temp5<='0';
  elsif(temp100 'event and temp100='1') then
    if(count2=9) then count2<=0;temp5<=not temp5;
    else count2<=count2+1;
  end if;
  end if;
end process;
clk100<=temp100;
clk5<=temp5;
end clkdiv;
```

2）计数模块

计数模块如图 7-13 所示。该模块实现的是对按键次数的累加，start 为高电平时开始计数，cnt1 记录 btn1 和 btn2 的按键次数，cnt2 记录 btn3 和 btn4 的按键次数，reset 为高电平，则计数清零，重新开始计数。

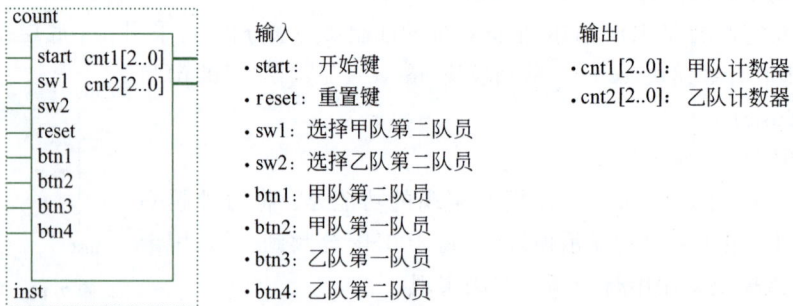

输入

- start：开始键
- reset：重置键
- sw1：选择甲队第二队员
- sw2：选择乙队第二队员
- btn1：甲队第二队员
- btn2：甲队第一队员
- btn3：乙队第一队员
- btn4：乙队第二队员

输出

- cnt1 [2..0]：甲队计数器
- cnt2 [2..0]：乙队计数器

图 7-13　计数模块

代码如下：

```
library ieee;
use ieee.std_logic_1164.all;
use ieee.std_logic_unsigned.all;
```

```
use ieee.std_logic_arith.all;
entity count is
port(
     start:in std_logic;
     sw1,sw2:in std_logic;
     reset:in std_logic;                        --复位键
     btn1,btn2,btn3,btn4:in std_logic;          --按键
     cnt1,cnt2:out integer range 0 to 7
    );
end count;
architecture cnt of count is
  signal cn1,cn2,cn3,cn4:integer range 0 to 7;
  begin
  process(reset,start)
    begin
    if start='0' then cn1<=0;
    elsif reset='1' then cn1<=0;     --定义复位,若按下复位键则计数器清零且高电平有效
    elsif(btn2 'event and btn2='1') then
        cn1<=cn1+1;                  --按键按下,计数器加一
      if cn1=7 then cn1<=0;
    end if;
    end if;
end process;
process(reset,start)
    begin
    if start='0' then cn2<=0;
    elsif reset='1' then cn2<=0;
    elsif(btn3 'event and btn3='1') then cn2<=cn2+1;
    if cn2=7 then cn2<=0;
    end if;
    end if;
end process;
process(reset,start,sw1)
    begin
    if start='0' then cn3<=0;
    elsif reset='1' then cn3<=0;
    elsif sw1='1' then                --选择参赛人数,高电平有效
        if(btn1 'event and btn1='1') then
        cn3<=cn3+1;
        end if;
    else cn3<=0;
    end if;
end process;
process(reset,start)
    begin
    if start='0' then cn4<=0;
    elsif reset='1' then cn4<=0;
    elsif sw2='1' then
        if(btn4 'event and btn4='1') then cn4<=cn4+1;
        end if;
    else cn4<=0;
    end if;
end process;
cnt1<=cn1+cn3;
cnt2<=cn2+cn4;
end;
```

计数模块的功能仿真波形如图 7-14 所示。

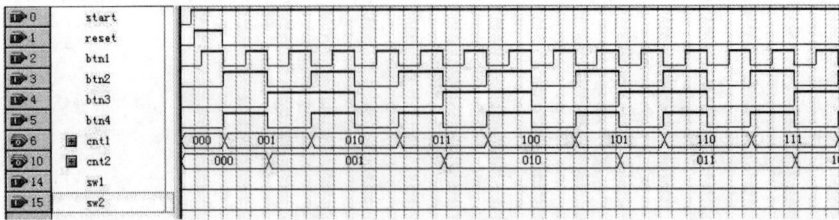

(a)双方各有一名队员的仿真情况

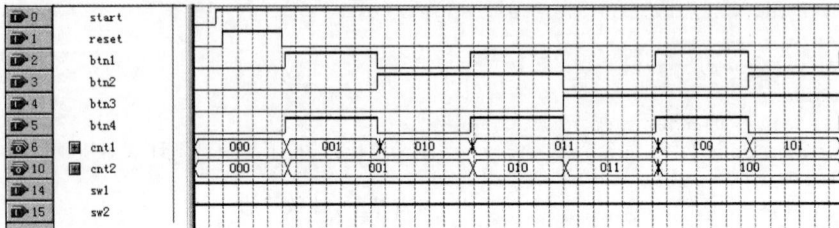

(b)双方各有两名队员的仿真情况

图 7-14　计数模块的功能仿真波形

3）移动模块

移动模块如图 7-15 所示。该模块实现对计数模块的输出进行比较,以此结果作为"电子绳"移动方向的依据。若甲队比乙队多按一次则点亮的二极管向甲队移动一个位置,以此类推,ldout1 和 ldout2 输出到显示模块,分别表示甲队得分和乙队得分。

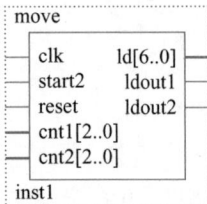

输入	输出
• clk:时钟	• ld[6..0]:"电子绳"
• start2:开始键	• ldout1:甲队得分
• reset:重置键	• ldout2:乙队得分
• cnt1[2..0]:甲队计数器	
• cnt2[2..0]:乙队计数器	

图 7-15　移动模块

代码如下:

```
library ieee;
use ieee.std_logic_1164.all;
use ieee.std_logic_arith.all;
use ieee.std_logic_unsigned.all;
entity move is
port(
    clk:in std_logic;
    start2:in std_logic;
    reset:in std_logic;
    cnt1:in integer range 0 to 7;
    cnt2:in integer range 0 to 7;
    ld:out std_logic_vector(6 downto 0);
    ldout1:out std_logic;
    ldout2:out std_logic
    );
end move;
```

```vhdl
architecture ld of move is
   signal count1:integer range 0 to 7;
   signal count2:integer range 0 to 7;
   signal a,b:integer range 0 to 6;
   signal ld_signal:std_logic_vector(6 downto 0);
   signal qa,qb:std_logic_vector(1 downto 0);
begin
  process(reset,start2)
  begin
  if(start2='0') then b<=0;a<=0;
   elsif(reset='1') then b<=0;a<=0;
     elsif(clk 'event and clk='1') then
       if count1>count2 then a<=count1-count2;b<=0;
       else b<=count2-count1;a<=0;
       end if;
     end if;
end process;
qa<=conv_std_logic_vector(a,2);
qb<=conv_std_logic_vector(b,2);
process(qa,qb)
begin
  if qa=0 then                          --甲队按得快,二极管向左边移动
    case qb is
    when "00"=>ld_signal<="0001000";
    when "01"=>ld_signal<="0000100";
    when "10"=>ld_signal<="0000010";
    when "11"=>ld_signal<="0000001";
    when others=>ld_signal<="0001000";
    end case;
  else                                  ---乙队按得快,二极管向右边移动
    case qa is
    when "01"=>ld_signal<="0010000";
    when "10"=>ld_signal<="0100000";
    when "11"=>ld_signal<="1000000";
    when others=>ld_siqnal<="0001000";
    end case;
  end if;
end process;
process(reset,start2)
begin
    if a=3 then ldout1<='1';ldout2<='0';
    end if;
    if b=3 then ldout1<='0';ldout2<='1';
    end if;
end process;
count1<=cnt1;
count2<=cnt2;
ld<=ld_signal;
end;
```

移动模块的功能仿真波形如图 7-16 所示。

4)显示模块

显示模块如图 7-17 所示。该模块实现甲乙两队分数的显示。若某队达到 3 分,则 Play 信号输出高电平。

代码如下:

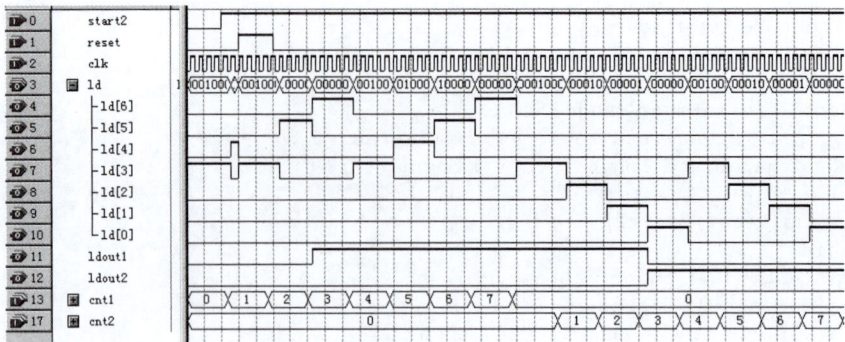

图 7-16 移动模块的功能仿真波形

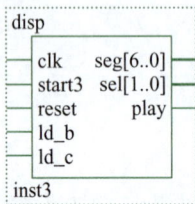

disp	
clk	seg[6..0]
start3	sel[1..0]
reset	play
ld_b	
ld_c	
inst3	

输入
· clk：时钟
· start3：开始键
· reset：重置键
· ld_b：甲队得分信号
· ld_c：乙队得分信号

输出
seg[6..0]：数码管显示
sel[1..0]：数码管选通
play：音乐播放信号

图 7-17 显示模块

```
library ieee;
use ieee.std_logic_1164.all;
use ieee.std_logic_unsigned.all;
entity disp is
port(
    clk:in std_logic;
    start3:in std_logic;
    reset:in std_logic;
    seg:out std_logic_vector(6 downto 0);      --数码管显示输出
    sel:out std_logic_vector(1 downto 0);      --选通信号
    ld_b:in std_logic;                         --获胜方信号
    ld_c:in std_logic;
    play:out std_logic
    );
end disp;
architecture seg of disp is
signal count:std_logic_vector(1 downto 0);
signal b,c,b1,c1,b2,c2  :std_logic_vector(6 downto 0);
signal play_signal1,play_signal2:std_logic;
signal b_state,c_state:integer range 0 to 3;
begin
process(ld_b,reset)
begin
if(ld_b'event and ld_b='1') then
    b_state<=b_state+1;
    case b_state is
        when 0=>b1<="0110000";
        when 1=>b1<="1101101";
        when 2=>b1<="1111001";
        when 3=>b1<="1111110";
    end case;
end if;
```

```
·if ld_b='0' then
    case b_state is
        when 1=>b1<="0110000";
        when 2=>b1<="1101101";
        when 3=>b1<="1111001";
        when 0=>b1<="1111110";
    end case;
end if;
b<=b1;
end process;
process(ld_c,reset)
begin
if(ld_c'event and ld_c='1') then
    c_state<=c_state+1;
    case c_state is
        when 0=>c1<="0110000";
        when 1=>c1<="1101101";
        when 2=>c1<="1111001";
        when 3=>c1<="1111110";
    end case;
end if;
if ld_c='0' then
  case c_state is
    when 1=>c1<="0110000";
    when 2=>c1<="1101101";
    when 3=>c1<="1111001";
    when 0=>c1<="1111110";
    end case;
end if;
c<=c1;
end process;
process (clk,reset)
  begin
  if start3='0' then sel<="11";count<="11";seg<="0000000";
  elsif(reset='1') then sel<="11";count<="11";
  else
      case clk is
        when '0'=>sel<="01";seg<=b;
        when '1'=>sel<="10";seg<=c;
      end case;
  if(b="1111001" or c="1111001" ) then play<='1';
  else play<='0';
  end if;
  end if;
end process;
end;
```

移动模块的功能仿真波形如图 7-18 所示。

5）音乐模块

音乐模块如图 7-19 所示。该模块实现游戏结束时播放音乐的功能。音乐模块主要由数控分频器和乐曲产生电路两部分组成。数控分频器对基准频率进行分频,得到与各个音阶对应的频率输出。乐曲产生电路按节拍要求产生乐曲所需的音符,预置数产生电路受音符控制,产生与该音符频率相对应的预置数,送计数器的置入数据输入端,因此只要控制输出到扬声器的激励信号频率的高低和每一个频率的信号持续时间,就可以使扬声器播放连续的乐曲。

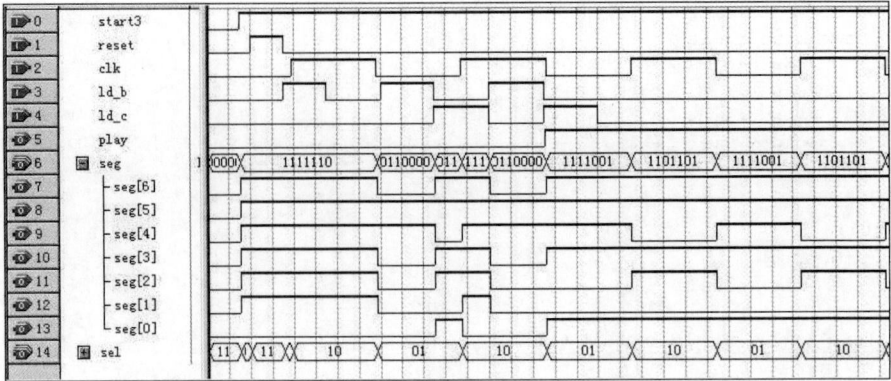

图 7-18 移动模块的功能仿真波形

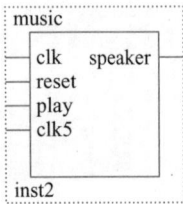

music		输入	输出

输入
- clk：时钟
- reset：重置键
- play：音乐播放信号
- clk5：5Hz时钟

输出
- speaker：喇叭

图 7-19 音乐模块

代码如下：

```
library ieee;
use ieee.std_logic_1164.all;
use ieee.std_logic_unsigned.all;
entity music is
port
(
  clk , reset:in std_logic;
  play,clk5:in std_logic;
  speaker:out std_logic
);
end music;
architecture a of music is
signal a:integer range 0 to 1000;
signal count:integer range 0 to 1000;
signal temp,temp1,temp2,load:std_logic;
constant mid_1:integer:=954;constant mid_2:integer:=850;
constant mid_3:integer:=757;constant mid_4:integer:=715;
constant mid_5:integer:=638;constant mid_6:integer:=568;
constant stop:integer:=0;                              --休止符分频系数
signal counter:integer range 63 downto 0;
begin
process(clk,load,a)
begin
  if clk'event and clk='1' then
    if load='1' then count<=a;
    else count<=count-1;
    end if;
  end if;
end process;
process(count)
begin
    if count=0 then
      temp<='1';
```

```
      else temp<='0';
      end if;
      load<=temp;
end process;
process(clk)
begin
  if clk'event and clk='1' then
  temp1<=temp;
  end if;
end process;
process(temp1)
begin
  if temp1'event and temp1='1' then
  temp2<=not temp2;
  end if;
  speaker<=temp2;
end process;
process(clk5,play,counter)
begin
  if reset='1' then counter<=0;
  elsif clk5'event and clk5='1' then
      if play='1' then
        if counter=63 then counter<=63;
          else counter<=counter+1;
          end if;
        else counter<=0;
      end if;
  end if;
end process;
process(counter)                --乐谱
begin
    case counter is when 00=>a<=stop;
      when 01=>a<=mid_1;when 02=>a<=mid_1;when 03=>a<=mid_2;when 04=>a<=mid_2;
      when 05=>a<=mid_3;when 06=>a<=mid_3;when 07=>a<=mid_1;when 08=>a<=mid_1;
      when 09=>a<=mid_1;when 10=>a<=mid_1;when 11=>a<=mid_2;when 12=>a<=mid_2;
      when 13=>a<=mid_3;when 14=>a<=mid_3;when 15=>a<=mid_1;when 16=>a<=mid_1;
      when 17=>a<=mid_3;when 18=>a<=mid_3;when 19=>a<=mid_4;when 20=>a<=mid_4;
      when 21=>a<=mid_5;when 22=>a<=mid_5;when 23=>a<=stop;when 24=>a<=stop;
      when 25=>a<=mid_3;when 26=>a<=mid_3;when 27=>a<=mid_4;when 28=>a<=mid_4;
      when 29=>a<=mid_5;when 30=>a<=mid_5;when 31=>a<=stop;when 32=>a<=stop;
      when 33=>a<=mid_5;when 34=>a<=mid_6;when 35=>a<=mid_5;when 36=>a<=mid_4;
      when 37=>a<=mid_3;when 38=>a<=mid_3;when 39=>a<=mid_1;when 40=>a<=mid_1;
      when 41=>a<=mid_5;when 42=>a<=mid_6;when 43=>a<=mid_5;when 44=>a<=mid_4;
      when 45=>a<=mid_3;when 46=>a<=mid_3;when 47=>a<=mid_1;when 48=>a<=mid_1;
      when 49=>a<=mid_2;when 50=>a<=mid_2;when 51=>a<=mid_6;when 52=>a<=mid_6;
      when 53=>a<=mid_1;when 54=>a<=mid_1;when 55=>a<=stop;when 56=>a<=stop;
      when 57=>a<=mid_2;when 58=>a<=mid_2;when 59=>a<=mid_6;when 60=>a<=mid_6;
      when 61=>a<=mid_1;when 62=>a<=mid_1;when 63=>a<=stop;when others=>null;
    end case;
end process;
end;
```

7.3.3 实例三：PS/2 键盘接口控制器

1. 设计任务要求

利用 VHDL 设计一个 PS/2 键盘接口控制器，实现键码接收功能。在 8×8 点阵上显示在 PS/2 键盘上按下的数字键或字母键。

2. 设计分析

1）PS/2 通信协议

设计之前，必须了解 PS/2 键盘接口的工作原理。PS/2 键盘具有六引脚 mini-DIN 连接器，其引脚如图 7-20 所示。

1：数据
2：未用，保留
3：电源地
4：电源 +5V
5：时钟
6：未用，保留

图 7-20　PS/2 键盘引脚

由图 7-20 可以看出其中只有 4 个引脚有意义，分别是 CLOCK（时钟）、DATA（数据）、+5V（电源）和 GROUND（电源地）。在 PS/2 键盘和开发板的物理连接上只要保持这 4 根线一一对应就能实现通信。其中数据线和时钟线都是集电极开路（正常保持高电平）。是可双向通信的 I/O 线，也就是说，通过这两根线，既可以把主机的数据发送到 PS/2 设备，又可以把 PS/2 设备的数据发送到主机。如果时钟是高电平，就可以开始传递数据。下面详细介绍如何传输键盘字符到数字系统中。

为了让工业界出产的电子产品对键盘输入内容实现统一，人们专门推出了 PS/2 通信协议。该协议是一种双向同步串行通信协议：通信的两端通过 CLOCK 线保持同步，并通过 DATA 线交换数据。由于 CLOCK 线和 DATA 线都是集电极开路，因此在无动作时它们都处于高电位。当 PS/2 设备有动作（即键盘按键被按下）时，CLOCK 线将不再继续保持原来的高电位，而是被键盘内部产生的时钟脉冲所取代；一旦按键被释放，则键盘又将恢复到无动作状态，CLOCK 线恢复对高电位的保持；而键盘中的 DATA 线一旦检查到 CLOCK 线开始发送时钟脉冲后，键盘便开始向终端发送数据，只要 CLOCK 线上有脉冲，DATA 线就会不停地重复发送按键字符对应的那组数据，这里的每一个按键字符所对应的一组数据被称为数据帧。每次 DATA 线上发送一位数据并且每在时钟线上发一个脉冲就被读入。PS/2 鼠标可以发送数据到主机，而主机也可以发送数据到鼠标，但主机总是在总线上有优先权，它可以在任何时候抑制来自鼠标的通信，只要把时钟拉低即可。所有数据被组织成数据帧，一帧包含 11～12 位，在不会出现应答位的情况下，每一帧有 11 位。数据帧的格式如表 7-2 所示。

表 7-2　PS/2 键盘发送的数据帧格式

位	说　　明
1 个起始位	总是逻辑 0
8 个数据位	LSB（低位）在前
1 个奇偶校验位	奇校验
1 个停止位	总是逻辑 1
1 个应答位	仅用在主机对设备的通信中

当键盘的处理器发现有按键被按下或释放时，键盘将发送扫描码到主机，扫描码分为通码和断码。当按键被按下或按住就发送通码，被释放就发送断码。由于每个按键被分配的通码和断码是唯一的，主机通过查找唯一的扫描码就可以测定是哪个按键。目前有 3 套标准的扫描码，PS/2 键盘默认使用第二套扫描码且支持所有 3 套扫描码，本书中使用的

是第二套扫描码,其中 26 个字母和 10 个数字键的通码(十六进制数)如表 7-3 所示。

表 7-3   第二套扫描码中 26 个字母和 10 个数字键的通码

字　符	通　码	字　符	通　码	字　符	通　码	字　符	通　码
A	1C	J	3B	S	1B	2	1E
B	32	K	42	T	2C	3	26
C	21	L	4B	U	3C	4	25
D	23	M	3A	V	2A	5	2E
E	24	N	31	W	1D	6	36
F	2B	O	44	X	22	7	3D
G	34	P	4D	Y	35	8	3E
H	33	Q	15	Z	1A	9	46
I	43	R	2D	1	16	0	45

例如,键盘按下字母 B 所传输的 8 位二进制代码为 0100 1100。需要注意的是,传输中的 8 个数据位顺序为 LSB(低位)在前。字母 B 的键盘扫描码如图 7-21 所示。

		d_7	d_6	d_5	d_4	d_3	d_2	d_1	d_0	
停止位	奇偶校验位	0	0	1	1	0	0	1	0	起始位

图 7-21   字母 B 的键盘扫描码

2)设计思路

根据上面提到的相关知识,首先需要建立一个数据接收模块,从 PS/2 接口线中读取从键盘发送的串行 11 位数据,并对接收到的数据帧进行处理,然后将处理后得到的 8 位的数据经过译码,最终在点阵上进行显示。在这个实例中,采用在 6.5 节中讲述的 VHDL 结构描述方法,即顶层模块调用底层模块的层次化设计方法。

根据功能需要将设计任务分解为一个顶层模块和两个底层模块(数据接收模块和显示模块)。其设计框图如图 7-22 所示。

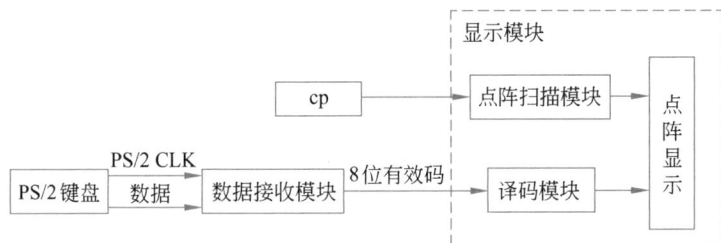

图 7-22   PS/2 键盘接口控制器设计框图

3. 分块电路的设计

1)数据接收模块

数据接收模块从 PS/2 接口线中读取从键盘发送的数据(一帧数据为 11 位),并对接收

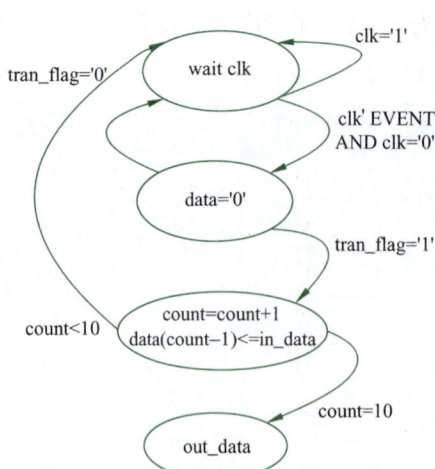

图 7-23 数据接收模块的状态转移图

到的数据进行处理,将处理后的数据传到显示模块。由于 PS/2 接口的 DATA 线在不传送数据时保持高电平,当键盘开始传送数据时,会首先发送一个低电平信号通知主机开始接收,然后开始传送剩余的数据,且在 PS/2 接口的 CLK 引脚处于下降沿时,DATA 引脚上的信号达到稳定状态。因此在本模块中采用 PS/2 接口 CLK 下降沿作为触发,在每一个下降沿判断 DATA 数值,如果为高则不做任何处理,如果为低则准备接收键盘发送的数据,不考虑起始位和结束位,对剩余 9 位数据进行奇偶校验,然后调用 8 位移位寄存器存储通码信号,最后通过片内 8 位总线传送给显示模块。数据接收模块的状态转移图如图 7-23 所示。

数据接收模块的部分源程序如下:

```
entity receive is
    port(clk:in std_logic;
        in_data:in std_logic;
        out_data:out std_logic_vector(7 downto 0);
        break_key:out std_logic);
end;
architecture u1 of receive is
signal data:std_logic_vector(8 downto 0);
begin
    p1:process(clk)
    variable count:integer range 0 to 10:=0;          --数据接收计数器
    variable break_flag:integer range 0 to 2:=0;      --断通码标志
    variable tran_flag:integer range 0 to 1:=0;       --开始正常传送标志

    begin
            if clk'event and clk='0' then
                if count=0 and in_data='0' then        --数据开始传送
                    tran_flag:=1;
                    count:=count+1;
                elsif count=10 and in_data='1' then
                    tran_flag:=0;
                    count:=0;
                ...
                elsif count=10 and in_data='0' then
                    tran_flag:=0;
                    count:=0;
                elsif tran_flag=1 then
                    data(count-1)<=in_data;
                    count:=count+1;
                end if;
                ...
            elsif break_flag=1 then
                out_data<=data(7 downto 0);
                break_flag:=0;
            else
                out_data(7 downto 0)<=data(7 downto 0);
```

```
                      break_key<='0';
                  end if;
                  ...
```

以按下字母 B 键为例,仿真波形如图 7-24 所示。

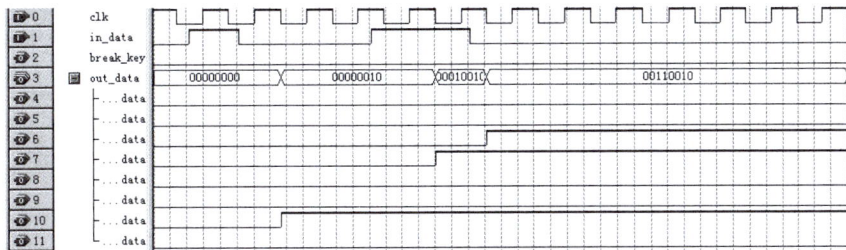

图 7-24　按下字母 B 键的仿真波形

2）显示模块的设计

显示模块从接收模块传来的数据中读取按键的有效编码,并经译码电路控制不同时钟周期时显示阵列上行的值,同时阵列显示的扫描方式采用列扫描方式,本实例采用8×8点阵作为显示器件,其结构如图 7-25 所示。将 64 个发光二极管封装为一个器件,若点亮点阵上的某一点,必须使其对应的行引脚为高电平,同时列引脚为低电平。当以扫描的方式给点阵的行和列发送相应的高低电平时,如果扫描的频率高于一定数值,点阵上就会显示出稳定的字符或图形。根据上述分析,在显示模块中需要包含译码电路和扫描电路。图 7-26 是以接收到字母 B 为例的显示模块的仿真波形。

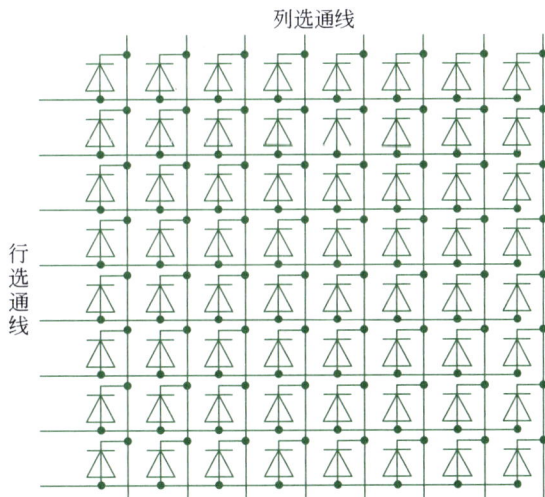

图 7-25　8×8 点阵结构图

显示模块的部分源程序如下:

```
entity display is
port(clk:in std_logic;
     code:in std_logic_vector(7 downto 0);
     col,row:out std_logic_vector(6 downto 1);
     break_key:in std_logic);
```

```
end;
architecture u2 of display is
begin
    p1:process(clk)
    variable count:integer range 0 to 5:=0;
      begin
        if clk'event and clk='0' then
          case code is
          ...
            when "00110010"=>
                    case count is
                        when 0=>row<="000000";
                        when 1=>row<="111111";
                        when 2=>row<="100101";
                        when 3=>row<="100101";
                        when 4=>row<="011010";
                        when 5=>row<="000000";
                        when others=>row<="000000";
                    end case;                          --B

            ...
              when others=>row<="000000";
            end case;
            col<="111111";
            col(count+1)<='0';
            count:=(count+1)mod 6;
        end if;
    ...
```

接收到字母 B 时的仿真波形如图 7-26 所示。

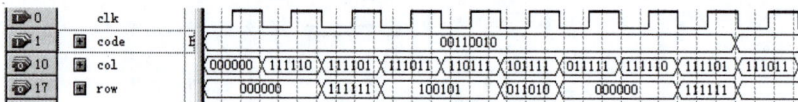

0	clk	
1	code	00110010
10	col	000000 X 111110 X 111101 X 111011 X 110111 X 101111 X 011111 X 111110 X 111101 X 111011
17	row	000000 X 111111 X 100101 X 011010 X 000000 X 111111

图 7-26　接收到字母 B 时的仿真波形

4. 源程序

源程序代码如下：

```
------------------------------PS/2 键盘接口控制器设计----------------------
----------------------------顶层文件----------------------------
library ieee;
use ieee.std_logic_1164.all;
entity exp3 is
    port(clock:in std_logic;                    --ps/2 接口的时钟线
        data:in std_logic;                      --ps/2 接口的数据线
        cp:in std_logic;                        --内部的时钟
        col,row:out std_logic_vector(6 downto 1);
        zero_col:out std_logic_vector(1 downto 0);
        break:out std_logic);                   --断码/通码标志
end exp3;
architecture ps of exp3 is
----------------------------底层模块端口说明----------------------------
    component receive
    port(clk:in std_logic;in_data:in std_logic;
        out_data:out std_logic_vector(7 downto 0);
        break_key:out std_logic);
```

```
        end component;
        component display
            port(clk:in std_logic;
                    code:in std_logic_vector(7 downto 0);
                    col,row:out std_logic_vector(6 downto 1);
                    break_key:in std_logic );
        end component;
signal out_data:std_logic_vector(7 downto 0);
signal break_key:std_logic;
----------------------底层模块端口映射----------------------
begin
    u1:receive port map(clock,data,out_data,break_key);
    u2:display port map(cp,out_data,col,row,break_key);
    zero_col<="11";
    break<=break_key;
end;
----------------------底层文件 receive 模块----------------------
library ieee;
use ieee.std_logic_1164.all;
entity receive is
    port(clk:in std_logic;
            in_data:in std_logic;
            out_data:out std_logic_vector(7 downto 0);
            break_key:out std_logic);
end;
architecture u1 of receive is
signal data:std_logic_vector(8 downto 0);
begin
    p1:process(clk)
    variable count:integer range 0 to 10:=0;          --数据接收计数器
    variable break_flag:integer range 0 to 2 :=0;     --断码/通码标志
    variable tran_flag:integer range 0 to 1:=0;       --开始正常传送标志
    begin
            if clk'event and clk='0' then
                if count=0 and in_data='0' then          --数据开始传送
                    tran_flag:=1;
                    count:=count+ 1;
                elsif count=10 and in_data='1' then
                    tran_flag:=0;
                    count:=0;
                    if(data(0) xor data(1)xor data(2)xor
                        data(3)xor data(4)xor data(5)xor
                        data(6)xor data(7)xor data(8))='0' then
                        break_flag:=1;
                    end if;
                elsif count=10 and in_data='0' then
                    tran_flag:=0;
                    count:=0;
                elsif tran_flag=1 then
                    data(count-1)<=in_data;
                    count:=count+ 1;
                end if;
                if data="111110000" then
                    out_data<=data(7 downto 0);
                    break_flag:=1;
                    break_key<='1';
```

```
                    elsif break_flag=1 then
                        out_data<=data(7 downto 0);
                        break_flag:=0;
                    else
                        out_data(7 downto 0)<=data(7 downto 0);
                        break_key<='0';

                    end if;
                end if;
            end process;
end;
---------------------底层文件 display 模块-----------------------
library ieee;
use ieee.std_logic_1164.all;
entity display is
port(clk:in std_logic;
     code:in std_logic_vector(7 downto 0);
     col,row:out std_logic_vector(6 downto 1);
     break_key:in std_logic);
end;
architecture u2 of display is
begin
    p1:process(clk)
    variable count:integer range 0 to 5:=0;
     begin
        if clk'event and clk='0' then
           case code is
                when "00011100"=>
                     case count is
                         when 0=>row<="000111";
                         when 1=>row<="011000";
                         when 2=>row<="101000";
                         when 3=>row<="101000";
                         when 4=>row<="011000";
                         when 5=>row<="000111";
                         when others=>row<="000000";
                     end case;                           --A
                when "00110010"=>
                     case count is
                         when 0=>row<="000000";
                         when 1=>row<="111111";
                         when 2=>row<="100101";
                         when 3=>row<="100101";
                         when 4=>row<="011010";
                         when 5=>row<="000000";
                         when others=>row<="000000";
                     end case;                           --B
                when "00100001"=>
                     case count is
                         when 0=>row<="000000";
                         when 1=>row<="011110";
                         when 2=>row<="100001";
                         when 3=>row<="100001";
                         when 4=>row<="100001";
                         when 5=>row<="000000";
                         when others=>row<="000000";
                     end case;                           --C
```

```
          when "00100011"=>
                 case count is
                       when 0=>row<="000000";
                       when 1=>row<="111111";
                       when 2=>row<="100001";
                       when 3=>row<="100001";
                       when 4=>row<="011110";
                       when 5=>row<="000000";
                       when others=>row<="000000";
                 end case;                              --D
          when "00100100"=>
                 case count is
                       when 0=>row<="000000";
                       when 1=>row<="111111";
                       when 2=>row<="100101";
                       when 3=>row<="100101";
                       when 4=>row<="100101";
                       when 5=>row<="000000";
                       when others=>row<="000000";
                 end case;                              --E
          when "00101011"=>
                 case count is
                       when 0=>row<="000000";
                       when 1=>row<="111111";
                       when 2=>row<="101000";
                       when 3=>row<="101000";
                       when 4=>row<="101000";
                       when 5=>row<="000000";
                       when others=>row<="000000";
                 end case;                              --F
          when "00110100"=>
                 case count is
                       when 0=>row<="000000";
                       when 1=>row<="011111";
                       when 2=>row<="100001";
                       when 3=>row<="100001";
                       when 4=>row<="100111";
                       when 5=>row<="000000";
                       when others=>row<="000000";
                 end case;                              --G
          when "00110011"=>
                 case count is
                       when 0=>row<="000000";
                       when 1=>row<="111111";
                       when 2=>row<="000100";
                       when 3=>row<="000100";
                       when 4=>row<="111111";
                       when 5=>row<="000000";
                       when others=>row<="000000";
                 end case;                              --H
          when "01000011"=>
                 case count is
                       when 0=>row<="000000";
                       when 1=>row<="100001";
                       when 2=>row<="111111";
                       when 3=>row<="100001";
```

```
                    when 4=.>row<="000000";
                    when 5=>row<="000000";
                    when others=>row<="000000";
                end case;                         --I
         when "00111011"=>
                case count is
                    when 0=>row<="000010";
                    when 1=>row<="100001";
                    when 2=>row<="111111";
                    when 3=>row<="100000";
                    when 4=>row<="000000";
                    when 5=>row<="000000";
                    when others=>row<="000000";
                end case;                         --J
         when "01000010"=>
                case count is
                    when 0=>row<="000000";
                    when 1=>row<="111111";
                    when 2=>row<="001100";
                    when 3=>row<="010010";
                    when 4=>row<="100001";
                    when 5=>row<="000000";
                    when others=>row<="000000";
                end case;                         --K
         when "01001011"=>
                case count is
                    when 0=>row<="000000";
                    when 1=>row<="111111";
                    when 2=>row<="000001";
                    when 3=>row<="000001";
                    when 4=>row<="000001";
                    when 5=>row<="000000";
                    when others=>row<="000000";
                end case;                         --L
         when "00111010"=>
                case count is
                    when 0=>row<="111111";
                    when 1=>row<="010000";
                    when 2=>row<="001000";
                    when 3=>row<="001000";
                    when 4=>row<="010000";
                    when 5=>row<="111111";
                    when others=>row<="000000";
                end case;                         --M
         when "00110001"=>
                case count is
                    when 0=>row<="000000";
                    when 1=>row<="111111";
                    when 2=>row<="000010";
                    when 3=>row<="000100";
                    when 4=>row<="011111";
                    when 5=>row<="000000";
                    when others=>row<="000000";
                end case;                         --N
         when "01000100"=>
                case count is
                    when 0=>row<="000000";
```

```vhdl
                    when 1=>row<="011110";
                    when 2=>row<="100001";
                    when 3=>row<="100001";
                    when 4=>row<="011110";
                    when 5=>row<="000000";
                    when others=>row<="000000";
                end case;                              --O
    when "01001101"=>
            case count is
                    when 0=>row<="000000";
                    when 1=>row<="111111";
                    when 2=>row<="100100";
                    when 3=>row<="100100";
                    when 4=>row<="011000";
                    when 5=>row<="000000";
                    when others=>row<="000000";
                end case;                              --P
    when "00010101"=>
            case count is
                    when 0=>row<="000000";
                    when 1=>row<="011110";
                    when 2=>row<="100001";
                    when 3=>row<="100011";
                    when 4=>row<="011111";
                    when 5=>row<="000001";
                    when others=>row<="000000";
                end case;                              --Q
    when "00101101"=>
            case count is
                    when 0=>row<="000000";
                    when 1=>row<="111111";
                    when 2=>row<="101100";
                    when 3=>row<="101010";
                    when 4=>row<="011001";
                    when 5=>row<="000000";
                    when others=>row<="000000";
                end case;                              --R
    when "00011011"=>
            case count is
                    when 0=>row<="000000";
                    when 1=>row<="011010";
                    when 2=>row<="101001";
                    when 3=>row<="100101";
                    when 4=>row<="100011";
                    when 5=>row<="000000";
                    when others=>row<="000000";
                end case;                              --S
    when "00101100"=>
            case count is
                    when 0=>row<="100000";
                    when 1=>row<="100000";
                    when 2=>row<="111111";
                    when 3=>row<="100000";
                    when 4=>row<="100000";
                    when 5=>row<="000000";
                    when others=>row<="000000";
                end case;                              --T
```

```
              when "00111100"=>
                   case count is
                       when 0=>row<="000000";
                       when 1=>row<="111111";
                       when 2=>row<="000001";
                       when 3=>row<="000001";
                       when 4=>row<="111011";
                       when 5=>row<="000000";
                       when others=>row<="000000";
                   end case;                        --U
              when "00101010"=>
                   case count is
                       when 0=>row<="000000";
                       when 1=>row<="111110";
                       when 2=>row<="000000";
                       when 3=>row<="000001";
                       when 4=>row<="111110";
                       when 5=>row<="000000";
                       when others=>row<="000000";
                   end case;                        --V
              when "00011101"=>
                   case count is
                       when 0=>row<="111111";
                       when 1=>row<="000100";
                       when 2=>row<="011000";
                       when 3=>row<="011000";
                       when 4=>row<="000100";
                       when 5=>row<="111111";
                       when others=>row<="000000";
                   end case;                        --W
              when "00100010"=>
                   case count is
                       when 0=>row<="100001";
                       when 1=>row<="010010";
                       when 2=>row<="001100";
                       when 3=>row<="001100";
                       when 4=>row<="010010";
                       when 5=>row<="100001";
                       when others=>row<="000000";
                   end case;                        --X
              when "00110101"=>
                   case count is
                       when 0=>row<="110000";
                       when 1=>row<="001000";
                       when 2=>row<="000111";
                       when 3=>row<="001000";
                       when 4=>row<="110000";
                       when 5=>row<="000000";
                       when others=>row<="000000";
                   end case;                        --Y
              when "00011010"=>
                   case count is
                       when 0=>row<="100001";
                       when 1=>row<="100011";
                       when 2=>row<="100101";
                       when 3=>row<="101001";
                       when 4=>row<="110001";
```

```
                when 5=>row<="100001";
                when others=>row<="000000";
            end case;                           --Z
    when "01000101"=>
        case count is
                when 0=>row<="000000";
                when 1=>row<="111111";
                when 2=>row<="100001";
                when 3=>row<="100001";
                when 4=>row<="111111";
                when 5=>row<="000000";
                when others=>row<="000000";
            end case;                           --0
    when "00010110"=>
        case count is
                when 0=>row<="000000";
                when 1=>row<="000000";
                when 2=>row<="100001";
                when 3=>row<="111111";
                when 4=>row<="000001";
                when 5=>row<="000000";
                when others=>row<="000000";
            end case;                           --1
    when "00011110"=>
        case count is
                when 0=>row<="000000";
                when 1=>row<="100111";
                when 2=>row<="101001";
                when 3=>row<="101001";
                when 4=>row<="011001";
                when 5=>row<="000000";
                when others=>row<="000000";
            end case;                           --2
    when "00100110"=>
        case count is
                when 0=>row<="000000";
                when 1=>row<="100101";
                when 2=>row<="100101";
                when 3=>row<="100101";
                when 4=>row<="011011";
                when 5=>row<="000000";
                when others=>row<="000000";
            end case;                           --3
    when "00100101"=>
        case count is
                when 0=>row<="000000";
                when 1=>row<="111100";
                when 2=>row<="000100";
                when 3=>row<="111111";
                when 4=>row<="000100";
                when 5=>row<="000000";
                when others=>row<="000000";
            end case;                           --4
    when "00101110"=>
        case count is
                when 0=>row<="000000";
                when 1=>row<="111001";
```

```
                          when 2=>row<="101001";
                          when 3=>row<="101001";
                          when 4=>row<="100110";
                          when 5=>row<="000000";
                          when others=>row<="000000";
                    end case;                              --5
              when "00110110"=>
                    case count is
                          when 0=>row<="000000";
                          when 1=>row<="011110";
                          when 2=>row<="101001";
                          when 3=>row<="101001";
                          when 4=>row<="100110";
                          when 5=>row<="000000";
                          when others=>row<="000000";
                    end case;                              --6
              when "00111101"=>
                    case count is
                          when 0=>row<="000000";
                          when 1=>row<="100000";
                          when 2=>row<="100000";
                          when 3=>row<="101111";
                          when 4=>row<="110000";
                          when 5=>row<="000000";
                          when others=>row<="000000";
                    end case;                              --7
              when "00111110"=>
                    case count is
                          when 0=>row<="000000";
                          when 1=>row<="111111";
                          when 2=>row<="101001";
                          when 3=>row<="101001";
                          when 4=>row<="111111";
                          when 5=>row<="000000";
                          when others=>row<="000000";
                    end case;                              --8
              when "01000110"=>
                    case count is
                          when 0=>row<="000000";
                          when 1=>row<="011001";
                          when 2=>row<="100101";
                          when 3=>row<="100101";
                          when 4=>row<="011110";
                          when 5=>row<="000000";
                          when others=>row<="000000";
                    end case;                              --9
              when others=>row<="000000";
        end case;
        col<="111111";
        col(count+ 1)<='0';
        count:=(count+ 1)mod 6;
    end if;
  end process p1;
end;
```

小　　结

　　本章介绍了数字系统的基本概念及其设计方法,并基于 VHDL 给出了 3 个具体的数字系统设计实例,分别采用了多进程设计、状态机设计和元件例化的设计方法。

　　对于一个数字系统而言,其规模可大可小,复杂程度也有很大差别,但通常都由组合逻辑电路和时序逻辑电路连接而成,整个系统按照一定的要求实现复杂的逻辑运算。数字系统的设计过程并不是一次就可以完成的,每一次修改都是在以前的工作基础上不断改进和实践。本章介绍的数字系统设计实例意在引导读者初步掌握数字系统的 EDA 设计方法。读者在设计过程中应该积累设计实例,进一步掌握 VHDL 在数字系统设计中的使用方法,以便为设计复杂系统打下基础。

习　　题

7-1　数字系统主要由哪几部分组成?

7-2　层次化结构包括哪些方面? 相应的功能是什么?

7-3　用来描述数字系统的基本工作过程的方法主要有哪几种?

7-4　对一个数字系统采用 MDS 图进行描述时,需要注意的问题有哪些?

7-5　简述自顶向下的设计方法的基本步骤。

7-6　自顶向下与自底向上的设计有哪些不同? 在具体应用时应该如何取舍?

7-7　通过实例二和实例三,总结元件例化描述方法的基本过程以及需要注意的问题。

7-8　利用状态机的描述方法设计一个序列信号检测器,要求连续输入 3 个或 3 个以上的 1 时输出为 1,否则输出为 0。

7-9　参考实例二中的音乐模块部分的源程序,设计一个音乐发生器,实现演奏乐曲《梁山伯与祝英台》的功能。

7-10　在实例三 PS/2 键盘接口控制器的设计过程中,如果要实现小键盘上的方向键,要做哪部分程序的修改? 如何实现?

第 8 章

数字电路的硬件安全问题

数字电路是信息系统的基础,其安全性是整个信息系统安全的基石。如果数字电路存在安全风险,在其基础上的软件和网络的安全都将无从谈起。因此,在实现电路时不仅要关注其功能、性能和能耗,还要注意避免出现安全问题。本章首先介绍数字电路硬件安全问题的定义和分类,然后介绍数字电路的硬件安全威胁,并以高速缓存时间侧信道攻击和低电压故障注入攻击为例介绍电路硬件安全问题产生的原因及危害,最后介绍增强数字电路安全性的方法。这些内容可以帮助读者建立数字电路硬件安全概念,并帮助读者设计安全的数字电路。

8.1　数字电路硬件安全问题的定义和分类

数字电路的硬件安全问题由数字电路的设计缺陷、实现机制或硬件特性引起,目前的数字电路硬件安全威胁主要分为硬件木马、侧信道攻击、故障注入攻击、瞬态执行攻击和物理攻击 5 类。数字电路硬件安全增强技术主要包括电路混淆、电路加密、物理不可克隆函数(Physically Unclonable Function,PUF)和随机数发生器等。

8.1.1　数字电路硬件安全问题的定义

虽然目前由数字电路硬件安全问题导致的大规模攻击事件并不多,但是数字电路硬件安全问题切切实实存在,各类数字电路硬件安全事件也频繁被曝光,特别是 2018 年爆发的"熔断"(Meltdown)和"幽灵"(Spectre)漏洞更是将硬件安全问题带进了大众的视野,因此学习硬件安全是非常有必要的。目前,数字电路的硬件安全问题并没有统一的定义,我们将数字电路硬件安全问题定义为由电路的设计缺陷、实现机制或硬件特性造成的可破坏数据的机密性、完整性和可用性的漏洞、攻击及增强电路安全性的技术。

虽然数字电路的漏洞本质上都是由硬件造成的,但是有些漏洞在利用时只通过软件即能实现。根据是否需要额外的硬件辅助,在对数字电路进行攻击时有两种实现方式,即完全使用软件进行攻击(基于软件的攻击)和依赖于额外的硬件设备进行攻击(基于硬件的攻击)。在基于软件的攻击方法中,攻击者利用软件代码调用硬件的接口实现攻击;在基于硬件的攻击方法中,攻击者利用额外的硬件设备进行数据的探测和工作环境的修改等操作,结合软件代码,实现既定的攻击目的。与基于硬件的攻击相比,基于软件的攻击更适合发起远程攻击,因此具有更大的危害性。

8.1.2 数字电路硬件安全问题的分类

与软件安全不同的是,数字电路具有设计复杂、调试和分析难度大等特点,有些数字电路还具有晶体管规模巨大和内部结构不开源的特征,对其进行安全分析、攻击的门槛极高。目前已经有一些数字电路硬件安全威胁方面的研究成果,这些研究成果有不同的分类方法。本书将数字电路的安全威胁分为 5 类:硬件木马、侧信道攻击、故障注入攻击、瞬态执行攻击和物理攻击,如图 8-1 所示。

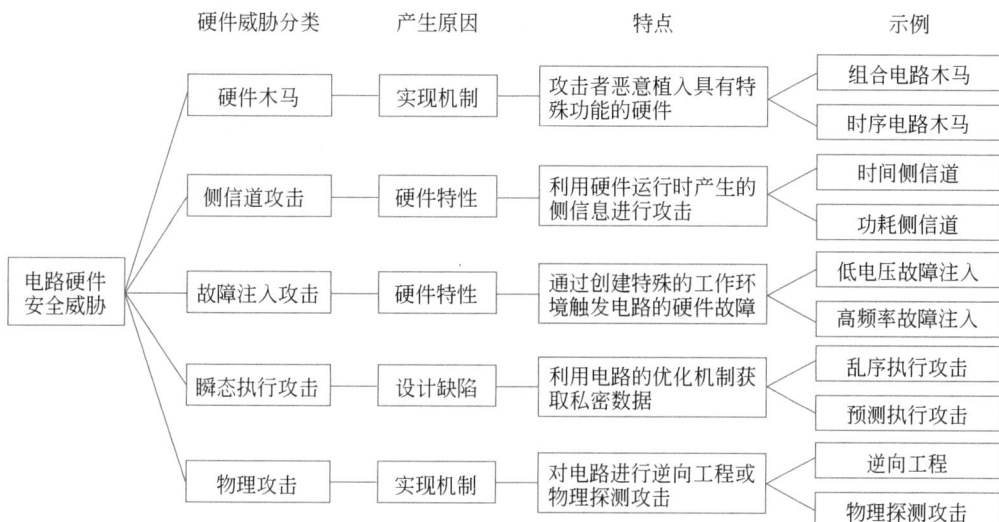

图 8-1 数字电路的安全威胁分类

从增强数字电路安全性的角度考虑,目前的技术主要包括电路混淆、电路加密、PUF 和随机数发生器等。电路混淆技术可增加逆向或复制的难度,增强数字电路的安全性;电路加密技术通过对电路的关键信息进行转换,使其对未经授权的用户来说难以理解;PUF 基于硬件制造差异生成唯一响应信息,可以用于生成加密程序的加密密钥、芯片的物理指纹和随机数发生器的种子等;随机数发生器基于不可预测的物理过程或特定的算法产生随机数。这些技术的原理和特点如图 8-2 所示。

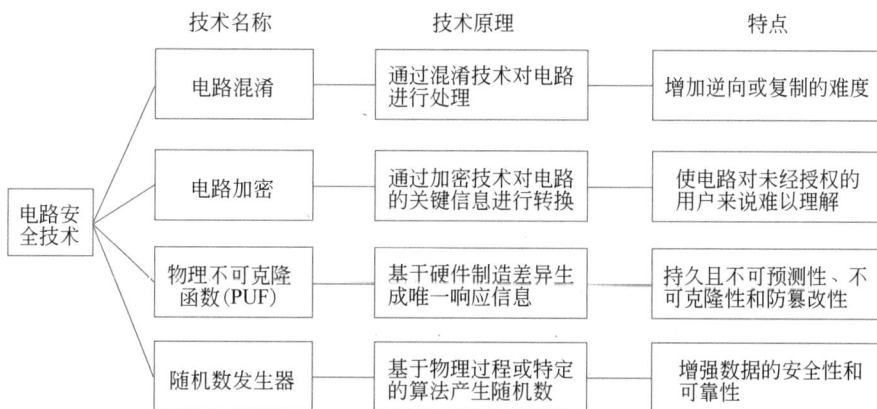

图 8-2 数字电路安全技术的原理和特点

8.2 数字电路的硬件安全威胁

8.2.1 硬件木马

硬件木马(hardware trojan)指对电路设计的恶意、故意修改。在部署电路时会导致恶意行为。被硬件木马感染的电路会在功能上或规格上发生变化,包括泄露敏感信息、降低电路性能或使电路不可靠等。硬件木马对部署在关键操作中的任何硬件设计都构成严重威胁。硬件木马分类如图 8-3 所示。

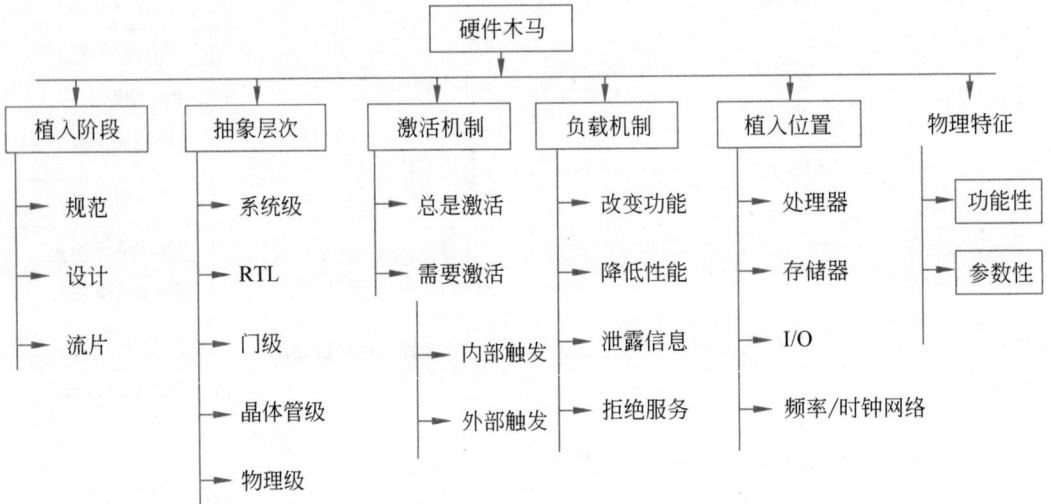

图 8-3 硬件木马分类

这里举一个简单的硬件木马的例子。假设需要通过组合逻辑电路实现如表 8-1 所示的真值表。

表 8-1 组合逻辑电路的真值表

输 入			输 出	
A	B	C	X	Y
0	0	0	1	1
0	0	1	1	0
0	1	0	1	0
0	1	1	0	1
1	0	0	0	1

根据真值表实现的正常电路如图 8-4 所示。

图 8-4 电路的输入输出关系中会产生一部分无关项,这些无关项可给攻击者提供攻击所需要的条件。例如,如果攻击者希望让这个电路的 X 和 Y 均输出 0(错误数据),就可以在电路上进行如图 8-5 所示的修改,其中虚线为硬件木马部分。

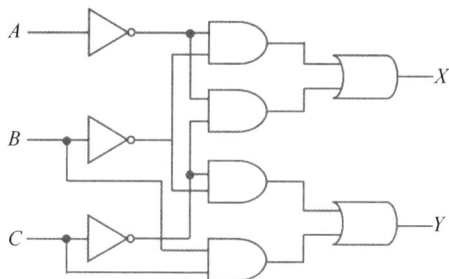

图 8-4 正常电路

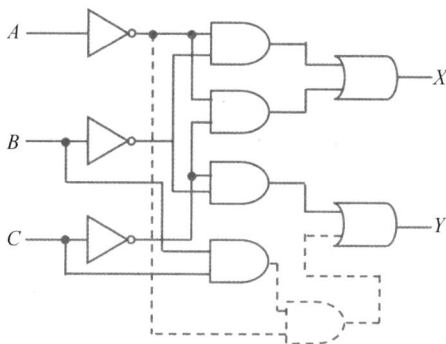

图 8-5 植入了硬件木马的电路

通过图 8-5 所示的植入了硬件木马的电路,攻击者就可以在不改变电路正常功能的情况下,让 ABC 输入 101、110 和 111 时 XY 均输出 00。在电路运行时,攻击者只需要通过外部方式控制 ABC 的输入为以上 3 个触发条件即可触发这个硬件木马,干扰整个系统的运转。

由于硬件木马种类繁多且比较复杂,导致相对于软件木马,硬件木马的检测难度大大增加。硬件木马的隐藏性主要源于硬件设计和制造过程的复杂性,攻击者能够在庞大的电路中巧妙地隐藏硬件木马,使其难以被察觉。一旦硬件木马被成功植入目标设备,若被植入部分的设计方案或功能未受到大规模改动,那么木马很可能会长时间持续生效。在硬件木马检测领域,测试人员不仅需要应对庞大的电路结构,同时还面临着外界因素的干扰,如电路噪声和电路老化,这进一步增加了寻找硬件木马的难度。理论上,检测硬件木马的有效方法是激活木马并观察其效果,但硬件木马的类型、大小和位置未知,而且其激活条件可能十分罕见。因此,经过精心设计的硬件木马可以在芯片正常功能操作期间很好地隐藏起来,只在特定触发条件下才会被激活。

尽管硬件木马具有优越的攻击效果和良好的隐藏性,但攻击者必须深入了解攻击目标的设计方案,以对其进行有针对性的攻击。此外,植入硬件木马也要求攻击者能够直接或间接物理接触目标设备,从而增加了植入硬件木马的难度。另外,由于硬件木马需要在制造过程中植入,攻击者通常只能在目标硬件制造阶段进行攻击,因此攻击者难以在后期继续扩大攻击规模。这与软件木马可以通过网络远程传播的特性形成鲜明对比。

综上,尽管硬件木马在某些方面具有特殊性,但其植入难度和攻击规模的限制仍然是制约其广泛应用的因素。

8.2.2 侧信道攻击

侧信道攻击是指通过"非一般"信道泄露敏感信号或数据的攻击。对数字电路硬件而言,"一般"信道即通过电压变化传输各类数字信号的内部电路,但电路在运作过程中产生热辐射、电磁波、光电现象乃至声音等物理信息,以及其具有统计意义上的变化的功耗、执行时间等,甚至数字电路中不涉及信道传输功能的物理或逻辑部件状态等都有可能作为信号泄露关键秘密数据。数字电路侧信道攻击的基本过程如图 8-6 所示,其本质是通过硬件设备在运行时泄露的各种信息(物理现象)推断出其所依赖的敏感信息,对系统进行非法访问或执行有害操作。

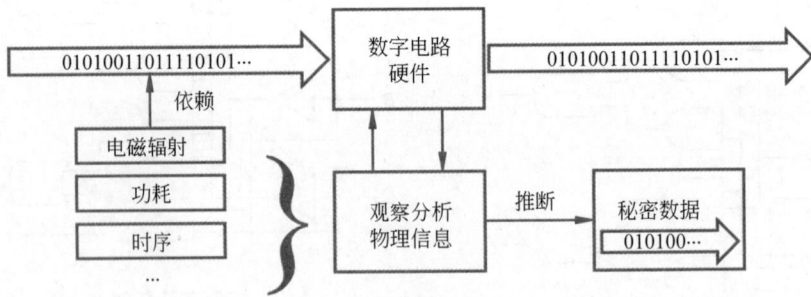

图 8-6 数字电路侧信道攻击的基本过程

常见的数字电路侧信道攻击有 3 类：功耗分析攻击、电磁辐射攻击和计时(时间)攻击。

1) 功耗分析攻击

功耗分析攻击是最为充分、成功实例最多的一种侧信道攻击技术。由于电路在处理不同类型的运算以及不同的操作数时的功耗不同,攻击者可以通过监测设备在执行操作时的功耗变化推断出设备正在执行的指令或操作的性质,从而恢复秘密信息。根据分析方法不同,功耗分析攻击可以分为简单功耗分析(Simple Power Analysis,SPA)攻击、差分功耗分析(Differential Power Analysis,DPA)攻击、相关功耗分析(Correlation Power Analysis,CPA)攻击以及高阶差分功耗分析(High Order DPA,HODPA)攻击等。

2) 电磁辐射攻击

设备在运行时会产生电磁辐射,攻击者可以通过监测这些辐射推断设备内部的运算情况。具体来说,当数字电路内部状态的某比特由 0 变为 1 时,晶体管的 N 极或 P 极会有一小段时间接通,这将导致一个瞬时的电流脉冲,从而使得周围的电磁场发生变化。通过放置在设备附近的探头即可测量出设备运行时的电磁辐射情况,经过采样、数字化及信号放大后,即可使用类似于功耗分析攻击的统计方法恢复秘密信息。与功耗分析不同的是,电磁辐射攻击不必对整个数字电路硬件(如芯片)进行整体分析,而是将探头靠近具体执行算法的模块,从而降低其他模块引入的噪声影响,因此电磁辐射攻击有更高的信噪比。

3) 计时(时间)攻击

通过观察设备的时序信息,攻击者可以推断出执行的操作序列,其基本原理是利用具体算法所采用的各种运算执行时间上的差异恢复秘密信息。数字电路根据算法在执行运行时间不固定的操作(如分支操作、有限域乘法、幂指数运算、主存访问等)时,其具体的运行时间可能依赖于涉及的具体操作数,从而使得算法的运行时间与其使用的秘密数据(如密钥)存在某种可以推断的关系,利用统计方法分析时间差异即可恢复部分或全部秘密信息。

侧信道攻击对数字电路硬件的安全性产生了深远的影响,其涉及的方面包括信息泄露、破坏可信计算以及针对密码学的攻击等。从长远来看,侧信道攻击的出现和发展与数字电路技术本身的发展结合得非常紧密,因此是一种非常难以根除的威胁。尽管如此,安全研究人员和硬件开发人员已经提出了很多有效的防护措施,包括物理隔离、数据加密、噪声注入、主动模糊等技术。

8.2.3 故障注入攻击

数字电路正常工作时需要合适的频率、电压、电磁、温度、光照等环境,如果数字电路的工作环境出现异常,其正常工作状态就有可能被改变,硬件故障就有可能发生,基于硬件故障,攻击者就能实现故障注入攻击。

　　故障注入攻击的基本过程如图 8-7 所示,攻击者通过使用故障注入技术向运行中的数字电路注入硬件故障,并对故障注入点和注入时长进行精准控制,获得差分输出。结合差分故障分析技术,攻击者可以实现多种特定的攻击目的,例如获取加密程序的加密密钥以及有目的地改变程序的功能。

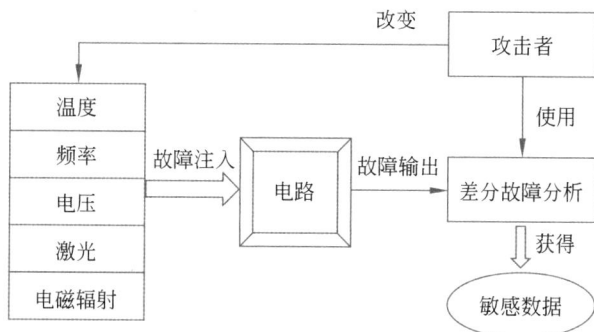

图 8-7　故障注入攻击的基本过程

根据采取的故障注入方法的不同,故障注入攻击可以分为 3 类:

- 基于硬件的故障注入攻击。这种故障注入攻击通过使用特殊的硬件设备更改电路的工作环境实现故障注入,包括更改电路的频率、电压、温度、光强、声音环境和电磁环境等。

- 基于软件的故障注入攻击。这种故障注入攻击通过使用软件代码改变电路的工作环境从而实现硬件级的故障注入。例如,通过软件命令对处理器电路进行超频操作,实现高频率故障注入攻击;通过软件命令降低处理器的电压,实现低电压故障注入攻击;通过频繁访问特定的内存单元更改邻近内存单元的数据;等等。

- 基于模拟的故障注入攻击。这种故障注入攻击主要用在电路的模拟测试中,通过改变电路的内部逻辑值实现故障注入。

　　基于硬件的故障注入攻击实现简单,成功率比较高,故障注入过程也比较可控,但是该类攻击需要特殊的外部硬件设备辅助,无法实现远程攻击。基于软件的故障注入攻击不需要被攻击设备的物理访问权限,完全使用程序指令触发硬件故障以及控制故障注入的整个过程,可以对电路构成比较严重的威胁。但是基于软件的故障注入攻击需要假设目标电路的工作环境可以被软件调整,因此,在硬件故障注入攻击中许多有效的故障注入方式无法通过基于软件的故障注入实现。基于模拟的故障注入攻击很难在真实设备上部署,但有助于验证电路的安全性。

8.2.4　瞬态执行攻击

　　瞬态执行攻击(transient execution attack)是利用芯片中由各种激进的性能优化策略引发的瞬态窗口执行非法指令,从而获取被攻击者私密数据的攻击方法。这种在瞬态窗口中执行的指令称为瞬态执行的指令。瞬态执行的指令并不会真正完整地被执行,即,它们会在某个时刻被执行,但发现错误后结果被丢弃。从宏观角度看,瞬态执行似乎并不会造成安全问题。但是这种瞬态执行会引发其他部件状态的变化(如 Cache、TLB 等),攻击者可以通过侧信道攻击捕捉这种芯片状态的变化,从而分析出受攻击者的私密数据。

瞬态窗口产生的原因主要有 3 种:乱序执行引起的延迟异常处理、分支预测错误、缓冲区提前转发或旧值重载。根据 3 种不同瞬态窗口的成因,瞬态执行攻击可以分为如图 8-8 所示的 3 类:

- 乱序执行类。主要利用乱序执行引起的延迟异常处理来创造瞬态窗口。攻击者直接对非法地址进行访存,这会触发异常。但是由于异常处理需要时间,乱序执行使得流水线并不会停滞,从而导致了瞬态窗口的出现。比较典型的攻击有 Meltdown、Foreshadow、LazyFP 等。

- 分支预测类。主要利用前端分支预测单元的预测错误来创建瞬态窗口。攻击者通过蓄意的训练预测器,诱使预测器做出错误预测,从而执行瞬态指令。比较典型的攻击有 Spectre、Spectre-RSB、Spectre-BHI/BHB 等。

- 微架构采样类。这类攻击主要利用芯片内各种缓冲区的激进优化策略创建瞬态窗口。例如,Zombieload 利用错误加载发生后触发微码辅助,使得行填充缓冲区将旧的值(可能来自受害者)预测性转发给攻击者;Fallout 利用存储缓冲区将部分地址匹配的 STORE 指令的值转发给 LOAD 指令。其他比较典型的此类攻击还有 RIDL、Medusa 等。

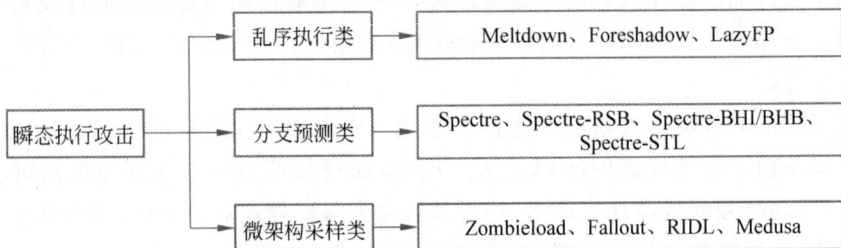

图 8-8　瞬态执行攻击的基本分类

由于瞬态执行攻击一般都需要通过侧信道攻击(如 Cache 计时侧信道)将瞬态执行的结果映射到侧信道中以便观察,因此瞬态执行攻击主要分为 4 个步骤,其基本过程如图 8-9 所示。

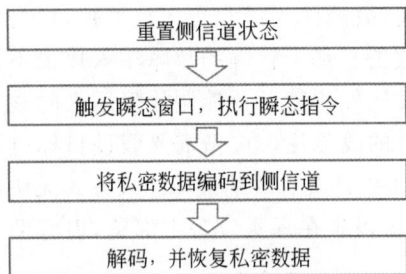

图 8-9　瞬态执行攻击的基本过程

首先,攻击者重置侧信道的状态,例如对缓存进行刷新。然后,攻击者通过直接进行非法访存或者训练分支预测器等触发瞬态窗口,在瞬态窗口中,攻击者将访问依赖于被攻击者私密数据的缓存单元,这使得这一部分缓存单元出现在 Cache 中。在瞬态窗口结束后,攻击者通过计算重新加载缓存单元的时间,以推断被攻击者的私密数据。

8.2.5　物理攻击

物理攻击是一种比较特殊的攻击手段,主要利用电子设备的物理性质实施攻击。在数字电路中,物理攻击主要包括电路逆向工程和物理探测攻击两个方面。

电路逆向工程通过对数字电路进行深入分析和解剖,获取其设计信息或运行机制。逆向工程的主要目标设备如图 8-10 所示,主要应用于数字电路、集成电路和其他电子设备,以解析电路的物理结构、布线、元件排列和逻辑功能。为了进一步理解电路的运行方式,逆向工程可以对芯片进行电子测试,例如对电路的输入和输出进行测试,以逐步还原电路的原始设计,包括逻辑门、存储元件等。逆向工程也可以借助成熟的数学模型和计算工具进一步对电路的行为进行分析。通过逆向工程剽窃集成电路知识产权是电子行业中的一个重要隐患,除了给知识产权所有者造成不可挽回的损失以外,在伪造集成电路和系统时也可能对原设计进行篡改,导致安全漏洞甚至危及生命的问题。

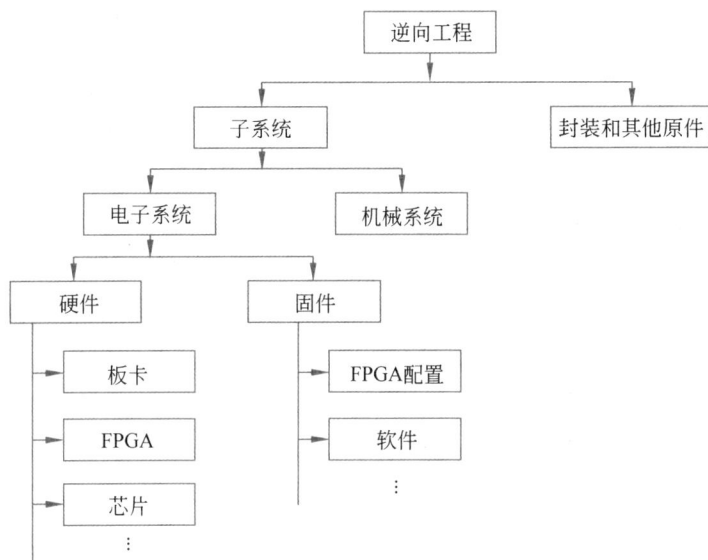

图 8-10　逆向工程的主要目标设备

物理探测攻击是数字电路硬件安全领域中的一种高级攻击手段,攻击者接触到电子器件,利用传统的故障分析或检测手段实施入侵,并利用光电探测或聚焦离子束(Focused Ion Beam,FIB)铣削工具等发动攻击。物理探测攻击的流程如图 8-11 所示,主要包括 4 个步骤:

(1)解封。大多数侵入性物理攻击的第一阶段是部分或完全移除芯片包装,以便暴露硅裸片。

(2)逆向工程。通过逆向工程,从芯片中提取设计信息。

(3)定位目标线。一旦目标被逆向工程识别,下一步就是在被攻击的电路上定位与目标相关的金属线,称为目标线。该步骤的关键问题在于,虽然攻击者在逆向工程中已经找到了目标线,但必须找到要磨平的点的绝对坐标,这需要有足够精确的运动装置和基准标记。

(4)找到目标线并提取信息。借助于聚焦离子束这样的现代电路编辑工具,攻击者可以铣出一个孔以暴露目标线。一旦目标线暴露,攻击者即可提取敏感信息的相关信号。

图 8-11　物理探测攻击的流程

数字电路通过采取物理防护措施、加密技术、防篡改设计等手段可以提高硬件系统的安全性,防范潜在的物理攻击。

8.3 实例一:高速缓存时间侧信道攻击

高速缓存(Cache)时间侧信道攻击是一种非常经典的侧信道攻击方法,它利用了高速缓存命中和未命中时的访存时间有明显差异的特点,已经被证明可以用于获取加密算法的密钥或作为工具窃取私密数据。

8.3.1 高速缓存

处理器的运算速度比较快,但是主存访问操作比较费时。高速缓存是为了加快访存速度而设计的,是部分主存空间的映射。高速缓存一般由静态随机存取存储器(Static Random Access Memory,SRAM)构成,它的容量比内存小,但是数据访问速度比内存快得多。图 8-12 展示了加上高速缓存后处理器访问数据的过程。当处理器要访问一个数据时,首先从高速缓存中查找,如果要访问的数据在高速缓存中(称为命中),则直接从高速缓存中将数据取出来,这可以大大加快数据的访问速度;如果要访问的数据不在高速缓存中(称为未命中),则从主存中取出数据,同时将该数据所在的主存块放到高速缓存中,以使得下一次访问该数据或者邻近的数据时可以命中高速缓存。

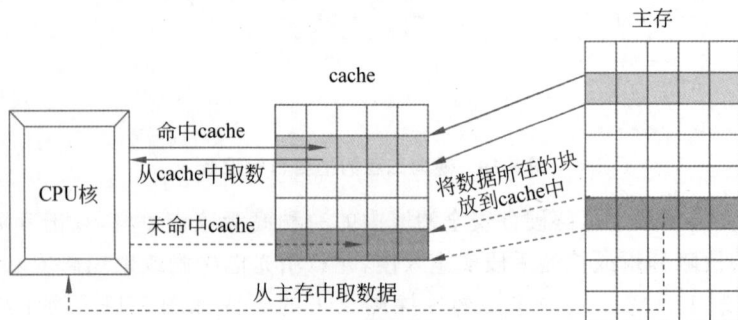

图 8-12 加上高速缓存后数据访问过程

高速缓存利用了程序的时间和空间局部性原理,即本次访问数据之后,下一次很有可能访问同样的数据或邻近的数据,使得目前高速缓存的命中率可以达到 90%,这大大减少了处理器访存延时,提升了系统的性能。为了进一步加快访问高速缓存的速度,现代处理器一般将高速缓存集成到其内部,并采用多级高速缓存结构。

8.3.2 高速缓存时间侧信道攻击简介

从高速缓存的工作原理可以看出,当访问数据时,命中高速缓存比未命中高速缓存时的延时要小得多。高速缓存时间侧信道攻击正是利用了高速缓存命中和未命中会使访存指令对应的响应时间有明显差别的特点实施的。攻击者通过度量访存指令的访存时间,推测访存过程是否命中高速缓存,进而推测出高速缓存中的信息或被攻击程序的高速缓存访问情况,基于此获得私密数据。目前的高速缓存时间侧信道攻击方式主要有 4 种,分别是 Flush-

Reload 攻击、Flush-Flush 攻击、Prime-Probe 攻击和 Evict-Time 攻击。

Flush-Reload 攻击首先将数据从高速缓存中驱逐，一段时间后访问该数据。如果访问时间短，说明中间一段时间该数据被被攻击程序访问过；否则该数据没有被被攻击程序访问过。Flush-Flush 攻击首先将数据从高速缓存中驱逐，一段时间后再次驱逐该数据。如果驱逐时间长，说明中间一段时间该数据被被攻击程序访问过；否则该数据没有被被攻击程序访问过。Flush-Flush 攻击的原理是：数据驱逐时，如果数据在高速缓存中，需要做数据驱逐操作，花费的时间长；否则，不需要做驱逐操作，花费的时间短。Prime-Probe 攻击首先访问数据，将数据放到高速缓存中，一段时间后再次访问该数据。如果访问时间短，说明中间一段时间受害者程序访问了该数据所在的高速缓存块，将该数据从高速缓存中替换了；否则被攻击程序没有访问该数据所在的高速缓存块。Evict-Time 攻击首先执行被攻击程序，使被攻击程序的数据放到高速缓存中，然后构建一个高速缓存数据驱逐集，并访问驱逐集，最后，攻击者再次执行被攻击程序并测量攻击程序执行的时间。如果被攻击程序执行的时间长，说明驱逐集将攻击程序在高速缓存中的数据替换了；否则说明驱逐集并没有替换攻击程序在高速缓存中的数据。

由于处理器的内存管理单元（Memory Management Unit，MMU）以页为单位管理系统内存，因此高速缓存时间侧信道攻击通常是以页为粒度操作高速缓存。

在 4 种高速缓存时间侧信道攻击中，Flush-Reload 攻击被广泛用来窃取私密数据。Flush-Reload 攻击过程如图 8-13 所示，主要分为 3 个步骤：

（1）驱逐（flush）阶段。攻击者通过专有指令或大量访存将共享内存中特定位置处的高速缓存数据驱逐。

（2）访存（access）阶段。被攻击程序执行访存操作（在有些攻击中，攻击程序执行访存操作），并使用自己的私密数据更新高速缓存。

（3）重载（reload）阶段。攻击者重新加载驱逐阶段驱逐的高速缓存数据，测量并记录高速缓存数据的重载时间。重载时间短的数据即访存阶段被攻击程序访问的高速缓存数据。

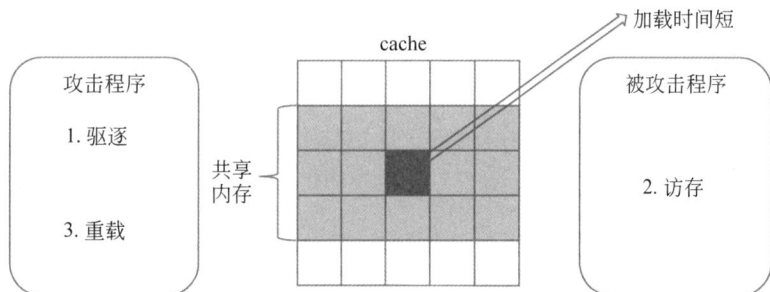

图 8-13 Flush-Reload 攻击过程

8.3.3 使用高速缓存时间侧信道攻击窃取私密数据

高速缓存时间侧信道攻击可以作为工具窃取私密数据，这里以使用 Flush-Reload 攻击窃取由"熔断"（Meltdown）漏洞获得的私密数据为例进行介绍。

Meltdown 是 2018 年暴露的处理器芯片硬件漏洞，主要由处理器的乱序执行机制引起。乱序执行是高性能处理器避免流水延时的一类技术，被广泛应用。乱序执行技术的基本思想是"投机"地执行指令,将指令的完成分为顺序发射、乱序执行和顺序提交 3 个过程。为了实现"投机"地执行指令,乱序执行技术使用了寄存器重命名和保留站机制。寄存器重命名机制引入逻辑寄存器并对逻辑寄存器重命名,以避免寄存器分配不合理导致的读后写(Write After Read,WAR)和写后写(Write After Write,WAW)冲突。保留站机制将已执行的乱序指令缓冲,并将指令中的某些寄存器替换为特殊的指针,使得某些指令的计算结果在提交到物理寄存器前可以直接作为后续指令的源操作数。

在现有的乱序执行设计中,如果被执行的乱序指令进行了访存操作,MMU 会将需要的数据加载到高速缓存中,即使处理器发现指令执行非法或内存操作权限不足,也不会将高速缓存中的数据恢复到乱序指令执行之前的状态,从而为攻击者通过高速缓存时间侧信道攻击获取私密数据提供了可能。

图 8-14 展示了 Meltdown 攻击的基本指令序列。攻击者首先将要读取的内核数据的物理地址放到 rcx 寄存器中,然后执行图 8-14 中的指令序列。第 5 行的代码试图访问内核数据。此时,MMU 会对该数据访问过程进行检查,并在发现该进程访问内核资源的权限不足时抛出段错误异常。处理器在发现异常后,会将该指令及后面的指令的执行结果全部丢弃并回滚寄存器的值。但是在当前的设计中,MMU 对内存访问权限的检查是在指令的回写阶段,由于乱序执行特性,第 6、7 行的指令在权限检查完成之前也会被执行。在这种情况下,相关访问的存储内容会被加载到高速缓存中,并且该高速缓存状态的改变不会随着处理器状态的回滚而回滚,然后攻击者就可以利用高速缓存时间侧信道攻击恢复要读取的内核数据。

```
1 char prope_array[256*4096]
2 int access_time[256],compare_time=0
3 for(i=0;i<256;i++)
4   flush(probe_array[i])                //步骤1:驱逐
  //rcx=私密数据地址;rbx=probe_array
5 mov al,byte[rcx]
6 shl rax,0xc
7 mov rbx,qword[rbx+rax]                  //步骤2:访存
8 for(i=0;i<256;i++)
9 access_time[i]=reload(probe_array[i])//步骤3:重载
  //获得访问时间最小的元素下标, 即为私密数据
10 secret_data=0;compare_time=access_time[0]
11 for(i=0;i<256;i++){
12   if(compare_time>access_time[i])
13     secret_data=i;compare_time=access_time[i]
14 }
15 return secret_data
```

图 8-14 Meltdown 攻击的基本指令序列

在实施 Meltdown 攻击之前,攻击者首先将 256(一字节只能表示 256 个数据)个高速缓存页(每个高速缓存页的大小为 4096B)清空(第 3、4 行),即这些高速缓存页不包含任何相关的内存数据,完成 Flush-Reload 方法的步骤 1。然后,第 6 行的代码会将位于 rax 寄存器内的内核数据平移 12 位,从而指向一个高速缓存页的边界。第 7 行会使用这一内核数据作为地址进行访存,完成 Flush-Reload 方法的步骤 2。最后,攻击者重载这 256 个高速缓存页

（第8、9行），并通过检查重载时间确定内核数据中的一字节（第10～15行）。

第5行的指令在提交时会触发段错误异常。如果不对该异常进行处理，操作系统会捕获该异常并终止攻击程序的执行。有两种方法可以对段错误异常进行处理：

（1）使用操作系统提供的异常处理函数设置发生段错误时的处理句柄，从而在攻击程序中对段错误进行处理。

（2）使用 Intel 公司的事务同步扩展（Transactional Synchronization Extension，TSX）技术将 Meltdown 攻击的基本指令序列封装成一个原子操作，TSX 会对段错误异常进行处理。

8.3.4 使用高速缓存时间侧信道攻击窃取加密程序密钥

高速缓存时间侧信道攻击被广泛用来窃取加密程序的密钥，这里以使用 Prime-Probe 攻击获取 AES 密钥为例进行介绍。AES 是一种对称加密算法，通过在输入数据上执行若干轮操作生成密文数据，是一种被广泛应用的加密方法。直接对 AES 加密程序进行暴力破解以获取加密密钥是比较困难的，特别是当密钥长度比较长时。而使用高速缓存时间侧信道攻击可以大大减少密钥的搜索空间。

AES 对明文进行 R 轮运算以生成密文（密钥越长，R 越大。例如，密钥长度为 128 时，R 为 10；密钥长度为 192 时，R 为 12；密钥长度为 256 时，R 为 14），除最后一轮（该轮没有 MixColumns 操作）外，每轮依次有以下 4 个操作：

- ShiftRows。将状态矩阵每一行中的字节元素循环移位一定的偏移量。
- SubBytes。用相应的 S 盒（支持 AES 中的非线性变换）字节替换明文字节。
- AddRoundKey。使用位异或（XOR）将状态矩阵的每个元素与相关的密钥字节组合在一起。
- MixColumns。通过线性变换将状态矩阵的每一列混合在一起。

这里以恢复 128 位 AES 加密程序的密钥为例进行介绍。为了提升加密算法的效率，AES 加密算法将每一轮中除与轮密钥异或的操作之外的其他操作合并成了访问 16 次查找表（lookup table）的操作。AES 加密算法的过程变成 160 次访问查找表和 176 次异或操作，这极大地提高了加密算法的效率。然而，频繁访问查找表的过程会将私密数据泄露到高速缓存中，这为使用高速缓存时间侧信道攻击恢复 AES 的密钥提供了机会。由于 AES-128 的查找表和密钥扩展算法是公开的，攻击者了解了最后一轮的密钥，反向利用密钥扩展算法就可以推测出密钥。对于 AES 加密算法的第 10 轮加密，输出状态变量（即密文）为

$$c = K^{(10)} \oplus [T_{4O}] \tag{8-1}$$

其中，c 为密文，$K^{(10)}$ 为最后一轮扩展密钥，T_{4O} 是指检索 T_4 查找表的输出结果。对式（8-1）进行以下推导以求解出密钥：

$$K^{(10)} = c \oplus [T_{4O}] \tag{8-2}$$

$$K^{(10)} \neq c \oplus \neg [T_{4O}] \tag{8-3}$$

其中，$\neg [T_{4O}]$ 指 T_4 查找表中没有检索的输出结果。T_4 表的大小是 1024B，由 256 个大小为 4B 的元素组成。假设缓存组大小为 64B，则 1024B 大小的 T_4 查找表和 16 个缓存组形成映射关系，这导致 $\neg [T_{4O}]$ 同样可以理解成没有被访问的缓存组。这意味着密文（c）和未被访问的缓存组的索引的异或结果可以认为和最后一轮扩展密钥（$K^{(10)}$）无关，不属于

$K^{(10)}$ 的候选项。

为了同时处理所有字节，16B 大小的 $K^{(10)}$ 以一字节为单位被划分成 16 份。假设 $K_i^{(10)}$ 表示第 10 轮扩展密钥的第 $i(0 \leqslant i \leqslant 15)$ 字节，则有以下公式：

$$V_i = \{j : 0 \leqslant j \leqslant 255 \mid j\} \tag{8-4}$$

$$V = \{i : 0 \leqslant i \leqslant 15 \mid V_i\} \tag{8-5}$$

在式(8-5)中，V_i 表示 $K_i^{(10)}$ 的所有候选值的集合，初始状态由 256 个候选值组成。高速缓存时间侧信道攻击的目的是利用排除分析法排除 V_i 中错误的候选值，最终只留下唯一的候选值当作 $K_i^{(10)}$ 的值。

下面以 $c_i = 0x2c$ 为例说明排除分析法恢复密钥的过程，如图 8-15 所示。1024B 大小的 T_4 查找表的地址以 4096B 对齐，所以缓存的缓存组 0～15 用于保存 T_{4O}。攻击过程主要分为 3 步：

(1) 填充缓存。在 AES 结束第 9 轮加密运算之后，攻击者对 T_4 查找表所映射的缓存的 16 个缓存组进行填充。

(2) AES 第 10 轮加密运算。AES 加密算法在第 10 轮加密运算过程中索引 T_4 查找表的过程改变了缓存的状态。

(3) 获取缓存状态。在 AES 结束第 10 轮加密之后，攻击者遍历被映射的 16 个缓存组，并记录缓存命中和缓存未命中的行为，推测未被访问的缓存组。基于未被访问的缓存组，攻击者利用排除分析法去除密钥的错误候选值，直到只剩下唯一候选值作为密钥时为止。

在第 3 步中，攻击者利用高速缓存时间侧信道攻击成功推测出被索引 T_4 查找表的操作访问的缓存组集合 A：

$$A = \{1, 2, 3, 5, 6, 7, 9, 10, 12, 14, 15\} \tag{8-6}$$

攻击者还能推测出未被索引 T_4 查找表的操作访问的缓存组集合 $\widetilde{A}$：

$$\widetilde{A} = \{0, 4, 8, 11, 13\}, \mid \widetilde{A} \mid = 5 \tag{8-7}$$

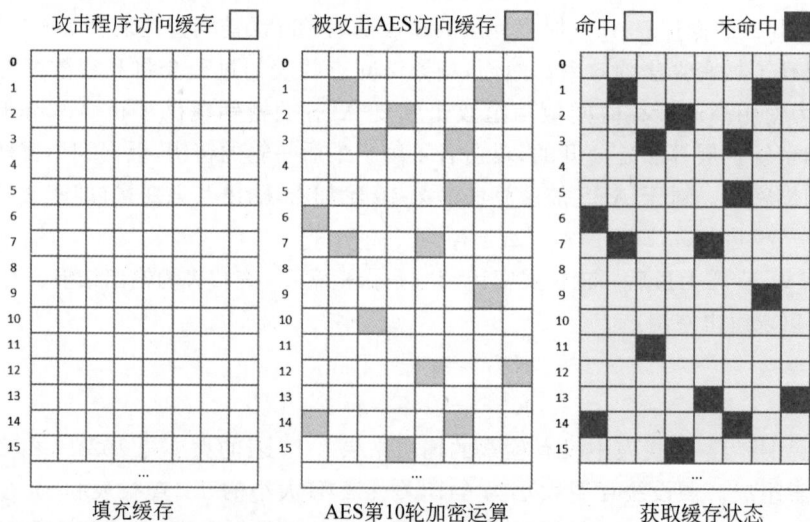

图 8-15 排除分析法恢复密钥的过程

通过消除关系,攻击者可以通过密文和未被访问的缓存组成功选择出被消除的候选值的集合,公式如下所示:

$$T_{4\mathrm{NAD}} = T_4[\mathrm{NAC}] \tag{8-8}$$

$$V_{i.e} = c \oplus T_{4\mathrm{NAD}} \tag{8-9}$$

$$V_i = V_i \backslash V_{i.e} \tag{8-10}$$

其中,NAC 表示未被访问的缓存组的索引;$T_{4\mathrm{NAD}}$ 表示以未被访问的缓存组作为 T_4 查找表的索引所得到的数据;$V_{i.e}$ 表示其所有值均不可能是 $K_i^{(10)}$ 的候选值,可以从 V_i 中排除。T_4 查找表是由 256 个 4B 大小的元素构成的数组,分别被映射到 16 个大小为 64B 的缓存组。缓存组 0 未被访问意味着 T_4 查找表的前 64B 未被访问。由于 T_4 查找表的内容公开,攻击者可以利用被映射到缓存组 0 的 16 个 4B 大小的数据排除密钥的部分错误候选值。具体过程如下所示:

$$\begin{aligned}
V_{i.e} = c_i \oplus T_{4\mathrm{NAD}} &= 0\mathrm{x}2\mathrm{c} \oplus T_4[0] \\
&= 0\mathrm{x}2\mathrm{c} \oplus_{0\mathrm{x}} \{63, 7\mathrm{c}, 77, 7\mathrm{b}, \mathrm{f}2, 6\mathrm{b}, 6\mathrm{f}, \mathrm{c}5, 30, 01, 67, 2\mathrm{b}, \mathrm{fe}, \mathrm{d}7, \mathrm{ab}, 76\} \\
&= {}_{0\mathrm{x}} \{4\mathrm{f}, 50, 5\mathrm{b}, 57, \mathrm{de}, 47, 43, \mathrm{e}9, 1\mathrm{c}, 2\mathrm{d}, 4\mathrm{b}, 07, \mathrm{d}2, \mathrm{fb}, 87, 5\mathrm{a}\}
\end{aligned} \tag{8-11}$$

依照上述方法,继续使用其他未被访问的缓存组(比如缓存组 4)排除 V_i 的错误候选值,直到错误候选值为 1 为止。由于每一个未被访问的缓存组都排除了 16 个错误候选值,如果 AES 多次使用同一密钥对不同明文进行加密,攻击者就有机会排除所有的错误候选值,进而成功推测出密钥。

8.4 实例二:低电压故障注入攻击

电路正确运行时需要满足一定的时间约束。低电压故障注入攻击通过降低电路的电压,破坏电路的时间约束,实现硬件故障注入并更改被攻击程序的运行时数据,进而获得错误的输出结果。结合差分故障分析方法,攻击者可以获得被攻击程序的私密数据。

8.4.1 电路的时间约束

一个时序逻辑电路通常包括多个电子元件,这些电子元件在统一的时钟脉冲控制下运行。为了使电子元件稳定运行,每个电子元件需要在输入信号稳定后再开始处理输入数据,此外,电子元件的输入和输出之间也有延时。因此,时序逻辑电路需要满足一定的时间约束才能保证各个电子元件的协调一致运行,调试时间约束也是设计时序逻辑电路时重要的一步。

图 8-16 展示了一个时序逻辑电路的信号传输过程和时间关系,即时间约束。该时序逻辑电路由一个时序电子元件(触发器)开始,并由另一个时序电子元件(触发器)结束,这些时序电子元件由时钟的上升沿控制。中间的逻辑单元对第一个时序电子元件的输出进行处理,并将处理后的结果作为最后一个时序电子元件的输入。为了更好地理解该时序逻辑电路需要满足的时间约束,做以下定义:

- T_{clk} 表示一个时钟周期,是两个时钟上升沿的间隔,也反映了电路的频率。
- T_{setup} 表示最后一个时序电子元件在处理输入数据时输入数据必须保持稳定的时间,也是中间逻辑单元的输出到下一个时钟上升沿需要满足的间隔。

- T_{src} 表示第一个时序电子元件的输入和输出之间的延时,即收到时钟上升沿到给出稳定输出之间的时间。
- $T_{transfer}$ 表示第一个时序电子元件的输出到中间逻辑单元的输出之间的时间间隔,即中间逻辑单元的处理时间。

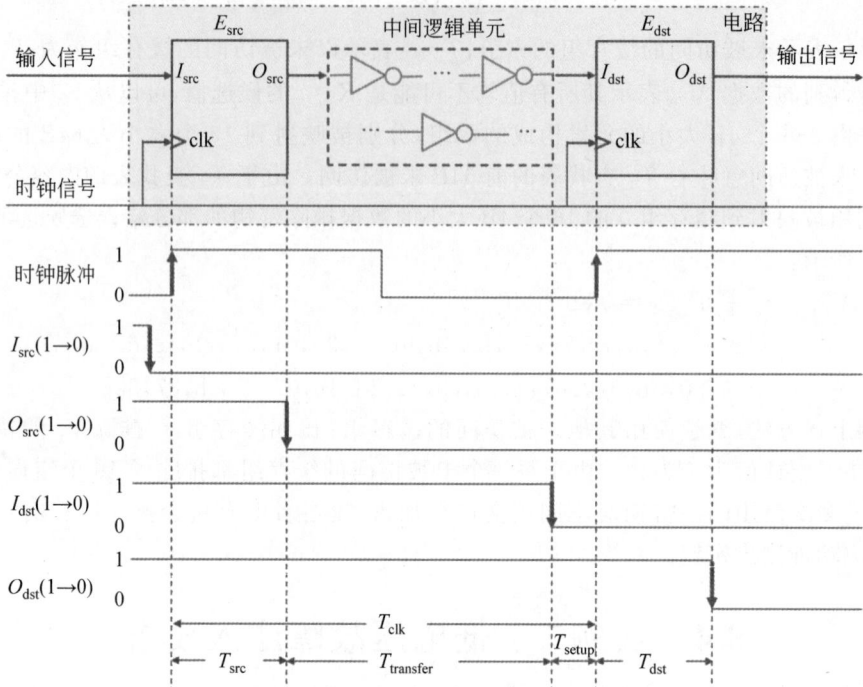

图 8-16　时序逻辑电路的时间约束

为了保证最后一个时序电子元件的输入在下一个时钟上升沿到来之前保持稳定,从而确保该时序逻辑电路的输出与预期的输出一致,该时序逻辑电路需要满足如式(8-12)所示的时间约束:

$$T_{src} + T_{transfer} \leqslant T_{clk} - T_{setup} - T_{\varepsilon} \tag{8-12}$$

其中 T_{ε} 表示一个微小的时间常量。

如果破坏了电路的时间约束,最后一个时序电子元件就不能以正确的输入处理数据,电路的输出就会改变,从而可以实现硬件故障注入。

8.4.2　低电压破坏电路的时间约束

一个电路需要合适的电压提供足够的能量进行数据处理,通常表示为额定电压。t 时刻门电路的延时 G_t 如式(8-13)所示:

$$G_t = k\left(\frac{V_t}{(V_t - V_r)^2}\right) \tag{8-13}$$

其中,K 是一个常数,V_t 是电路在 t 时刻的电压,V_r 是电路的额定电压。从式(8-13)可以看出,G_t 与 V_t 成反比,降低电路的电压会使门电路的输入和输出之间的延时变长。

在电路的时钟频率不变的情况下,T_{clk} 是固定的,此外,T_{setup} 由时序电子元件的特性决定,与电路的电压和频率无关。如果提供给上述时序逻辑电路的电压降低,T_{src} 和 $T_{transfer}$ 会增加,式(8-12)中的时间约束就有可能被破坏。图 8-17 展示了电压过低时的信号传输过程,最后一个时序电子元件会在还没有收到中间逻辑单元的稳定输出之前处理数据,此时使用的输入是之前的输入,电路的输出就会与预期的输出不一致。当然,如果电压太低或者低电压持续时间过长,电路会因为没有足够的能量而不能运行。

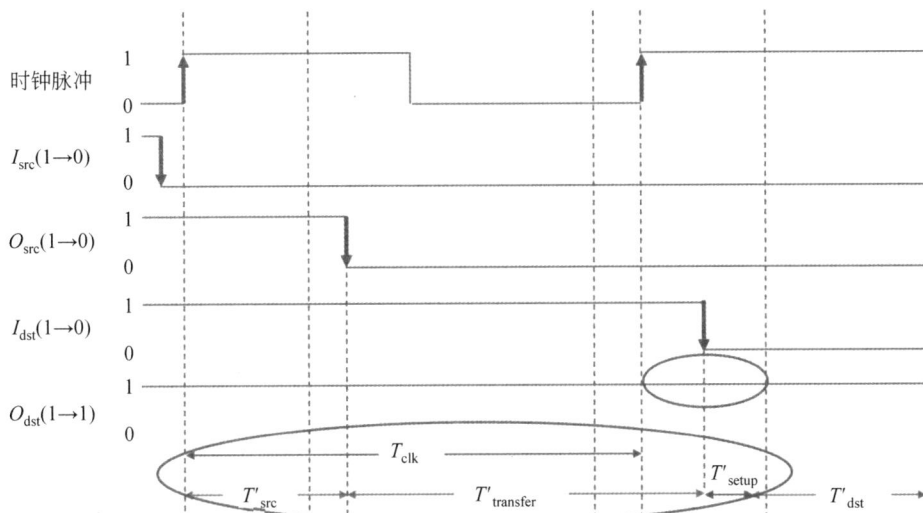

图 8-17　电压过低时的信号传输过程

8.4.3　低电压故障注入攻击过程

这里以攻击处理器芯片为例介绍低电压故障注入攻击的过程。低功耗是处理器设计的重要目标之一,为了减少处理器运行过程中的动态功耗,现代处理器在其微体系结构中添加了动态电压频率调整(Dynamic Voltage and Frequency Scaling,DVFS)单元。DVFS 单元根据用户对性能的需求和处理器的负载状态,动态改变处理器的频率和电压,可以在满足用户性能需求的前提下尽可能降低处理器能耗。为了支持 DVFS,处理器的电压必须设计成可以通过软件调整,这为攻击者直接使用软件指令向处理器中注入低电压硬件故障提供了可能。

1. DVFS 技术

随着半导体技术、超大规模集成电路、计算机体系结构的快速发展,处理器的性能有很大的提高,然而,如何降低能耗一直是需要重点考虑的问题,特别是在手机、笔记本计算机和平板计算机等移动设备上。处理器的能耗由静态能耗和动态能耗组成,动态能耗 E_T 是动态功耗 P_t 在时间上的积分,从时间 0 到时间 T 内的 E_T 如式(8-14)所示:

$$E_T = \int_0^T P_t \, dt \tag{8-14}$$

P_t 由负载电容 C、电压 V_t 和频率 F_t 共同决定,其关系如式(8-15)所示:

$$P_t \propto V_t^2 F_t C \tag{8-15}$$

动态功耗与电压、频率成正比,因此,降低电压和频率可以有效减少处理器的动态功耗,进而减少能耗。不过降低电压和频率也会降低性能。为了在性能和功耗之间折中,现代处理器

260

广泛应用了 DVFS 技术。图 8-18 展示了 DVFS 技术的基本架构。虽然 DVFS 技术在不同的计算机体系结构下的实现可能会有一些差别,但是一般都遵循图 8-18 所示的架构。为了实现 DVFS,系统的硬件频率和电压管理器的输出被设计成基础频率和基础电压的倍数,倍数大小由相应的操作系统内核驱动配置。ARM 处理器可以通过配置子系统电源管理器 (Subsystem Power Manager,SPM)中的寄存器修改处理器的电压,Intel 处理器可以通过配置编号为 0x150 的模式寄存器(Model-Specific Register,MSR)修改处理器的电压。

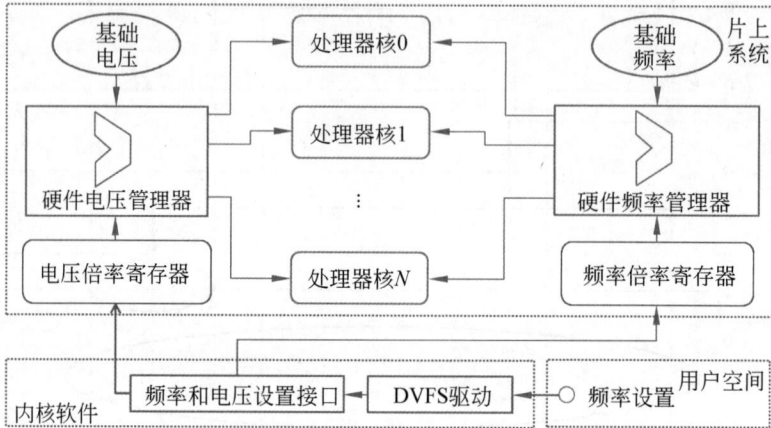

图 8-18　DVFS 技术的基本架构

2. 低电压故障注入攻击过程

针对处理器的低电压故障注入攻击的过程如图 8-19 所示。攻击程序在攻击核上运行,被攻击程序在被攻击核上运行,攻击程序在特定时间点创建一个低电压毛刺,触发被攻击核的硬件故障,从而使得运行在被攻击核上的被攻击程序产生错误的输出。结合差分故障分析技术,攻击者就能实现特定的攻击目的。

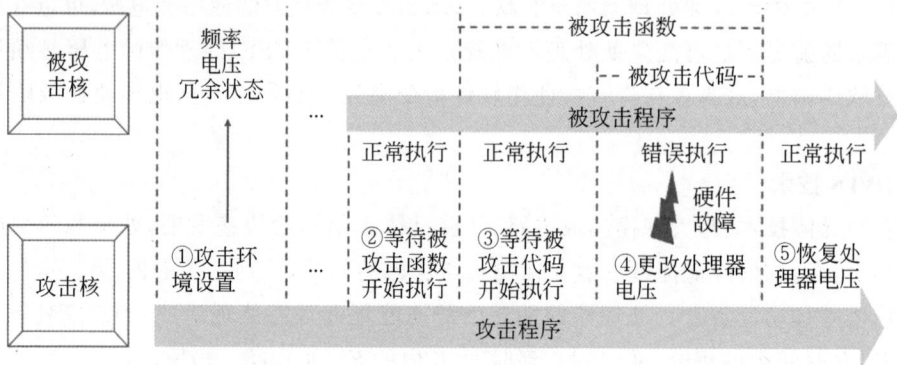

图 8-19　针对处理器的低电压故障注入攻击过程

攻击程序通过以下 5 个步骤实现对被攻击程序的故障注入,这五个过程都是通过软件实现的。

(1) 设置攻击环境。

在进行故障注入之前,设置一个合适的低电压故障注入环境可以大大提高故障注入的成功率和准确性。攻击程序主要从 3 个角度准备合适的攻击环境。首先,固定处理器各个核的频率,并保持该频率在整个攻击过程中不变,以减少 DVFS 驱动产生的频率变化对攻击的不利影响。其次,将处理器的电压设置为一个能保证所有核都能正常工作的安全电压,并保持该电压直到创建低电压毛刺。最后,清除处理器的剩余状态,包括高速缓存布局、分支预测表、中断向量表和状态寄存器等,这是因为处理器的剩余状态会影响被攻击程序的执行速度,进而影响攻击电压的启动时间和持续时间。

（2）等待被攻击函数开始执行。

在实际攻击场景下,攻击的目标代码一般在某个函数中,这个函数通常是公开的加密函数,因此,可以将被攻击函数看成一个整体,然后再针对被攻击函数进行分析。攻击程序在被攻击程序开始执行之后通过执行空指令评估指令执行周期,直到被攻击函数开始执行。这里将该步骤中空指令执行的时间表示为 T_w。

（3）等待被攻击代码开始执行。

硬件故障的目的是影响被攻击函数中的一小部分指令和数据。为了确保硬件故障不会对被攻击程序的其他部分产生较大影响,攻击者需要准确控制故障注入点,以减少注入的硬件故障对被攻击程序中其他部分代码的影响。这里使用 T_p 表示从被攻击函数开始执行到被攻击代码开始执行的时间间隔。

（4）更改处理器电压。

硬件故障注入是通过使处理器电压低于被攻击核所能接受的最低电压实现的。被攻击代码开始执行之后,攻击程序设置处理器电压为使被攻击核不能正常工作的电压,然后执行时间长度为 T_d 的空指令以使硬件故障被成功注入。

（5）恢复处理器电压。

故障注入的最终目标是获取敏感数据或篡改被攻击程序的功能,而不是简单地使被攻击程序崩溃。因此,攻击程序需要在注入预期故障后恢复处理器电压为安全电压,以使被攻击程序可以继续使用故障后的数据执行,这也有助于防止攻击者被发现。由于注入的硬件故障已经导致了被攻击程序执行时的中间数据修改,并且修改会被传播到最终输出,因此攻击者可以通过差分故障分析技术对故障输出进行分析,以获取私密数据,或直接使用程序的错误输出做进一步的攻击。

由于电子特性,处理器核的频率越高,所需的工作电压也越高,由此形成频率-电压差。如果处理器核的频率不同,攻击者便可仅将硬件故障注入被攻击核而不影响任何其他程序的运行。在攻击时,攻击者首先将攻击核和被攻击核的频率分别设置为低频率和高频率,并向处理器提供安全电压,然后分别在攻击核和被攻击核上运行攻击程序和被攻击程序。攻击程序在特定时刻改变处理器电压为能保证攻击核正常运行但是被攻击核不能正常运行的电压,并在较短时间后恢复为安全电压。

3. 攻击参数

在攻击时,为了注入可控的硬件故障,攻击者需要关注如式(8-16)所示的 7 个参数,并找到合适的参数值。攻击参数如表 8-2 所示。

$$F_{\text{fault}} = \{F_a; F_v; V_l; V_b; T_p; T_w; T_d\} \tag{8-16}$$

表 8-2 攻击参数

等　级	描　述
F_a	攻击核的频率
F_v	被攻击核的频率
V_l	攻击电压
V_b	安全电压,即设置攻击电压之前和之后的使攻击核和被攻击核都能正常工作的电压
T_p	攻击程序等待被攻击代码开始执行的时间
T_w	攻击程序等待被攻击函数开始执行的时间
T_d	攻击电压持续时间

8.4.4 AES 差分故障分析

使被攻击程序崩溃不是低电压故障注入的目的,获取关键信息才是攻击目标,这往往需要结合差分故障分析方法才能实现。这里介绍基于 AES 第 $R-2$ 轮(R 是 AES 加密程序的总轮数)输入单字节故障获取 AES 密钥的差分故障分析方法。如果 AES 的第 $R-2$ 轮的输入出现单字节故障,可以使用以下两步算法减少密钥的搜索范围。

(1) 由于 AES 的第 $R-2$ 轮输入中发生单字节故障,则第 $R-2$ 轮的 SubBytes、ShiftRows 和 AddRoundKey 操作会将此故障记录到状态矩阵的相应位置,然后 MixColumns 操作会将此故障传播到状态矩阵的某一列,这将在第 $R-1$ 轮输入中产生 $\sqrt{N}$(N 是密钥的字节数)个字节故障。同样,在第 $R-1$ 轮执行完成之后,这 $\sqrt{N}$ 个字节故障将被传播到整个状态矩阵,并在第 R 轮输入中引起 N 个故障。第 R 轮没有 MixColumns 操作,其他三个函数分别对状态矩阵的一个元素进行替换、移位和异或操作。因此,第 $R-2$ 轮输入的单字节故障恰好可以传播到整个输出矩阵。通过分析 AES 程序的输出矩阵和第 $R-2$ 轮输入矩阵之间的关系,攻击者能将可能的密钥数量减少到 2^{32} 个。

(2) AES 中的密钥扩展(KeyExpansion)操作使用当前轮的密钥生成下一轮的密钥,并且密钥生成过程是可逆的。因此,第 $R-1$ 轮的轮密钥可以用第 R 轮的轮密钥表示。攻击者因此可以进一步将密钥的搜索空间减小到 2^8 个。

为了进一步减小密钥的搜索空间,可以从该差分故障分析方法对两次不同故障密文的分析结果的交集中获得加密密钥。因为加密密钥肯定存在于每次的分析结果中,所以这两次的分析结果的交集肯定至少有一个元素。

8.4.5 RSA 差分故障分析

作为最早应用的公钥密码系统之一,RSA 已被广泛应用在安全数据传输、数据签名和签名验证等应用中。RSA 程序的安全能力比较强,直接对其进行攻击是特别困难的,但是 RSA 程序面临差分故障分析的威胁。

1. RSA 解密程序

给定密文 C、模 N 和公钥 e,RSA 解密函数通过式(8-17)将 C 解密为明文 P:

$$P = C^e \bmod N$$

(8-17)

算法 8-1 展示了 RSA 解密算法的一种实现，是式(8-17)的优化实现(仅对广泛应用的公钥 65537 和 3 有效。

算法 8-1：RSA 解密算法

输入：密文 C，模 N，公钥 e

输出：明文 P

1. $r \leftarrow 2^{2048}$
2. $R \leftarrow \text{ENDIANINVERSION}(r^2 \% N)$
3. $\text{n0inv} \leftarrow 2^{32} - \text{MODULEINVERSE}(N, 2^{32})$
4. $N_{in} \leftarrow \text{ENDIANINVERSION}(N)$
5. $C_{in} \leftarrow \text{ENDIANINVERSION}(C)$
6. $P_{in} \leftarrow \text{MONMUL}(C_{in}, R, N_{in}, \text{n0inv})$
7. $P_{in\_temp} \leftarrow P_{in}$
8.   For $i \in [0, \text{bitlen}(e) - 1]$ Do：
9. $P_{in} \leftarrow \text{MONMUL}(P_{in}, P_{in}, N_{in}, \text{n0inv})$
10. End For
11. $P_{in} \leftarrow \text{MONMUL}(P_{in}, P_{in\_temp}, N_{in}, \text{n0inv})$
12. $P_{in} \leftarrow \text{MONMUL}(P_{in}, 1, N_{in}, \text{n0inv})$
13. $P \leftarrow \text{ENDIANINVERSION}(P_{in})$
14. Return P

算法 8-1 应用了蒙哥马利乘操作(函数 MONMUL)加快式(8-17)中的指数运算。对于两个乘数 x、y，MONMUL 使用式(8-18)计算这两个数在模 N 下的乘积，其中 r^{-1} 是蒙哥马利因子($2^{2048} \bmod N$)的模反数。

$$\text{MONMUL}(x, y, N, r^{-1}) \leftarrow x * y * r^{-1} \bmod N \qquad (8\text{-}18)$$

需要注意的是，算法 8-1 使用 n0inv 而不是 r^{-1} 减少蒙哥马利乘操作的循环次数。n0inv 是一个机器字长大小的数据，其计算方法如式(8-19)所示：

$$\text{n0inv} = -\frac{1}{N} \bmod 2^{32} \qquad (8\text{-}19)$$

2. RSA 差分故障分析

输入算法 8-1 中的参数 N、C、e 一般是大端表示的数据，但是 MONMUL 要求的输入是小端表示的。e 本身就是一个单机器字长数，不需要进行大端表示到小端表示的转换。算法 8-1 使用函数 ENDIANINVERSION 将大端表示的 N、C 转换成小端表示的 N_{in}(第 4 行)和 C_{in}(第 5 行)，也在第 13 行将最终计算得到的小端表示的结果 P_{in} 转换成大端表示的密文输出 P。函数 ENDIANINVERSION 的实现如算法 8-2 所示。

算法 8-2：ENDIANINVERSION 函数

输入：要转换的大端表示的变量 V

输出：转换后的小端表示 S

1. $S \leftarrow \{0\}$
2.   For $i \in [0, \text{bytelen}(V)/4 - 1]$ Do：
3. $S_{temp} \leftarrow V[i * 4] << 24$
4. $S_{temp} \leftarrow (V[i * 4 + 1] << 8) | S_{temp}$
5. $S_{temp} \leftarrow (V[i * 4 + 2] >> 8) | S_{temp}$

6. $S_{temp} \leftarrow (V[i*4+3] >> 24) | S_{temp}$
7. $Index \leftarrow bytelen(V) - (i+1)*4$
8. $S[Index, Index+3] \leftarrow S_{temp}$
9. End For
10. Return S

故障注入的攻击目标是使算法 8-1 输出预期的明文结果 $P(m)$，在签名认证领域，$P(m)$ 一般是指被签名数据哈希值的 RSA 加密结果。整数模 N 难质因数分解是 RSA 的基本假设，因此，可以将 RSA 解密程序中的公钥模 N 改变成另一个可在有限时间内进行质因数分解的 N_m，然后基于 N 和 N_m 构建输入密文，从而达到攻击的目的。算法 8-2 对输入数据频繁地进行移位、或和赋值等操作，因此，在算法 8-1 第 4 行注入硬件故障将公钥模 N 更改成 N_m 比较合适。

N_m 是故障后的 RSA 解密程序的公钥模，如果 N_m 可以在有限时间内进行质因数分解，攻击者就可以使用卡迈克尔数(Carmichael)算法构造一个 RSA 密钥对 $\{N_m, d_m, e\}$，其中 e 为故障后的解密程序的公钥，d_m 为私钥。基于此，攻击者可以根据 RSA 加密算法得到预期明文 $P(m)$ 相对于故障后的 RSA 解密程序的密文 C_m：

$$C_m = P(m)^{d_m} \bmod N_m$$

如果故障后的 RSA 解密算法完全以 N_m 为整数模且以 C 为密文输入，则解密结果就会是 $P(m)$，此时，算法 8-1 第 7 行计算结果为式(8-20)：

$$P_{in} \leftarrow C_m(r^2 \bmod N_m)r_m^{-1} \bmod N_m \tag{8-20}$$

其中
$$(r_m^{-1}r) \bmod N_m \equiv 1 \bmod N_m$$

然而，在算法 8-1 中，N 在第 4 行才会被更改，在第 4 行之前，第 2 行中的 R 是基于 N 产生的，并且在第 6 行也会被用到。此外，第 3 行计算的 n0inv 也是基于 N 得到的，在后面也会被用到。因此，N 的影响会传播到第 6、9、11 和 12 行。但是，如果基于 N 和 N_m 计算出来的 n0inv 是一样的，则用在第 3 行的 N 将和使用 N_m 一样。由式(8-19)可以看出，n0inv 是 N 的最后 32 位，只要注入的故障不改变 N 的最后 32 位就可以，这是非常有可能的。此时第 6 行计算结果如式(8-21)所示：

$$P'_{in} \leftarrow C'_m(r^2 \bmod N)r_m^{-1} \bmod N_m \tag{8-21}$$

其中
$$r_m^{-1}r \equiv 1 \pmod{N_m}$$

在式(8-21)中，C'_m 是为了得到 $P(m)$ 而构造的密文。如果想让解密程序输出 $P(m)$，只需要将 P_{in} 与 P'_{in} 相等即可，从而可以得到式(8-22)：

$$C'_m(r^2 \bmod N)r_m^{-1} \equiv P_{in} \pmod{N_m} \tag{8-22}$$

由式(8-22)可以看出，C'_m 是由 N、N_m 和 P 共同决定的。因此，可以用 Python 语言构造故障后的 RSA 输入密文 C_m，程序的流程图如图 8-20 所示。首先使用 ecm 库的 factor 函数对 N_m 进行质因数分解，如果 factor 函数在 60 秒内还不能对 N_m 实现质因数分解，则 m 被认为是难质因数分解的，其不能用作故障注入攻击。如果可以被质因数分解，则根据 N_m 的质因数和公钥 e 使用卡迈克尔数算法构造私钥 d_m，然后使用普通的 RSA 加密算法加密得到 C_m，进而可以得到 P_{in}。

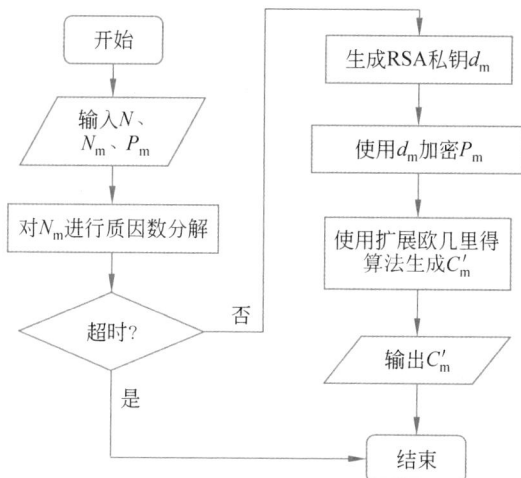

图 8-20 构造 C_m' 的流程图

令 $H=(r^2 \bmod N)r_m^{-1}$，式(8-22)可以简化为式(8-23)：

$$C_m'H + yN_m \equiv P_{in}(\bmod\ N_m) \tag{8-23}$$

其中，H、N_m、P_{in} 均为已知值。Python 程序可以基于扩展欧几里得算法计算出一个可以使用的密文 C_m'。

8.5 数字电路的硬件安全技术

数字电路的硬件安全技术主要包括电路混淆、电路加密、物理不可克隆函数和随机数发生器等，这些技术可以从不同角度增强数字电路的安全性。

8.5.1 电路混淆

一般来说，混淆是指将与逻辑实体或物理实体相关的功能行为或特定信息加以隐藏或模糊的技术。对于数字电路而言，电路混淆是一种主动防御技术，通过在电路设计与制造过程中采取一系列技术和措施增加逆向工程或复制的难度，实现对硬件攻击的防御，增强数字电路的安全性。大多数电路混淆技术需要一个密钥锁定功能。图 8-21 描述了数字电路混淆的过程，其中需要一个密钥，用于保护整个混淆过程。当使用正确的密钥后，混淆后的数字电路才会正常工作；若使用错误的密钥，则混淆后的数字电路会产生错误的输出。目前电路混淆技术主要包括逻辑锁定、基于门伪装的混淆和基于 FSM(Finite State Machine，有限状态机)的混淆等。

1. 逻辑锁定

逻辑锁定(Logic Locking)是指引入额外的门实现电路的功能锁定和结构修改，由逻辑锁定单元和解锁密钥实现。逻辑锁定单元通常是一组逻辑门和相关的控制逻辑，负责锁定电路的某些部分。只有提供正确的解锁密钥，电路才能正常工作。除了用于锁定电路，逻辑锁定单元也用于保证电路的某些功能得以正常运行。为了进一步保护电路，可以引入虚假路径。虚假路径是一种不影响电路的正常功能但是可能会干扰攻击者尝试对电路进行逆向工程的路径。通过引入虚假路径，可以增加电路的复杂性和混淆度，使逆向工程变得更加困

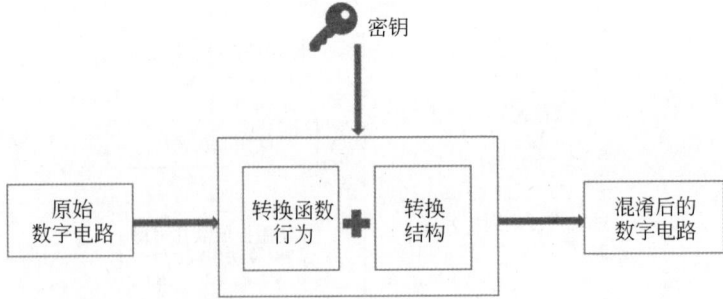

图 8-21　数字电路混淆的过程

难。此外,还可以使用多层逻辑锁定、级联多个逻辑锁定单元增强安全性。这种情况下,要解锁电路需要提供多个解锁密钥。目前,逻辑锁定面临着密钥致敏攻击和布尔可满足性攻击等攻击威胁。

2. 基于门伪装的混淆

基于门伪装的混淆(gate-level obfuscation)是指引入伪装门(obfuscation gate)干扰攻击者,保护电路的功能和结构不被攻击者理解。伪装门是一种具有通用结构的可编程标准单元,其功能与标准逻辑门相同,但是其内部结构经过修改,攻击者从布局上很难推断出它们的功能。如果这样的单元被放置在电路的关键位置上,那么攻击者就不再能够从布局中推断出电路的设计意图。除非单元被编程以执行期望的操作,否则在功能上保持锁定。与逻辑锁定类似,基于门伪装的混淆通常也需要解锁密钥,也可以用于保证电路的某些功能得以正常运行。

3. 基于 FSM 的混淆

基于 FSM 的混淆是指引入多余的状态、转移和控制逻辑,使得电路的行为变得模糊和复杂,从而增加攻击者逆向工程的难度。FSM 是一种用于描述电路行为的模型,包括一组状态、输入和状态转移函数。基于 FSM 的混淆技术通常包括输入混淆、输出混淆、引入多余的状态、修改状态控制逻辑、引入虚拟的状态转换等方法。通过基于 FSM 的混淆可以增强电路的安全性,因为攻击者需要更多的时间和资源以理解电路的行为。

值得注意的是,这些电路混淆技术在保证电路安全性的同时也会引入额外的门、状态和逻辑,这可能导致电路的性能下降。因此,在电路设计时需要权衡安全性和性能。

8.5.2　电路加密

在信息安全领域,加密是一项基础而又关键的技术。它不仅用于保护数据的机密性,还能够提供身份认证、数据完整性校验等安全服务。对于数字电路而言,电路加密是一种重要的安全技术,旨在保护电路的内部结构和操作方式,加密技术的引入可以防止未经授权的用户获取电路的内部结构和运行方式,从而增强数字系统的整体安全性。

电路加密的基本原理是:通过引入加密算法,对电路的关键信息进行转换,使其对未经授权的用户难以理解。电路加密可以应用在不同层次,主要包括 4 个级别:寄存器传输级(RTL)、逻辑门级、电路结构级和印制电路板(Printed Circuit Board,PCB)级。

1. 寄存器传输级

寄存器传输级 IP(软件 IP)使用硬件描述语言描述 IP 的高层次结构,因为 RTL 结构在数据流和控制流上更容易理解,使得隐藏设计意图变得十分困难,这造成软件 IP 加密通常比逻辑门级加密更具有挑战性。对寄存器传输级的电路加密一般使用常见的加密技术,如 AES 和 RSA 等加密算法。

2. 逻辑门级

逻辑门级 IP 以网表的形式展现,网表是标准逻辑单元和连接标准逻辑单元的网线的集合。逻辑门级 IP 加密技术需要在网表中插入冗余的逻辑门,这些逻辑门及其逻辑输出由密钥位控制,密钥作为网表的附加输入。如果密钥位输入错误,则会导致网表的错误输出,从而使得电路对外表现出一定的混淆性。

3. 电路结构级

一般通过改变电路的布局或引入冗余元件,使得电路的结构对外不可见,增加电路的复杂性和难以理解性。为了避免使电路布局被盗版或者恶意篡改,一般使用分割制造技术,对不受信任的代工厂隐藏关键布局细节从而达到保护 IP 的目的。

4. 印制电路板级

印制电路板级的加密可以防止在制造和部署期间出现盗版、逆向工程或篡改。一般利用可编程逻辑器件或 FPGA 插入置换块。置换块会选择一组关键连接线,并在连接线到达目的地之前基于密钥对其进行置换,从而保护印制电路板。

值得注意的是,这些电路加密技术在保证电路安全性的同时,也会引入额外的计算和处理开销,对电路的性能产生一定程度的影响。因此,在实际应用中,电路加密需要综合考虑性能、安全性和成本等实际因素,选择加密算法以及加密层次是一个需要仔细权衡的过程。

8.5.3 物理不可克隆函数

物理不可克隆函数(Physically Unclonable Function,PUF)是硬件实现的多输入多输出函数,由硬件差异生成唯一响应信息,已被广泛用于各种与安全相关的应用,例如,生成用于加密程序的加密密钥,生成唯一代表特定芯片的物理指纹,为随机数生成器生成种子,等等。通常,PUF 应具有 3 个属性:

- 持久且不可预测性。对于一个给定输入(激励),多次实验中 PUF 的输出(响应)应保持相同。但是该激励-响应关系是随机的且无法提前预测。
- 不可克隆性。除非攻击者具有被攻击 PUF 的物理设备,否则攻击者就不能正确得到被攻击 PUF 的激励-响应对。也就是对于任何一个给定 PUF,攻击者建立另一个对每个可能的激励都得到相同响应的 PUF 是不可行的。
- 防篡改性。对 PUF 的物理入侵攻击将破坏 PUF 的正常功能,因此很容易被检测到。

虽然 PUF 具有很好的安全属性,但是 PUF 输出的响应是基于硬件的细微差别产生的,这些细微差别非常容易受到外部环境变化的影响,因此,PUF 的响应并不是完全稳定的。这也是在应用 PUF 时需要考虑的问题。目前有大量的 PUF 被设计出来,这些 PUF 可以被分为非硅 PUF 和硅 PUF。

- 非硅 PUF 利用各种材料的物理特征的细微差异构造不可克隆的响应输出,主要包括光学 PUF、声学 PUF、纸 PUF 和磁 PUF 等。
- 硅 PUF 利用无法控制的硅材料制造差异为每个电路生成唯一的签名信息。根据这些变化的不同来源,可将硅 PUF 分为模拟电子 PUF、基于内存的 PUF 和基于延迟的 PUF 等。就制造成本和是否易于集成到计算机及其他通信设备而言,基于延时的 PUF 是最受关注的。

基于延时的 PUF 利用了硅电路在运算时有延时的特点,具有稳定性比较高、容易实现和开销低等特点。许多基于延时的 PUF 被提出,包括仲裁器 PUF(arbiter PUF)、环形振荡器 PUF(Ring Oscillator PUF,RO PUF)和毛刺 PUF(glitch PUF)等,其中仲裁器 PUF 和 RO PUF 性能比毛刺 PUF 要好。

128 位激励的仲裁器 PUF 的结构如图 8-22 所示,激励输入是 $C[0] \sim C[127]$,两个并行的 128 阶多路复用器共享相同的输入端口,其输出端口分别连接到锁存器的输入端口和时钟输入端口。激励位 $X[i]$ 确定输入步进信号将通过多路复用器第 i 级链中的哪个多路复用器。不同的激励输入信号以及两个并行多路复用器链之间的延时差异决定了步进信号将到达触发器输入端口 D 还是时钟端口。在前一种情况下,逻辑 1 将被锁存;在后一种情况下,逻辑 0 将被锁存。该锁存值可以用作一位响应。

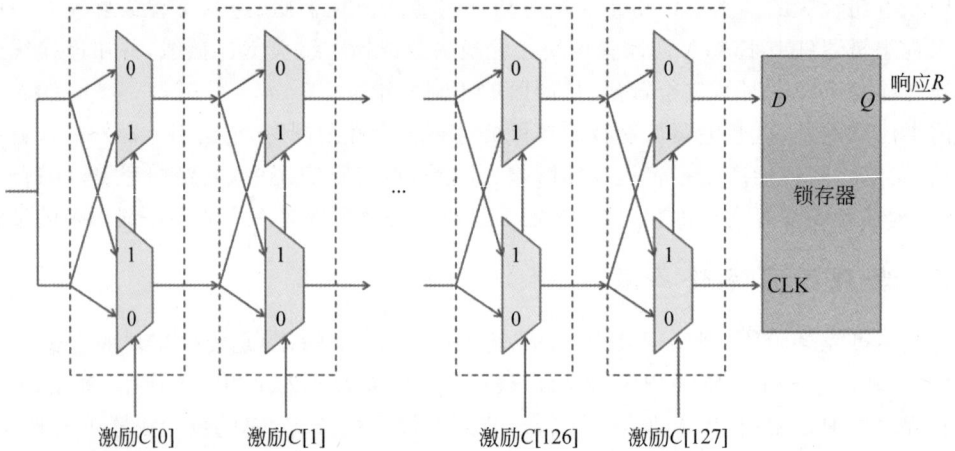

图 8-22　128 位激励的仲裁器 PUF 的结构

RO PUF 基于环形振荡器之间的延时差生成随机位串作为 PUF 的响应。一位 RO PUF 是以环路连接的一组非门的简单电路,如图 8-23 所示,它以特定的频率振荡,振荡频率取决于每个非门和电路的延时。由于原料组成和其他的不确定性因素,非门和电路的延时是不确定的,因此,不同的环形振荡器的频率是不同的。RO PUF 通过比较一对振荡器电路的频率大小生成输出逻辑 0 或 1 作为一位 PUF 的响应。可以以相同的方式使用多对环形振荡器生成更多位,进而构成多位 RO PUF。

8.5.4　随机数发生器

随机数是指理论上没有规律可循、在指定范围内数字出现的概率相同、无法根据已有的数推测下一个数的数列,广泛应用于计算机模拟、信息安全、随机抽样与决策、生物系统识别等领域。计算机程序中虽然有生成 0/1 伪随机数的库函数,但是应用效果远远不如使用数字电路实现的随机数发生器(Random Number Generator,RNG)。随机数发生器可以分为真随机数发生器(True RNG,TRNG)和伪随机数发生器(Pseudo RNG,PRNG)。

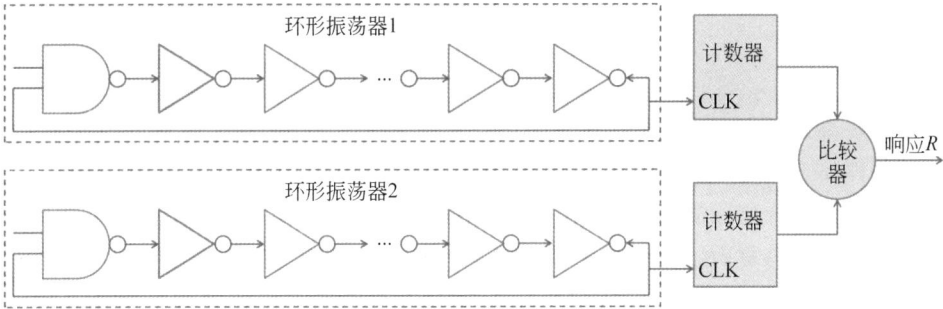

图 8-23　一位 RO PUF 的结构

真随机数发生器基于不可预测的物理过程产生随机数。根据物理过程的不同,真随机数发生器可以分为 3 类:

- 基于电子噪声的真随机数发生器。电子噪声是由电子元件中电子的随机热运动引起的,在电阻、电容、半导体等元件中都会产生,而且具有固有的随机性。该类随机数发生器通常包括噪声放大、量化、后处理、随机性测试等步骤。
- 基于亚稳态的真随机数发生器。亚稳态是指触发器的输出端 Q 在一段时间内(称为决断时间)无法达到一个确定性状态,这个 Q 可能是毛刺、振荡和电压值。决断时间后,Q 端将稳定到 0 或 1,这个结果是随机的。
- 基于混沌映射的真随机数发生器。混沌系统存在内在不确定性和非线性特性,混沌映射可以描述混沌系统的状态变化,它极度敏感于初始条件的动力学行为。混沌系统的初始条件通常由硅基集成电路中的物理现象提供,通过迭代混沌映射方程,将初始条件转化为一系列状态值,然后是量化、后处理等流程,以生成数字随机数序列。

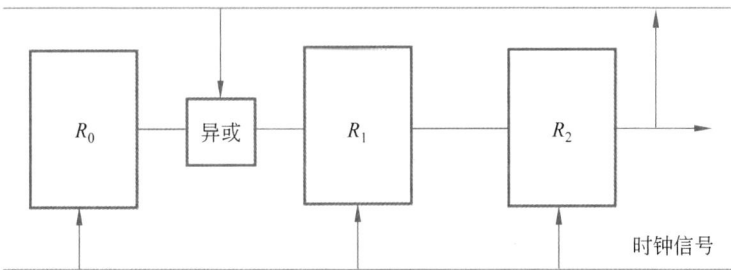

图 8-24　用反馈移位寄存器实现的 3 位伪随机数发生器

伪随机数发生器首先选取真随机数发生器产生的少量随机数作为种子,然后基于确定性算法生成看似随机的数列。伪随机数发生器的种类很多,图 8-24 展示了一个用反馈移位寄存器实现的 3 位伪随机数发生器。对于这样一个 3 位伪随机数发生器,假设开始时以 111 作为种子,则该电路生成的随机数列为 101,001,010,100,011,110。

真随机数发生器在密码学、加密通信、网络安全和科学模拟等领域具有重要应用价值,可以有效增强数据的安全性和可靠性。相比之下,伪随机数发生器在一定程度上可以预测,在某些安全性要求极高的应用场景中不够理想。但是,伪随机数发生器的效率远高于真随机数发生器,在对速率要求较高的场景中有更好的应用场景。

小 结

本章主要讲述数字电路的硬件安全问题,包括数字电路硬件安全问题的定义和分类、数字电路的硬件安全威胁以及数字电路的硬件安全技术3部分内容。此外,本章以高速缓存时间侧信道攻击和低电压故障注入攻击为例讲述电路硬件安全问题的原因、攻击方法以及可能造成的危害。本章内容可以帮助读者建立硬件安全概念,并帮助读者设计安全的电路。

数字电路硬件安全问题的定义为由电路的设计缺陷、实现机制或硬件特性造成的可破坏数据的机密性、完整性和可用性的漏洞、攻击及增强电路安全性的技术。电路的硬件安全威胁主要包括硬件木马、侧信道攻击、故障注入攻击、瞬态执行攻击和物理攻击5类,硬件安全技术主要包括电路混淆、电路加密、物理不可克隆函数和随机数发生器等。

硬件木马指对电路设计的恶意、故意修改,在部署电路时会导致恶意行为;侧信道攻击利用电路运作过程中产生的热辐射、电磁波、光电现象、声音等物理信息以及具有统计意义上变化的功耗、执行时间等泄露关键秘密数据;故障注入攻击通过更改电路的频率、电压、电磁、温度、光照等工作环境,触发电路的硬件故障,并通过分析获得秘密数据;瞬态执行攻击在瞬态执行中获得秘密数据并使用侧信道攻击方法将秘密数据泄露出来;物理攻击主要利用电子设备的物理性质实施攻击,包括电路逆向工程和物理探测攻击两方面。

高速缓存时间侧信道攻击是一种非常经典的侧信道攻击方法,它利用了访存时命中缓存和未命中缓存的响应时间有明显差异的特点,已经被证明可以用于获取加密算法的密钥或作为工具泄露秘密数据。低电压故障注入攻击是一种非常经典的故障注入攻击方法,它通过降低电路的电压破坏电路的时间约束,实现硬件故障注入,以更改被攻击程序的运行时数据,进而获得错误的输出结果,结合差分故障分析方法,攻击者可以获得被攻击程序的秘密数据。

电路混淆通过在电路设计与制造过程中采取逻辑锁定、基于门伪装的混淆和基于FSM的混淆等技术增加逆向工程或复制的难度,增强数字电路的安全性;电路加密技术通过引入加密算法,对电路的关键信息进行转换,使其对未经授权的用户来说难以理解;物理不可克隆函数是硬件实现的多输入多输出函数,基于硬件制造差异生成唯一响应信息,具有持久且不可预测性、不可克隆性和防篡改性;随机数发生器基于不可预测的物理过程或特定的算法产生随机数。

习 题

8-1 数字电路的硬件安全威胁主要有哪些?这些威胁能造成什么危害?

8-2 硬件木马能实现什么攻击?如何触发硬件木马?

8-3 列举一些典型的侧信道攻击。这些攻击是怎么造成的?

8-4 为什么电路会出现故障?故障注入方式有哪些?各有什么特点?

8-5 什么是瞬态执行攻击?简述瞬态执行攻击的基本过程。

8-6 简述逆向工程和物理探测攻击的相同点和不同点。两者各有什么应用?

8-7 高速缓存时间侧信道攻击的基本原理是什么?能用来做什么?

8-8 什么是电路的时间约束？如果电路的时间约束被破坏会怎么样？

8-9 为什么低电压会引起电路故障？

8-10 除了低电压以外,高频率、低频率和高电压会造成电路故障吗？为什么？

8-11 什么是电路混淆技术？电路混淆技术如何增强电路的安全性？

8-12 电路加密技术的基本原理是什么？会带来什么副作用？

8-13 PUF 具有哪些属性？典型的 PUF 有哪些？RO PUF 的工作原理是什么？

8-14 为什么需要使用数字电路实现的随机数发生器？真随机数发生器和伪随机数发生器的区别是什么？

附录 A 第二套扫描码

键	通码	断码	键	通码	断码	键	通码	断码
A	1C	F0 1C	W	1D	F0 1D	L SHFT	12	F0 12
B	32	F0 32	X	22	F0 22	L CTRL	14	F0 14
C	21	F0 21	Y	35	F0 35	L GUI	E0 1F	E0 F0 1F
D	23	F0 23	Z	1A	F0 1A	L ALT	11	F0 11
E	24	F0 24	0	45	F0 45	R SHFT	59	F0 59
F	2B	F0 2B	1	16	F0 16	R CTRL	E0 14	E0 F0 14
G	34	F0 34	2	1E	F0 1E	R GUI	E0 27	E0 F0 27
H	33	F0 33	3	26	F0 26	R ALT	E0 11	E0 F0 11
I	43	F0 43	4	25	F0 25	APPS	E0 2F	E0 F0 2F
J	3B	F0 3B	5	2E	F0 2E	ENTER	5A	F0 5A
K	42	F0 42	6	36	F0 36	ESC	76	F0 76
L	4B	F0 4B	7	3D	F0 3D	F1	05	F0 05
M	3A	F0 3A	8	3E	F0 3E	F2	06	F0 06
N	31	F0 31	9	46	F0 46	F3	04	F0 04
O	44	F0 44	`	0E	F0 0E	F4	0C	F0 0C
P	4D	F0 4D	-	4E	F0 4E	F5	03	F0 03
Q	15	F0 15	=	55	F0 55	F6	0B	F0 0B
R	2D	F0 2D	/	5D	F0 5D	F7	83	F0 83
S	1B	F0 1B	BKSP	66	F0 66	F8	0A	F0 0A
T	2C	F0 2C	SPACE	29	F0 29	F9	01	F0 01
U	3C	F0 3C	TAB	0D	F0 0D	F10	09	F0 09
V	2A	F0 2A	CAPS	58	F0 58	F11	78	F0 78

键	通码	断码	键	通码	断码	键	通码	断码
F12	07	F0 07	D ARROW	E0 72	E0 F0 72	KP 4	6B	F0 6B
PRNT SCRN	E0 12 E0 7C	E0 F0 7C E0 F0 12	R ARROW	E0 74	E0 F0 74	KP 5	73	F0 73
			NUM	77	F0 77	KP 6	74	F0 74
SCROLL	7E	F0 7E	KP /	E0 4A	E0 F0 4A	KP 7	6C	F0 6C
[	54	F0 54	KP *	7C	F0 7C	KP 8	75	F0 75
INSERT	E0 70	E0 F0 70	KP −	7B	F0 7B	KP 9	7D	F0 7D
HOME	E0 6C	E0 F0 6C	KP +	79	F0 79	]	58	F0 58
PG UP	E0 7D	E0 F0 7D	KP EN	E0 5A	E0 F0 5A	;	4C	F0 4C
DELETE	E0 71	E0 F0 71	KP	71	F0 71	'	52	F0 52
END	E0 69	E0 F0 69	KP 0	70	F0 70	,	41	F0 41
PG DN	E0 7A	E0 F0 7A	KP 1	69	F0 69	.	49	F0 49
U ARROW	E0 75	E0 F0 75	KP 2	72	F0 72	/	4A	F0 4A
L ARROW	E0 6B	E0 F0 6B	KP 3	7A	F0 7A			

参 考 文 献

［1］ 阎石. 数字电子技术基础［M］. 4 版. 北京：高等教育出版社，1998.

［2］ 王毓银. 数字电路逻辑设计［M］. 北京：高等教育出版社，1999.

［3］ 陈俊亮. 数字电路逻辑设计［M］. 北京：人民邮电出版社，1980.

［4］ 张克农. 数字电子技术基础［M］. 北京：高等教育出版社，2003.

［5］ MILOS D，ERCEGOVAC，TOMAS-LANG，et al. Introduction to Digital System［M］. Hoboken：John Wiley&Sons，2001.

［6］ WAKERLY J F. Digital Design：Principle and Practice［M］. 4th ed. New York：Prentice Hall，2006.

［7］ 中国集成电路大全编委会. 中国集成电路大全：TTL 集成电路［M］. 北京：国防工业出版社，1985.

［8］ 中国集成电路大全编委会. 中国集成电路大全：CMOS 集成电路［M］. 北京：国防工业出版社，1985.

［9］ 王志功，沈永朝. 集成电路设计基础［M］. 北京：电子工业出版社，2004.

［10］ SALCIC C. Digital System Design and Prototyping Using Field Programmable Logic［M］. 2nd ed. Boston：Kluwer Academic Publishers，2000.

［11］ 潘松. EDA 技术与 VHDL［M］. 北京：清华大学出版社，2005.

［12］ 王小军. VHDL 简明教程［M］. 北京：清华大学出版社，1997.

［13］ 徐向民. 数字系统设计及 VHDL 实践［M］. 北京：机械工业出版社，2007.

［14］ 侯伯亨. 现代数字系统设计［M］. 西安：西安电子科技大学出版社，2004.

图书资源支持

感谢您一直以来对清华版图书的支持和爱护。为了配合本书的使用，本书提供配套的资源，有需求的读者请扫描下方的"书圈"微信公众号二维码，在图书专区下载，也可以拨打电话或发送电子邮件咨询。

如果您在使用本书的过程中遇到了什么问题，或者有相关图书出版计划，也请您发邮件告诉我们，以便我们更好地为您服务。

我们的联系方式：

清华大学出版社计算机与信息分社网站：https://www.shuimushuhui.com/

地　　址：北京市海淀区双清路学研大厦 A 座 714

邮　　编：100084

电　　话：010-83470236　　010-83470237

客服邮箱：2301891038@qq.com

QQ：2301891038（请写明您的单位和姓名）

资源下载： 关注公众号"书圈"下载配套资源。

资源下载、样书申请

图书案例

书圈

清华计算机学堂

观看课程直播